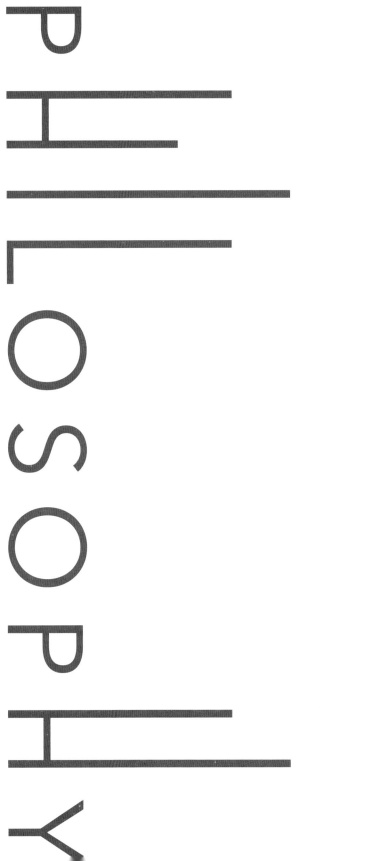

哲学课
ZHEXUEKE

当代知识论导论

【美】 阿尔文·I. 戈德曼（Alvin I. Goldman） 著
马修·麦克格雷斯（Matthew McGrath）

方环非 译

Epistemology
A Contemporary Introduction

中国人民大学出版社
·北京·

中文版序言

这一序言选择了《当代知识论导论》这本教材中的部分话题予以简要地说明。这里所给出的解释并未重复本书中任何章节的内容，只是呈现一个缩略式的勾勒。

证据主义与可靠主义

知识论的核心问题之一，便是拥有一个得以确证的信念究竟需要什么。一个可能的回答是这样的，当且仅当他或她有充分的**证据**证明其为真，才可以说这个人相信某个命题得到了确证。由此，证据主义者的确证进路便被提出来了。然而，这样的进路到底该如何表述呢？如果一个人拥有某一具体证据 E，且 E 是所讨论命题之真的可靠标识，那么他或她相信这个命题就得以确证吗？比如，一个读数下降的气压计就是"天要下雨"这一命题为真的可靠标识，那么根据前述定义，如果查尔斯发现气压计读数明显下降，他相信"天要下雨"就得以确证。

但是这真的正确吗？如果查尔斯观察到气压计读数下降，但没理由相信读数下降的气压计是"天要下雨"的标识又如何呢？（查尔斯对气象学几乎一无所知。）那么很显然，仅仅看到气压计读数下降并不使得查尔斯相信"天要下雨"得以确证。他需要其他关于气压计的可靠性的证据来确证他做出"天要下雨"的预测。对于任何诸如此类更进一步的信念而言，都会碰到类似的问题。这种不断被提出的、不同层面的可靠的证据是在什么地方，又是如何终结的呢？

科尼与费尔德曼为确证的证据主义进路做出了辩护（Earl Conee and Richard Feldman，2004）。根据他们的证据主义理论，对于行动者而言，每一得以确证的信念都源自信念发生之时所经验到的心理状态。他们主张，仅当它与认识行动者所处的当下心理状态集合之间有着"契合"关系，该认识行动者的信念才得以确证。但是他们所引入的这种"契合"关系究竟是什么呢？对此他们恰恰没有给出充分的解释。

"过程可靠主义"（process reliabilism）则是一种不太一样的确证理论，尽管它诉诸可靠性，但将与之关联的可靠性设定在其他地方。依据这个理论，一个人的信念得以确证或未得以确证，取决于这个信念持有者是否通过可靠的**信念形成过程**产生该信念（Alvin I. Goldman，1979）。信念形成过程属于心理过程类型。它们是产生信念的方式，比方说进行合理的逻辑推论或者只是连估带猜。过程可靠主义认为，信念的确证与否取决于导致它产生的那个（或那些）过程，有着高真比（high truth-ratio）还是低真比。因此，这个理论属于因果论的一种。它主张行动者的信念的过往因果关系对其确证状况至关重要。这一进路与传统理论不同，后者相信一信念是否得到确证完全由信念持有者在信念产生之时的心理状态所决定。可靠主义主张，那些旧有的、被遗忘的信念可能影响后来出现的信念的确证状况。

假设亚瑟（Arthur）随便猜猜而认为 P，后来又从 P 推论出 Q。从 P 到 Q 的推论没什么问题，但这并没有使得他对 Q 的信念得到确证。早先通过不可靠的方式形成并接受 P，造成他后来对 Q 的信念没有得到确证。这表明确证状况如何，不完全取决于某人**当前的**心智状态。

我们能界定知识吗?

"知识论"一词源自希腊语**知识**（knowledge）——"episteme"，因此知识论学者思考很多知识的问题就不足为奇了。很多人一直在努力**界定**知识是什么。一个好的定义应该要涵盖所有的知识情形，并且不仅只是知识情形（应该是"外延上正确的"），而且应该是解释性的，向我们表明是什么将知识情形统一在一起。大致说来，对知识的定义可以追溯到柏拉图，"传统的知识观"将它界定为得到确证的真信念。直到 20 世纪 60 年代，这个看法才被颠覆。

然而，在过去的半个世纪中，很多知识论研究都耗费在如何回应这个定义的失败上面，就像盖梯尔在他那篇著名的三页纸论文所论争的那样（Edmund Gettier）。他的那些反例——所谓的"盖梯尔情形"表明，这个定义漏掉了对于知识而言非常重要的东西，也即它与存在某类运气不相容。不妨考虑一下"山坡上的绵羊"这个例子。罗德（Rod）持有一个得以确证的真信念——山坡上有只绵羊，但实际上人们从远处看到的是山坡上一块绵羊状的石头，与此同时，在这片山坡上某个看不见的地方，的确有一只绵羊。**因为他的信念只是通过运气而形成，所以罗德并不知道实情。**由于盖梯尔情形的缘故，我们就面临着所谓的盖梯尔难题：如何修正传统的知识定义，以便相关联的那类运气可以被辨识出来，并明确把它们排除出去。

知识论学者解决这一难题的路径通常有两种：第一种进路认为标准的盖梯尔情形的错谬表现在一个人的确证状况存在问题。在"山坡上的绵羊"这个例子中，如果罗德对其所处境况知道更多，比如他看到的那个东西十年来一动不动——他就不会相信看到的是一只绵羊。罗德的确证只是因为运气碰巧为真：一个更详尽、合理、完整的境况将表明它为假。这一点引发了"可废止论"（defeasibility account），它根据缺少什么样的事实来界定知识，如果将这样的知识添加到你的信念集合中，就会导致你失去相应的确证（Lehrer and Paxson，1969）。

第二种进路则认为盖梯尔情形的错误在于，主体的信念与真理之间缺乏客观的"可靠性"关系。这样的关系将会把导致问题出现的运气排除在外。比如，因果论就是依照一个人的信念与使得其为真的事实之间存在因果关联来界定知识（Goldman，1967），敏感论界定知识的方式则是根据"反事实依赖"——要知道 P，仅当如果 P 不为真，你就不会相信 P（Nozick，1981）。这两种进路只是宽泛的"可靠主义"的两个例子。

以上界定知识的进路中哪一个更有前景，对此几乎没有任何共识。实际上，近年来由威廉姆森所引领的知识论的"运动"，拒斥了盖梯尔方案，相反要将知识视为原始的、不可界定的（Timothy Williamson，2000）。这种"知识优先"的知识论致力于依据知识来解释其他认识现象，比如证据、确证，而不是相反。即便知识最终表明无法界定，知识论依然从界定知识这一任务中获益。为了解释知识排除运气的方式而引入的那些概念，在知识论的其他构成部分，比如确证理论以及对怀疑主义的回应，同样有着重要的意义。

语境主义与实用侵入

今天的知识理论所涵盖的内容远非仅仅界定知识这一个任务。一种新近出现的发展便是**语境主义**。在日常语言哲学最为繁盛的 20 世纪四五十年代，一种常见的做法就是假定，当我们思考是否在做梦或者要么被欺骗时，我们往往用"知道"意指某个不同于我们平常用这个词所意指的内容，因此所导致的怀疑论难题无非是一种"因为语言运用而产生的幻象"。在一种意义上，也即在日常意义上，我们确实"知道"关于我们周围世界的事物，尽管我们在另一种意义上，也即更为严苛的意义上我们并不知道，后一种才是我们在讨论怀疑主义时不得不接受的。这里面的新内容表现在，运用后克里普克的语言哲学资源将基础的"语境主义"观念作为一个合理的理论立足点，这对于日常语言哲学家而言则是不可能的。"知道"在英语中并非像"银行"一样那么模棱两可。它的意义也不是像怀疑论者随意摆布那般充满变化。相反，其他依赖语境的语词，如指示词（"我""现在""你"），分级形容词（"高""大"），尤其是绝对形容词（"空""平"），人们也可以在不同的话语**语境**中根据"知道"这个词的固定的意义来表达不同的**内容**。当然，表明语境主义为真是一回事，但正如凯斯·德洛兹以及其他人所主张的，认为它有助于我们解决包括怀疑主义在内的重要的知识论难题几乎是另一回事（Keith DeRose，1995）。

另一个新的趋势考察的是知识与现象之间的相关性，传统知识论对后者毫不关心。就拿行动来说，几乎可以认为，假如你知道某个东西，那么你在行动中依赖它在认识上就是适宜的。比方说，如果你知道这家饭店在第二十三号大街，而且你打算去那里，那么在没有进一步收集更多关于其位置的证据的情况下，你直接去那里是再正常不过的做法。相反的情形也许同样没什么问题：除非你知道它为真，否则你就不应该依据它而行动。如果这样诸如此类的关联的确存在，那么知识似乎是一种重要的、有价值的状态：当你知道某个东西，如果它为真，你就能"以它为依据"（Fantl and McGrath，2009）。

然而，如果知识可以作为行动的基础，一个意想不到的后果似乎不可避免，也即对知识的"实用侵入"（pragmatic encroachment）。根据这样的后果，一个人是否知道某个东西可能与相应的实际风险密切相关。实用侵入显然有些让人意外。这个发现或证明是否意味着我们不能始终根据我们所知而采取恰当的行动呢？

社会知识论：证言与分歧

许多哲学家将知识论的历史追溯到 17 世纪法国哲学家勒内·笛卡尔。笛卡尔的知识论的特别之处，在于它集中讨论人们从其自身、个体的角度，能够习得关于世界的那些东西。"我下决心不去寻求别的知识，只去追寻在我自身之内也许可以找到的知识……"（Descartes，1637）。由此看来，他的知识论是一种孤军奋战。知识是通过某人自身、个体的努力（比如内省、知觉等）而获得，而非依赖于他人。几个世纪以来，西方哲学家很大程度上都追随着笛卡尔那种以自身为出发点的知识获取进路，直到二十多年前才有所改观。然而从那个时候开始，知识论学者已经开始聚焦于更强调人际间的知识获取模式。通常情况下，人们都能够正确地参考他人的陈述或意见，以便形成他们自己的信念。这种进路就是现在所谓的"社会知识论"（Goldman and Whitcomb，2011）。

人们能够通过听他人说了什么或者读他人写了什么，从他们那里学到些东西。当他们所说或所写内容来源可靠时，听者或读者就能够通过采纳这些来源所陈述的东西而获益。在这个语境中，我们所说的这样的来源就是给出"证言"，而听者或读者对于所提供的陈述要么接受或拒斥，要么悬置判断。

知识论学者提出："一个听者究竟什么时候才应该接受来源的证言呢？"他们信任这样的证言什么时候、以及为什么得到确证呢？对此至少有两个不同的回答。有些人认为，仅当一个人之前已经注意到那个言者（或者其他言者）的证言的真实性或正确性，他/她信任另一个人才得到确证。

其他知识论学者则主张，对确证的这一要求太弱。泰勒·伯吉提出以下看法："一个人有资格接受某个呈现为真，并且对他而言易于理解的东西为真，除非他有更强硬的理由不这么做。"（Tyler Burge，1993）然而如果听者对于言者的说法有着"足以击败的"证据，这个原则要重写了。

同辈分歧难题

如果一个听者发现他已经相信命题 P，但是后来又获悉，他所认识的另一个人——他一般把这个人尊为与他对等的人或同辈，却不相信命题 P，他应该如何做呢？是不相信 P 吗？这个人与听者一样对 P 有着相同的证据。假定有了这样的额外信息，听者现在应该信任谁呢？这类情形被称为"同辈分歧"（Peer Disagreement）。在获悉所有这样的信息后，这两个人的想法是什么呢？他们应该各自"坚持自己的看法"，持有他们之前的（尽管彼此相悖的）立场吗？或者他们应该各自修正其信念的强度？也许他们各自都应该将他们对 P 的信念度调整为 0.5。换言之，他们对 P"悬置判断"。其他理论家则主张，听者无须始终要与他们的同辈"达成和解"。如果一个人相信其初始判断的强度，那么无视对它有利的证据的强度就是"浪费证据"（Kelly，2005）。

社会知识论：集体与制度知识论
集体知识论

上面我们集中讨论了**个体**的认识行动者，尽管其所探究的话题是这样的个体在形成或修正其自身的信念时，如何才能最好地利用他人的意见。然而，我们现在要转向一个不同的社会知识论分支，这里所涉及的认识行动者均为"集体"认识行动者。集体认识行动者指由许多成员构成的实体或某种统一的"群体"，比如家庭、团队、委员会、公司、政府等。任何这样的群体都涉及诸多不同的维度和集体实践，但是我们将集中讨论认识维度，探究这些群体如何才能在最佳意义上实现其认识目标。

其中一个贡献就是对集体信念的总体描述，这里假定一个群体的信念状态源自其多个成员的信念。如利斯特（Christian List）与佩蒂特（Philip Pettit）所称："如果没有其成员通过这样或那样做出特定贡献来确定诸如此类的东西，任何群体行动者都无法形成命题信念。"（List and Pettit，2011）

社会知识论与民主

我们接下来是将社会知识论应用到民主这个话题。这里讨论的问题是运用特定的认识程序——比如群体决策根据其成员投票的多数原则来决定——这是个有益的做法。事实上，有一个非常著名的定理——"孔多塞陪审团定理"（Condorcet Jury Theorem，1785）。根据这个定理，假如（在其他条件得到满足的情况下）每一位投票成员对于该事项的正确判断有着高于 0.5 的概率，并且他们彼此独立形成其意见，按投票多数来决定的确会产生高概率的**群体准确性**。

群体决策中一种有趣的进路来自布拉德利和汤普森（Bradley & Thompson，2012）。他们将其称为"多票多数原则"（Multiple-Vote-Majority Rule，MVMR）。作为一个做出群体决策的程序，其规则是：个体根据他们在相关事项上具有（认识上的）的胜任力，来赋予其投票以相应的权重。当认识个体在真理的驱动之下，且在不同事项上准确评价其相关的认识的胜任力时，MVMR 的效果在认识上几乎与专家寡头式（expert oligarchy）规则相同。

假定一个群体必须要对一系列事项做出决策。每一位成员都握有十次投票，他们可以依其所愿分配投票。比方说，如果有人认为其自身在其中两个命题上相较于其他命题更具胜任力，他将会把他的投票全部分给这两个命题。与多数规则相比，这将产生更高的群体准确性。

概率知识论

我们的认知态度并不局限于信念。明天会下雨吗？你不可能对两个答案都会有信念。根据这一点，你也许对明天会下雨**或多或少有一定的置信度**。还有一些麻烦的问题则涉及，究竟置信度是多少，它们与信念之间是怎么关联起来的（即信念不过是拥有超过**一定阈值**的置信度吗？）。但是，无论如何表述这样的关系，我们都需要置信度的知识论。一个很自然的想法是，**概率**在任何一个充分的论述中均将起着核心的作用。

有意思的是，尽管几乎没有关于置信度的**确证**的讨论，大家却始终在讨论置信度的合理性问题。（"合理的"通常被用于讨论一个人的心理状态是否"**融贯**"，而"得以确证的"则常在讨论**好理由**或保证时被使用。）主流的看法认为置信度是合理的，仅当其"在概率上融贯"，也即它们符合概率的公理。如果你对硬币头朝上的置信度为 0.5，硬币头不朝上的置信度为 0.6，这当然不合理！这里的问题是：是什么让它不合理的呢？难道只是**实践上**不合理吗？比方说，因为它有可能让你做出不明智的行为——诸如接受一些你必输无疑的赌约？应该不至于这样，而且包括乔伊斯在内，知识论学者力主根据像**准确性**这样的认识价值，来评价概率上融贯的置信度的合理性（James Joyce，1999）。这就进一步提出了第二个问题：概率上不融贯是否**始终**是认识上不合理的？假设 T 实际上是个重言命题，但是如果不花很多时间在上面几乎难以看出来。你难道在一定时间内就不能赋予 T 以小于 1 的高置信度来"避免风险"吗？

除了置信度的知识论之外，概率知识论还用概率的观念来解释一些核心认识概率，比如用证据来对假设加以**确认**。一个假设**至少在某种程度上**可以用证据来确认，即使证据不足以让我们**知道**假设为真或者对它为真有**一个得以确证的信念**。正统的观点是说，一则证据 E 确认一个假设 H，当且仅当给定 E 的情况下，E 的概率比 H 的概率要高。

这个确认观与知识论的很多话题都有关系，不妨看看怀疑主义：你拥有你当前的感觉经验是否确认你没在做梦？如果不是，这些经验如何才能让你有理由相信你不是在做梦呢？因此，我们也许就会发愁到底是什么让我们有这个理由。另外，**正是在这些非常真实的意义上**，你正在做梦这个假设究竟有多么**不大可能**呢？怀疑论者也许会运用概率这样的工具，但非怀疑论者同样也会如此。

阿尔文·I. 戈德曼，罗格斯大学荣休教授

马修·麦克格雷斯，圣路易斯华盛顿大学教授

2021 年 5 月

参考文献

Bradley, Richard and Christopher Thompson（2012）．"A（Mainly Epistemic）Argument for Multiple-vote Majority Rule." Episteme 9（1）.

Burge, Tyler（1993）."Content Preservation." Philosophical Review 102（4）.

Condorcet（1785）． Essay on the Application of Analysis to the Probability of Majority Decisions.

Conee, Earl and Richard Feldman（2004）． Evidentialism. Oxford：Oxford University Press.

DeRose, Keith（1995）． "Solving the Skeptical Problem. " Philosophical Review 104（1）.

Descartes, Rene（1637）． Discourse on Method.

Fantl, Jeremy and Matthew McGrath（2009）． Knowledge in an Uncertain World. Oxford：Oxford University Press.

Gettier, Edmund（1963）． "Is Justified True Belief Knowledge?" Analysis 23（6）.

Goldman, I. Alvin and Dennis Whitcomb (2011). Social Epistemology: Essential Readings. Oxford: Oxford University Press.

Goldman, I. Alvin (1979). "What is Justified Belief?" In George Pappas (ed.), Justification and Knowledge. Boston: D. reidel.

Goldman, I. Alvin (1967). "A Gausal Theory of Knowing." Journal of Philosophy 64 (12).

Joyce, James (1999). The Foundations of Causal Decision Theory. Cambridge: Cambridge University Press.

Kelly, Thomas (2005). "The Epistemic Significance of Disagreement." In John Hawthorne and Tamar Gendler (eds.), Oxford Studies in Epistemology, Volume 1. Oxford: Oxford University Press.

Lehrer, Keith and Thomas Paxson (1969). "Knowledge: Undefeated Justified True Belief." Journal of Philosophy 66 (8).

List, Christian and Philip Pettit (2011). Group Agency: The Possibility, Design, and Status of Corporate Agents. Oxford: Oxford University Press.

Nozick, Robert (1980). Philosophical Explanations. Cambridge, MA: Harvard University Press.

Williamson, Timothy (2000). Knowledge and its Limits. Oxford: Oxford University Press.

当代知识论导论

目　录

导　言

　　知识论是个非常古老的领域，同时它也是一个年轻而又充满活力的领域，有许多新方向和新观念涌现出来。本书第一部分考察了知识论的传统核心话题，包括对怀疑主义的挑战以及知识的本质。本书后面几个部分则讨论了最近几十年出现并渐趋成熟的几个研究角度和方法。它们包括自然主义知识论、实验哲学与社会知识论，同样也包括对概率主义知识论的论述，这个话题是当代研究者最喜欢的知识论领域之一，它很少会出现在导论性著作之中。当然，一本书中不可能涵盖所有内容。我们倾向于讨论那些我们了解最充分的话题，但是同时在潜在读者群的可能喜好和旨趣，与我们自己觉得最为欣赏的内容之间努力保持平衡。

　　同样，还需要做到其他几方面的平衡。一是本科生的理解水平与研究生（新生）学习的相关度之间的平衡。这就意味着要保持这些争论能考验能力、带有当代相关性的同时，还不能用过多的细节让初学者难以承受。我们致力于实现的另一种平衡，则是既照顾相互竞争的立场的广泛性与公平性，同时又不隐藏或回避我们自己的观点。哲学与其说是一个学术领域，倒不如说有着极为显著的个体性。当人们看到一个哲学家是如何开始并深入为一种视角辩护时，确实会感同身受。在这里讨论的很多话题上，本书的两位作者并没有完全相同的视角。尽管每一章都有一位主要作者，并为该章的内容承担责任，但我们都曾经彼此评判对方的章节，只不过并非必定要取得一致的意见，而是在尊重对方意见的基础上做到满意。（事实上，相较于随机选择的两位知识论学者，我们也许分歧要少得多。）

　　鉴于这本书中所涵盖内容非常广泛，因此必定有着不同的途径来使用它们，我们鼓励教师们进行一些尝试。一学年的课程也许易于覆盖所有十一章的内容。对于一学期的课程来说，教师就可能要从各章内容中选择一些话题。如果课程着重于知识论的"核心"的话，那么可以以前六章为重点。对于向学生介绍最新、最前沿话题的课程而言，就可以把时间主要花在后五章内容上。如果课程是要从这些领域中选取一些典型的话题，那么可以用多种方式架构起来。教师们依其各自兴趣来设计课程应该没有什么问题。

这里我要感谢各位编辑、学者及相关朋友，他们在编修过程中提供了有益的指导和/或投入了大量精力。我们的编辑罗伯特·米勒（Robert Miller）、艾米丽·克鲁品（Emily Krupin）、戴安·柯能（Diane Kohnen）、辛迪·斯维妮（Cindy Sweeney）以及温蒂·沃克（Wendy Walker）在督促与耐心之间平衡得非常好。还有一些人同样对我们手稿的第一版给出了极为出色的评论，他们包括詹姆斯·比毕（James Beebe）、大卫·贝内特（David Bennett）、理查德·富莫顿（Richard Fumerton）、彼得·格雷汉姆（Peter Graham）、克里斯托弗·阿尔斯特罗姆（Kristoffer Alstrom）、安娜-萨拉·马尔姆格伦（Anna-Sara Malmgren）以及帕特里克·瑞修（Patrick Rysiew）。正是因为他们所给出的评论，这本书才变得更好。同样，我们还要感谢玛丽娜·佛利苏（Marina Folescu）、泰德·珀斯顿（Ted Poston）、保罗·魏利希（Paul Weirich）、鲍勃·贝多（Bob Beddor）等人，尤其要感谢的是杰克·莱昂斯（Jack Lyons）与帕特里克·瑞修，前者对我们整个手稿给出了评论，后者则为第七章的内容做出评论。另外，还要感谢罗格斯大学2013年秋季在阿尔文的知识论课程中的学生们，他们直接体验了这本书草稿的内容。最后要感谢伊萨克·崔（Isaac Choi），他协助编辑阿尔文所撰写的每一章后面的问题，并提出了建议。

阿尔文·Ⅰ. 戈德曼，马修·麦克格雷斯

第一部分

确证与知识：几个核心话题

第一章　确证的结构

1.1　知识论的概念与问题

知识论研究知识及其相关联的现象，如思维、推理以及对理解的寻求。尽管知识论与惯常的思维过程相关，但是与其相比，知识论更多是研究思维、推理以及形成观念的方式中，哪些更好，哪些更加糟糕。道德理论反思的是行为领域中什么是对的、什么是错的，而知识论则反思理智领域中什么才是理性的或非理性的，什么才是得以确证的或没有得以确证的。

理智上的事情何以如此重要呢？这能够从日常生活中的方方面面来加以理解。倘若明智的决策会增进我自己的福祉、我家庭的福祉和我所在社区的福祉，那么我在生活中想要做出这样的决策吗？如果是的话，我最好要弄清楚，哪一个可把握的选择将会在最大程度上导致有利的结果。换言之，我就需要形成有关这些结果的正确或者**真的**信念，它们会紧随实施不同行为之后而出现。如果我形成了有关每一选择的结果的真信念，那么我就更有可能做出一些会把我引到拥有正确方向的选择。如果我形成了假信念的话，那么我的选择就可能会很糟糕，而不管我的意向有多好。精准的信念会引导我们沿着所欲求的那条路走下去，不准确的信念则会把我们引向我们并不想走的那条路。一个学生决定在某个领域中接受培养，原因在于根据预测，在未来的几年那个领域中的就业机会会非常多。对于学生而言，如果这个预测为真，那么这个领域中培养的效果应该有很好的预期，但是如果它为假的话，那样的努力就白白浪费了。人们往往希望根据真预测而不是假预测来行动。

在决定这个或那个领域中信任谁的时候，同样的问题也会出现。在向一位内科医生咨询自己身上不舒服的症状时，我希望她拥有广博的医学知识，以及将那样的知识应用于新情形的技能。我希望她正确地预测哪些治疗方案会治愈或缓解我的病痛（并且没有严重的副作用）。相同的问题可以延伸至财务顾问或修车技师的选择上。这里并非主张，工具或实践价值才是真信念的唯一价值，或智力所具有的重要性的唯一基础。人们拥有很多并非根植于实践事务的理智旨趣。我们都是有好奇心的。我们想要知道，比方说是什么东西导致几千万年前的恐龙灭绝，尽管知道这一点并没有什么当下的行动意涵。这样的好奇心不依赖于追寻什么样的实践目标。

如此，你就承认了，我们有理由努力获得真理，并谋取那些擅长获得真理之人的支持。然而真理如何才可以获得呢？人们难道只要伸出手、抓取一些事实就可以搞定真理了吗？人们究竟是怎么做的，这一点并不清楚。这个难题就是知识论大部分意义上所涉及的东西。常见的一个介入这一话题的路径，就是聚焦于知识论中另一个核心问题——确证（justification）。如果我能够获得一个得以确证的（justified）或得以保证的（warranted）信念，而不是一个随机或随意选择的信念，那么这一命题就更加可能为真。那么我是如何来处理获得确证的信念呢？有些知识论学者将确证与拥有充分的证据相关联。其他人则将它与遵从好方法或程序相关联。这些方案的前景如何都是接下来有待研究的课题。在本章以及第二章中，我们的讨论将集中在确证问题上；第三章与第四章则着重讨论知识。

正如这些引导性评述已然表明，知识论对信念问题讨论很多。信念（或意见）是什么呢？它是对命题的一种心理态度，这里的命题大致说来就是内容——它声言要表达一个事实。恐龙灭绝是因为大量的小行星撞击地球所引起，这一陈述表达了一个事实。相信这个命题就等于是心理上"赞同"它，或者认为它所陈述的就是如此。信念属于指向命题的一组心理状态。这一家族中的其他成员包括**不信**（disbelief），它是拒斥，或否定一个命题的心理态度，此外还有**不可知论**（agnosticism），或者判断悬置——对一个命题的真表示中立或不做决断的心理态度。总的看来，这些不同的态度（再加上更为精细的分级态度，如75%相信什么东西），被称为**信念态度**。**信念**（doxastic）一词来自希腊语单词 *doxa*，指的是意见（opinion）。

有一个普遍的看法是这样的，形成一个合理的、得以保证的或得以确证的信念，对于形成真信念而言是最好的方法。因此，知识论特别感兴趣的问题，就是一个人应该如何处理获得一个得以保证的、得到确证的或合理的信念。**确证**与**保证**是认识评价或评估的代表性概念。称一个人的信念是"得以确证的"，就是根据某一评价的或规范的维度认可它，或对它给予肯定的评价，而称一个信念"未得以确证"或"未得以保证"，就是从相同的维度来批判它，对它给予否定的评价。假设一种情形，我说约翰认为格里高利（Gregory）是个令人讨厌的家伙，但这个信念完全就没有得到确证，原因在于根据表象来判断人，就像根据封面来判断一本书一样。这一判断（或信念）的基础很弱。这样的规范性评价在道德话语中也有类似的情况，即行为被称为对的或错的。然而，知识论学者几乎一致同意，认识评价的术语，诸如得以确证的与未得以确证的，得以保证的与未得以保证的，并非道德评价的术语；它们是根据某一理智的维度来表达评价意见。如果你在没有充分证据的情况下，或者依据并不靠谱的理由相信什么东西，那么这就是一种理智的缺点，而不是道德缺陷。

尽管确证有可能在很大程度上与真密切关联，但真与确证并不是相等同的概念。尽管一个命题没有人相信它，但有可能为真，而且即使没有人确证地相信它，它也可能为真。不妨来考虑精准测量过的一片沙滩。以下这个命题为真："海滩上沙粒的数量为 N。"然而没有人确证地相信这个真理（可以用准确的数字来替代 N），因为没有人确定或弄清楚 N 的正确值是多少。知识论中的主要论题之一，就是确证与真到底是如何关联起来的，但是它们并非等同的概念。

也许可以说，真理纯粹就是一个形而上学概念，而不是知识论概念。对于一个命题而言，简单来说是世界的状态决定了它的真或假。人们对相关事态的认知关系不会影响其真值。不过与命题的认知关系，在确定确证或保证过程中则特别关键。一个人所拥有的关于命题 P 的确证性（justifiedness）绝不会或几乎不会是由 P 的实际真值所确定。即便 P 为真，人们仍然有可能缺乏对其真值的证据（就像海滩上沙粒的数量例子中那样）。相反，即使 P 为假，同样可能会有非常有利的（尽管带有误导性）证据来确证一个人相信一个命题。因此，真与确证必须要细致加以区分开来。

确证与**保证**并非仅有的两个认识评价术语，还有一个为人们所熟知的认识评价术语，这就是**理性的**。有些知识论学者将理性与确证相等同，但是我们要把它们区别开。与确证论调相比，那些持有理性论调的知识论学者，往往赞同对命题态度的范围做出一种更为精细的阐释。他们并不主张相信、不相信以及不做（或悬置）判断这样的三分法，相反，他们倾向于采用 0 到 1 之间的信念度。1 代表相信某一命题最有可能的强度，0 则代表最不可能的情形。我们自己这里的处理方案则主要运用三分法的模式。但是在第十一章论述概率知识论时，就会涉及更为精细的分级。

除了确证、保证、理性以及合理性之外，知识论中还有一个关键的概念就是**知识**。事实上，**知识论**这一术语恰恰意指对知识（希腊语 *episteme*）的研究。许多理论都主张，在知识与其他我们已经介绍的一些认识概念之间存在着密切的关系。以下这些内容就是已然形成的广泛的共识。首先，知识蕴涵真理。除非 P 为真，否则你就不可能知道。（真理是**事实性的**这一说法表达出这样的观念。）如果你心中确信一个命题 P，那么你就倾向于**声称**知道它。不过，如果 P 实际上不为真的话，那么你并不是真的知道它。（一个人不可能知道事实上并非如此的什么东西。）其次，要知道 P 的话，一个人必须要相信 P，或者高度合理地相信 P。知识（在部分意义上）是一个心理状态。最后，大部分理论主张，知识需要确证。仅仅相信 P 且 P 为真的话，你无法知道 P。做到确证地相信，这同样是必要的。这样看来，在知识与其他重要的概念之间，似乎存在一张关系之网。第三、第四、第五章的内容就对这些问题加以仔细地考察。本书从确证开始，有些人将其视为更为根本的知识论概念。

1.2　认识的回溯难题

当人们从他们所相信的其他事物中推断出得以确证的信念时，许多这样的信念都存在以下情形。信念间的推论关系往往是在与他人之间的对话或争论中得以表达出来。假定亨利（Henry）对托尼（Tony）说："我听说你相信纽约队明年会获得篮球总冠军。你怎么会这么认为呢？纽约队上赛季那么惨不忍睹，你怎么会认为它明年会翻身、赢得比赛呢？"托尼回答说："纽约队今年将获得联盟新秀状元签，传言他是自迈克尔·乔丹以来最具天赋的球员。同样，它还将得到联盟中最牛的一个球员。有这些重要条件，我相信它会赢得总冠军。"

托尼提供了他的论证，P1 与 P2 为前提，C 为结论：

P1：纽约队将获得这些年以来最具天赋的新秀状元。

P2：纽约队同样将获得联盟中最牛的一个球员。

C：因此，纽约队将赢得明年的总冠军。

托尼通过诉诸 P1 与 P2 为 C 做出了辩护，这意味着 C 是从 P1 与 P2 中得到的一个合理的结论（假定不考虑各种未提及的假设）。很显然，C 并非从 P1 与 P2 中演绎得出的。不过（假定不考虑一些额外的假设），它可能算是从 P1 与 P2 中，以非演绎的方式得出的合理推论。

在我们的故事中，托尼作为一个言说者，他以口头的方式向挑战者辩护了他的信念，但是一个类似的故事或许会是这样的，根本没有什么挑战者，而且托尼也没有为 C 进行口头上的辩护。如果他一言不发地持有对 C 的信念，但又（恰当地）基于对 P1 与 P2 的（得以确证的）信念，以及诸多额外的假设，那么最终对于命题 C 而言仍将出现同样的确证结果。因此，一个确证的推论性信念并不要求人际会话。个人的确证与"对话"情形没有本质的关联，对后者来说就会出现口头地给出理由。

托尼对 C 的确证的结构是什么呢？从此前论述看，它与树的根部很相似。在图 1-1 中，对命题 C 的信念［Bel（C）］出现在一棵树的顶部节点，而对前提 P1 与 P2 的信念［分别表示为 Bel（P1）与 Bel（P2）］则出现在向下的根部分支。箭头表示 Bel（P1）和 Bel（P2）为 Bel（C）共同提供支撑。推论性确证被假定为，从一个或更多根部节点向上传递到至少高一个层级的节点。然而，如果低级节点自身并没有待传递的确证的话——换句话说，如果托尼并非**确证地**相信它们——那么高层级的节点就无法从低层级节点那里通过传递而获得确证。

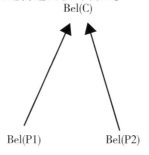

图 1-1

7

图 1-1 对 C 的信念是通过自己得以确证的前提 P1 与 P2 而被确证的。

托尼的确证的根形结构是否可以讨论得更为深入呢？如果他对前提 P1 与 P2 的信念是得以确证的，那么**它们的**确证是如何获得的呢？或许托尼有其他得以确证的信念，从中可以恰当地推断出 P1 与 P2。他对 P1 的信念，比方说，也许是基于他所拥有的已然得以确证的信念——关于这位新秀之前的得分记录以及那个大个子出色的抢篮板能力。为了刻画图中的这一情形，我们会增加另一层级的根部分支，这些根部分支由 Bel（P1）与 Bel（P2）向下延展，这样就可以扩展根形结构。当然，如果说托尼对 P1 与 P2 的信念要获得来自每一个增加出来的根部节点确证的话，那么这样的节点必然同样是得以确证的。

这里出现的东西也许可以被称为理由、基础或确证的**回溯**。这种确证的回溯是如何继续下去的呢？这个问题就引出了被称为知识论中**回溯难题**（regress problem）的麻烦。它由古代的塞克斯都·恩披里柯（Sextus Empiricus）所提出，他追问的是一个人做出断言时的"证据"之链。我们这里的重点在于信念，而不是断言，是理由而不是证据，但核心观点同时也是我们所担心的东西则完全相同。在每一步都诉诸额外信念，而且又没有重复、没有终点的情况下，理由的回溯能够无限进行下去吗？或者这个回溯最终会结束于每一根部节点吗？而且这里的终结者是一个得以确证的信念——它从一个不同于推论的认识来源那里获得其确证状态。这里的可能结构会是什么呢？推论性确证的真正结构究竟会是什么样的呢？

对于一个回溯而言，有关其正确的结构是什么样的有三种说法，也就是，这个结构使得得以确证的信念能够从其他（已然得以确证的）信念那里获得：

1. **无限主义**。正确的结构是一个无止境的理由的连续，没有重复或者终结。每一在推论意义上得以确证的信念的确证之树都带有根部，这个根部的延伸从不会结束，也从来没有重复的节点。

2. **基础主义**。正确的结构就像一棵树，它的树根长度**有限**。每一树根都有末端或最后的节点，它代表着一个得以确证的，但又是非推论的信念。这样的信念就是**基础的**或**基本的**信念。然而，所有得以确证的信念，如果其自身并非基础的信念，那么根本上都从作为基础的其他某个或多个

8

信念获得其确证。因此，所有的确证都终结于或开始于具有基础意义的得以确证的信念。

3. **融贯主义**。这个正确的结构指的是，其中的一些根部构成一个圆形或者环形，支撑自身。因此，这个回溯就没有终点。与此同时，它又不是无限长。在否定存在这样的终点时，融贯主义与无限主义一道，否定确证要依赖于存在基础或基本的信念这样的看法。

对回溯难题的第四个回应则属于一个独立的范畴，因为它并不自视要"解决"这一确证难题——易言之，是为了表明推论性确证是如何可能的（而且又可行的）：

4. **有关回溯的怀疑主义**。面对回溯难题，前三个解决方案没有一个让人满意。人们通过它们所描述的任一结构都无法获得任何得以确证的信念。因为其他三个方案已然穷尽了按照积极的解决思路所能找到的可能性，因此就没有什么办法使得推论性信念能够得到确证。

在声称前面三个方案中没有一个奏效时（具体原因下文予以考察），怀疑主义立场暗含的意思是，确证从来就无法通过推论而获得。这一回应之所以是怀疑主义的，原因在于它否定很多信念的确证——所有基于推理的信念——而这些信念我们往往认为它们是得以确证的。

在检视这些针对回溯难题的方案之前，让我们先看看这些积极的解决方案所共有的特征。所有这些理论都将信念限定为起着确证作用的信念，它们确证的对象是那些**同时**持有的作为目标的信念。在托尼的纽约队会赢得篮球总冠军信念的情形中，我们的问题就是，他会话时的信念是得以确证的吗？很显然，托尼对 C 的确证，取决于他是否确证地相信新秀状元如他所声称的那么有天赋。这就类似于，尽管十月份他没有确证地相信这一点，但也许是，比方说在十二月，他所确证地相信某个东西。

这里所讨论的三个积极的理论，就它们集中在**共时**理由这个意义上而言，都是"经典的"确证理论。一个信念的共时理由指的是与目标信念同时出现的一个因素。在传统观点中，早一些或晚一些的信念都不会造成确证上的差异。大致说来，每个人都会赞同，托尼的信念——纽约队会赢得总冠军无法以所示的方式得以确证，如果托尼关于新球员的信念，在他相信 C 的时候并没有真的就位或者在那个时候并没有得以确证，比方说是因为那个有超级天赋的新秀没有出现或者这个球员尚未签订合同。当然，在结论信念出现的时候，必定已然持有支持性的前提信念，并且它是得以确证的，因此共时观就会有这样的情形。我们可能会认为，只出现于目标信念*之后*的被确证的前提信念，对于（更早时期的）后一个信念毫无意义。然而，这就会出现以下可能性，即更早的信念及其确证状态能够影响后来信念的确证状态（尽管是间接地）。这一情景就是我们在与历时的确证理论相关联时会碰到的，这一理论将在第二章加以考察。这里的历时理论并不解决回溯难题，当然不只是因为历时的缘故。关键问题是要表明，确证理论未必完全是共时的。然而，所有经典的确证理论都是共时的，无论是无限主义、基础主义还是融贯主义。

1.3　无限主义

无限主义很少被给予郑重对待。它一开始出现就面临两个难题。首先，如果一棵确证之树（沿着一个或多个树根）无限后退够远的话，似乎就不存在某个确证得以开始的点。然而，如果确证没有开始的地方——也就是确证得以启动的地方——怎么会有任何有待传递至高层级节点的确证呢？其次，如果一棵确证之树带有一个无限的理由链的话，这是不是就意味着无限多的信念呢？但是，很显然，没有哪个人有着无限多的信念。

无限主义对这些难题有什么好的回应吗？在回应第一个难题时，它有可能会主张，确证无需从什么地方开始，也不需要什么起点。就像时间和宇宙，（在两个方向上）无论它们中哪一个都是永恒的，也没有真正的起点，因此确证有可能是没有起点。当然在共时确证的情形中，时间起点问题并没有出现。无限主义的批评者所否定的，正是所有针对推论之树的信念在认识上均依赖于其他信念。批评者们坚持认为，倘若它们要产生确证之"流"以传递至其他信念的话，那么有些信念必定是独立地得以确证的。尽管这并不是一个证明，但它在直觉上似乎很有力量。

那么，没有哪个人拥有无限多信念这类批判论调又如何呢？在这个问题上，无限主义者还有些操作的空间（Klein，2005）。他们主要的做法，是诉诸在两类确证之间做出标准的知识论区分。**信念的确证指向现存信念**

的属性；**命题的**确证则源自认识行动者的状态或状况——它有资格让他们相信某个命题（即使他们并不倾向于相信）。命题 P 对于这样的一个行动者而言可能是得以确证的，这是在以下意义上来说的，即根据其状况或情境他们相信 P 是得以确证的。如果你在一个寒冷的冬夜抖个不停，那么你相信你感到冷就是得以确证的——即使你没有注意到这一感受而且又不赞同这个命题。一旦承认在对它们毫不相信的情况下，命题还可以得到确证，那么无限主义就可以被解释为这样的看法：有无限多的命题（而不是信念）形成了推论性确证之链。纵使没有哪个有限的生物体拥有无限多的信念，这仍旧使得以下情形成为可能，即在某个时候有无限多我们确证地相信的命题。这些命题的排列也许表现为一个（可能的）推论性依赖之链。不是说我们实际上执行了所有这些相应的推论，而是我们执行其中任何有限的一部分推论都会得以确证。

从无限的信念之链转到无限的命题之链真的有用吗？无限主义者大致会认为，不单单是命题在其自身未被相信的时候能够得到确证，而且它也可以从其他命题那里接收到（推论的）确证——即使后者同样未被相信。因此，无限主义支持了一种命题之链的可能性，其中每一个命题都承载着（或拥有）确证，但又没有哪一个是被相信的。这就陷入一种极端可疑的情景：除非一个命题被相信，否则它能否将推论的确证传递给其他命题就值得怀疑。是不是这个链条中**有些**命题必定要被相信呢？无限主义者也许回应称，可能会是这样，不过这只是要求一个命题被相信，而不是其中无限多的命题如此。这样的说法就正确了吗？如果有一个被相信的命题是推论意义上得以确证的，它难道就必定不是从这个链条中先于它们的其他信念推论而来吗？然而，我们就会开始继续遇到相同的信念回溯难题，而它正是无限主义者力图规避的。

当然，我们已经碰到过一个例子是（前两段中感到冷那个例子），有一个命题（在命题意义上）被视为得到确证，同时又不是从某个信念那里获得确证的状态。麻烦在于，没有哪个无限主义者会乐于接受这种作为典型的情形，因为它的核心要义就在于，命题是从非信念的来源那里获得其确证，因而是一个基础或基本确证的例子。这支持的就不是无限主义，而是相互对立的几个解决方案中的另一个（即基础主义）。

1.4 融贯主义

我们继续来考察回溯难题的融贯主义方案。融贯主义在今天看来是个少数派，但在历史上它是个颇有影响的理论，并且毫无疑问，仍然保持了其中的一些靓丽风采。在说起回溯难题时，常见的做法就是将其概念化为让人觉得头痛的循环推论。但是，这并不是解释回溯难题的最好方式，让我们从另一个视角来对它加以检视。

融贯主义将一组确证的信念描绘成带有整体特征的系统，其各个构成部分之间彼此相互支撑。没有哪个信念是"优先的"，在基础主义框架下起着与基础信念相对应的作用（即这些信念从信念系统之外的来源获得确证，并将这样的确证"流"传递至系统中其余的构成部分）。在融贯主义框架下，所有的确证都源自信念之间的相互关系（或者其他信念状态）。此外，这种确证性交互关系是互相或者双向的，而不是单向的。

对融贯主义而言，一个合适的比喻就是纸牌房子，纸牌相互支撑、彼此依靠。这样的结构之所以能够直立起来，原因在于其构件都由所有其他构件支撑着，或者至少有其他很多构件支撑。支撑有着许多不同的方向。在由 A、B、C、D 四张牌构成的房子中，这样的支撑也许是从 A、B、C 到 D，从 B、C、D 到 A，等等。不存在哪些是"基础的"纸牌，它们支撑其他纸牌，但自身却完全不用支撑。对回溯难题的描绘恰恰假定，确证是线性的（按照单个方向）。融贯主义挑战了这个假设。

那么，姑且把任何比喻放到一边，让我们来考察确证性融贯究竟可以怎么来解释。糟糕的是，在这个问题上几乎没有共识。有一种大致可以带来系统性融贯的要素就是逻辑一致性。除非在整个信念系统中的这些信念彼此一致（也即它们的合取不蕴涵矛盾），否则这个系统就不是融贯的。然而，这是一个极弱的条件。因此，不妨把以下一组命题看成一个人的整个信念系统：

1. 有猫。

2. 有香蕉。

3. 天有时下雨。

4. 有太阳。

5. 有月亮。

这五个命题构成一致的系统，因为它们的合取不会推衍出矛盾。但是，这个一致的系统是一个高度融贯的系统吗？不是，至少在融贯主义者通常主张的那种丰富的融贯性意义上，它不那么高度融贯。这个系统之所以不融贯，原因在于：（i）（无论是单个还是与其他命题一道，）没有哪个命题可从任何其余的命题那里演绎出来，且（ii）没有哪个命题会因为接受其他这里给出的命题之真，而提高其概率。简言之，五个命题是彼此独立的，无论在逻辑上还是概率上都是如此。然而，融贯却被视为与此相反的东西，一个融贯的系统应该显示出高度的相互依赖。

这里给出一个相互间高度依赖的系统：

6. 艾德娜（Edna）喜欢喝卡布奇诺。

7. 周二下午，艾德娜特别想喝卡布奇诺。

8. 周二下午，艾德娜认为最近一个可以喝到可口的卡布奇诺的地方就是尼罗（Nero）咖啡馆。

9. 周二下午艾德娜去尼罗咖啡馆买卡布奇诺。

就像命题（1）—（5）构成的系统那样，这个命题系统是逻辑上融贯的。然而，除此之外，它的重要特征在于，该系统的各构成命题之间有着多种概率上支持的关系。命题（6）的真提升（7）的概率；（7）与（8）的合取的真则显著提高（9）的概率；而且可以认为（9）提升了（7）的概率。因此这些命题之间有着非常多的彼此融贯之处，这样的话，该系统整体上就有高度的系统性融贯（尤其是对于一个小系统而言）。

现在一个伤脑筋的问题就来了：系统的融贯性程度会确保或明显促进构成这一系统的命题的肯定性确证状态吗？一个信念系统高度融贯这一事实，会确保该系统的每一（或者大部分）信念得以确证，甚至使得这一情形有可能出现吗？不会。

首先，要注意的是，构成一个一致的系统的那些命题无需为真，而且对于一个融贯的系统的成员而言也差不多是这样。系统（6）—（9）比（1）—（5）更为融贯，但是这并不意味着哪个系统有更多为真的成员。现在我们不妨转向确证问题。有一个人相信并且只相信系统（6）—（9）

的所有成员，而另一个人则相信并且只相信系统（1）—（5）的所有成员，难道这一事实表明，其中哪一位信念持有者有更多确证的信念吗？当然没有。它完全取决于两位信念持有者的这些信念是如何形成或者如何出现的，因此根本没有任何东西涉及他们各自信念形成的过程或方法。相信命题（1）—（5）的人可能是通过细致的观察而形成每一个信念，而命题（6）—（9）的信念持有者可能是一厢情愿地形成其信念。这样的话，一个系统中的成员命题的确证属性与系统融贯性并无关联。与融贯主义相反，关于一个信念的确证性，没有任何东西来自这样的事实，即它属于一个系统融贯性程度很高的系统。如果命题之间的融贯关系对主体而言过于复杂或模糊而难以理解，那么它可能同样无法在命题意义上得以确证。

这一点也许可以通过考察以下可能性而得到强化。尽管我们可能相信一个融贯系统中的每一个成员信念，我们也许并不会认识到或者（在理智上）理解它们彼此融贯这一事实。我们形成每一个信念时或许都是与其他信念相分离的，也没有意识到它们的逻辑和/或概率关系。在这样的情况下，我们的信念的确证与彼此相互融贯没有关系，这个事实也无益于提升它们的确证程度。它们的确证依赖于那些引起（或导致）我们相信它们的什么东西。根据假设，既然我们没有受到它们融贯关系的影响，那么那些关系自然对它们的确证就没什么作用。

我们可以通过调整一个常被用于反驳融贯主义的例子，来强调这些关键点。菲欧娜（Fiona）特别爱想象。她坐在扶手椅上，编造那些复杂的故事，它们在情节的复杂性与内容的深度，比得上那些最好的侦探故事。实际上，菲欧娜所想象出来的故事本身是一部构思、写作各方面都相当好的小说，有着高度的融贯性（情节之间"互相支撑"）。此外，这部想象出来的作品如此鲜活、逼真，以至于菲欧娜相信故事中的每一部分。她相信它们（为真）是得以确证的吗？当然没有。但是其中每个部分都是一个高度融贯的系统的构成成员。从融贯性的维度，这个系统会获得很高的评级，至少根据它们各部分之间的内在关系而言是这样。

其次，融贯主义还有另外两个难题，第一个通常被称为"**孤立性**"反驳。根据融贯主义，一个特定的信念的确证状态完全就是该信念持有者其他信念状态的功能。其他类型的心理状态，比如知觉和感受都与此无关。根据融贯主义，你现在感到冷对于你的信念的状况没有任何影响——即使这个信念状况就是关于你感到冷或者热。你实际上是如何感受的没有什么差异，原因在于确证完全是信念之间的**推论**关系的函数，而且无论是感到冷还是热都不是信念。与之相似，如果我们听到有个像摩托车一样的声音在大街上呼啸而过，听到这个声音在确证意义上，与任何我们可能拥有的摩托车信念毫无关系。这一进路看起来似乎是错的。那些与当下体验（尤其是生动的体验）不相吻合的信念，并没有得以确证。毕竟，知觉经验是来自外在世界的输入，忽略这样的经验对于导致合理的信念没有任何意义。有些知识论学者则努力对融贯主义进行修修补补（比如 BonJour，1985），以避免这一反直觉的特征，但是没有哪个方案取得多少成功。

最后，融贯主义中看起来似乎有一个小缺陷，它表明融贯主义实际上是多么离谱。融贯主义提出，一个信念得以确证，当且仅当它属于（或正是）一个高度融贯的完整信念系统（的成员）。这一主张导致出现显而易见的后果便是，一个高度融贯的信念系统的所有成员都是得以确证的，而一个不太融贯的系统的所有成员没有得以确证。简言之，任何一个完整系统中，其所有成员均有相同的确证状态。这么一个说法几乎没什么意义：正常人拥有得以确证的信念与未得以确证信念的混合系统，而融贯主义没有什么突出的资源来容纳这个混合系统。

1.5　基础主义与基础信念

基础主义者对回溯难题的回应，则认为一棵（成功的）推论性确证之树的每一树根，都会在有限多的步骤之后终止。每一停止之点（有人或许会说是起点）都是一个信念——它拥有确证，同时它不需要从更进一步的（前提性）信念那里获得这样的确证。这样的起点，或者说"基础"信念，有两个关键的属性：（A）它们不是经推论而得出，且（B）它们是得以确证的。另外，基础主义理论主张，在基础和非基础信念之间存在推论关系，这样的话后者就足以得到确证，从而避免全面怀疑论的威胁。大致说来，根据基础主义原则，我们有很多常识信念都可以称为得以确证的信念。

要想取得成功，一个成熟的基础主义版本必须要阐明四个问题［我们经常会用**直接的**与**间接的**确证来分别指向基础的与非基础的（nonbasic）确证］：

1（Q1）.一个信念要在无中介的或非推论的意义上获得其"得以确证的"状态需要什么条件？

2（Q2）.哪些类型的信念有资格成为直接得以确证的？（比方说，哪些类型的命题内容会赋予其自身以直接的确证呢？）

3（Q3）.根据基础主义，那些直接得以确证的信念必须拥有什么样的确证强度呢？它们必须要显示出最高程度的确证（即确定性或不可错性）吗？

4（Q4）.假定许多直接得以确证的信念都可获取，这是否使认识的行动者能够通过充分合理的推论得出更进一步的信念，并消除那些奠基于基础主义门阶之下的各式怀疑论呢？

这几个问题向基础主义纲领提出了其所面临的建构性工作。它能够给予令人满意的回答吗？基础主义的批判者们不遗余力、热心地进行抨击，质疑它所蕴涵的理论优势中的各种可能性。我们将给出批判者们所提出的一些具体的难点。这些难点会不会消除一个成功的基础主义所预期的那些前景呢？或者在我们细致审视这些构成对立的批判时，它们是不是会瞬间瓦解呢？

1.6　作为自我确证信念的基础信念

先来看看第一个（也是核心的）问题，对它的回答是，直接确证的信念就是自我确证的（self-justifying）信念。**自我确证**这一术语通常是在试图解释直接确证的独特性时才出现。由于推论通常意味着与其他信念之间的一种关系，**自我**确证听起来似乎与基于推论的确证形成恰当的对比。因此也许直接的确证就是，当一个信念是自我确证的时候所产生的东西。但是对于一个信念而言，它确证自身到底意味着什么呢？这是否真的可能呢？只有在它的发生在逻辑上衍推出其内容为真的情况下，或许一个信念才确证自身。"人们持有一些信念"，类似于这样的信念似乎满足这一条件。可以肯定的是，很少有几个信念例示这个属性；相信明天下雨无法衍推出明天将要下雨。不过只是在那几个非常有限的情形中，信念才有这个属性，或许它才是直接得到确证的。

对第一个问题的回答会满足基础主义实现其目标吗？一个极为常见的假定就是，典型的直接得以确证的信念情形是关于我们自身当前（非事实的）心理状态——比方说，"我相信我痛"，或者"我相信我想要一杯浓咖啡"。但是这里提出的界定无法保证这一结果，首先是因为我们所想要的逻辑衍推几乎不会出现。我相信我现在很伤心，这一事实会在逻辑上衍推出我现在伤心吗？这非常令人怀疑。在我们对自身的当下心理状态进行分类时，也许我们往往都是正确的——但这是否在逻辑上或者形而上学意义上得以保证呢？这些方面都显得问题重重。

然而，在这样的情形中，即使相信我们处于心理状态 M 保证我们事实上处于状态 M 中这一点为真，为什么这就应该蕴涵着这个信念的确证性呢？对于任何逻辑的真理 L 而言，（因为它必然为真）我相信 L（在细微意义上）衍推出它的真，但是几乎无法从中得出我相信它是得以确证的。L 也许是这样一种复杂的命题，尽管我勉强把握了其内容，但我并没有理解它如何或者为何为真。因此，即使信念的内容保证了它的真，稍做反思便会发现，这并不会保证其确证性。

这里还有一种稍微不同的方式理解自我确证。如果某人 S 相信她当下正处于心理状态 M 中且 S 正处于 M 之中，那么 S 相信这一命题就得以确证。根据这里的第二个观念，自我确证说得通的方式就有点不一样：不是信念赋予确证性，而是该信念为真赋予确证性。这样的看法得到齐硕姆（Roderick Chisholm）的辩护。齐硕姆进行如下刻画："在我认为我知道 a 是 F 时，赋予我确证的东西只不过就是事实——a 就是 F。"

齐硕姆承认，这样的刻画无法应用到每一个具体例示它的命题：

> 因此，"你有什么理由认为月球上显然没有生命呢"，在回答这一问题时，假如只是简单重申"月球上根本没有生命"会很不当——是自以为是。但我们能够通过重述那些命题，来陈述我们对于**某些**关于我们信念的命题，以及关于我们想法的某些命题的理由。(Chisholm, 1977: 21)

然而糟糕的是，齐硕姆并没有解释，**为何**通过重述的方式来辩护某些信念，而不是另一些信念就是恰当的做法。为何它对第一人称心理状态命

15

题有效而不是第三人称心理状态命题？它们之间的根本差异是什么呢？

齐硕姆引入一个词将某类命题或事态与其他类别区分开来。当重申该事实是为了辩护一个确证主张成为恰当的做法时，事态被称为**自我呈现的**（self-presenting）。尽管这提供了一个参照，却根本没有解释所声称的认识差异。在齐硕姆表示自我呈现的状态指的是那种"通过其自身得以领会"（Chisholm，1977：22）的状态时，或许这样的解释就蕴涵其中了。但是这个令人费解的概念从来就没有得到解释。如果直接确证这个词未能解释得足够清晰，那么对直接确证的辩护就难以澄明。

1.7　拆穿直接确证的一些揭秘者的把戏

从这些毫无意义地澄清直接确证本质究竟是什么的尝试中可以看出，或许基础主义的情形本身就有模糊的特征。然而，原则上这也许是一个没有前景的任务。为了获得对基础主义在追求什么有一些理解，不妨先来看看以下的类比。

在欧洲历史上，成为一个君主通常与世系有关：与另一个已是在位君主间有恰当的嫡亲关系，一个人就可能成为君主。然而，不是每一个君主都会通过继承而成为君主；有些是通过率领征服一个新领地而成为君主。因此，除了通过继承来接续君主之位外，有时同样可以从零开始而获得。这与确证状态（J状况）的观念很相似，后者并非经由一个到另一个拥有者传递确证之"流"来获得。假如这样的话，就好理解了，至少原则上在认识的确证这一领域之内，似乎没有理由排除这种情形。

尽管如此，许多知识论学者对于基础主义的前景觉得很悲观。其中有一些人努力通过论证其内在的不可行性来揭开直接确证的面纱。阿尔斯通（William Alston，1983）考察了其中尝试提供解决方案的一些解密论证，并拆穿那些解密论证的把戏。让我们来看看几个有代表性的责难以及阿尔斯通的反驳分别是什么。① 我们先从阿尔斯通设定的基本规则开始，更具

---

① 需要注意，阿尔斯通在其论文中正式的目标在于知识而不是确证。但是由于本章致力于阐释确证而非知识，因此我们的论述将对阿尔斯通所讨论的内容加以改变。

体地说是间接确证（mediate justification，MJ）与直接确证（immediate justification，IJ）的核心概念：

（MJ）S 相信 p 是**间接**得以确证的，当且仅当 S 根据某种关系——该信念与其他某些得以确证的信念之间的关系——相信 p 得到确证。

（IJ）S 相信 p 是直接得以确证的，当且仅当 S 根据除了某种关系——该信念与其他某些得以确证的信念之间的关系——之外的什么东西相信 p 得到确证。

直接确证的界定在这里完全是否定性的：确证指向不涉及任何推论关系或与其他得以确证的信念之间的其他关系。这种概要式界定并不能构成对前述第三个问题（Q3）的回答，它没有为直接确证提供肯定性条件。阿尔斯通继续论证道，他所阐释的那些相关联的揭秘者的把戏悄悄地试图用一种不同的直接确证观来替代简单的确证观（IJ）。事实上，他对那些揭秘者的把戏提出的责难，在于对比基础主义的要求，它们设法将更为严格的条件强加于直接确证之上。

不妨用类比来解释其中的基本原理。你打算去听一场音乐会，手上拿着票。你往音乐会现场的入口走过去，并将票递给站在门口的检票员。检票员说："嗯，你有票，但是你要进去的话这还不够。你必须同样要提供证明，你这张票是自己从官方的售票机构购买，还有你的购票日期。这张票上没有所需的证明。"你当然会很愤怒。通常只要出示相应的票证就足以许可参加这些公共活动了，根本无需进一步证明如何以及何时得到票证。日常生活中这样突然"提高要求"会招致不满。与之相似，阿尔斯通的方案是要反驳直接确证的某些把戏——（在他看来）这些把戏在直接确证问题上"提高要求"既不公平，也不合理。

阿尔斯通选出几个揭秘方案，它们提出了"等位升高"（level ascent）论证来反对直接确证的可能性。等位升高在我们的音乐会票证例子中得以体现出来。进入音乐会的第一级要求——通常是唯一要求——就是出示有效票证。检票员不仅要求有效票证，而且还要求证明票证的有效性，这无疑增加了一个等位。与这一点相似，增加合理的直接确证要求正是阿尔斯通声称要在某些批评者的著述中所考察的内容。

这里的第一个批评者就是塞拉斯（Wilfrid Sellars，1956）。阿尔斯通描述了塞拉斯针对观察性知识的一种进路所持有的看法，也许它可以解释这样的知识何以是直接的。这一进路大致是说，假如在被呈示绿色物体时，一个人可靠地形成信念——它们是绿色的，那么他就拥有一种知觉知识——物体是绿色的。与之相反，塞拉斯则声称，琼斯（Jones）并不**知道**这个物体是绿色的，除非他能够反思他的认识表现，并将其陈述或信念的形成视为假定一个绿色物体得以呈示的理由。阿尔斯通将这个策略概括如下：

> 根据（IJ）中对那个术语所给出的解释，塞拉斯明确否定，观察性知识是或有可能是直接知识。他否定的理由很显然可以归入我们的等位升高框架之下。只有一个人知道有关那个信念——它作为一个被相信的事实的可靠标识——的认识状态，其信念才可视为知识。而且同样很清楚的是，这一思路可以用于反驳**任何**直接确证的主张。（Alston，1989：66）

作为他对塞拉斯的等位升高论证诠释和拒斥的进一步支持，阿尔斯通指责塞拉斯（以及其他人）混淆了两个有着微妙差异、有必要区分开来的概念。这两个概念首先指的是信念得以确证的概念，其次它们涉及针对反思它（即那个信念得以确证的概念）并确立其有效性的信念而产生的某种活动。在音乐会门票的情形中，那张票自身是有效的与一个人持有额外的文件来证明或确立那张票是有效的，这两者之间是有差异的。与之相似，阿尔斯通声称，一个信念有其相应的认识属性（比如得以确证）是一回事；一个信念持有者对于相信或断定它是有效的有着更为高阶的理由则差不多是另一回事。直接确证类似于具有有效性的一阶属性。如同塞拉斯表面所做的那样，在一个人坚称，具有有效性同样涉及拥有关于信念之有效性的更为高阶的理由时，这就不可避免带来另外一些信念，并使得原有信念不会直接得到确证。对于基础主义者而言，恰当的解决方案便是拒斥对任何多余的、更高阶要求的坚持。

另一个知识论学者邦儒则试图为基础确证揭秘，其途径是运用等位升高策略，此时他是一个融贯主义者（Laurence BonJour，1985）。邦儒一开始提出假设，即基础主义能够成功的唯一条件，就是有那么一类直接得以确证的信念。此外，根据他对确证的讨论，信念的确证意味着极有可能为真。因此，一个信念要有效地直接得以确证的话，无论你可能为它规定什么特征，拥有这样的特征必定意味着该信念极有可能为真。姑且称你最乐于接受的那个正确的特征为 Φ，按照邦儒的说法，对于一个有资格成为基础信念的信念而言，以下论证的前提自身至少就必须要得以确证：

ⅰ. 信念 B 有特征 Φ。

ⅱ. 有特征 Φ 的信念就非常可能为真。

因此，B 极有可能为真。

邦儒继续论述道：

> 如果我们现在足够合理地做出如下假设：对某人而言（在某个时间）B 要想得以确证，必要条件除了 B 的确证在一般情况下存在之外，此处所说的这个人在认知上还要拥有该确证，那么我们就会得出，B 不是基础信念，原因在于其确证依赖至少一个其他经验性信念。（BonJour，1985：5–6）

换句话说，邦儒是在表明，他的论证的前提为真的条件，比如仅仅 B 有 Φ 这一（可能为真的）特征是不够的。还有一个必要条件是，信念持有者确证地相信 B 可能为真。但是，这是一个额外的、更高层级的信念，一般来说它需要一阶确证。如果这一点确实必要，那么最开始被称为基础信念的东西，其确证同样有赖于它对一个更高层级信念的确证——如果真的是这样，很显然，它就会削弱基础主义。这个论证又一次成为等位升高论证的样式。它的意思是说，任何第一层级信念 B 的确证状况，都要求认识的行动者同样要有一个得以确证的更高层级的信念 B*，它使得 B 有可能为真。第一层级信念 B 有可能为真是不够的。除此之外，行动者必须要有一个不同的信念 B*——它为他或她相信 B 有可能为真提供确证。这自然就意味着，B 不是直接得以确证的，最多只是间接得以确证。

从阿尔斯通对邦儒的回应，现在就可以看出：他挑战的是邦儒做出如下要求的关键步骤，即 S 的第一层级信念要得以确证，就必须要有一个得以确证的、更高阶的信念——它这个第一层级信念极有可能为真。"换句话说，为了我确证地接受 B，我必须要知道，或者确证地相信上述论证的前提。但是我们为什么应该如此假定呢？"（Alston，1989：73）在阿尔斯通看来，邦儒恰恰回避了一个关键问题，而他并没有真的对它做出论证。

阿尔斯通的结论是，"因此在邦儒那里，就跟在塞拉斯那里一样，假定性直接知识的确依赖更高层级的理由，这一主张自身建基于沙丘之上"（Alston，1989：77）。阿尔斯通阐述直接确证的特定标准，尽管这并没有为基础主义做出肯定的辩护，但是他确实在那些已经给出的、反驳基础主义的可能尝试中找到了漏洞。①

1.8　强度、内容、击败者与助推器

我们的讨论几乎都集中在我们早先的问题（1）：获得直接确证有哪些必要和充分条件？现在让我们针对（1.5 节）原来列出的问题清单中（2）和（3）来讨论一下。

笛卡尔首先创立了知识与确证的基础主义图景。同样，他还引导了另一个观念的发展，即认识的确证这一事业的起点在于我们自身的心智状态。他的名言"我思故我在"，以及由他开启的关于如何处理从心理状态到外在世界状态的艰苦努力，贯穿于数个世纪的知识论的讨论中。然而在20 世纪，基础主义开始重新思考这些问题，并确定地认为，甚至物理对象命题（"桌子上有个梨"）也许就是个直接得以确证的信念。这一争论的解决方案是什么依旧没有定论。②

大致说来，针对问题（2）的争论可以讲述同样的故事。通过将知识论事业与确定性的寻求相等同，笛卡尔又一次掀起对很多问题的讨论。他主张，确定性在第一人称当前心理命题中有可能获得，而且确定性只是要求基础信念的确证的强度。然而20 世纪中，知识论学者开始有了新的想法：或许直接确证并不需要最高层级的确证。在信念内容的类型与这里所要求的确证强度之间没有显著的关联，尽管有些这样的关联长期以来始终得到辩护。

一个讨论较少的话题则是所谓击败者对确证类型的难题的影响。在基础主义传统中，有两种（肯定的）确证状态，它们均能够描绘一个得以

① 相较之，莱昂斯针对当下确证的标准，确实给出了一个清晰的说明。请参阅莱昂斯（Jack Lyons，2009）。

② 我们将在第六章回到这个话题。

确证的信念。既有直接得以确证的信念，也有间接得以确证的信念。这是可以穷尽的、排他性分类。所有得以确证的信念都是在一种或另一种意义上得到确证的；没有哪个得到确证的信念在两种意义上同时得以确证。不过这一点不可能是对认识图景的充分描绘。实际上，许多信念的确证来源都可能既直接又间接，既是直接的又是推论的。

如何才能理解这一点呢？首先，让我们引入一些术语。当一个命题从某个来源获得"注入"确证时，让我们称其为，对于该认识的行动者来说，初步认定它是得以确证的。初始确证是暂时的，或者不确定的确证，它与权衡或全面考虑之后的确证相反。（对于某个特定的行动者而言）该命题的 J 状况（J-status）是否经全面考虑之后会得以确证，这取决于其他来源。其他一些来源中有一部分也许构成对该命题的反对，因此就会削弱其初始的肯定性确证。如果（几乎总是）出现这样的情形，我们就会说，这样带有损毁性或削减性质的来源**击败**基于原初来源而形成的初始确证。施行这种损毁的信念（或什么不可名状的东西）被称为**击败者**。我们或许同样要引入一个术语，用以描述给一个命题增加确证性支持的那些因素；让我们称之为**助推器**。这两个术语均可用在涉及"理由"的语言这类情形中。信念或非信念的理由可能就是相信 P 的助推器。如果既有肯定又有否定的理由，而且否定理由足够强，那么它们就击败了支持 P 的初始理由。那样的话，该命题（经权衡之后）最终的 J 状况就没有得以确证。或者，尽管最开始确证的注入有可能不足以使得一个命题超越确证的临界点，但是从一种新的来源那里获得一个助推器就足以让一个命题能够在确证上有如此状况。

假定你正在仰望天空，发现一架外形不太熟悉的飞机。你会想，它是不是一架新型的 829 呢？它们看起来就是那样的，但是那架飞机有一部分被云彩遮住，天也有点黑了，而且你的远距视力无论如何都不会那么好。不过你现在回想起读过一则消息，这个新机型今天在你们这个区域试飞。因此你肯定地认为，你所看到的就是一架 829。尽管你的信念得到确证，但其确证的来源由两部分构成，其既是非推论的，也是推论的。第一个来源是视觉，大致可以归为直接确证这一类。第二个来源是背景信息，属于间接确证。这两个来源共同提供确证"流"，以使得该信念最终得以确证。但是无论哪一个来源都无法单独使得该信念跨过确证的临界点。很显然，一个让人满意的确证理论必须要能够处理诸如此类的情形。如果基础主义是这样一个理论的话，它最好能够处理它们。幸运的是，对于基础主义来说，只要稍做调整，它似乎看起来还是可行的。基础主义只要将直接与间接确证的属性视为不仅（或主要）适用于信念，而且也可应用于确证的来源、因素或构件就可以了。这样看来，同一个信念既可能有间接的确证来源，也有直接的确证来源。

融贯主义者这里也会不假思索地急于表明立场。他们会指出，对于人们因为直接确证而形成的任何信念而言，其确证状态原则上始终受到这个人已然持有的其他信念的影响。融贯主义者会声称，"这正是我们一直以来在表达的看法"。任何一个谨慎的知识论学者都应该反对这一主张。这**完全**不是融贯主义者自始至终所表达的，至少不是他们所说的全部。他们所持有的另一个更强的观点则是，推论或者与其他信念的推论关系并非确证的唯一来源。除了推论，融贯主义否定任何确证来源的存在。因此在前两个段落中所承认的并不等同于融贯主义，但它确实至少有点向融贯主义妥协的意思。它似乎同样要求基础主义赞同以下事实——许多基础信念在部分意义上从推论性来源那里获得其确证，尽管基础信念同样将会由于非推论来源而拥有**一些**确证。

1.9　从基础到上层建筑（问题 4）

笛卡尔主义的基础主义就是基础主义的变体，它将基础信念限定在关于第一人称当下心理状态的信念之中。姑且把关于心理状态的信念如何获得直接确证这一问题放在一边，我们现在的问题是，一个主体如何才能将这样的信念应用于外在世界中具体事物的命题。很显然，这需要有正当的方法可用于从那些有关当下经验的命题推断出这类外在世界的命题才行。究竟有没有这样的方法呢？当然，我们根本不可能在逻辑上，从那些关于我们自身内在经验的命题中演绎出外在世界的命题。然而，在诸多知识论学者与科学哲学家看来，我们最重要、最有趣的推论无论如何都不是演绎型的。有一种标准的推理在日常生活与科学中均有所用，它就是**最佳解释**

推理，也被称为**溯因推理**。

　　举一个例子，今天早晨下雪之后，我看到雪地中有一些足迹，由此我推断出这些足迹是由一只鹿踩出来的，因为它们看起来就像是鹿的脚印，而且鹿经常到我们这个地方。这看起来是个好的推理，并且很明显是一个解释性推理。我把小鹿假设视为雪地中所观察到足迹的有说服力的解释。但是我的邻居告诉我："有一个名为'恶作剧者的玩具'公司最近推出一种模仿小鹿脚印的机器。雪地中这种机器的足迹与真鹿的脚印无法区别开来（而且也没留下任何可以说明问题的车轮印）。爱搞恶作剧的人都非常喜欢这些机器。"我的邻居声称，我所看到的脚印可能就是由这样的机器压出来的；或者再推进一步，他说完全有可能这些脚印就是这么来的。无论在哪一个情形中，他的结论都使得我所持有的关于这些脚印由小鹿踩出来的信念没有得以确证。

　　我们应该如何评判这个问题呢？这里就需要某个推理原则，用于具体情形中的解释推理。一个备选原则如下：

　　通过解释性推理来确证（Justification by Explanatory Inference，JEI）。如果假设 H 为用于解释 S 的证据 E，且不存在一个与之不相容的假设 H'——它可以为 E 提供更加充分或相同程度的解释，那么 S 基于 E 相信 H 就是得以确证的。（或者：……那么 S 基于 E 相信假设 H 就是得以确证的，当且仅当不存在这么一个不相容的假设 H'——它可以更加充分或者同样充分地解释 E。）

　　如果我们用假设——鹿脚印迹由一只鹿踩出——来替代"H"，并用所观察到的鹿脚印替代"E"，JEI 会同意我所相信的小鹿假设吗？或者鹿脚印模仿机器假设会构成对这些脚印更好或同样好的、可做备选的解释吗？如果我相信小鹿假设不满足 JEI 原则，但 JEI 又被保留作为相关的推理原则，那么我应该悬置判断而不是不假思索地相信它。

　　两个假设中对于一个在解释上优于另一个的假设而言，究竟什么才是其中的关键呢？我们这里暂时先简要讨论一下这个问题，第四章（第五节）再加以详细阐述。有几个原则在哲学家那里已经获得一些认同（Beebe，2009）：

　　解释的简洁性：如果其他方面没什么差别，相比于设定更多相同概念的理论，一个理论设定越少的最初解释性概念越可取。

与背景知识相融贯：如果其他方面没什么差异，相比于契合不太好的理论，一个理论与其他广被接受的理论和背景知识契合得越好就越可取。

解释有深度：在其他方面相同的情况下，相比于提供较差启发性的理论，一个理论针对相关数据提供的解释越具有启发性越可取。

避免专门原理：如果其他方面相同的话，那么涉及更少专门原理的理论，比要求更多专门原理的理论，则更为可取。

这些观点如何才可以从关于我们自身内在经验的命题，应用到关于外在世界的推理性命题的问题呢？大部分哲学家会说，真实物体（如椅子、岩石、建筑）的存在，对于我们每个人而言就是对我们一整个心理经验的最佳解释。不过乔治·贝克莱并不赞同这一点。作为一个更好的解释，他提出的假设是非物质事物——即上帝（一个无限的心智）引发我们一系列的经验。一方面他认为上帝的假设更具简洁性，另一方面则诉诸与背景知识更具融贯性的原则，从这两方面他辩护了他的立场。我们已然知道心智能够导致经验的出现，但是我们并不知道物质实体能够引起经验。因此看不出来基础主义是否能够运用最佳解释推理原则（JEI 或者其他这样的原则），来表明有关外在世界的信念如何能够确证地建基于有关我们自身心理经验（基础）的信念之上。我们将在第四章回到这个问题。

讨论题

1. 本章第一节，一方面在道德的正确与错误，另一方面又在认识的正确与错误之间做了个类比。后者往往是根据持有具体信念时，是否得以确证、是理性还是非理性来进行描述。与此同时，有一种说法认为，道德与认识的规范性是不同的规范性类别。我们真的能主张它们是两类东西吗？如果它们是两类不同的正确与错误观点，在两者之间怎么可能会有什么共同特征呢？你会如何解释这两个领域之间的共性，以及它们的差异呢？

2. 笛卡尔似乎会认为，他的信念体系的基础是那些他能够将其视为其他信念之基础的信念，类似于一个房主坚信他房子的地基支撑了在其之上的楼层时所做的那样。这是否意味着基础通常要比那些地面楼层更强呢？这一类比在信念与确证领域中会是什么情况呢？一个基础或"基本的"信念必定要比任何非基础信念更好地得以确证吗？笛卡尔说，他的基础信念就是"我思"。它比人们可能拥有的任何其他（非基础）信念都更好地得到确证吗？这个信念到底具有什么性质让它与其他非基础信念区别开来，并使其得以确证有如此之强呢？这个性质（或这些性质）对所有在基础意义上的确证的信念都适用吗？一个明智的基础主义者会有什么样的主张呢？

3. 假定你是陪审团成员之一，要审理针对一个被告的杀人指控。通常情况下，在这类案子中（至少是在电视中）胜败看起来要取决于，控方对案子的阐述，相比于辩护人对案子所呈现的针锋相对的情节，是否更为"融贯"。当然在控方的叙述中包括了被告如何实施犯罪行为的那些命题。辩护人的叙述包括的命题，则是被告是如何不在犯罪现场的。你作为陪审团成员，难道在相信哪一个叙述更为融贯，也就是"不矛盾"这一点上，要更好地得以确证吗？如果这个说法是正确的，它是不是证明了融贯主义之真呢？一个基础主义者可能会如何回应这一论证呢？

4. 还是来看杀人案这个例子，假设控方主张他们对案件发生过程的陈述，比辩护人所呈现的案件过程更为简洁，而且用到更少的专门原理。假定你赞同这些主张，这是不是很清楚，应该足以让你相信控方对案件的陈述呢？为什么一个更为简洁、用到较少专门原理的陈述就是更加值得相信呢？要么是它解释了这种陈述为何更加值得相信，要么是它表明在决定确证时，为何将简洁性和专门原理最小化赋予这么高的权重是错误的。

5. 在第一章第四节（1.4）的末尾，有一个反对意见是说，根据融贯主义，一个高度融贯的系统的所有构成成员都将是得以确证的，而一个具有弱融贯性的系统的构成成员都是未得以确证的。换言之，对于任何系统而言，所有成员都有相同的确证状态。这一点之所以构成异议，原因在于，很显然，确证往往并非如此运作：尽管当下只有一个信念系统，但在正常情况下，人们既有确证的信念又有未得以确证的信念。鉴于本章中融贯主义所呈现的描述，这似乎就是个严重的问题了。不过也许对融贯主义的新的描述有可能避免这一难题。你能给出一个这样的新描述吗？

延伸阅读

Alston, William (1980). "Level Confusions in Epistemology." Midwest Studies in Philosophy 5, 135 – 150. Reprinted in Alston (1989). Epistemic Justification: Essays in the Theory of Knowledge. Ithaca, NY: Cornell University Press.

BonJour, Laurence (1985). "The Elements of Coherentism." Chapter 5 in The Structure of Empirical Knowledge. Cambridge, MA: Harvard University Press.

Haack, Susan (1999). "The Foundherentist Theory of Epistemic Justification." In Louis Pojman (ed.), The Theory of Knowledge: Classical and Contemporary Readings (2nd ed.). Belmont, CA: Wadsworth.

Huemer, Michael (2001). Skepticism and the Veil of Perception. Lanham, MD: Rowman and Littlefield.

Klein, Peter (2005). "Infinitism Is the Solution to the Regress Problem." In M. Steup and E. Sosa (eds.), Contemporary Debates in Epistemology (pp. 131–140). Oxford: Blackwell.

Lyons, Jack C. (2009). Perception and Basic Beliefs. (Chapters 1, 2, and 4). New York: Oxford University Press.

Pollock, John and Joseph Cruz (1999). Contemporary Theories of Knowledge (2nd ed., Chapter 2, "Foundations Theories"). Lanham, MD: Rowman and Littlefield.

Williams, Michael (2001). Problems of Knowledge. New York: Oxford University Press.

第二章 确证的两个争论：证据主义与可靠主义、内在主义与外在主义

2.1 确证与证据

正如我们所看到的，基础主义与融贯主义是确证结构的主要理论。它们同样构成了可被称为传统知识论中占据优势地位的理论。尽管它们在确证的结构问题上有明显的分歧，但它们有诸多共同的假设。本章的大部分内容将集中在对比以**心理主义证据论**（mentalist evidentialism）为主要代表的传统确证理论，与**过程可靠主义**（process reliabilism）为主要代表的非传统（或不太传统）的确证理论。这两个理论之间充满趣味的矛盾，通过它们之间的正面交锋得以揭示出来，同时也通过它们所代表的更为宽泛的进路——**内在主义**与**外在主义**之间的相关争论来展开。

"**确证赋予者**"这一概念，指的是任何有助于使得一个信念状态得以确证或未得以确证的东西。换句话说，它是对目标信念的确证状况起到积极或消极作用的东西。基础主义与融贯主义，甚至在两者之间，只是提供了两类确证赋予者。第一类是主体的（其他）**信念状态**，目标信念可以从这些信念中推衍出来，它们是在我们被要求或受到挑战而为一个具体的信念辩护时通常会诉诸的信念。当我回答"因为 X、Y 和 Z，我相信 P"时，这里所引述的理由正常情况下就是那些我所**相信**的命题。（尽管有时我也知道它们，但那意味着相信它们。）第二类确证赋予者是经验状态，比如知觉和记忆经验。（记忆经验这里指的是一种有意识的似乎记得的片段。）如我们在第一章中所看到的，融贯主义将确证赋予者完全限定为信念（或其他信念状态）。实际上，它主张所有确证都是通过推论或推论关系才得以实现。相比较而言，基础主义则允许确证由经验以及（其他）信念所赋予。

传统基础主义和融贯主义均接受的论题，就是所有确证赋予者要么是这种要么是那种心理状态——更具体地说，就是认识主体的心理状态。只有一个主体自身的心理状态能够明确该主体在持有一个特定信念时是否得以确证。基础主义与融贯主义均赞同的另一点就是下面这个假设，即只有主体 S 在 t 所处的那些状态，才是影响 S 在 t 针对 P 的信念的确证状态的信念。不妨来看看 25 岁的简爱（Jane），现在她相信，7 岁时她的内心被姐姐对她说出的挖苦、贬损的话语深深伤害。简爱现今对发生在很久之前的那些感受，或者她姐姐发出那些单词的声音，没有什么记忆经验。她只是相信这件事情发生过。简爱相信这件事情发生过是得到保证（warranted）① 的吗？在阐述这个问题时，传统知识论会让我们忽略任何在她 7 岁时所经历的心理状态或事件。这种过往的状态对她的记忆信念是否为真当然很重要（它不是这里讨论的重点），但是它们对于她当下信念（准确地说是这里正在讨论的重点）的确证状况没有什么影响。根据传统的理论（尤其是基础主义与融贯主义），只有行动者自身的当下心理状况才影响其当下某个信念的确证性。这可以被称为传统知识论的**当下时间片段假定**。②

这个观念会让我们回到笛卡尔和他那个时代的其他哲学家，在他们的理论中，知识论的任务被构建为询问是否与如何的问题，也即我们是否能够随时从我们所思考和经验的东西开始，并从那个位置出发来理性地重构我们整个信念集合，如果是这样的话，我们如何才能做到。换言之，知识论的"难题"在于要面对下面这个问题：一个人如何才能从上述非常有限的认识数据集合（dataset）出发，有效地向外（向外在世界）推论，向前（向未来）推论，以及向后（向过去）推论。根据这一传统，这是我们将不得不面对的数据集合，因此我们最好能够表明这些推论是有效的。对怀疑主义的回应，必定要通过表明，一个人所有的（或大部分的）常识信念如何才能基于其自身当下心理状态而得以确证。

---

① "保证"大致说来相当于"确证"，当然有时会在它们之间做出区分，比如在戈德曼使用这一概念时，往往意味着在比较强的意义上获得确证。——译者注

② 这种常见的观点还有一个标签——当下之我（solipsism of the moment），它在现代哲学中乃是主流。

在进一步讨论之前，我们自己先要清楚第一章中所做出的两类重要的区分，即信念的（doxastic）确证与命题的（propositional）确证。信念的确证适用于一个主体事实上持有的信念，而不仅仅是他或她可能持有的信念。在谈到信念的确证时，所要评价的是（殊型）信念，而不是主体或者主体所处的认识情境。比较而言，命题的确证则适用于一个命题、主体以及他或她的认识情境，即使主体并不拥有针对具体命题的信念，它也同样适用。在声称一个主体对 P 是命题意义上得以确证时，就等于（或大致是）说，对他或她而言（在其特定的认识情境中）相信 P 是恰当的。以上两类确证概念都被广泛使用，但是一些理论家认为，信念意义上的确证更为重要或者更加适宜，而另一些理论家则主张命题意义上的确证更为切合。最出色的理论家试图调和这两类确证，但总会将其中某一类确证视为更具优先性。

现在让我们回到早先阐述的那种传统，根据**证据**这一在知识论广泛运用的概念来对它重新加以表述。尽管对证据有不同的观念，但出于当前的目的，我们用这个词的意义，是说它指称心理状态。科尼与费尔德曼为一种被称作**证据主义**（或**心理主义证据论**）的理论辩护，它与传统理论，尤其是基础主义有诸多共识（Earl Conee，Richard Feldman，2004）。根据证据主义，一个认识主体 S 在 t 所拥有的信念的全部（肯定的或否定的）确证赋予者，就是 S 在 t 时所处的证据性状态。这样的状态，如我们所看到的那样，完全可以由经验和信念（或者在更宽泛的意义上的信念状态）来代称。

为了让关于 P 的信念得以确证，S 在 t 对 P 的信念与 S 在 t 的证据性状态之间必然存在什么关系吗？（这里**命题性**确证恰恰就是处于中心的那种确证。）证据主义者对此提供的答案是，信念是（将会是）在给定证据情况下所要采用的合适或契合的态度。也就是说，在（针对 P 的）信念态度与 S 在 t 的总体证据性状态之间必定存在着一种契合关系。这里我们就有一个异常简单（或看似简单）的确证理论，它只用到两个概念：证据与证据的契合性。

当然，契合性这一概念只是看起来简单。细思之，尤其是一旦在理论上详加检视，就会发现它事实上非常难以处理。从根本上看，有两类契合性——推论性与非推论性。在证据性信念与目标假设之间存在足够强的"支撑"关系时，推论的契合性适用于（就像信念这样的）命题状态之间。如果证据性信念逻辑上衍推出该假设，那么这种支撑关系大概就强到足以确证针对该假设的信念。不过其他类型的支撑有时同样会确证信念——比方说归纳类或解释类的支撑。

　　　　E1：根据过去经验，无论何时一个地方有烟出现，那么这个地方同样就有火烧起来。

　　　　E2：现在 L 这个地方正冒烟。

　　　　H：L 这个地方就有人在烧火。

　　如果 E1 和 E2 是被人们所相信的命题，且 H 就是那个假设，那么 H 在归纳意义上就得到 E1 与 E2 相结合之后的支撑。1.9 中所讨论的最佳解释推理则提供了另一种支撑关系，至少在有利的情形中是这样。因此我们似乎就会有一个比较清晰的观念，即推论契合性是什么样的（在不考虑这些领域中出现的那些困难和复杂情形时）。

　　非推论契合性是一种更为模糊、易于引起争论的关系。这个范畴涉及与**经验**的契合。其中一个问题便是，经验①是否有命题内容或者任何类型的内容。如果它们缺乏命题内容（即可被陈述句表达的内容），如何才能与（带有命题内容的）信念状态之间实现"通约"，以至于后者能够达成与经验相契合，或无法与经验相契合呢？而且我们对于不同知觉形态（比如视觉和触觉）在认识上的影响可以作何评论呢？如果视觉与触觉针对所感兴趣的对象，提供了有关形状、质地或者同一性的不同"传递"（deliverance），哪一种形态的传递应该被赋予更高的证据权重呢？什么样的结论才"契合"这两种知觉相结合之后的传递呢？同样，知觉经验是否有诸如清晰与生动这样的性质，而且如果的确是这样，对于拥有一个与悬置判断相反的有关其内容的信念，这些性质是如何影响非推论恰当性的？最后，究竟是哪些类型的经验影响确证性呢？预感有糟糕的事情要发生，是不是一种使得人们相信坏事**将要**发生（在理智意义上看）之为契合、恰当的经验呢？

　　在证据主义者将契合作为一个关键概念时，所有这样的难题均需予以

---

① 如视觉经验、听觉经验和触觉经验（正感到痛）等。

当代知识论导论

28

· 32 ·

清楚地阐释。然而，还有另一个重要的问题。尽管证据主义者常常说信念即证据，严格说来这并不正确。回到烟/火这一例子来看。是不是相信 E1 与 E2 为 H 提供了证据就正确无误呢？未必是这样。信念自身不应该被视为一个证据状态，只有得以确证的信念才真正可被视作证据。如果我关于 E1 与 E2 的信念未得以确证，它们就无法为我相信 H 赋予任何确证。如我们下面将要看到的，这就使得证据主义这一进路在很多方面都越发复杂。

2.2　证据主义的难题

2.2.1　证据上的共现是必要和/或充分的吗？

不妨通过质疑它所规定的那些条件对确证而言是否必要和/或充分这一问题，来考察心理主义证据论。证据主义意味着，如果一个人 S 相信命题 P，且 S 在获得这一信念的同时他或她又经历或的确出现一组证据性心理状态，而这个信念正是与这些状态相契合的反应，那么对于 S 持有关于 P 的信念得以确证而言，这就是充分的。这是否正确呢？

举一个例子。杰克努力地为国会候选人辛迪（Cindy）工作，现在是选举日当晚，他正密切关注着选票返回情况——正迅速从很多选区集合起来。如果仔细检视的话，有些非常令人振奋。那些数据的列表将会支撑杰克对选举的强大信心。然而，杰克太激动了，尽管他看到了这些数据，但是他做的计算马马虎虎，最后的结果让人失望，事实上总数是错的。与此同时，杰克的注意力更多是集中在其他选区。尽管它们的数据很少，但杰克确信它们将会强力支持辛迪。对于杰克而言，正是这一厢情愿的想法使他对此充满信心。不过这种一厢情愿的想法的结果则是，杰克认为辛迪将赢得选举。他的信念得到确证了吗？

根据证据主义，似乎可以说杰克的信念是得到确证的，原因在于他从第一组选区看到的数据确实支撑了有关辛迪获得最后胜利的信念。但是，他对其他情况没有多加注意，来自第二组选区的数据很少，证明不了任何东西。不过，在证据主义框架下，那无关宏旨，因为第一组选区的数据构成的证据足以支撑辛迪获得胜利这样的信心。这样，杰克对辛迪获得胜利的信念，就满足了证据主义对确证的充分条件。尽管依照直觉，这个结论是错的。杰克的信念**没有**得到确证。（至少在确证的信念的意义上，他的信念没有得到确证。）它是建立在稀里糊涂的计算和一厢情愿的基础之上。很显然，有什么地方出岔子了。

究竟是什么错了呢，看起来似乎是，一个信念和它所契合的证据性状态的**共现**，不足以构成确证。关键在于，恰当的证据状态实际上通过合适的想法**导致**了该信念的出现。这一点在选举结果的例子中则没有出现。杰克所持有的证据性立场，也许潜在地产生了一个得以确证的信念，但是他误用了这个证据性立场，因此他相信辛迪获胜是有着严重缺陷的思维过程的结果。在此证据主义因为无法包含恰当的因果条件而显得问题重重，它试图凑合着运用共现，但这并不奏效。

证据主义已然尝试应对这一难题，具体办法是引入与确证较为接近的另一个概念——**理由充分性**，并将类似于某种因果条件的东西作为理由充分性的必要条件。然而，这里所规定的条件不只是因果性，而是说这个条件作为信念要"基于"恰当的证据，这里的基础关系并没有得到分析。然而（无论它是否被嵌在这样的基础关系中），除非一个因果条件被包括在内，否则它看起来就像上述选举情形一样，并没有予以恰当处理。这已然是相对于传统的一种转向，在旧有的传统中，往往会声称心理因果（mental causation）与"发现"都属于纯粹的心理事物，无论在什么意义上它们与确证都没什么关系，在确证理论中它们也没什么地位（Reinchenbach，1938）。我们后面会简略讨论确证的因果理论，它与这一传统是相悖的（Goldman，1967）。

接下来讨论**必要性**：一个得以确证的信念，它与某一组跟它共现的证据性状态相契合，是必要条件吗？有一个反例是这样的。诺拉（Nora）的朋友艾米（Amy）问她："地球的周长是多少？"诺拉回答："大约25000英里。"艾米继续问："真的吗？是什么东西让你有这个看法呢？你的证据是什么？"诺拉回答说："我不知道我的证据是什么。我现在想不起来什么证据。我知道它确实就是这样的，或者至少我相信它就是这样。"那么假设诺拉想不起来在什么地方看到过，或者听什么人说过这件事，简言之，诺拉没有任何针对地球周长的具体证据——即使她过去确实从一个权威（信息源）那里知道这一点。就她当前的心理状态而言，唯一相关的状态是这个信念自身。因此她既没有（基于信念的）推论的证据来支持这一命题，也没有作为该命题的非推论的（经验）证据。尽管如此，完全有可能出现下面的情况，即她对这个命题的信念是得以确证的。如果她原来是从一个权威那里学习到这一点，并且自彼时以来一直记着，那么他现在持有这个信念就仍然是得到确证的。如果这是对的，当下拥有信念所契合的证据就不是该信念得以确证的必要条件。（你是不是也有这样的直觉呢？如果没有的话，就需要有更多的论证。）

证据主义的辩护者们也许会有如下回应。对于地球周长这个命题，即使诺拉现在并没有一个得以确证的、关于其信念来源的信念，但是很显然，她必定拥有一个关于**其记忆信念通常是可靠的**这一当下的、得以确证的信念。既然这是她的信念之一，那么，难道它不是一个有助于支撑其有关地球周长信念的、当下的证据性信念吗？或许上述黑体字的①信念代表了所需要的证据。然而，她应该拥有这样的关于其记忆可靠性的信念，似乎并不是诺拉对地球周长的信念要得以确证的必要条件。也许她只是无法用诸如此类的方式想起来，或者那个时候她想不起来这样的信念。即使她拥有关于其记忆的一般信念，如果她速度够快，可以想到，它与她当下的信念之间也不存在因果关系。因此，如果坚持认为是它为当下的信念带来了确证，就过于随意了。如果这里所设想的故事是，诺拉过去确实看到过权威的信息源，大致说地球的周长是 25000 英里，但是后来忘记了那个信息源出自哪里，那么也许可以合理地得出结论，这一条过去获得的证据，在诺拉后来的信念得以确证这一问题上起到关键、但缺位的作用。但是这并没有表明，她现在需要共现的证据性状态，以便拥有一个得以确证的信念。

接下来，我们考察一个论证——有一些得到确证的信念无论在什么意义上，并未伴随任何（恰当的）证据性状态。几乎所有的知识论学者都赞同，人们对其当下心理状态拥有确证的信念，比方说，"我现在头痛"或者"我认为我的社会保险号是这个数字"。同样，一个常见的看法是，

---

① 原文为 "italicized"，意为斜体的，起强调作用。在译文中，为区别于其他正体内容，将原文所有斜体均用黑体表示，以示强调。——译者注

这样的信念是一种非推论的确证而不是推论性确证。因此，如果所有（至少关于偶然命题的）非推论证据都处于经验性状态之中，那么当前情形自然也涉及经验证据。最后，一个相当标准的观点是说，前述那类信念之所以是得以确证的，原因在于人们内省这些信念所描述的心理状态。内省是不是涉及经验证据呢？这一点是存疑的。尽管有些哲学家将内省视为类知觉过程（即一种"内感觉"），但它显然不同于标准的知觉过程，它缺少任何相关联的感官"感觉"。内省并不涉及那种类似于视觉、听觉所具有的独特的属性特征。这就意味着，内省中不会出现任何经验证据。那么致使一个基于内省的信念得以确证的经验性状态究竟是什么呢？

证据主义者也许反驳称："它是目标心理状态自身。在前述例子中则是头痛自身，或者是我的社保号就是某个号码这样的判断。"对此的一个异议则是，目标心理状态成为其自身的证据似乎更不妥当。一个状态为其自身赋予证据，这一观念高度可疑。如我们在第一章中所看见齐硕姆提出处理证据回溯终结难题的想法，他戏称"确证我认为我感到伤心的东西乃是我**确实**觉得伤心"。尽管这很机智，但齐硕姆没有解释什么时候或者为何它应该行得通。我们难道同样可以说："确证我认为我（某个脑区）的右枕叶皮层的梭状回正被激活的东西，就是我的右枕叶皮层的梭状回**确实**正在被激活吗？"当然不行。如果在任何意义上可能的话，这样一种说法对随机的脑状态也是无效的。一个证据主义者有必要解释为何不行。脑状态怎么就不同于对伤心的感受，以至于说这样的模式对后者"奏效"，但对前者没用呢？此外，在有关社会保险号的信念的例子中，目标状态并不是一种经验状态，那么它如何才能像知觉或记忆状态那样提供经验性证据呢？

最后，这一小节讨论的是解释的难题而不是一个反例。证据主义如何才能解释，为何有些经验赋予证据而其他则不可以呢？哲学理论的目标在于解释事物，尤其是阐明隐藏在直觉上熟悉的数据背后那些潜在的原因。早先时所提及的直觉性数据就是这类有待解释的东西：尽管预感是一种经验性状态，但它们不会赋予确证。如果一个人有预感 P，这自然就会为 P 带来有效的证据性支持。为什么会是这样呢？在证据主义的工具箱中难以找到一个答案。相应地，我们很快将要考察的与之形成竞争的一个理论，对此却有个简便而又直接的回答。

2.2.2 "证据"一词意指什么呢？

在我们从事哲学理论探究时，需要谨慎使用我们的理论术语。一个理论术语往往会有不同的界定或诠释，而选择如何定义有可能非常关键。一个定义也许适合特定的理论立场，另一个则基本不适合。因此，通常情况下，一个恰当的做法，便是要求任何哲学理论的支持者具体说明他们所用术语有哪些含义。

这些想法适用于证据主义。在评价这一理论的优势的时候，非常关键的一点显然就是对"证据"这个词所意指的东西要有直接的把握。尽管证据主义者给出了清晰的例子，表明他们对证据所做出的考虑，但他们并没有提供对这个词的界定。然而其他哲学家对"证据"提出了诸多定义，看看其中是否有什么定义对证据主义有效，这种做法是富有教益的。有人提出的定义是这样的：

X 是 Y 的证据，仅当拥有 X 会增强一个人对于相信 Y 的确证。

需要注意，这个定义在分析项（起分析作用的从句）中运用了"确证"。尽管大体上看这并无不妥，但我们现在正讨论旨在根据证据来分析确证的理论进路。因此回过头来，根据确证来界定证据就会成了一种循环。通过另一个术语来界定其中任何一个都可以，但同时要界定两个则行不通。在一对循环的定义中，其中一个术语会被吞没。

为什么说循环定义是糟糕的呢？假设我用**巫师**来界定一个制造出神奇事件的人，然后又将一个巫师所制造出的那些事件界定为**神奇的**。如果我要弄清楚是否真有巫师或者神奇的事件，这样对定义将会丝毫没有帮助。对于我怀疑并视为神奇的那些现场见证的事件而言，第二个定义告诉我，我有必要确定其中是否有哪一个事件是由巫师制造出来的。在我努力确定哪个人是不是巫师时，第一个定义则要我确定是不是那个人制造了任何神奇的事件。在这个问题上要取得任何进展似乎都不可能。

让我们尝试对证据给出一个不同的定义。通常情况下，每个人都会观察到，闪电是快要出现打雷的证据。这里把"闪电"称为证据，意思似乎是闪电为打雷的可靠的标识，可靠的标识是一个标记，它始终如一，有规律地符合事实。"符合事实"的意思，大致就是"属实"。这样看来，"证据"一词的意思也可以通过"真理的可靠标志"来把握。

证据主义者能不能将这一点作为其优先接受的"证据"的意义呢？接受这个定义将意味着，只要它可靠地指示真——差不多就是关于外在世界的真理，心理状态（比如知觉经验）就有资格成为一个证据性状态。但是鉴于确证与真之间存在这种假定的关系，信念根据拥有真理指示属性的那些状态，至少在部分意义上是得以确证的，因此真理指示性就变得与信念的 J 状况相关联。但是，真理指示性并不是一种心理状态，所以证据主义的核心主张——只有心理状态是确证赋予者，最终将会受到削弱。这样看来，证据主义者不可能使用这种"证据"的定义。针对证据主义，这个问题根本的理论难题是：他们如何界定核心的理论术语以避免循环，同时又没有削弱其理论的核心要义呢？

2.3　确证与过程可靠性

让我们重新考察确证理论。选举工作人员杰克的例子表明，一个信念的 J 状况取决于它是如何形成或者引致的。杰克相信候选人成功这一信念是由一厢情愿的想法所引致，很显然正是这个事实让我们将其信念评价为未得到确证。证据主义努力兼顾这一点，其主张，一个信念得以确证（用他们的术语是"理由充分的"）不仅要求该信念契合主体的证据，而且它要建立在这个证据的基础之上。这有没有充分涵盖上面提及的那一点呢？它确实应对了杰克的那个例子，因为他拥有他的成功信念所契合的某个证据——但他基本上完全忽略了那些有利的数据——但是该信念并非基于那个证据。目前看来，论证的进展还算不错。

33 现在我们考察另一种情形。根据一个被称为"析取三段论"简单的演绎逻辑规则，以下推论模式是有效的：

要么 P 要么 Q，

不是 Q，

因此，P。

假定夏德（Chad）确证地相信一个关于"要么 P 要么 Q"形式的命题，并且也有理由相信"不是 Q"，那么他就有非常好的证据来相信 P，事实上，他的证据在逻辑上能推衍出 P。因此，如果他基于这一证据形成关于 P 的信念，难道夏德的这个信念不应该得到确证吗？是不是必定如此呢？答案是否定的。

假设在很多情形中，夏德在心理上"被设计"为按照以下推理过程来进行活动。当他相信"P%Q"与"非 Q"的两个前提，并且这里的"%"符号可被任意二值真值函项连接词（析取、合取、实质条件等）所替换，那么夏德就推论出一个按照"P"形式的结论。换言之，夏德运用了类似于析取三段论的推理原则，但是又相当程度地（荒唐地）过多扩展了它。如果他这种过分扩展的原则的运用，恰好就是夏德形成其前述例子中对 P 的信念，那么他的信念当然不会得到确证。从这一点可以得出，在契合某人证据的同时又要基于那个证据之上，不是一个信念得以确证的充分条件（Goldman，2012：7）。

根据这个例子以及之前的例子，对于一个信念的 J 状况而言，其至关重要的一点，是它如何在因果意义上得以产生。它不只是输入因果过程（比如它们处于适宜的证据性状态）的问题，关键是所运用的信念形成过程是一种恰当的、适宜的过程。哪些信念形成过程才是适宜的呢？哪些又是不适宜的呢？

在尝试回答这一问题时，让我们回顾几个已经提到的例子。通过一厢情愿的想法来形成信念显然是不适宜的。运用无效推理过程，比方说夏德那种过于泛化的推论模式同样不适宜。不管它们之前有什么心理状态（或证据）输入，通过这类过程所形成的信念往往没有得到确证。什么样的信念形成过程才是适宜的例子呢？常见的像知觉过程就是适宜的。我们通常会判断这类过程的输出（有关外在世界的知觉信念）是得以确证的。与之相似，我们会默认内省是适宜的信念形成过程。另外，运用有效的推论模式以引导我们进行推理，在这样的过程中当然也保有了确证。如果一个人开始就拥有对相关前提的确证的信念，并应用于一个有效的推理过程，那么这种推理过程的输出同样将得到确证。

对于适宜的（"好"）信念形成过程来说，有什么共同的东西让它们都那么好（即赋予确证）呢？同样，那些不适宜的（"糟糕"）信念形成过程又共有什么东西让它们都那么糟糕（即未赋予确证）呢？答案似乎要呼之欲出了。好的过程是高度可靠的过程：它们所产生的信念有相当部分为真。糟糕的过程就是不可靠的过程，或者至少不是非常可靠的过程：它们所产生的真信念的比例不是很高，其中有些低于 50%。因此，一厢情愿的想法就是糟糕的，原因在于它产生的信念只是偶然为真。那种过于扩展的析取三段论之所以是糟糕的，是因为它们常常导致出现错误的结论——即使它的输入为真。相较之，（在有利的视觉条件下）通过标准的知觉过程形成的信念通常是可靠的。倘若前提性信念为真的话，（在严格意义上）运用析取三段论往往也会产生真的结论性信念。正是信念形成过程的致善（good-making）特征，使得其倾向于产生高比例的真信念；信念形成过程的致恶（bad-making）特征使得其倾向于产生低比例的真信念。几乎完全可以说，这就是为什么前一类过程的信念输出是得以确证的，而后一类过程的信念输出是未得以确证的。融合了这些核心观念的确证理论，顺理成章就可以谓之**过程可靠论**（Goldman，1979）。

2.4 过程可靠论的表述

过程可靠论应该如何表述呢？对于初学者来说，不妨考虑以下原则：

> 信念 B 是得以确证的，当且仅当 B 是由可靠的信念形成过程——亦即趋向于生成高比例为真的（信念）输出的过程所产生。

什么才是高比例呢？百分之八十吗？还是百分之九十呢？这个理论在该问题上经得起含混之疑。毕竟，这里所分析的概念（属性）——确证，其自身就是一个含混的概念，因此对它的分析自然也会含混不清。

然而，还有另一个难题。有些信念形成过程是推理过程。这些过程是依照主体的在先信念（前提信念）来操作，它们自身有可能得到确证或者没有得到确证，有可能为真或者为假，关键是看它们的真值。如果说输入信念为真，一个"完美的"推理过程（即一个在演绎意义上有效的过程）将会使得其所有输出信念同样为真，而且我们也许会希望具有强归纳效果的那些过程也会使得其所有的输出信念均为真。但是我们肯定不希望发生输入信念包含错误的那类情形，甚至也不希望在一个高级的推论过程中输入假的信念时产生真信念。正如那句谚语所说："错进则错出。"

因此让我们来区分两类过程，把在先信念作为输入和未把在先信念作为输入的过程。后一类过程应该被视为完全可靠的（unconditionally reliable，UR）过程，不过前一类过程应该只被看成有条件可靠的（conditionally reliable，CR）过程——换言之，在它们的信念输入均为真的那些情形中有着高比例为真的信念输出。一旦做出这样的区分，我们就能够提出确证的两个原则（这里主要讨论确证类型是信念确证）：

> （UR）一个信念 B 是得以确证的，仅当它是由无条件可靠的信念形成过程产生。

> （CR）一个信念 B 是得以确证的，仅当（i）B 是由有条件可靠的信念形成（或信念保有）过程所产生，且（ii）导致 B 出现的信念形成（或信念保有）过程的所有信念输入均得以确证。

需要注意的是，（CR）没有规定所有的输入信念必须为真，它只是要求它们都要得以确证。这一点同样保证了输入信念必定是由前面运用的"好"过程才产生——即使如其所出现的那样，那些好过程并没有在那些情形中均产生真理。这里的基本原理是，一个人不会希望认识行动者去做超出运用好的认识过程的事情。可靠主义背后所隐含的观念是，好的认识过程要么是完全可靠的，要么就是有条件可靠的。

根据以上（UR）与（CR），可以认为一个人能够通过在相当长的时间内出现的一系列信念形成或信念保有过程产生一个得以确证的信念。通常情况下，人们所进行的推论活动总是分散在一段时间之中，每一新的推论都是基于旧有的信念——它们有可能在很早之前就已经形成了。记忆在这类推论中起到根本性作用，当然这里的记忆并不是有意识的心理片段那种意义上的记忆，而是一种保存或明显记得的过程——它们在连续时间中的一个点接收信念状态并保有它们，或者"带着它们"到后面某个时间点。（或者说，一个不完善的记忆过程可能导致信念随着时间发生变化。）考虑到这一点，（UR）与（CR）就能够融合成一个确证的可靠主义原则：

> （R）一个信念 B（在时间 t）是得以确证的，当且仅当 B（在 t时）是一系列信念形成过程或信念保有过程的输出，其中每一个过

程要么是无条件可靠的，要么是有条件可靠的，而且在这个系列过程中有条件可靠的过程被应用至这个系列中在先的过程的输出。

这个原则可以简化如下。假设玛丽（Mary）相信她最喜欢的好莱坞明星夫妇肯尼思（Kenneth）与格温妮丝（Gwyneth）要离婚了，她在阅读一本好莱坞杂志《八卦》（*Gossip*）时获得这个信念，据这本杂志报道，他们已经提请离婚。她同样相信《八卦》这本杂志在话题写作上非常值得信任，这个信念是她早前就已经确立的。玛丽一开始用知觉过程形成信念——《八卦》这本杂志报道一个即将离婚的事件（＝D），并且从这个信念出发推出关于 D 的真。这些认知步骤每一个都涉及一个可靠的过程（在知觉性步骤中是无条件的，而推论步骤中则是有条件的），那么她相信 D 就被储存于记忆之中，并至少保留一个星期。我们不妨假定，记忆储存是一个有条件的可靠的信念保有过程；也即倘若更早的输入为真的话，它后来的输出通常为真。那么根据（R）原则，玛丽所保存的关于 D 的信念就得到确证了。假设玛丽一个星期后记不得她对 D 的信念是在读《八卦》杂志时获得，此后她就不再拥有任何诸如此类的、在推论意义上支撑 D 的证据源。然而，可靠主义者的原则（R）并不要求共现证据。根据（R），一个人对某命题的信念的历史或者原因回顾同样与它的 J 状况有关。有鉴于玛丽最开始形成其有关 D 的信念是基于有说服力的证据，而且也没有什么众所周知的事情会削弱或否定那个证据，因此（R）与玛丽后来确证地相信 D 完全一致。依照直觉，这看起来似乎是个正确的结果。与证据主义不一样，过程可靠主义给出了一个有关玛丽的正确的判断。①

可以看到，过程可靠主义与我们先前在引入一类新的确证赋予者——信念形成过程时考察的那些理论（基础主义、融贯主义和证据主义），在可靠主义框架下，获得和/保有信念时所用到的心理过程与它们的 J 状况紧密相关。因此，信念形成与信念保有过程就是确证赋予者或者 J 因素（J-fators）。它们并不是证据性的确证赋予者，也不是主体在辩护其信念时会诉诸的具体的证据或者理由。（它们只是根据这样的证据或理由再加以"操

---

① 至少它对本章作者而言显得与众不同。

作",以产生信念或其他信念态度。)尽管如此,它们均与它们所产生信念的 J 状况有关,正是这样的过程才被视为有资格作为确证赋予者。

过程可靠主义主要是关于什么使得一个实际上持有的信念得以确证或没有得到确证的理论。因此,它首先是个关于信念的确证的理论。然而,我们同样可以提出一个有关命题的确证的问题。我们可以问的是,即使他或她事实上并不相信 P,一个人相信它是不是得以确证的。一个人在看山景时所体验的视觉经验,会让他/她有资格相信远处有三座山峰,尽管他/她并没有注意到山峰的数量或者形成关于那个问题的信念。即便是这样,我们也许会说,他或她相信有三座山峰是得以确证的(或者得以保证的)。然而,既然一个未被相信的命题并没有因果历史,那么(R)原则就不可能直接被用于评价其对于 S 的 J 状况。因此,有必要提出的问题便是,这里主体是否处于相应的心理状态中,而这些状态能够被用于输入可靠的过程之中,并且如果确实如此,将输出针对某个命题的信念。这个图景粗略地描绘了过程可靠主义如何才能适于处理命题性确证(Goldman,1979)。

2.5 可靠主义的魅力与难题

过程可靠主义作为确证的理论有着诸多优势,其中有些已经为人们所注意到。它同样也面临众多难题。让我们考察它的几个主要理论优势及其最为突出的难题,然后再来看看可靠主义会如何应对这些难题。

如果当前的讨论无误的话,可靠主义在很多情形中对 J 状况都给出了准确的判断。此外,它有两个引人关注的、值得强调的特征。其一,它在减少怀疑论威胁这条路上走得很深远。知识论学者通常情况下都乐于对怀疑主义者进行有效的反驳。① 1.6 节中提出了一个传统的怀疑论挑战。它主张,外在世界信念能够被确证,仅当它们相较于笛卡尔的恶魔或者缸中之脑(brain in a vat,BIV)这些对立的假设,能够给出更好的针对日常经

37

---

① 这里所讨论的是确证的怀疑论。需要强调的是,可靠主义同样能够被表述为有关知识的理论,我们将在第三章中看到这一点。如我们将在第四章中要看到的,可靠主义与知识怀疑论的几种主要回应相容。

验的解释。事实上，诸多怀疑论者提出，主体必定能够基于一定的解释依据排除这样的竞争性假设。怀疑主义者所主张的这些难缠的要求几乎无法满足。但是将这样的要求强加于人是否妥当呢？可靠主义对确证提出了更为温和的要求——所使用的信念过程的可靠性或利真性（truth-conduciveness）。与怀疑主义者所主张的那些近乎苛求的条件相比，这个条件要更容易得到满足。

对于一个确证理论而言，它的第二个被广为承认，也需要面对的，就是它在确证与真之间所承诺的密切关联。当代知识论学者承认，一个信念得以确证很少保证其内容为真。更进一步，一个信念得以确证应该使得其为真的概率很高。然而，对于很多理论而言，很难看出这个结果如何才能确保实现。曾经是一位融贯主义者的邦儒，明确接受真理关联这一要求，并试图表明为何他的理论会有这个结果（BonJour，1985）。糟糕的是，融贯主义如何确保这个结果并不如所声明的那般清晰。相比较而言，可靠主义则似乎容易确保这一点。如果一个信念是由可靠的过程所引起，这难道不是在本质上保证了一个信念有相当大的可能性为真吗？

在第一类批评者中，有些人在面对可靠主义时，试图通过反驳其对怀疑主义回应的充分性来转败为胜。他们认为，可靠主义对确证设定的要求过弱，允许在近乎毫不费力的情况下就实现上述的保证。一些严重的怀疑论忧虑只是被避开，而不是真的得到应对。其中有一类批评开始就说，由可靠的过程所导致的信念不足以得到确证，主体同样还要满足"元确证"的要求，也即他必须是确证地相信他的信念是可靠地产生的。这些批评者继续提出，这样的元确证条件根本不可能得到满足，尤其是在未诉诸正面临挑战、自身完全同一的可靠性要素的情况下，这样的条件无法满足，因此这个解决方案不能让人满意。

可靠主义者中不缺乏对此批评的回应。有关确证的可靠主义在部分意义上就由以下观念所激发——我们需要用非确证的、非认识的术语来分析确证。因果可靠性能够满足这一要求，原因在于它没有诉诸确证概念。因此，如果我们必须接受这一元确证要求的话，其形式或许可以换一下，即主体必须可靠地相信他的一阶信念是可靠地产生的。但是，如果一阶的可靠信念形成这一条件的满足未能如此的话，满足这一高阶要求何以恰恰保证确证了呢？如果一阶信念"几近于无的"可靠性对此无能为力，为何元可靠性的单个高阶要素就能成功呢？为何不要求一个无限序列、高阶的、得以可靠形成的信念呢？很显然，这样的要求不算过分。因此，我们应该拒斥刚开始提出要有元层级的要求这样的东西。然而，有另一个相关的条件可能是恰当的，也就是一个更弱的要求——主体无须相信（或可靠地相信）他或她的一阶信念是不可靠地产生的。这一"否定性"的条件，简单来说也是反击败的条件，在未导致有害后果的情况下，能够融入可靠主义。

与反怀疑论相关的第二类批评，同样涉及可靠-因果条件的充分性问题。根据其中的一个批评者意见，可靠主义的这一特征只是保证了一种可能性——人类满足他们日常信念的确证。然而，保证仅有的这一可能性不应该让怀疑论者止步（Wright，2007：31）。一个怀疑论者需要的东西比这一点更强。他想要弄明白的是，人们的日常信念不只是可能得以确证；他想要表明，他们是确证地相信（如果他们反思足够充分的话）他们的确就是如此得以确证的，而且他要挑战的正是这样的可能性。但是即使赖特也会承认，怀疑论者不会断言不可能存在以下情形，即在用可靠主义的术语加以刻画的时候我们拥有这样的二阶确证。怀疑论者无法排除以下可能——我们应该拥有得以可靠产生的信念，这样的话我们的日常信念才得以可靠形成。一个受到内在主义驱动的怀疑论者所要表达的主张是这样的，仅有更高阶的可靠性不足以表达并解决令他不满意的地方。然而，赖特似乎承认，这样的怀疑论者所不满意的东西应该如何加以表达，这一点也并不清楚。赖特没有为这样的不满意（用内在主义的术语）给出一个让他自己满意的表述。

第三类批评意见的重点有所不同。它所怀疑的是这样的说法，殊型（token）信念形成过程能够被赋予明确的可靠性程度，这个假设对于过程可靠主义似乎至关重要。如果无法进行这样的可靠性赋值，那么一个信念是否由充分可靠的过程（无论可靠性的阈值如何设定）予以确证，这一问题就无法得以解决。这里的模糊性源自以下事实——殊型信念形成过程有可能以很多不同的方式"被类型化"。比方说，乔治（George）形成一个信念——他在读《纽约时报》时发现他乐透彩中奖了，这一殊型过程有可能既是**读《纽约时报》形成一个信念**这一类型的实例，同时也是**通过阅读而形成一个信念**这一类型的实例。第一个类型或许有非常高的可靠性，足以满足确证所需要的标准。相比之下，第二类的可靠性有可能不足以实现确证。但是哪一个类型才应该用于确定一个殊型信念的确证呢？可靠主义没有为此提供任何（一致同意的）方案，用于在"恰当的"普遍性层面上选择一个过程类型。这就是所谓的**普遍性难题**（Generality Problem）。可靠主义者对此的回应之一，是指出普遍性难题尽管确实存在，但并非可靠主义所独有。根据这一观点，它会以某种形式成为每一知识论的难题，而不是可靠主义所特有的难题。① 这个回应可以通过如下主张来予以支持，即每一个知识论必须要承认，仅当它处于与拥有证据或拥有理由的状态之间的基于关系（basing relation），且主体正在这个状态之中，这个信念（在相信意义上）才得以确证。但是基于关系涉及某种因果过程，而且因果过程的任何实例化必定要被恰当地类型化。这种概述普遍性难题的方式几乎跟它在过程可靠主义中出现的方式完全一样。

学者做了很多尝试，以便解决普遍性难题。一旦有人考虑到针对确证（或者其他哲学问题）的一个普遍进路，就会出现一个新的方案，这样的进路多集中在归赋者，我们后面会考察这个办法。现在我们姑且先把普遍性难题的讨论往后推，直到我们已经给出方法论层面的考察。

我们要论述的可靠主义的第四个难题，是在历史中就被提出来的一个问题。它被称作**新恶魔**难题。笛卡尔设想了这样的可能性，有这样的一个恶魔对他进行系统性欺骗，甚至导致他的知觉经验都误导了他对周围事物的判断。当代可靠主义的批判者运用这个恶魔假设，提出可靠主义需要面对的反例。既然恶魔世界的特性表现为被他知觉经验系统地欺骗，那么他的信念形成过程必然是不可靠的。因此，根据可靠主义，（似乎）他相信

---

① 戈德曼（Goldman，1979）首先注意到普遍性难题，后来由科尼和费尔德曼（Conee and Feldman，1998）做了实质性阐发。至于"每个难题"都遭遇相同境况的回应的陈述，请参阅科梅萨那（Comesaña，2006）。其他对普遍性难题的回应出现在相关学者（Heller，1995；Wunderlich，2003；Beebe，2004；Olsson 以及 Jönsson，2013）中。学界对可靠主义提出的另一个难题是步步为营（boostrapping）或者轻便知识（easy knowledge）难题（Vogel，2000；Cohen，2002；Van Cleve，2003）。这个难题在第六章（6.6节）会予以详细讨论。

其输出没有得到确证。但是，这些批判者称，这样的信念在直觉上应该被归为得到确证这类信念，其原因大致是，恶魔世界中的行动者与真实、正常的世界中的人一样有着相同的经验。从表面上看，这是可靠主义的主要缺陷之一。

对于这一点，或许明智的做法是后退一步，来考量一下我们正在使用（不只是在当下的语境中，而是更为宽泛的意义上）的方法论。在评价每一理论的优劣时，我们所诉诸的证据，就是提出有关目标信念的认识状态，即人们（或者倾向于）做出什么判断、得出什么结论、进行什么样的评价或归赋。然而，在这么做的过程中，任何一个论述者都不会直接检验出该信念的认识状态。它不可能离开对具体情境的描述——遭到恶魔欺骗的人所持有的信念是否得以确证或未得以确证，从而被"解读"出来。这个论述者的"当下"证据就是他或她自身依照直觉是什么判断，以及其他也在考虑相同问题的人会得出什么判断。他们会将确证或未确证归赋于遭到欺骗的人吗？或者他们趋向做出什么归赋呢？实际上，我们所诉诸的那些材料，正是有关确证归赋的材料。这样的话，很自然就可以提出如下建议，我们应该致力于寻求的，是解释或阐述这些身处具体的情景中的人们所做出的归赋的理论。这类理论尽管所讨论的是他们的信念确证问题，但无须完全聚焦在认识主体之上，也许它们同样要关注归赋者。① 让我们来看看在恶魔情形中这个策略实施的结果是什么样的。

这里有一个看起来靠谱的例子（尽管很显然它是假想的例子）。人们将一些认识属性与各种信念形成的过程相关联，这些属性有可能正是那些过程在日常真实世界环境中所显示出来的属性。正如在现实世界中所碰到的那样，我们有一个强烈的印象，即知觉过程总体上是可靠的，而且这在非常广泛的情形中得到验证。由此，人们也许自然就会将常见

40

第一部分　确证与知识：几个核心话题

的知觉过程类型（如视觉、听觉、感觉）视为**好**的信念形成方式——这里**好**的意义在于它们通常会在传达真理这个方面上谈论（真理是人们很多时候努力寻求的东西）。其他信念形成过程类型，比如通过预感或猜测基本上可以被视为糟糕的信念形成方式，这里糟糕的意义在于它们易于出现错误。因此，在与这些人会话时，给他们描述并呈现想象出来的情景，而在这样的情景中所涉及的主要人物的境遇非常罕见（比如恶魔类型的境遇），他们也许不会根据在这个人的特殊世界中盛行的那些规则来评价其表现。他们不会放弃依据现实世界经验所储存的那些分类，他们甚至也许会继续将其应用于怪异的假设世界。他们或许将在知觉意义上形成的信念归类为得以确证，并且将通过猜测所形成的信念归为没有得到确证——即使这些过程在想象出来的那些情境中，被描述为有着完全相反的可靠性。这样的确证归赋模式也许可以通过"两阶段"的确证归赋理论来加以把握。在第一阶段中，潜在的归赋者根据现实世界中观察（或推论）而来的可靠性，对信念形成过程类型加以评测。在第二阶段，潜在的归赋者需要进行关于真实或假想的认识主体的确证或未确证的归赋。我们正在阐释的这个理论有一个假设，人们在做出这样的选择时，往往严重依赖他们心理上所储存的，已经得到认可和未被认可的过程类型（Goldman，1992）。这样的说法自然就解释了人们在新恶魔难题中的归赋模式。特别是，根据它的预计，归赋者会对遭到该情形欺骗的信念给出"得以确证"这样的判断，原因在于知觉的信念形成类型将会出现在归赋者所认可的列单之中。①

归赋者的认可列单（approved-list）的可靠主义，也许同样会有助于我们理解在另一类众所周知、针对可靠主义的反例中到底揭示了什么东西。邦儒提出可靠的"千里眼"主体——诺曼（Norman），他形成关于总统现在在哪里的信念——他知道，但不知是如何知道的，尽管他此时没有知觉经验看到总统（或者没有任何一丁点儿其他标准的证据）（1985：38-45）。正如它所发生的那样，诺曼事实上拥有极为可靠的千里眼能力，而

---

① 这种两阶段理论由戈德曼（1992）提出，并称之为"两阶段可靠主义"（two-stage reliabilism）。弗瑞克（Elizabeth Fricker）则给出"认可列单的可靠主义"这一有趣的名称。

且正是这种神奇的能力产生了他关于总统此时在哪里的信念。诺曼只是突然发现他自己相信总统这个时候在纽约。他没有证据或理由让他认为他有任何特别的认知能力来进行远程搜索。根据对可靠主义原初的描述，该理论似乎承诺了，诺曼的千里眼信念是得以确证的，但是大部分知识论学者会觉得这一点有悖直觉。

现在出现的问题则是，此处所考察的这种可靠主义的新形式（认可列单的可靠主义）是否同样预测出了"错误的"判断（即"得到确证的"）。答案似乎是否定的：千里眼一般不会被放到正常归赋者的认可列单上。事实上，无论是千里眼还是其他神秘、令人生疑的能力（与超感觉的直觉、意念等一道），通常都会在正常归赋者的不认可列单中。这就解释了为何归赋者会否认诺曼的信念得到了确证。①

最后让我们回到普遍性难题，来看看在聚焦于归赋的情况下有可能会获得什么认识。不妨对这种进路重新加以表述，认可列单的可靠主义的主要麻烦在于，当且仅当归赋者同样形成判断认为它是由可靠的过程所产生的情况下，他们是否会判断一个信念是得以确证的。正如奥尔森（Eric Olsson）所提出，人们可以通过以下方法"在实验意义上"来检验这个问题。首先人们也许会选择两组主体，让他们面对并处理下面这件事情，比方说二十件日常生活的小插曲，都涉及一个人要形成关于什么东西的信念。这些小插曲可能像电影情节那样予以呈现。第一组的每个主体都要独立陈述每一事件中那个人物是否确证地持有其信念。与之相似，第二组中的每一主体则要陈述每个事件中那个人物是否以可靠的方式获得其信念。假设这个实验产生的结果，在第一组报告与第二组报告之间有着高度相关；换句话说，被全部或大部分第一组成员归类为得到确证的那些相同的事件，或多或少同样会被第二组的全部或大部分成员视作以可靠的方式获得。这很显然支持了可靠主义理论，至少一开始

---

① 这里出现的一个问题是，根据认可列单的可靠主义，什么才是有关确证的真理。这里所说的真理仍然由原初的可靠主义理论决定吗？与诸多可靠主义者对此乐于接受相比，这也许意味着普通归赋者会出现更多的错误。与之相似，有关确证的真理会因为每一归赋者的具体认可列单不同而被相对化吗？这个难题在这里依然未有定论。

就是对可靠主义理论的明显支持（至少对原初的、最早版本的可靠主义如此）。这会让我们形成一种认识，即可靠主义究竟如何才可以进行检验，而在奥尔森看来，它会遭到什么样的反驳并不明显。我们将在第七章回到这个问题来进一步讨论。

可靠主义的第五个难题集中在被认为与它密切相关的认识价值的理论。然而在这些批评者看来，对这种认识价值理论的坚守给可靠主义在确证上的判断带来严重的问题。[①] 这里所说的价值理论指的是认识的目的论，或者认识的后果主义，意为拥有真信念、避免假信念就其自身而言就是有价值的目的。根据这样的批评意见，有关确证的可靠主义作为一个理论，在一个信念类似于功利主义伦理理论这个意义上是"恰当的"或"适宜的"，这个伦理理论将一个行为的道德状态视作那个行为产生的因果作用。如果应用到认识的情形中，就会产生直觉上不正确的确证判断。不妨看看一个假设的情景，长期以来你一直是个无神论者，而且是基于认真的理性反思才接受这一观点。现在你有个机会获得一项由宗教组织提供的研究基金，但是获得这项基金要根据你对上帝持有什么样的信念来定。鉴于你的理智屈服于欲念，你要获得基金的强烈欲念改变了你的信念，你现在相信上帝。最后，假设你获得了这项基金，它所支持的这项研究产生了诸多被人们广为相信的科学真理。这是不是表明你相信上帝得到确证了呢？批评者会说当然不是，但看起来是可靠主义承诺了这个明显不正确的判断。

很显然，批评者说这个信念没有得到确证。但是过程可靠主义真的如批评者所称的那样蕴涵着这一点吗？正如2.4节陈述的那些原则清晰地表明，过程可靠主义是一种带有历史特征的信念确证的理论，它意味着只有相对于一个目标信念的上行过程，而不是下行的过程决定其确证状态。然而在批评者们的例子中，直接导致这里所讨论的信念（对上帝存在的信念）出现的关键过程，很明显是有缺陷的。一个人的理智屈服于欲念，不管那说明了什么，显然是有缺陷的。过程可靠主义将按照不可靠来解释这样的缺陷。这一特征在诸如此类情形中异常突出，而且过程可靠主义将

---

① 请参阅伯克尔（Berker, 2013）。有关回应，则参阅戈德曼（Goldman, 2014a）。

会进一步运用这样的特征，针对该信念得出"没有得以确证"这样的结论。（对于可靠主义的结论来说）很多真信念状态就是（在讨论这一问题时）你形成相信上帝存在的结果，这一点无关紧要。根据过程可靠主义，正是（行动者自身之中的）目标信念的原因才在一定意义上决定着其确证状况，而不是其结果。

2.6　内在主义与外在主义：一个争论的框架

证据主义属于被称为**内在主义**的确证理论这个家族中的成员，过程可靠主义则是名为**外在主义**的确证理论的家族成员。内在主义与外在主义在探究确证赋予者或 J 因素中彼此是竞争对手。按照这样争论原初的意思，内在主义所主张的是，所有确证赋予者都是"内在的"，外在主义则否认这一点。外在主义者声称至少有些确证赋予者是"外在的"。既然心理状态是内在因素的标准情形，（心理主义）证据论就是内在主义的首要形式。同样，既然真（或可靠性）是外在因素的标准情形，那么可靠主义就是外在主义的首要形式。考察这两种进路的拥趸之间（有时近乎狂热）的争论，能够加深我们对确证理论中诸多话题的理解。

以上讨论也许有助于我们用非常清晰的规范语言来概括认识确证的问题。伦理理论通常按照规则来讨论道德，比如，一个行动可以被视为道德上正确的，只要它与正当的道德规则相符；反之，如果它未被或者未能符合这样的规则，它就是错误的。与之相似，在知识论中，我们可以说，一个针对命题的信念态度得以确证，仅当它符合被正确的认识规则所许可的东西；反之，如果不符合这样的规则，它就没有得到确证。大致说来，正确的规则允许或者拒绝允许基于行动者的认识条件或环境的信念选择。如果 S 的环境包括拥有与 P 相关的特定的证据集合，那么正确的规则就可能允许 S 相信 P。如果拥有不同的证据集合，正确的规则可能不允许他或她相信 P。哪些类别的条件或环境对正确的规则才是关键，并因而在允许或禁止做出信念决策中起着重要作用呢？可以说，这些类型的条件或环境就是确证赋予者或者确证破坏者，也即它们就是"J 因素"（或者其中某些 J 因素）。我们需要确定这些 J 因素所属的因素类型是什么——尤其是它们内在于还是外在于相应的事态。

称 J 因素是"内在的"因素，这意味着什么？这里主要有两种理解。如我们已经看到的那样，一种理解是内在的因素即为心理因素。有一种更具历史的理解则更为灵活，它主张内在因素是行动者在做出信念决策时所直接通达的任何东西。"直接通达"是什么意思呢？它包括了内省可以把握的东西，但是所意指的通常比这个要宽泛很多。有时它指涉的是"反思"可把握的任何东西，这里的反思可能包括先天的认知。我们会在讨论过程中回到这个问题。

为什么（有些）知识论学者想要将 J 因素限定为内在状态，不管是心理状态还是其他直接通达的东西呢？有些时候这样的论证是通过"不同的情形"下并不复杂的论证来呈现的。例如，在辩护内在主义时，科尼与费尔德曼提出了六组对比情形（Conee and Feldman，2001：236–238）。在每一对情形中，一个人相信某个命题得到了确证，另一个人相信同一个命题没有被确证。科尼与费尔德曼主张，这些在 J 状况上对比最好通过如下假定来予以解释，即内在的差异说明了认识的差异。以下就是其中的一组对比情形。

一个新入行的鸟类观察者和一个鸟类观察专家清楚地看到附近一棵树上有一只鸟。专家立马知道那是一只啄木鸟，因为他对啄木鸟看起来是什么样有着完全合理的信念。新手则没有那样的好理由，因此他相信那是一只啄木鸟就没有得到确证。科尼和费尔德曼评论称："新手与专家之间的认识差异源自某种内在的、将他们区分开来的东西……如果新手对于啄木鸟看起来什么样，渐次与专家一样有着相同的内在条件，那么新手将会获得同样的确证。"（2001：237）

人们能够看出，这一论证思路的优点在哪里。然而，外在主义者（尤其是可靠主义外在论者）对此会有个回应。他们可以说，把专家与新手区别开来的东西，乃是专家关于啄木鸟看起来是什么样的信念为他提供了一个过程，而这个过程在对啄木鸟与非啄木鸟进行区分时是可靠的。如果他对所观察到的鸟的视觉表征，与他存储的对一只典型的啄木鸟的表征对比，将会出现一个相当好的"匹配"。以这种方式形成一个信念——被观察到的鸟是啄木鸟将会是一个可靠的过程，新手则缺乏任何这样的过程。这样看来，外在主义者会根据是否有能力做出精准的——真的啄木鸟——归类，来解释这种差异。从作为外在主义概念的真理看，这样的解释提供了外在主义的框架。

接下来，在内在主义与外在主义争论这一问题上，让我们考察一个不同的看法。假定你在为新厨师写一本烹饪大全。你希望你的读者能够正确地遵从你在书中的每一条烹饪指引。你希望他们理解，并能够执行每一条烹饪指示，否则你的书就不是一本好的烹饪指南。这就对你的烹饪指南可能会怎么解释提出了约束。你将不得不用可理解、可执行的方式来描述每一条操作指示。知识论中的一个进路有类似的妥协情形。它将恰当的规则视为给出指示，而这些指示是任何一个认识主体都能够做到的，这意味着规则必须要完全指向行动者能够直接通达的情境。这就会将行动者当前的心理状态包含在内，甚至也包含其他一些类别的条件与情境，却不包括任何旧有的情境或事态。尤其是，过程的可靠性或许恰恰是一种**无法**直接通达的属性。因此，这种条件将会被"可执行菜单"模型中所表达的那些正确规则的观念所排除。这一观念可以被贴上另一个可能的标签，也就是无错指引观念。这个看法不是说，正确的规则应该准确无误地将一个主体引导至真理（这样的话显得期望太高），它只是表明，一个谨慎的主体能够准确无误地遵从规则或者按照规则行事。这就会保证一个谨慎而尽责的主体将始终拥有得以确证的信念态度，尽管它们未必为真。

2.7 内在主义与推论规则

在不赞同认识规则的无错指引观的情况下，我们姑且来探究确证与符合正确规则之间的关联。让我们来反思那些正确的规则有可能会是什么样的，并希冀理解那些异常重要的确证赋予者到底是内在还是外在的。我们将集中讨论推论规则。用于推论性信念的正确规则或者规则框架有可能是什么样呢？第一个推论规则的模式如下：

（INF）如果一个行动者 S（在 t 时）相信命题 K、L、M、N，而且命题 P 在逻辑上为 K、L、M、N 的合取所蕴涵，那么 S 就可以（在 t 时）相信 P。

在这个规则框架中可以看到两类条件（或情境）。一是一组 S 所拥有的在先信念，二是这些信念的内容的合取与目标命题 P 之间的逻辑蕴涵关系。这些类型的条件是内在的还是外在的呢？

先来看逻辑蕴涵关系。它是内在的还是外在的？如果"内在"专指（非事实性）心理状态，那么很显然这个关系或者条件就不是内在的。特定命题的合取确实会（或者不会）蕴涵另一个命题，这一事实是个逻辑事实，它独立于来自随机的认识行动者的任何心理状态。特别是，这样的关系并不包含在一个行动者所相信或认为的对象之中。根据对"内在"这样的解释，我们已然辨识出外在的确证赋予者。如果（INF）对于规范知识论来说是个正确的规则框架，那么（在心理主义诠释之下的）内在主义就会遭到反驳。①

如果我们对"内在"采用直接可通达性这样的解释，事情似乎变得更加不清楚了。但是这里说逻辑蕴涵是一种内在关系或条件，这很值得怀疑。不管在什么意义上，逻辑蕴涵一般说来都不可能指直接的可通达关系，尤其是对所有认识行动者来说。有些逻辑蕴涵关系非常复杂，因此对于具体的复杂命题（包括合取在内）而言，它们是否真的蕴涵其他命题，并不是直接可通达的，当然这个判断是在以下意义上说的，即人们能够（"在转瞬即逝的直觉性内视中"）准确无误地知晓它们是否为蕴涵的具体例证。因此认识规则框架的蕴涵关系构件很显然与内在主义相悖，但是如果由此得出结论认为内在主义错了则为时尚早。毕竟，我们并不知道（INF）是不是正确的规则框架。如果它不正确，那么它与我们这里审慎的讨论无关。内在主义者也许会提出一个（INF）的替代框架。

现在让我们考察（INF）的条件中的信念构件——即 S 相信某一组命题的条件。显而易见的是，信念是（非事实性的）心理状态，因此这类条件似乎通过了内在主义的检验。然而，由于前述同样的理由，这并没有说明什么问题，除非（INF）是个正确的规则框架——而我们本章中早先的讨论已经强烈表明它并不正确。回想 2.1 节中那个要点——单纯的信念自身并非证据性状态或确证者，只有得到确证的信念才有资格作为证据，

---

① 要记住：根据内在主义与外在主义之争一开始所用的术语，仅当**所有**确证赋予者都是内在的，内在主义才被证明是有道理的。

并因此而成为确证赋予者。如果一个推论模式允许一个人在其仅仅拥有未得以确证的信念的情况下就相信一个命题（比如P），那么这个模式就是不正确的，即使这些信念的内容共同蕴涵该命题。按照（INF）的思路，一个正确的规则框架，需要规定条件性信念要得到确证。这样看来，（INF）有必要用（INF*）来替代之：

（INF*）：如果行动者S（在t时）对命题K、L、M、N有着得以确证的信念，且命题P逻辑上为K、L、M、N的合取所蕴涵，那么S（在t时）就被允许相信P。

这里出现的问题是，拥有得以确证的信念的条件是不是一个内在主义条件。实话说，尽管信念是心理状态，但拥有确证的信念有可能被视为复合而成的事态，它不完全是心理的。那样的话，（INF*）为满足心理主义内在论的要求，它似乎也不可能满足通达主义内在论的要求，原因是一个当下信念是否得以确证并不是一个直接可通达的事物。为什么是这样呢？

因为正如我们在诺拉那个例子所见，一个信念在t时的J状况可能取决于早于t而发生的那些事件。S在t时可能或者没能记起这些事件。如果他们没记起来，对S来说，在t时就不是直接可通达的。甚至即使事件在t时被回忆起来了，记忆是否有资格作为直接可通达的，这也是存疑的。此外，在t时确证地相信某个东西并不完全是在t时所获得的心理状态，因为该信念的确证属性并非完全源自在t时获得东西。因此，内在主义是否根据心理主义或者通达主义方式来加以解释，规则框架（INF*）与内在主义要求并不一致。

现在让我们回到出现在（INF*）中的其他条件——逻辑蕴涵关系。我们认为内在主义者或许想要稍微调整这个表述，这样它就不再诉诸逻辑蕴涵自身。这样的微调该怎么做，它会奏效吗？通常的做法是用纯粹的心理主义条件来替代"客观的"逻辑关系。这将会使得起初作为外在事实的东西"内在化"。其中有一个可能是这样的：

（INF**）：如果行动者S（在t时）对命题K、L、M、N有着得以确证的信念，且S明白（see）命题P在逻辑上为K、L、M、N的合取所蕴涵，那么S（在t时）就被许可相信P。

然而，"明白"什么什么东西是一个纯粹的（非事实性）心理条件吗？

答案是否定的。明白 X 是一个带有事实的事态。它意味着，X 为真，这是个关乎客观事实的东西，而不是涉及心理想法的东西。因此（INF＊＊）默认了在其第二个许可性条件中保留一个独特的外在因素。

这里还有一个尝试对（INF＊）微调的方案，毫无疑问它是用心理条件来替代逻辑蕴涵关系：

> （INF＊＊＊）：如果行动者 S（在 t 时）对命题 K、L、M、N 有着得以确证的信念，且 S 认为（think）命题 P 在逻辑上为 K、L、M、N 的合取所蕴涵，那么 S（在 t 时）就被许可相信 P。

（INF＊＊＊）的麻烦在于，S 仅仅认为有这样的蕴涵关系是不是这类正确的许可规则的充分条件。如果 S 在决定逻辑关系这个问题上极为糟糕，而且在某个契合（INF＊＊＊）模式的具体情形中错得离谱又如何呢？难道只是因为 S（无力）认为一个蕴涵关系所主张的东西，我们就真的应该将 S 对 P 的信念视为得以确证吗？那么最终，看起来这种条件似乎应该是外在条件，是它削弱了内在主义。

然而进一步反思的话，或许我们应该重审内在主义自身提出两者争论的方式，它将这个争论视为两个立场之间的事情——所有确证赋予者都是内在的或者否认这个主张。如果内在主义稍微保守一点，他也许会有一个更强的立场。如果它采取一种更为温和的看法——比方说大部分而不是全部确证赋予者都是内在的——它就会形成一个更具辩护空间的立场。然而，至此还是看不出来这样的立场是否正确。我们已然检视了两类确证者备选对象，并表明两者都是外在的而不是内在的（当然"那些得以确证的信念"的信念构成是内在的）。这是不是足够清楚地表明，进一步探究之后，大部分类型的确证赋予者都将是内在的呢？

至少有两类其他确证赋予者似乎可被归入外在的范畴。但是，为了阐释这些情形，就必须要说明确证赋予者的本质。我们之前说过，确证赋予者就是这么一些因素，它们使得一个信念的确证状态或其他信念态度"变得不一样"。这是不是说它们带来一种因果差异呢？回答是否定的。对确证赋予者一个更好的阐释是，它们乃是事实，并解释了一个信念为什么，或者依据什么才有其特定的 J 状况。如果这样的表述可被接受，那么正确的认识规则自身就应该处于这些确证赋予者之中。如果有人根据

（INF*）形成一个新信念，并且（INF*）是正确的规则，那么对这个信念何以得到确证做出解释的东西，就是（INF*）是正确的这一事实。换言之，（INF*）的正确性或适宜性就是新信念的确证赋予者之一。

与另一个规范性领域的类比能够有助于对上面这个问题的理解。如果琼斯被公正地判为犯下某个罪行，是哪些因素解释了他在这里所说的案子中有罪呢？这些因素当然会包括"物性"事实，比如琼斯实施的行为及其情境和/或后果。然而另一类因素就是法律所涉及的内容。易言之，法律事实对琼斯有罪的问题有着巨大影响，并能（有助于）解释他为什么有罪。因此，法律规则就是他有罪状态的因素之一，或者有决定意义的因素之一。类似地，在当前这个情形中，认识规则（及其正确性）让一个人依照其现存的证据情况有资格相信 P，它在部分意义上解释了他的信念是得以确证的这一事实。

那么，某个认识规则的正确性要归到什么范畴中，是内在还是外在的呢？一个规则之为正确，当然不是一个心理状态，它也不可能是一个"直接可通达的"事态。因此这类确证者似乎不是内在的，将它理解为外在的要更好。这里有另一种情形，表明某一类确证赋予者最好被归为外在而不是内在的。

按理说，在确证赋予者的层次结构中有处于更高层级的类型，它将是正确性的标准：根据它的一个特征（或一系列特征）可以判断确证规则是对还是错。这样的标准会是什么样的呢？其中一个颇具吸引力的备选，就是与一般意义上信念形成相关联的一对目标，即相信真与避免相信假。有非常多的属于不同领域的知识论学者均赞同，掌握真理与避免错误是人类理智追求的一对孪生目标。这些目标与可靠性密切相关，原因在于可靠性大部分情况下意味着获得真理，只在极偶然的情况下出现错误。所有这些条件——获得真理、避免错误、可靠性等——都属于外在一类，因为真理（通常情况下）外在于心智，无法"直接通达"。因此，如果利真与避误是关键特征，并且根据它们正确的认识规则就是正确的，那么处于最高层级的确证赋予者就是一个外在的东西。与前面已然辨识出来的那些外在确证赋予者的例子一道，这就强化了有关确证的外在主义情形。不过，这并不意味着，所有类型的确证赋予者都是外在的，而是说大部分确证赋予者是外在的。

48

讨论题

1. 心理主义证据论认为，只有心理状态提供了证据，因此为各种命题带来确证。大致说来，这就是人们为某些命题获得基础确证的表达。但是它们对哪些命题构成证据呢？这是证据主义者解释不是特别清楚的地方。在一个人头痛的时候，头痛有着许多属性或特征。对于每一这样的特征，都有一个真命题将头痛描述为具有那个特征，但是（表面看来）这里的主体相信每一个这样的命题都得到确证吗？这似乎是存疑的。至多只有主体注意到的那些特征似乎获得与之相关联的确证性。但这一点到底应该如何解释呢？你能为证据主义构想一个适宜的例子吗？同样，对于2.2.1节中提出来的难题，也即脑状态的难题，你有什么看法呢？对于一个被恰当选取出来的心理状态而言，其特征之一就是"正被激活的梭状回的具体表现"。该心理状态有这样的特征这一命题等同于让一个人因此而拥有证据的命题吗？你能描述一个原则来排除这一点吗（就像证据主义者可能想做的那样）？

2. 根据心理主义证据论，经验就是构成了证据的那类心理状态。但是难道所有类型的经验都构成证据吗？它们是有着相同权重类型的证据吗？比方说预感是不是呢？对即将发生的灾难的预感构成其内容为真的证据吗？这是不是意味着，如果没有击败者，体验到这一预感的人在相信（很快）会有灾难发生时得到了确证呢？直觉上看似乎是错误的。证据主义如何才能避免这一结果呢？对此很自然的一个回答是这样的，因为预感不是其内容为真的可靠标识，所以它们不是证据。但是这样的表述会遭到费尔德曼与科尼这些坚定的内在主义者的拒斥（他们不愿意诉诸像真这样的外在因素）。他们还能做出什么辩护呢？

3. 过程可靠主义一开始被表达为一种信念确证的理论。在2.4节的末尾，我们又解释了这样的表述如何通过微调来切合命题确证。按这个思路所提出的命题确证会是什么样的表述呢？你能够看出这一方案中可能出现的难题吗？请讨论一下。

4. 如果过程可靠主义是一种"有历史特征的"理论，这是不是意味着，如果 S 在 t 时通过不可靠的过程形成对 P 的信念，S 绝不可能因此而确证地相信 P 呢？这会是个正确的结果吗？为什么是或者为什么不是？如果它不是一个正确的结果，能否将过程可靠主义刻画到足以（清晰地）避免这一结果呢？你会如何进行这样的刻画呢？

5. 在过程可靠主义面临的几个难题中，"认可列单"的可靠主义提出了相应的解决方案，这一可靠主义的应用中哪个（哪些）让你印象深刻，最有前景呢？哪个（哪些）最没前景呢？请解释一下你为何如此分类？

6. 有关可靠主义的普遍性难题，有些人（如 Comesaña）已经提出，尽管它确实是可靠主义的难题，但它并不为可靠主义所独有，相反"每个人"都有这样的难题。也许这可以被理解为，作为确证的任何富有前景的方案都有这样的难题。你认为这个说法正确吗？尝试表明还有哪些理论有可能同样遭遇普遍性难题。

7. 在阐述观鸟的新手与专家的例子时（2.6 节），内在主义者通过诉诸两者之间的内在差异，试图解释两类观鸟者在 J 状况方面的区别，而外在主义者是根据外在差异来论证这种区别。请解释一下他们各自的论证具体是如何展开的？哪一方对其观点做出了更令人信服的论证？请解释和评价一下谁将赢得这场争论。

8. 在 2.7 节中，我们考察了基于演绎的确证的推论规则的几个备选对象。其中之一是 INF^{***}，就其所涉及的条件，它是关于主体对一个逻辑关系持什么看法，因此很显然这是一个内在主义规则。然而，INF^{***} 的一个难题是这样的，它似乎允许主体很容易就得到确证。请解释这一反对意见如何展开，你认为这个异议是强还是弱。如果它是个严重的问题，内在主义如何才能对这一条件进行微调，以便改善其理论？

延伸阅读

BonJour, Laurence (1980). "Externalist Theories of Empirical Knowledge." In P. French, T. Uehling, Jr., and H. Wettstein (eds.), Midwest Studies in Philosophy 5：53－73. Minneapolis：University of Minnesota Press. Reprinted in H. Kornblith (ed.), Epistemology：Internalism and Externalism（2001：10-35）. Malden, MA：Blackwell.

Chisholm, Roderick M. （1989）. Theory of Knowledge （3rd ed.）. Englewood-Cliffs, NJ：Prentice-Hall.

Comesaña, Juan（2006）. "A Well-Founded Solution to the Generality Problem". Philosophical Studies 129（1）：27-47.

Conee, Earl and Richard Feldman（2001）. "Internalism Defended." In H. Kornblith（ed.）, Epistemology：Internalism and Externalism（pp. 231-260）. Malden, MA：Blackwell Publishers.

Feldman, Richard and Earl Conee（2004）. "Evidentialism"（with afterward）. In E. Conee and R. Feldman, Evidentialism：Essays in Epistemology（pp. 83-107）. Oxford：Oxford University Press.

Goldman, I. Alvin（1979）. "What Is Justified Belief?" In G. S. Pappas（ed.）, Justification and Knowledge（pp. 1-23）. Dordrecht：Reidel. Reprinted in A. I. Goldman,（2012）. Reliabilism and Contemporary Epistemology（pp. 29-49）. New York：Oxford University Press.

Kornblith, Hilary（ed.）（2001）. Epistemology：Internalism and Externalism. Malden, MA：Blackwell.

Plantinga, Alvin（1993）. Warrant and Proper Function. New York：Oxford University Press.

Vogel, Jonathan（2000）. "Reliabilism Leveled." The Journal of Philosophy 97（11）：602-623.

Williamson, Timothy（2000）. Knowledge and Its Limits. Oxford：Oxford University Press.

当代知识论导论

50

第三章　知识的界定

知识论学者在思考知识方面花了大量的时间。当然，知识不是唯一的一个知识论范畴。比方说，这本书的很多内容都聚焦于确证，但是确证与知识一道共同处于知识论学者的聚光灯下。为什么要对知识付诸这么多的注意力呢？①

其中一个因素是日常生活中"知道"（know）一词随处可见。根据一项基于牛津英语语料库（Oxford English Corpus）的分析②，"知道"在英语中是第八个最常用的动词，它甚至在"看到"（see）与"认为"（think）之前，它成为我们表达思想观点的主要语词。

另一因素则涉及价值。按柏拉图所说，苏格拉底在《美诺篇》（*Meno*，97a-98d）的对话中指出，相比于单纯的信念，知识是更加难能可贵的东西。然而，苏格拉底告诉我们，知识在这里不比单纯的真信念更有用处：关于到达拉里萨（Larissa）怎么走的真信念，在到达拉里萨这一问题上，不比关于到达拉里萨怎么走的知识的用处要更少。如果知识自身有什么东西，它使得比单纯的真信念更加难能可贵，那么它是什么呢？与单纯的得以确证的信念相比，我们似乎同样会给予知识更多赞誉。尽管我们当然会想要我们的信念得到确证，但我们似乎会认为知识更好。是什么使得它更好呢？本章中我们将把它作为一个研究设想，即一般而言而不是在单个具体情形中，无论是与单纯的真信念，还是与单纯的得以确证的信念相比，知识确实更加值得赞誉。这个假设推动我们探究什么是知识，它是如

---

① 感谢戈德曼对本章，尤其是 3.4 节内容与组织所提出的非常有用的建议。他对知识论学者的影响显而易见。

② 这些内容的获取地址为：http://www.oxforddictionaries.com/words/the-oec-facts-about-the-language.

何与真理、信念和确证相联系的，以及它何以有其价值。①

　　本章大部分内容讨论对知识界定做出各种尝试，尤其是关于事实或命题的知识——知道某个东西为真，它与知道一个人，知道一个主题，知道如何做什么事情相反。② 我们从检视传统的知识观开始，它将知识视为得以确证的真信念（justified true belief, JTB）。我们要考察这个看法是如何面对诸多异议的，包括埃德蒙德·盖梯尔提出的那个著名的反例。接下来，我们要考察哲学家已然做出的，努力修正传统知识观以解决"盖梯尔难题"（Gettier problem）的多种方法。盖梯尔难题的困难也许让我们思考，是否有什么方法来研究知识，同时又不用想着界定知识。最后一节则审视这样的可能性。

　　这是非常长的一章。不是所有内容都同等重要。其中有两节已经被标记为选读内容。

3.1　传统的知识观：知识作为得以确证的真信念

　　根据传统的知识观，知道某个东西为真，是一个涉及拥有得以确证的真信念——它的确如此，略作 K = JTB。在下面的小节中，我们来看看为何知识会被认为含有 J、T 和 B 三个要素，并考察可能的反对意见，它们将处理每一个条件都是知识的必要条件这一主张。在后面的各节中，我们将回到这三个条件合在一起是否足以构成知识这一问题。

3.1.1　真理条件

　　不难看出，为何诸多哲学家把真当作知识的必要条件。我们在考虑知识的时候，不像单纯的真信念，它涉及真的拥有真，而不只是拥有某个看起来为真的东西。如果知识确实涉及拥有真理，这也许有助于解释知识何以比单纯的得以确证的信念更难能可贵：得到确证的信念可能为假，但知

---

① 更多有关知识价值问题的重要性，请参阅柯万维格（Jonathan Kvanvig, 2003）。

② 值得注意的是，包括法语在内，有的语言用不同的词区分了关于人或事物的知识与关于事实的知识（connaître vs. savoir）。对于知识-如何（knowledge-how）是一种事实的知识这一观点的辩护，请参阅斯坦利（Stanley, 2011）。

道什么则为真，而且其他情况相同的话，拥有真理确实比未拥有要更好。

我们谈论知识的方式同样支持了以下主张——知识必然包含真。假如有人声称知道什么，但我们后来发现是错的，那么我们就会觉得有理由抱怨称他根本不知道。假设你和你的朋友正在讨论一场将要举办的音乐会。你的朋友说，"这场音乐会将在本周五举办"。你说，"你知道是在本周五吗？也许不是本周五，而是下周五"。你的朋友向你保证他知道。假定你们俩去音乐会现场，发现实际上音乐会是在下周五举办。你就会向你的朋友抱怨："你说你知道，但是你不知道！"如果真理是知识的必要条件的话，这就可以理解了。

尽管如此，有时我们发现在某件事情上犯错时，我们会说，"我只是**知道**它，但是它不是真的"。比方说看看这样的说法，"我只是**知道**我不会获奖，但是我获奖了！"或者"我**知道**我的新车载我去芝加哥没问题，但它不是这样的"。我们对其他人同样会有这样的说法：你也许注意到小说和儿童故事中的讲述者偶尔会将任务描述为知道什么事情，但后来表明是错的。我们有时所说的事情，关于它们的事实应该让我们得出结论说，主体能够知道为假的东西吗？这是个轻率的推论。就像霍尔顿所注意到的，类似的推理会让我们在其他事情上得出明显错误的结论（Richard Holton，1997）。非虚构类书籍的讲述者也许会在某个点上告诉其读者，"这个侦探心满意足了。她已经抓住了凶手。现在她终于可以休息一下了"，然后同一个讲述者可能会跟我们说，"结果发现她所抓住的那个人并不是凶手，他是被陷害的"。我们不应由此得出结论，有可能逮捕一个不是凶手的凶手！这是矛盾的。诸如此类的例子可以举出很多。

如果知识要求真理为其条件——如果人之所知必定为真——为什么至少我们谈话的方式事实上并非如此呢？语言学家会提到一种现象，他们称之为**自由间接引语**。我们可以在掌握信息更为有限或者错误的情况下，从他人的视角进行表达，根本不存在会让听者接收错误信息的危险——假如听者专心致志地关注和考察这一表达的整个语境的话。

另一标识——我们不应认为"知道"的这些用法表明知识与错误相容，指的是你通过表达你**认为**你知道的东西，始终可以获得相同的信息。比如，"我真的认为我知道我不会获奖，但我猜我不知道"，或者"这个侦探确实认为她已经抓住了凶手，但她没有"。这样的说法至少与你确实知道的那些看法一样自然。但是也许这两类说法严格按字面意义不可能同时为真。因此，"我知道它但最后发现它是错的"诸如此类的说法，似乎说出来很自然，根据相关事实得出知识，却不需要考察真理，我们对这样的推论应该谨慎一些。

3.1.2　信念条件

很显然，单纯某物为真这一事实不足以让某个人知道它，有很多你不知道的真理。为了知道这个真理，在一定意义你似乎必须要持有或拥有它。拥有真理指的是什么呢？常见的想法便是，拥有真理至少涉及信念，显然不需要欲念、希望以及其他"意动"状态，而且推断或"心存疑虑"似乎同样如此。我们归赋知识的方式很多都难以解释，除非知识至少往往要关涉信念。琼斯为什么不在一点钟的时候像往常一样出席商务会议呢？因为他知道会议时间改成两点了。如果知识通常不涉及信念，就很难明白为什么知识应该以其所做的那种方式来解释行为。我们同样经常得出结论，如果在我们告诉他们之后他们表现出很吃惊的样子，那么这些人就"不知道"这个事儿。从一定意义上说，吃惊表明之前缺乏信念，这同样构成认为信念是知识的条件之一的一个理由。

然而，记忆的情形对信念条件提出了一个挑战。拉德福德（Colin Radford，1966）就给出这样的一个例子：

英国史小测验

　　基恩（Jean）是一个法裔加拿大人，他说他对英国史一无所知。他参加一个英国史的口试小测验。尽管他回答问题吞吞吐吐，但很多答案都正确无误。其中一个问题问的是伊丽莎白一世逝世的时间。基恩说："我猜想一下吧，不过嘛，我想是1603年。"这是个正确的答案。假定事实上基恩跟其他很多人一样多年前在学校确实学过并知道这个答案，而他现在"猜想"是基于一个含混的记忆，事实上他是从过去学习中回溯到伊丽莎白一世去世的时间。基恩知不知道伊丽莎白一世在1603年去世呢？他相信她逝世于哪一年呢？

有一个理由会让我们认为基恩知道伊丽莎白一世于1603年去世：他

曾经知道这一点，并且他没有忘记这个信息，即使他现在（错误地）认为他只是猜测。这当然并非是猜测：他回答的没错，而且不是运气好的缘故。因此他知道这个答案。但是他并不相信正确的时间就是 1603 年；与其说他相信 1603 年是正确的时间，不如说相信 1603 年**不是**正确的时间。因此，尽管他知道，但并不相信伊丽莎白一世于 1603 年去世。由此看来，信念不是知识的必要条件之一。

传统知识观的辩护者们可能用两种方式来给予回应。一种情况是，他们会说，基恩在某种与信念相关但又不同的意义上确实相信，并且因此而坚持认为，至少在那个相关联的意义上，没有信念的话，这就不是正儿八经的知识。此外，基恩认为更有可能的情况则是，相较于伊丽莎白一世逝世于 1603 年，他更相信不是这样。如果一个人认为与真相比，P 更有可能为假，它能够相信 P 吗？也许不可以。而且，即使不能说基恩"相信" P，但他持有某个像信念的东西。他拥有某种信息，让他在被迫的情况下，至少在某种程度上会运用它——不管有多么犹豫不决。这样的话，传统主义者就会后退一步，认为 K 不是 JTB，但是又坚持它是 JTB*，这里的 B* 是某种类似于信念的东西。这不算是一个非常大的妥协。

另一种维护传统知识观的方式则来自莱勒，它否认基恩在这种情况下拥有知识（Keith Lehrer, 1974：57）。关于这一主张，有个论证是这样的（需要细致阅读——这是个精细的论证）：

i. 基恩不知道 1603 年是伊丽莎白一世什么时间去世的正确答案。

ii. 如果基恩知道伊丽莎白一世在 1603 年去世，那么他就确实知道 1603 年是这一问题的正确答案。

iii. 因此，基恩不知道伊丽莎白一世于 1603 年去世。

首先来看看第二步（ii）。如果基恩真的知道伊丽莎白一世死于 1603 年，他就会知道 1603 年是这个问题的正确答案，他只要通过从他的知识——伊丽莎白一世死于 1603 年——中推导出来就可以了。对比以下情形：如果你知道 11 点上课，那么你通过简单的推论就知道几点上课这一问题的正确答案是 11 点，因此（ii）似乎得到相当好的支持。第一步（i）又如何呢？持传统观念的人也许只会说，表面上看（i）是合理的。有可能从某种意义上说，基恩"知道这个答案"——就像有的人在小测验中猜到正确答案可能被视为"知道答案"——但是对于它是问题的**正确**答案，相比那个猜出来的人，基恩当然并没有更胜一筹。这种诉诸直觉，即什么东西"当然"如此，似乎更加没有说服力。在他对这些话题的充分讨论中，莱勒最后借助一种对价值的考量来辩护（i）。我们作为知识论学者所感兴趣的那类知识，是"在批判性推理以及理性生活中带有人类的特征的"（1974：41）这么一个类型。这样的知识供在推理中随时取用，不管推理是有关做什么还是这到底是什么事。基恩的"知识"并不属于这种用途的类型。然而，要注意的是，如果知识必然包含信念的话，知识在推理中就可取用。

因此，尽管拉德福德丝毫没有遭到实质性的反驳，但还是有几个针对其论证的富有前景的回应。

还有另一类理由认为，知识不需要信念，与前面讨论的不太一样。如果你上过一门早期现代哲学的课程——《从笛卡尔到康德》——你也许会记得那个时期的哲学，比方说洛克与休谟，往往会在可能意见与知识之间做出明确区分，不仅是将两者视为截然不同，而且不相容。知识则超越了概率。因此可以得出，知识不蕴涵任何概率性意见。

没有几个当代哲学家追随知识不需要信念这一立场。很难看出意见和信念是如何与知识互不相容。毕竟确定性与知识是相容的，而且一个主体当然可以带着确定性相信什么。如果你有把握相信 P，那么你就相信 P。这里的麻烦有可能只是涉及，当你**说**你相信的时候表示什么的问题。如果你对一个朋友说，你相信你会去参加音乐会，在某种意义上你是在表达你不知道你会去，你"只是"相信你会去，而且或许你还心有疑虑。与之相似，在你挂电话时，如果你对你妈妈说，"有个男的"打电话给你，你只是相当于在说，你对这个男人的身份没有更多相关信息。不过假设是你的爸爸打电话给你，你说"有个男的打电话"尽管会有误导，但不管怎样却为真。同样，当你事实上知道的时候，声称相信也没什么问题。①

我们再一次看到，从有关我们日常所说的前提得出关于知识的结论，

---

① 什么是在严格意义上说的与什么是暗含的或暗指的，格莱斯（H. P. Grice，1967）曾就它们之间的区分做过非常有影响的论述。通常情况下，在说"我相信"时，我们意味着或者隐约指的是，我们与所说的这个命题不存在更强的认知关系——我们不知道。

当代知识论导论

要做到谨慎是多么重要。它对我们谈论知识的探究提供了我们在建构知识理论时应该运用的证据，但不是简单的回答。

3.1.3 确证条件

知识不是单纯的真信念，这一观点至少要回溯到柏拉图的对话中。在《美诺篇》一个让人印象深刻的段落中，苏格拉底的说法已经足够深刻了：

> ……知识不同于真意见，这一点对我来说不是个推测。我承认知道的东西没有很多，但这显然算是其中之一。（《美诺篇》98b）

思考一下相关的例子，我们能够看出其背后的依据。如果你走进一个有着数百人的房间，你就会觉得你不知道房间里有多少人。你会认为，如果你刚好形成一个信念——有 368 人，那么即使你是对的，你也不会知道有 368 人。为什么不知道呢？一个好的回答是这样的：在这个情形中，你形成这样的信念不会是个合理的做法，你持有这样的信念不会得到确证。或者考虑一下这个问题，1838 年 10 月 23 日纽约市是否下雨。你知道那天是否下雨吗？答案是否定的。即使你猜得很准，并且后来表明为真，你仍然不知道。为什么不知道呢？一个似乎合理的答案是，你缺乏充分的确证。

这里很重要的一点是，我们根据信念的合理性来理解确证，而不是某些更强的意义，比如能够通过非常具有说服力的口头论证来确证你的信念。很多据称没有得到确证的知识的例子，相反在经过更为细致的审视之后，我们会发现，它们似乎只是某种强意义上的未得以确证的知识的例子。比如，来看看小鸡性别鉴定员的例子，她通过察看就能辨别出一只小鸡是公的还是母的。（假设）这个鉴定员知道某只小鸡是公的，不需要任何诸如论证这样的东西。此外，她形成其信念有个基础，就是小鸡拥有某种不易察觉的标准的外观。这样的外观也许足以使得小鸡性别鉴定员持有其信念时得以确证——合理，但是对我们其他人这完全不够。①

---

① 这是个来自哲学中口口相传的例子。它是否对小鸡性别鉴定员做出了精准的描绘仍然存疑。可以参阅维基上有关小鸡性别鉴定的页面。那里描述了两个方法，即通过肛门与羽毛识别性别，很显然都涉及要找到非常具体的标识，而不是像这个哲学传说所提出的通用的整体模式。我们这里按照那个哲学传说来展开。

增加确证条件有助于我们明白，关于知识的什么东西使得其比单纯的真信念要更好。尽管我们很重视把这个问题弄清楚，但是我们更看重通过确证的信念来把它搞清楚。对这一点有个解释也许就是，如果对 P 的真信念是合理的，那么 P 就能够适宜地被用到关于做什么，以及什么是什么的推理之中，它是你的理由之一，而不仅仅是你的观点。既然一个主体是否基于真正的理由来行动或相信至关重要，那么如果确证是知识的条件之一，我们就能明白为什么要关心是否拥有真信念，而且要关心是否拥有知识。

3.2　盖梯尔难题

1963 年之前，知识作为确证的真信念这一传统的观念似乎一直状况良好。我们前面讨论的那些例子似乎没有哪个对它构成反驳。而且这个看法比单纯的真信念以及单纯的确证的真信念，似乎完美地容纳了更高的知识价值。在你拥有 JTB 的时候，你就有了一个带有价值的认识状态，它超越了单纯真信念的价值的同时，也超越了单纯的确证的信念的价值。在哲学家们接受了盖梯尔三页纸的论文——《确证的真信念就是知识吗?》（"Is Justified True Belief Knowledge"）中的教训之后，这一让人开心的事态就遇到了一个悲伤的结局。

通过陈述他将要依据的两个假设，盖梯尔为他的读者准备了几个例子。这是第一个假设：

假设一：即使一个信念为假，它也可以得到确证。

这是一种关于确证的可错主义。它是个非常说得通的假设。似乎在很多情境中人们拥有得以确证的假信念。美国有很多人拥有得以确证的假信念——戈尔（Al Gore）赢得 2000 年美国总统选举中佛罗里达的选举人票，所有主要网络通信机构（错误地）声称，戈尔在佛罗里达州赢了。

盖梯尔所做的第二个假设是一个原则——关于确证如何通过演绎而扩展：

假设二：如果你相信 P 这一点是得以确证的，P 蕴涵 Q，而且你在相信 Q 作为这一演绎结果的同时，（有能力）从 P 演绎出 Q，那么你相信 Q 就得到了确证。①

在文献中这被称为确证的"演绎闭合"原则。一般而言，某些认识状况（如确证、知识）的闭合原则，它们所陈述的是如果一个人拥有某个与命题 P 有关的认识状况，而且它又满足了与另一命题 Q 有关的特定条件，那么这个人就同样拥有针对 Q 的相同的认识状况。盖梯尔的第二个假设将"特定条件"当作从 P 演绎出 Q：如果你一开始确证地相信 P，而且从 P 演绎出 Q，那么你最后相信 Q 就是得以确证的。

我们来考察几个推动盖梯尔提出其演绎闭合原则的例子。如果你相信约翰有红头发是得以确证的，而且你能够推论出约翰不是金色头发，那么你最后的信念——约翰没有金色头发这一信念同样得到了确证。或者再举一个例子，如果你确证地相信**你的** 1983 年丰田赛利卡（Toyota Celica）跑车正时链条出问题了，而且你推断出**有些** 1983 年丰田赛利卡跑车正时链条也出了问题，那么你后一个信念同样得以确证。我们不会在一些外显思维中特地运用这类简单的演绎推论，尽管如此，但那或许是因为它们太过明显了，而不是因为我们的信念最终没有得到确证。

盖梯尔的第二个假设是个很有力的原则。它暗含的一些内容，尤其是与怀疑主义有关，似乎未必准确。仅仅通过命题——我有手，就推论出我不是由邪恶的神经科学家刺激而成的缸中之脑（BIV），我能够对此获得一个得以确证的信念吗？我有手这一点确实衍推出我不是一个缸中之脑，因为只是大脑的话是没有手的。但是我能用这样的方式来形成一个得到确证的信念——我不是缸中之脑吗？出于本章写作目的的考虑，姑且让我们把这些担忧放在一边。倘若我们只是从我们确证地相信的那些事物，比如

---

① 除了增加"有能力"以排除有人根据一些愚蠢的规则来进行演绎的那些情形，比如从"P 或者 Q"推出"P 和 Q"这样的规则，我们的描述保留了盖梯尔的语汇。我们应该承认，即使除了有关乞题演绎这样的问题，它也需要加以进一步的微调。假设在你进行演绎时，你获得了怀疑 P 之真的理由，那么你就不会通过这样的演绎来形成对 Q 的得以确证的信念。因此我们就有必要增加获得这一结果的限定条件：在你进行这样的演绎时，你对 P 的信念不会因此就没有得到确证。最后，我们与盖梯尔一样，不会太多担心信念确证与命题确证。这个区分与盖梯尔难题不存在特别关联。

前面段落中所述的那些单调乏味的例子，来思考日常的演绎推理，这个假设看起来就特别靠谱。与那种从**我有手**到**我不是缸中之脑**的推理相比，这些似乎根本不涉及有着乞题（question-begging）特征的演绎推理。如我们要看到的，在盖梯尔试图驳斥传统的 JTB 知识观时，他只考虑到了日常的演绎推理；在他所给出的（我们将会看到的）例子中，就没有一丁点儿乞题或者循环推理。在第四章（4.2.1 节）中，我们要考察如何确切表达闭合原则，通常情况下它更适合针对怀疑主义展开讨论。

在这两个假设就位之后，盖梯尔给出了两个案例，他认为在这两个情形中主体拥有得以确证的真信念，但并不拥有知识。如果盖梯尔是正确的，那么知识就不能被界定为得以确证的真信念，因为得到确证的真信念并不足以构成知识。

我们将要讨论其中一个案例——案例一。盖梯尔将这个案例描述如下：

盖梯尔的案例一：史密斯、琼斯与工作岗位

假定史密斯与琼斯均申请某个工作岗位，同时假定史密斯有很强的证据来证明以下合取命题：

（d）琼斯是那个将要获得工作岗位的人，而且琼斯口袋里有十个硬币。

史密斯对命题（d）的证据有可能是，这个公司的董事长向他保证琼斯最后会被选中，而且史密斯自己十分钟前已经数过琼斯口袋中的硬币。命题（d）蕴涵：

（e）那个要获得这个工作岗位的人口袋里有十个硬币。

让我们假定史密斯看得出从（d）到（e）的衍推关系，并且根据他有强证据支持的（d）而接受（e）。在这个例子中，史密斯相信（e）为真很显然得到了确证。

不过可以进一步设想，史密斯不知道是他自己而不是琼斯将会获得这份工作。而且同样史密斯不知道，他自己的口袋里有十个硬币。那么命题（e）为真，即使史密斯从中推论出（e）的命题（d）为假。

盖梯尔得出结论，在这个案例中，史密斯对（e）拥有得以确证的真信念，但是并不知道（e）为真。他之所以正确是运气使然，其他诸如"碰巧正确"或者"纯粹因为巧合才正确"同样适用。

在审视到底是什么东西造成这个例子有如此效果之前，让我们来看看你对盖梯尔的结论最开始可能会有的担忧。你也许对史密斯真的知道（e）有异议，因为在史密斯自己认为"那个得到工作的人口袋里有十个硬币"时，他确实认为是琼斯，而且他确实知道琼斯口袋里有十个硬币。这一异议背后的想法是认为（e），至少在史密斯言语或思维语境中，所意指的与（d）完全一样。

如果我们搞清楚史密斯如何展开推理，这些担忧有可能得以避免。我们姑且以盖梯尔的名义说，史密斯的推理是这样的："琼斯就是将会获得工作的那个人，而且琼斯口袋里有十个硬币，因此可以进一步认为，无论谁是得到那份工作的人，他的口袋里都将有十个硬币。"史密斯最后的结论不仅是**这个家伙**的口袋里有十个硬币，而且**不管谁将得到那份工作**，其口袋里都有十个硬币。

我们可以用像这样的**限定描述**——唯一识别性描述，甚至在我们认为我们知道谁满足它们时也可以如此。假设你在写哲学论文，你知道而且当然相信你是这篇论文的作者。在持有这样的信念时，你不只是相信你是你自己这一细琐的事实；你相信你是唯一一个满足某一描述的人。你同样相信，你有其他重要特征，诸如，你有棕色眼睛，因此你相信，那个唯一满足"这篇论文的作者"这一描述的人同样也有棕色眼睛。这个信念与**你**是棕色眼睛这一信念不一样，你的老师也许知道你有棕色眼睛，但不知道这篇论文的作者有棕色眼睛——如果你忘了把你的名字写在论文上的话。

这里的关键在于，即使你相信某某人就是 x，但相信**这个某某人有着特征 F**，与你相信 x 有特征 F 并不一样。我们应该按这样的模型来思考盖梯尔案例一中的史密斯：他的信念——口袋里有十个硬币的那个人将得到这份工作，不同于他的另一个信念——**琼斯的口袋里有十个硬币并将得到这份工作**。事实上，后一个信念为假，而前一个为真。

至此，你也许会发现盖梯尔有关案例一的结论还说得过去，但是你有可能怀疑其意义是什么。如果这只是单个案例，其背后没有更为普遍的东西，我们或许会得出结论，一个反常的案例不可能消解对知识这一简便而又充满意趣的 JTB 界定。

不过一旦你理解了盖梯尔案例所隐含的基本观点，你就能明白如何构造出更多类似的情形。文献中有些情形是这样的：

山坡上的绵羊（Chisholm，1966）

你看到山上的一块岩石。从你的位置看，岩石非常像一只绵羊。你认为，"那是一只绵羊，因此在山上有绵羊"。后来发现，尽管山上**是有**绵羊，但它们在岩石另一边一些树的后面，你看不到。你拥有一个得以确证的信念——山上有绵羊，但是你知道山上有绵羊吗？

哈维特／诺高特（Havit/Nogot）（Lehrer，1965）

你在正常情况下看到诺高特开着一辆福特车。诺高特告诉你这辆福特车是他的。你从没看过哈维特开车，他去哪儿都是走路或搭乘公共交通。你的办公室有三个人：你、诺高特和哈维特。你没有福特车。你是这样推理的：诺高特有一辆福特车，而且他在这间办公室工作，因此在这间办公室工作的人有一辆福特车。但事实表明，诺高特**并没有**他一直在开的福特车。此外，哈维特**确实**有辆福特车，但那是一辆他从没开过的旧款车。你拥有一个得到确证的真信念——办公室有人有辆福特车，但是你知道办公室有人有辆福特车吗？

在这些情形中，就像在盖梯尔的案例一一样，主体从一个假信念推论出一个真信念。主体拥有 JTB，但直觉上并没有 K。

让我们把一个人拥有得以确证的真信念但缺乏知识的情形称为**盖梯尔情形**。① 盖梯尔自己构建盖梯尔情形的诀窍，是构建那些人们从假到真进行这一推论的情形。但是这对构想一个盖梯尔情形是个必要条件吗？如果它是的话，我们也许希望修正传统的知识观，即通过增加第四个条件——主体的信念并非基于一个从谬误出发的推论。

有没有盖梯尔情形根本不涉及演绎推理呢？来看看这个：

假谷仓的乡村（Goldman，1976，这一思想最初源于 Carl Ginet）

亨利（Henry）开着车经过农田。他所不知道的是，他正处于一

---

① 有些哲学家用"盖梯尔情形"仅仅指称像盖梯尔的原初情形那样的情形，在后一类情形中，因为从一个假前提出发进行推论而导致主体形成 JTB，却没有知识。本章中我们的用法更加宽泛一些：任何没有知识的 JTB 都是一种盖梯尔情形。

个假谷仓乡村。这里的周边有无数个假谷仓，它们（从路上）看起来与谷仓并无二致。当然假谷仓不是谷仓（你不能将马或者稻草放在里面）。在亨利错误地相信"那个是谷仓""这个是谷仓"等之后，他开车又看到了这个区域中仅有的一个真谷仓，它从路上看起来与任何一个假谷仓没有任何区别。正常情况下，亨利会认为，"嗯，那也是个谷仓"。他拥有一个得以确证的真信念。但是他知道那是个谷仓吗？

这里似乎没有推论，甚至没有任何外显的推理。亨利基于经验而相信这个东西是个谷仓，但是似乎有可能亨利不知道这一点。他很容易出现错误，而且在看到唯一真谷仓之前后犯下很多错误。

假设这些确实都是得以确证的真信念情形，但又不是知识①，我们可以如何修正传统的知识观来应对这些情形呢？我们已经发现，即使增加一个条件，要求主体的信念并非建基于从谬误进行演绎推论之上，我们也无法避免所有的反例。什么样的条件才可能奏效呢？我们这里将简述几个常见的策略来处理盖梯尔难题，并关注它们所面临的一些挑战。即便确实存在颇有前景的进路，但盖梯尔难题并没有得到解决，这个说法很正常。接下来，我们将讨论各种不同的知识观表述。在思考其优点与劣势之前，我们尽力把握你所关注的每一表述的基本观念。

在下面展开讨论时，我们将会提出一些问题：除了我们所考察的这些论述是否会在各种盖梯尔情形问题上给出可以接受的结果，还有它们在知识理论中是否有其他可取的特性。有一些争论的问题，涉及诸如此类其他的特性应该是什么。我们这里将假定这个列单至少包括以下内容：

· 这种知识观应该帮助我们理解为何知识是有价值的以及在什么程度上它是有价值的。它是不是比单纯的确证的真信念更有价值？如果是这样，为什么？

· 这种知识观应该使我们能够理解知识如何满足像确证那样的演绎闭合原则。

在前文中，我们讨论了盖梯尔的第二假设，它主张确证的演绎闭合。

---

① 有关针对盖梯尔情形中直觉的实证研究的讨论，请参阅第七章的 7.3.2 节。

类似的论证也支持针对知识的相应的原则。不妨思考一下我们上面给出的有关 1983 年丰田车的例子，不过是应用于知识而不是确证。假如你知道**你的 1983 年丰田赛利卡正时链条有问题**，你也有能力推论出**某些** 1983 年丰田赛利卡的正时链条有问题，你就知道某些 1983 年丰田赛利卡的正时链条有问题。同一个思路对诸多其他例子也适用。假设在看谷仓时你知道那是个红色的谷仓，由此你就能推断出那是一个谷仓。因此，你也将知道那是个谷仓。进一步加以普遍地刻画，我们就会有：

知识的演绎闭合

如果你知道 P，P 蕴涵 Q，而且你有能力从 P 推论出 Q 并相信 P 是该推论的结果，那么你就知道 Q。①

正如我们面对盖梯尔的假设二那样，在我们思考怀疑主义时，这个原则将同样需要限定条件。从我知道我有手推断出我不是缸中之脑，我能够由此知道我不是缸中之脑吗？也许不会这么认为：首先为了知道我有手，我必须要知道我不是缸中之脑。我们这里会再次把这些问题的讨论推迟到下一章。我们在找的是这样一种知识观，它在不涉及任何表面看来存在乞题推论的日常情形中，保持其演绎之下闭合。

传统的知识观 K＝JTB 主张知识的演绎闭合。假设 P 蕴涵 Q，同时设定确证的演绎闭合。如果你对 P 有 JTB，并且你有能力从 P 推断出 Q，又相信 Q 是这种演绎推论的结果，那么你同样拥有针对 Q 的 JTB。然而，在我们增加一个条件 X，变成 K＝JTB＋X 时，无论如何都不会自动确保最终的知识观表达会继续满足这一闭合原则。

3.3 盖梯尔难题的确证主义方案

在盖梯尔情形中，主体的确证在某种意义上说是有缺陷的，有一种解决方案正是基于这个观念而形成的。尽管主体得到了确证，但就某些方面来说确证是有问题的。我们要就这一方面来讨论两种论述。

---

① 要再一次强调，就像我们在盖梯尔的假设二中看到那样，还需要更为精细的调整（请参阅第 69 页脚注 1）。

3.3.1　可废止论

盖梯尔情形所共有的特征之一，就是这里的例子中的人都未能把握其所处情境的整体。有关他们的情境有很多事实他们并不知道，而且如果这些事实被发现的话，将会赋予他们以充分的理由来修正其信念。用行话来说，这样的事实被称为**击败者**。① 很显然，有这么一个针对亨利信念的击败者，他相信他看到一个谷仓，也即他在假谷仓乡村。同样在盖梯尔的案例一中也存在一个击败者，也就是琼斯不会得到这个工作岗位。就其因为这类情形中的具体事实易于受到破坏而言，这样的击败者使得主体的确证带有瑕疵。

那么，不妨来看看以下的知识观：

(简洁版的)　可废止论（The Defeasibility Account）

　　　知道 P 就是拥有针对 P 的得以确证的真信念，你的信念不存在任何击败者。

这一知识观似乎维护了知识的演绎闭合。如果有个东西能击败你对 Q

62

---

① 我们这里所用的"击败者"不同于第一章 1.8 节的用法，但又有所关联。第一章讨论确证的击败者。确证的击败者是主体拥有的证据，它削弱或消除其对信念的确证。借助击败者这个概念，我们能够界定废止论者所用的那一观念：它是关于主体未意识到的一个事实，但是如果他意识到，就会击败其确证的事实。如果这样一类事实的存在确保了主体没有知识，我们也许就可以恰当地称这样的事实为知识的击败者。如我们将要看到的，这样的事实是否确保主体缺乏知识尚有争议。此外，"击败者"这个词按标准可以用于这样的事实。因此，用什么术语有可能产生混淆。这里的基本规则是：如果我们在讨论确证，击败者就是主体所用的证据，它们削弱他对信念的确证；如果我们讨论的是知识，击败者就是这样的事实——如果主体意识到它们，它们就会削弱他对信念的确证。

可废止论者有时会做出一个细微但又很关键的区分，它是在两类事实之间的区分，即一是有关这些事实的知识会使得你在相信 P 时未得到确证，另一类事实，则是有关它们的知识会让你在相信 P 时失去相应的基础。所有第二类事实都是第一类事实，但反过来不成立。某个事实或许使得"你相信 P"没有得到确证，实现这一点的方式之一便是给你一个相信非 P 的新理由，这个理由超出了你相信 P 的那些理由，但并没有让你失去这些理由。

的信念，并且你有能力从 P 推断出 Q，似乎同样必定会有一个东西击败你对 P 的信念，也就是击败你对 Q 的信念的东西，再加上你的知识——如果 Q 为假，则 P 也为假。

正如可废止论在其简洁版中所表现出来的有着那么良好的前景，它是一个十分强的立场：尽管存在击败者，但仍有一些主体拥有知识的情形。比方说：

汤姆·格拉比特（Tom Grabit）（Lehrer and Paxton，1969）

你可以准确地认出汤姆·格拉比特。你看到他拿着一本书跑出图书馆。图书馆的警报铃声大作。汤姆偷书了。似乎你知道汤姆偷书了。但是假设在这周晚些时候的法庭听证会上，汤姆的妈妈作证说汤姆那天不在州内，但是他有个长得非常像的经常惹麻烦的孪生兄弟蒂姆（Tim），而且蒂姆偷书了。后来发现这完全就是捏造的证词，大学的律师在听证会上很容易就揭穿了这件事。汤姆根本就没有孪生兄弟。

汤姆的妈妈出庭作证称，事实就是这样的。现在如果你知晓这一事实（并且只有这个事实），那么你认为"汤姆偷书了"这一想法就不会得以确证。而且，你的确知道那是汤姆，不是吗？如果是这样的话，这种简洁的可废止论就不可能完全正确。即使根据其中**某些**事实确证易于遭到破坏，也无法确保一个人没有知识。

假如我们认为这种情形中有知识，即便存在击败者，我们还会希望修正这一简洁版的可废止论。在汤姆·格拉比特的情形中，相比于这一唯一的信息——他妈妈做出如此证明，还有"更多的故事情节"，而且这个"完整的故事"使得汤姆妈妈的证言所提供的击败者变得不可信。可废止论者也许会改进这一表述，认为知识所要求的东西并不是说不存在击败确证的东西，而是不存在其自身不被"更多的故事情节"所击败的那种确证的击败者。具体细节非常复杂。①

在对可废止论加以展开时，我们还应该提出的问题是，根据这一理论将知识与得以确证的真信念区分开来的东西，是否就是我们所在意的东西。如果那就是知识添加到 JTB 中的东西，我们还要——我们还应该——

---

① 还有一个更为巧妙的论证，可参阅 Klein（1981）。

在意它与单纯的得以确证的真信念之间的差异吗？诚如柯万维格指出，这种突出的特征越复杂，相对来说越人工化，我们需要提出的问题就越多：我们应该在意**那样的东西**吗？（Kvanvig，2003，chapter 5）

3.3.2　无错假设论

我们看到盖梯尔情形不必涉及演绎，或许甚至不必涉及推理。因此，如果一种 JTB 的知识观，其中主体的推理并非基于从假前提出发的推理，那么它就是错误的。然而，我们也许会认为，这个主体的思考以一种更微妙的方式存在一定的谬误（cf. Harman 1973）。比方说在假谷仓案例中，表面看来它不涉及推理，亨利至少**假定**了某个东西为假，也即假定他在正常的乡间公路开着车，很多看起来像谷仓的那些东西就是谷仓。在一个人的确证中，这是一种缺陷。亨利或许并不知道，因为他的确证建基于错误的假设之上。让我们将这种知识观描述如下：

无错假设论（No-False-Assumption Account）

> 知道就是拥有得以确证的真信念，这样你的信念就不是基于错误的假设。

这个说法需要做些澄清。简单说就是一个信念要建立在错误假设基础上需要些什么呢？它不要求从作为前提的那个假设进行的外显的推理。我们也许认为它处于某些类似于这个反事实条件的东西中：如果你知晓你的假设为假，那么你持有的信念将不再得到确证。前述的假谷仓情形满足了这个条件。如果你知晓你开车正在经过的那个乡村，不是一个看起来像谷仓的东西就是谷仓的乡村，那么你相信你看到一个谷仓就不再得到确证。然而，要注意，如果我们将基于错误假设视为一个满足这一反事实条件的问题，我们就又回到了简洁的可废止论，并且这个版本的无错假设论因此就面临可废止论所遭遇的所有难题。

假如不是为了满足上述反事实条件，还有什么是建基于错误假设之上呢？我们所需要的是一个避免过度理智化的理论。亨利无须有任何关于假谷仓的想法，甚至在假谷仓情形中即使缺乏相应的知识，他也无须知道混凝纸是什么。亨利到底假定了什么呢？你也许会说，"周围的事物就是它们看起来的那样"。但是在他看到农场有个谷仓时，难道亨利不知道"那是树""那是篱笆"等诸如此类的东西吗？似乎正是这样。那么这里关键的错误假设，难道是周边看起来像谷仓的东西是谷仓吗？当然，从边上或后面看，假谷仓并不像谷仓。这里的假设应该是这样的，即从这类角度看，以及在这个区域中，看起来像是谷仓的东西就是谷仓。但对亨利而言，做出这个假设要有什么条件呢？他无须明确考虑到这一点，更不用说在其推理中将它作为前提。

这么解释丝毫不是要表明，无错假设论注定失败。这个理论中有些东西似乎完全正确：在你发现你已经被"盖梯尔化"（Gettierized），你会觉得你的期待——你的假设——是错的，你被骗了。尽管如此，它所面临的挑战将会使得这一理论的细节更为充实①，而且是在没有传递对相应情形的错误判断，或者放弃演绎闭合的情况下做到这样。此外，正如我们在可废止论那里所看到的，在我们充实细节时，我们应该牢记涉及价值和重要意义问题的那些后果：我们在意，我们应该在意那些据说将单纯的得以确证的信念与知识区分开来的条件吗？

3.4 可靠性方案

或许上述那些方案攻错了目标，也可能将盖梯尔情形从知识情形排除出去的东西，并不在于主体的确证的谬误，相反是主体信念与真之间缺乏某种客观的关联。我们将在非常宽泛的意义上（Goldman，1986：44）使用"可靠性"这个词，以选择任何一种能够反映主体的信念与真之间的客观关系。这一节考察知识的可靠观（reliability account of knowledge）。②

我们想要考察可靠性策略的另一原因，是它们承诺向我们表明有关知

---

① 视某个东西理所当然，这究竟意味着什么，感兴趣的读者或许可以参看巴赫（Kent Bach，1984）的研究。这样的观念对于那些辩护无错假设论可能有着重要意义。

② 如我们将在 3.6 节中要看到，既有局部可靠性观念，又有整体可靠性观念。所谓局部可靠性，它涉及非偶然性，与知识相关联，但跟确证没有明显关联（比方说，被盖梯尔化的主体就是得以确证的）。而整体可靠性则关涉用于形成信念的一般过程或方法的利真性，被认为与确证相关联。第二章中对确证的可靠主义的讨论所涉及的就是整体，而不是局部的可靠主义。

识的价值或重要性，单纯的得以确证的信念则不涉及这些内容。在《美诺篇》中，苏格拉底尝试提出，知识与单纯的正确意见之间的差异，在于知识"锚定"着真理，恰如人们必须要拴紧（神话中的）代达罗斯雕像（Daedalus），否则它们就会跑掉。与真理的客观关系赋予的就是"锚定"这一隐喻的内容。

最后，在我们考察各种可靠论时，我们将不再过多涉及知识的确证条件。很多可靠性条件的支持者均怀疑，确证是不是知识的必要条件。不过我们在这一节中将会忽略确证条件。［当然可靠论者（a reliability theorist）可能会将确证条件添加到他或她的论述中。］

3.4.1　因果论

戈德曼提出一个想法，他将因果视为主要的关系：

因果论

> 知道 P 就是对于事实 P 来说，以合适的方式在因果意义上关联到你所持有的关于 P 的信念。（Goldman，1967：358）

因果论非常好地处理了一系列盖梯尔情形。在很多盖梯尔情形中，一个人的信念与真理之间的因果关联被忽略了。正常情况下当你看到山坡上的绵羊时，绵羊在那里会导致你看到它们，并因此而相信山上有绵羊。你满足了这里的因果条件：你的信念——山上有绵羊，是由使得其为真的事实（即山上有绵羊这个事实）所引致。尽管如此，在盖梯尔情形中，你不**知道**山上有绵羊，而且因果论解释了其中的原因。山上有绵羊这一事实与你相信它这个事实之间，似乎不存在任何因果关联，你相信它是因为你看到像绵羊形状的岩石。但是山上**有**绵羊这个事实与那里有绵羊形状的岩石毫无关系——这两个事实在因果意义上互不关联。

哪些才是恰当类型的因果关联呢？我们尤其可以提出以下问题，事实 P 自身是否必须是认知者相信 P 的一个原因。在很多知识的例子，包括典型的知觉知识例子在内，这个关系是适用的。然而，就像戈德曼所提示的（Goldman，1967：364），如果说只有在事实 P 导致你相信 P，你才知道 P，这个立场过强了。让我们来看一个跟他类似的例子，如果你的朋友星

65

期五告诉你她打算第二天去航海，这个证言能够让你周六知道她那天去航海。但是她周六去航海这一事实并不导致你周六相信她正在航海。这里存在一种不同的因果关联，而且根据这些因果论者，这样的因果关联会赋予主体以知识，也即同一个原因的共同结果的关系。她周六去航海这一事实与你周六相信她正在航海，这两者的共同原因就是她在周五打算去航海。可以图解如下：

朋友周六去航海

朋友周五打算去航海

朋友的证言

你周五相信她在周六去航海

你周六相信她正在航海

为了适应知识的演绎闭合，因果论者有必要诉诸更进一步的、恰当的因果关联。假设我面前有一把小提琴这一事实导致我相信我面前有小提琴，然后我继续推论我面前有个东西，它不是大提琴。我的信念——我面前不是大提琴，是如何恰当关联于我面前没有大提琴这一事实呢？有关各式各样恰当的因果关联，读者应该参阅戈德曼的讨论（Goldman，1967）。

因果论有很多优势，然而它确实又面临某些困难。有一些情形中，尽管可以获得因果关系，但是主体似乎仍然缺乏知识。假谷仓案例就适用那种情形。那个谷仓导致亨利相信它在完全正常的意义上就是个谷仓，但是他不知道他看到了个谷仓。

可以看出，因果关系不完全是我们正在寻求的那种关系。一个相关的建议是诉诸模态关系。在哲学中谈论"模态"往往被理解为与将会和可能的东西有关，即若不是如此会怎么样，可能是什么情况。我们将会考察两个模态观念，它们也许被视为有助于我们解决盖梯尔难题：敏感性与安全性。

3.4.2 敏感论

知识的敏感论背后的核心观点是，"知道 P"需要"你对 P 的信念"在下述意义上"敏感于" P 之真：如果 P 为假，则你不会相信 P（Nozick，1981：172-176）。有大量的知识情形都涉及敏感的信念。不妨看看这个房间，如果事实上这里没有沙发，那边也没有椅子，你当然不会相信房间里有这些东西。相比较来说，在诸多盖梯尔情形中，在他或她那么做的时候，如果相关的命题为假，似乎主体仍然会相信。如果亨利在看着一个谷仓这一点为假，即使他也许在看一个假谷仓，他也会相信他在看一个谷仓。如果那个将获得这个工作岗位的人口袋里有十个硬币这一点为假——因为办公室中除了史密斯或琼斯之外，有人将获得这个工作岗位——史密斯仍然会相信它为真。因此，这个想法可以表达如下：

敏感论

> 知道 P 就是拥有对 P 的真信念——它敏感于 P 之真（即如果 P 为假，则人们不相信 P）。

这个理论似乎符合直觉。然而，还有必要用更精细的论证来避免对某些情形进行错误分类，比方说：

外祖母案例（Nozick，1981：179）

> 假设一个身体健康的外孙去看望他的外祖母。他看起来很健康。他的外祖母看到他，就知道他很健康。然而，如果他身体不好，他的父母亲就会对外祖母隐瞒此事，而且他也不会去看望她，因此她仍然会相信他很健康。

这里我们拥有的知识并不涉及敏感性。一个标准的解决方案是诉诸信念的方法。外祖母运用了某个信念方法——比方说看着她的外孙，并通过外观来做出判断。如果她的外孙看起来不好，用这个方法之后，外祖母就不会相信他很健康。用不同的方法，比如根据证言，她就会相信他很健康。尽管如此，对知识而言，最为重要的东西就是用方法 M 形成的信念在这个意义上是敏感的：如果 P 为假，人们运用方法 M 后就不会相信 P。

此外，如果不这么理解敏感性，难道就没有可以成为知识的情形吗？难道你就不能**知道**，在职业高尔夫球场上，并非所有六十个业余高尔夫选手会在最难的洞那里做到一杆进洞吗（Vogel，2007）？一个教授难道就不能知道，她逻辑导论课上并非所有七十五个学生每次考试都得 A 吗？但是即使这些情况均为假，主体用完全相同的方法仍会相信他们。鉴于诸如此类的担忧，很多哲学家都放弃这种敏感论。①

再有，正如诺奇克所主张，敏感论预言我们知识的演绎闭合原则存在反例。你对 P 的信念也许是敏感的，但即使你有能力从 P 推断出 Q，你最后对 Q 的信念也许并不敏感。当然对于怀疑论情境中的信念而言，这确实有可能出现。你知道你醒着。你能够从这一点推断出你并非梦到你醒着。但是如果你正梦到你醒着，你仍然会（运用同样方法）相信你醒着。如我们将在下一章中看到，诺奇克将敏感论这一特征视为一种优势，因为他认为它为回应怀疑主义关于知识的论证提供了工具。尽管如此，我们将再一次把怀疑主义论证的讨论推后到下一章。在某些情形中演绎推理根本不存在乞题或循环问题，如果按照敏感论的预言有针对演绎闭合的反例，那么它将会成为反驳敏感论的标志。

在没有诉诸方法的情况下，敏感论预测了针对演绎闭合的广泛存在的反例。我也许并不知道我买了彩票，并据此得出结论我没有中奖的那张彩票。这似乎是一个直观的通过演绎来扩展知识的情形。然而，尽管我没有彩票这一信念是敏感的，但我的信念——我不会中奖，却不是敏感的。如果我有那张中奖彩票的话，我会仍然相信我没有那张中奖彩票。但是这里

---

① 这里的反例是针对敏感性是知识的必要条件这一主张。有没有理由认为它与 TB（或 JTB）一道——仍不足以构成知识呢？诺奇克（Nozick，1981：175-176）给出了一个精巧的例子。考虑一下，有一个在箱子中的人，一直被赋予那些与他周围环境（即在箱子中）完全不一致的体验。在某个瞬间，他被赋予处在箱子中的体验。他被赋予这些体验，这些体验不是经由跟周围的水之间的交互而产生。他相信他是在箱子中。但是他仍然不知道他在箱子中。这看起来像一个盖梯尔情形，主体的信念在这种情形中是敏感的。因为诸如此类的情形，诺奇克在其论述中又增加了一个条件，他称之为**粘连性**。你对 P 的信念是粘连的，仅当以下主张成立：如果 P 为真，而且你要运用你在确定 P（是否为真）时事实上所用到的方法，那么你就会相信 P。我们这里不会考虑这对知识而言是不是一个合理的条件。

运用一些方法对我们会有帮助。如果我有那张中奖彩票，我就会知道我有一张彩票，并根据有极小的中奖概率这一事实，我会相信我没有那张中奖彩票。然而，这个方法不同于我知道我没有那张中奖彩票时所用的方法。我知道我没有那张中奖彩票时运用的方法，是从**我没有彩票**进行的演绎推理。我的推理是这样的：**既然我没有彩票，我就不可能中奖**！如果她要防止那些针对演绎闭合的例子出现的话，敏感论者不得不做的事情便是诉诸方法。①

然而，有一些反例还是存在不少问题。沃格尔就注意到，根据敏感论，我能够知道命题 P 为真，但仍然无法知道我没有错误地相信 P（Jonathan Vogel，1987）。当然，我从 **P 为真**，能够推断出**我没有错误地相信 P**。不过从这一演绎中得出的信念并不敏感：如果你错误地相信 P，你会仍然相信你是正确的，并因此你没有错误地相信 P，而且所运用的方法完全相同。这个反例有点不好对付，并且它有可能不是常见的扩展知识的例子。（这个演绎有没有乞题呢？）第四章（4.2.2 节）中在我们考察诺奇克回应怀疑主义的优点时，我们会再次讨论这些话题。

3.4.3　安全论（选读内容）

与敏感论相似，有一个理论诉诸**安全性**。安全性与敏感性恰好相互对照。为了得到一个条件句~A→~C 的对立项，我们要调换 A 与 C，并减除否定，就产生 C→A。因此，倘若敏感性条件句是："如果 P 为假，S 就不

---

① 克里普克（Saul Kripke）在 20 世纪 80 年代的一次讲座中提出，根据诺奇克的理论，一个人在不知道（或者没有能力知道）她看到一个谷仓的情况下，也许知道她看到了红谷仓。假设即使这些红谷仓都立在那里，但是所有黄谷仓都被用黄色假谷仓替换了。假设佩格（Peg）对此一无所知。佩格看到了红谷仓。她看到红谷仓这个信念似乎是敏感的：如果它为假，她就不会相信她看到红谷仓，因为它要么是黄色的假谷仓，要么就是一个看起来与谷仓（比如筒仓）非常不同的东西。但是她看到谷仓这一信念是不敏感的：如果她看的不是个谷仓，她也许看的是黄色的假谷仓并因此而相信它是个谷仓。敏感论的辩护者们（Adam and Clark，2005）回应称，克里普克的例子忽视了方法。克里普克的讲座内容，现在已经出版了（参阅 Kripke，2011）。

会相信 P"，安全性条件句则是："如果 S 相信 P，P 就会为真。"对于一些涉及"如果……那么……"的条件句来说，这样的对照不是有效的推论规则，也就是说对于那些被称为**虚拟条件句**来说如此。① 因此，安全性策略在逻辑上并不等同于敏感性策略。

安全论

知道 P 就是拥有针对 P 的真信念——它是安全的（即如果你相信 P，那么 P 就会为真）。

68 68安全论把握了在诸多盖梯尔情形中我们会有的自然的直觉，也就是说，即使主体拥有真信念，主体也很容易出现错误。② 实际上，我们可以把安全性条件"如果你相信 P，P 就会为真"解读成，"你相信 P 但你又是错的这样的情况不太会出现"。在假谷仓情形中，尽管亨利很容易就相信他看到的是谷仓，但他却是错的（因为他可能很容易看到的是假谷仓）——对诸多其他例子也是如此。

（可以说）这些反驳敏感论的例子似乎没有构成对安全论的反驳。比方说，你知道不是所有六十个高尔夫选手都将一杆进洞，而且这个信念似乎是安全的：那些事实上是错的情境几乎都被排除，因此你的信念不容易出错。此外，安全论似乎避开了我们在演绎闭合中所注意到的难题。如果我安全地相信 **P 为真**，且我有能力推断出**我没有错误地相信 P**，似乎就可以认为我的最终信念同样是安全的：如果我相信我没有错误地相信 P，我

① 这里有一个例子。假设只有一种非常严重的病症会让工作成瘾的约翰不去上班，最常见又典型的轻微病症没法让他待在家里，因此就可以说，如果约翰生病了，他会去上班。然而，未必可以说，如果约翰不来上班，他没生病。毕竟，约翰不去上班的唯一办法就是他生重病，而这就是生病的一个表现方式。一般来说，当有好几种能够想到的 A 可能出现的办法时，其中有一些是很常见的，其他则是不容易想到的，因此就可以说，如果 A 出现，它就会按正常方式出现，同时确保结果 B 出现。但是如果 B 不出现，这就必定是因为极不常见的 A-可能性出现了。

② 威廉姆森提出，知识要求安全性（Timothy Williamson, 2000）。然而他不会接受知识的安全论，原因在于他认为知识不可界定（参阅 3.7.2 节）。索萨曾经赞同安全论，但从那之后就放弃了（Ernest Sosa, 1999）。请参阅 3.6 节对胜任力论的讨论。

就是正确的。①

　　然而安全论看起来确实又存在反例。下面由科梅萨那提出的例子似乎表明，知识与不安全的信念是相容的（Juan Comesaña，2005：397）：

　　　　万圣节派对：安迪（Andy）家举办一个万圣节派对，我受邀参加。安迪家非常不好找，所以他让朱蒂（Judy）站在十字路口，把人引导到家里（朱蒂的任务就是告诉人们，在沿着左边那条路下去的那栋房子里举办派对）。我并不知道，安迪不希望迈克尔（Michael）参加这个派对，因此他对朱蒂说，如果她见到迈克尔，也应该把对其他每一个人所说的相同的情况（在左边那条路下去的那栋房子里举办派对）告诉他，但是她应该立马打电话给安迪，这样派对就可以转到亚当（Adam）家的房子里，那是在往右边那条路下去的地方。我很认真地打算把自己假扮成迈克尔，但最后的时刻我没那么做。在我到那个路口时，我问朱蒂派对在哪里举办，她告诉我是在左边下去的那栋房子里。

　　科梅萨那声称，在这个情形中，我知道在左边路下去的房子里举办派对，但是我的信念并不安全。很容易出现的情况是，我假扮为迈克尔，这样朱蒂就会告诉我相同的指引，但打电话告诉安迪，而安迪就会转移派对的地点。科梅萨那的判断是这样的，尽管知识确实要求可靠的信念，但安全性条件会错误地描述可靠的信念。依照直觉，朱蒂的话在科梅萨那看来很可靠，即便存在这样的事实——她的话在当下情形中为假。②

---

①　科亨（Stewart Cohen）认为（据柯万维格所说），安全论碰到了克里普克的红谷仓的麻烦（参阅第83页脚注）。假设这个地区只有一个真的红谷仓，其他谷仓都是黄色的，也是假的。如果佩格相信她看到了红谷仓，她就会是对的。如果她相信她看到一个谷仓，她也许看到的是假谷仓中的一个，这一次她就是错的。（如果安全论者像敏感论者一样都诉诸方法，这些话题就更加复杂了。）

②　假设你找到一个非常有意思的相关替选框架，那么在试图解释排除以及相关性大致是什么时，你也许想要考虑一些可以照着做的基本规则。当然其中一个基本规则就是不要根据知识来解释这些观念，然而还有其他一些规则。要想找到一个相融于知识的演绎闭合的理论描述，你就要确定，假设 Q 可以借由从一个人对 P 的知识的演绎中得知，如果一个人有证据排除所有 P 的替选项，那么就可以同样有证据排除所有 Q 的替选项。有兴趣的读者应该参阅斯泰恩在这些问题上的经典论文（Gail Stine，1976）。

同样，似乎在某些情形中，人们有可能并不拥有知识，但与此同时又享有着安全（且得以确证的）信念。不妨再看看山坡上的绵羊那个案例。或许山上确实有只绵羊没人看到；或许这个地方的主人在开玩笑，想将那些毫无戒备心的主体"盖梯尔化"。如果是这样，也许就不容易证明，在你看到绵羊形的岩石时你的信念——山上有绵羊为假，而且似乎你并不知道山上有绵羊。

还有更多复杂的安全论者和敏感论者提出的版本，它们可能非常好地避开了我们所讨论的那些难题，不过本书无论如何做不到穷尽这些理论。

3.5　相关替选项进路

假设我们正在讨论尤利乌斯·恺撒（Julius Caesar）的出生日期，学术界对于具体年份是公元前 100 年、前 101 年或者是前 102 年有所争论。学者们未考虑过下面这样的一个可能性：实际上是公元 100 年，但后来的官员密谋造出一些证据，这样似乎就是公元前 100 年。这就是所谓的阴谋假定。对于**恺撒出生于公元前 100 年**，阴谋论只是提出了一个不相关的替选项。要知道恺撒出生于公元前 100 年，你将不得不排除相关联的替选项。我们可以把这个观点概括如下：

相关替选项进路

知道 P 就是拥有对 P 的真信念，并拥有排除了针对 P 所有相关替选项的证据。（cf. Dretske，1970；Goldman，1976）

这个进路与盖梯尔难题有何关联呢？在盖梯尔情形中，不为主体所知的是，正常情况下的不相关替选项恰恰是相关的。比如，通常情况下你正处于假谷仓乡村的这一可能性是不相关的，因此为了知道你所看到的那个东西是谷仓，你无须将其排除出去。然而，在假谷仓乡村中，它却是相关联的，因此你**确实**需要将其排除。但是由于你无法排除，因此你就不具有相应的知识。

至此，相关替选项进路非常符合直觉，但是它需要更进一步充实细节。为了弄得更清楚，我们需要论述相关性，还要论述"排除"问题。

我们从排除开始。"排除"一个假设听起来非常**像知道它为假**。当然

当代知识论导论

如果我们以那样的方式来理解，我们就不得不放弃试图对其做出界定的宏愿。好的界定并不是循环的：它们不借助于正在定义的那个概念。除了那个难题之外，我们同样还要接受很多知识的演绎闭合的反例。根据当下的假定——排除就是知道什么为假，认为要知道 P 的话你无须排除不相关替选项，就相当于认为，在不知道针对 P 的某些替选项为假（或者通过演绎能够知道它们为假）的情况下能够知道 P。但是 P 蕴涵其替选项为假，因此你知道 P 但无法排除某些 P 的替选项的任何情形，都会是知识的演绎闭合原则的反例。既然主张相关替选项的那些人想要表明，无论是极为常见的情况中，还是那些甚至除了怀疑论情形之外的其他情境中，我们都无法排除我们的不相关替选项，那么这些人需要另一种方式来解释排除问题。

戈德曼提出另一个可能性，它诉诸与替选项有关的主体证据的敏感性：你的证据排除了一个替选项，仅当，如果获得那个替选项，你就会拥有一些证据，它（显著地）不同于你事实上拥有的证据（Goldman，1976）。比方说，不妨把戈德曼的例子改变一下，假设你看到五十英尺外在一个郊区人家很大的后院有一只德国牧羊犬。对于你看到的是一只德国牧羊犬这个命题，来考察一下两个替选项：你看到的是一只腊肠犬和你看到的是一只狼。你的证据排除了腊肠犬这一替选项，但没有排除狼。这样的话怎么办呢？它排除了腊肠犬替选项，以至于如果你看到一只腊肠犬，你会有非常不同的视觉经验。然而，如果它是一只狼，它看起来就会与狼一样或者很相似。

我们该如何理解替选项的相关性呢？有人提出，仅当如果 P 为假，A 有可能发生时，就可以把 P 的替选项 A 视为相关。因此，正常情况下在一个郊区后院里，如果你看到的不是狗，那也就不会是一只狼，因此狼这一替选项就是不相关的。然而，假设后来发现这里的主人有一只狼，那么如果你看见的不是一只狗，也许正好是看见一只狼。这就会使得狼成为相关的替选项。

需要注意的是，如果我们按照上文所描述的方式来理解排除与相关性，相关替选项进路与敏感论之间就很接近。结合起来看，用它们的定义来代替排除，我们就会发现：你知道 P，当且仅当你有对 P 的真信念，这里你的证据使得如果 P 为假，你就不会拥有那个证据。这与敏感论唯一的不同在于，它主张证据是敏感的，而不是信念自身。

我们也许还有其他方式来理解排除与相关性。比方说，如果你阅读了前一节内容，不妨考虑最终的理论描述会是什么样的，假如你根据与替选项相关的主体的证据的安全性来界定排除针对 P 的替选，并且根据你相信的话可能易于发生什么，来界定针对 P 的替选的相关性，实际上，最终的理论描述看起来会与安全论非常接近。

也许最好是将相关替选项进路视为直觉上有着令人着迷的框架，并且在这个框架内来展开对知识的理论描述，而不是以其自身的条件作为另一个对立的知识理论描述。出于这个理由，我们将其标为"进路"，而不是一个"理论"描述。①

3.6 胜任力论

我们按照戈德曼区分了局部可靠性和整体可靠性。局部可靠性涉及主体的信念与在主体所处的特定或局部情境中的真理。至目前为止，本章所讨论的正是这种可靠性。然而，同样还有整体可靠性，它讨论的是在很多情境中信念得以形成的过程或方法的整体利真性问题，而在这些情境中这样的过程或方法有可能会用到。正如我们在第二章中所见，有关确证的可靠主义依照整体可靠性而不是局部可靠性解释了确证。

71　　在区分了这些类型的可靠性之后，我们或许认为知识要求上述两类可靠性。② 易言之，我们可能认为知识既要求你要恰当地关联于你具体情境中的真理，还要求你形成你信念的过程或方法通常情况下是一种产生（和会产生）真信念的过程或方法。根据这种观点，很自然就会将确证视为知识的条件之一，因为确证能够被理解为整体可靠性的条件。（恰如得以确证的信念无须为真）整体上可靠的信念不必为真，但（就像众多外在主义者对确证的信念所持的看法）它是利真的。

---

① 戈德曼辩护了其中一个观点，根据相关替选项来详细说明局部要求（Goldman, 1986）。

② 当我们考虑"知道"这个词在每个会话语境中并不始终意指同一个东西时，就出现了异常重要的转变。请参阅第五章对语境主义的讨论。

我们将考察近来出现的、将知识视作涉及局部和整体可靠性的论述——**胜任力论**，从而结束我们的知识描述之旅。如我们将要看到，这一理论为我们提供了更为深入的洞见，以便理解我们为什么有可能更在意知识，而不是单纯的真信念或者甚至是得以确证的真信念，这些洞见超越了那种锚定真理的可取性。

考虑一下网球的例子。让我们假定你是一个糟糕的网球选手（或许事实完全相反）。现在你有可能只是碰巧打出了有着小威（Serena Williams）之风的 ACE 球。有可能出现的情况是，尽管你的移动别扭又不好看，却打出了完美的 ACE 球。在这类情形中，你只是因为运气而成功，不是因为你有高超的网球技巧与胜任力。对比一下小威，她的 ACE 球源自她的胜任力。我们在意的是因为运气而出现的成功与胜任力所导致的成功之间的差异，职业人士也同样如此。通常情况下，我们不仅在体育运动中关心这个，在我们所有活动中都是这样，包括我们的信念在内。现在来看看盖梯尔情形。这些不仅仅是哲学家设想出来的反常情形。它们涉及我们所在意的一种偶然性：我们似乎不单单在意拥有成功的信念——一个真信念——而且还关心因为理智胜任力而拥有的成功的信念。按照这样的方式，我们也许想要诉诸知识与胜任力间的关联，来表明盖梯尔难题是如何触及某些东西，同样我们还在意如何解决盖梯尔难题。我们的讨论要利用索萨的研究，他是最重要的胜任力论者（Ernest Sosa，2007a）。索萨将这些能力看作德性，因此他的知识论常被描述成**德性知识论**。

让我们将这一理论描述如下：

胜任力论

> 知道就是拥有真信念，同时你的信念之所以为真是因为你施行你的理智胜任力的结果。

这里再来看看小威的 ACE 球：她是因为她自己的胜任力才打出 ACE 球。与之相似，当我们知道时，我们因为我们的胜任力而相信这个真理。你的信念——今天阳光普照之所以为真，是因为你在你所处的情境中能够胜任做出正确判断。尽管如此，（就当下来说）在盖梯尔情形中或者至少在大部分盖梯尔情形中，我们只是因为运气而获得真理，不是因为我们的胜任力。山坡上的绵羊那种情形中的主体拥有真信念，但他或她不是因为胜任力获得真理，而是因为偶然状况下的巧合。

胜任力论似乎同样可以妥善处理演绎闭合。当你知道 P 并且能胜任从 P 推断出 Q 时，胜任力论者会因为真知道 P 以及有胜任力（!）从 P 推断出 Q，而将这看成获得关于 Q 的真信念。

就像这个理论描述让人印象深刻一样，它还有一个真正的关节点：假谷仓情形。在这里似乎确实是亨利获得真理，并且他因为其胜任力才获得真理。毕竟，他在与正常的谷仓交互中，确实利用了他正常的知觉技能。假设一个专业的弓箭手阿奇鲍德（Archibald）正在打靶，有很多人跟他一起同时在打靶，每个人都有自己的靶子，彼此之间通过安全距离分隔开来。假设一阵阵大风把其他所有弓箭手射出的箭都吹偏了，但是阿奇鲍德射箭却没有受到风的影响。他凭借出色的射箭技巧射中了靶心。即便也存在这样的事实，他可能处于某个情境中，他的技巧无法让他射中靶心，但阿奇鲍德难道不是因他的技巧而射中靶心吗？（Cf. Whitcomb，2007）与之类似，即使亨利可能看到假谷仓，他难道不是因为他的技能才拥有真信念——他正看到的是个谷仓吗？假定如此，这是不是在没有真信念的情况下，但因为其胜任力的缘故而使得这是一种知识的情形呢？

3.7 我们应该努力界定知识吗？

近年来，越来越多的哲学家开始反思对知识界定做出的众多尝试，并怀疑知识根本上是否可以被界定。这不单单说这么多尝试没有取得成功（或者至少不够清晰）。我们能够界定多少日常范畴呢？你自己界定"单身汉"试试（问题：教皇是个单身汉吗？还是鳏夫？），甚至在这样的情形中也不容易界定。

尽管如此，我们仍能够给出成为一个单身汉的必要条件。或许我们同样可以给出知识的一些必要条件。当然也有可能，列出一些富含信息的必要条件就相当于我们描绘了知识。但是也许完全专注于找到知识的"条件"本身就是错误的，这个做法是为了满足必要条件或充分条件，还是满足充分且必要条件呢？来考虑一下信念吧。假设存在几个无信念的知识情形（比如，基恩与英国史小测验的情形），这样看来，信念就不是知识的必要条件。但是我们是不是应该将信念排除在我们对知识的描绘之外，就像它完全毫不相关呢？

3.7.1　知识概念的要义

根据克雷格的看法，我们或许可以认为研究知识更富效果的进路是提出有关知识概念的目的问题：我们为何要有这个概念？（E. J. Craig, 1990）这样的研究也许会将我们从寻找必要和充分条件的限定中解放出来。

我们为什么需要知识的概念呢？让我们通过提出这一概念对我们有什么好处，来解释这个问题。我们一直在用这个概念，它起到什么重要的功能呢？我们可以罗列出很多，这里仅考察其中三个功能。

首先，如我们在讨论知识的确证条件时所注意到，知道 P 似乎就是确保涉及做什么、何以如此这样的推理中有能力恰当地运用 P。这样看来，知识概念的功能之一似乎就是，我们用这个概念来标记一个主体什么时候能够在推理时恰当地运用某个命题。这就会解释很多"知道"一词的用法。想一下那个侦探所说的，"让我们先停停，想想我们知道什么，然后从哪里开始"，孩子的说法则是，"我已经知道了，爸爸！"，以及在我们说"我知道公寓是锁着的，我不需要再检查了"时我们力图提供的保证。①

其次，如克雷格自己所强调，我们常常用知识的概念来突出好的信息源："问她，她知道的。"标记出这样的信息源对于我们的实践生活，以及我们更为理论化的探究当然具有基础性的意义：我们有必要相互依赖，而我们依靠谁也很重要！（第九章会详细讨论证言。）

最后，参照胜任力论，我们也许可以认为，知识概念的要义之一在于标识出，依据我们的胜任力，我们什么时候获得真理。

对知识论而言，理解这些功能本身就是很有意思的任务。此外，也许它会以其他方式来回报。比方说，它或许最终表明知识概念的一些有价值

---

① 在我们讨论信念条件时，一个类似的功能或许解释了信念之于知识的相关性：我们有可能运用知识的概念来标记谁在推理中打算使用一个命题。

的功能会有副作用，它们会带来很多困难。或许怀疑主义有关知识的论证利用了知识概念另外一些有价值的功能，这是在阅读第四章时要记住的东西。

力主界定知识的那些人在回应所有这些问题时会说些什么呢？他或她不必否认知识的概念对我们所起的作用，同样也不必否认知识论的任务之一便是解释这些作用。尽管如此，他或她也许会说，在未考虑人们知道要满足什么条件的情况下，我们无法完成这样的任务。这两个任务——界定知识与解释知识概念的要义要携手前行。① 还有，我们也许会认为，就像这里的作者一样，克雷格在这个问题上是正确的：即使知识无法被界定，知识的研究仍然有很多工作可做。

3.7.2　知识优先的知识论

对界定知识这个大工程还有更为激进的批判。或许我们一直在错误的方向上应对这样的问题。我们已经努力根据"JTB+其他某个东西"来解释知识。或许就像威廉姆森所说，一个更好的观点是把知识看作一个基础概念，然后尽力根据这样的知识观来解释其他东西（Timothy Williamson，2000）。这就是**知识优先的知识论**。

为了具体认识一下知识优先的知识论，让我们来考虑根据知识来努力解释确证的一种方式。② 可以从一种证据主义开始：你相信 P 是得以确证的，仅当 P 得到证据的充分支持。接下来，假设我们将知识解释为跟证据差不多的东西——你的证据恰好包含了你所知道的东西，或者 E＝K。从证据主义和 E＝K 可以看出，你相信 P 是得以确证的，仅当 P 得到你拥有的知识的充分支持。换言之，根据知识来对确证做出解释，而不是反过来。

即便如此，为何要接受 E＝K 呢？我们来概述威廉姆森（Williamson，

① 知识优先的知识论不局限于辩护 E＝K。威廉姆森（Williamson，2000）主张，知识是断言的规范。我们在第五章5.3节讨论断言的规范。

② 更多讨论，请参阅施罗德（Shroeder，2008）以及科梅萨那与麦克格雷斯（Comesaña and McGrath，2014）。

74

2000）的论证。首先真正的证据往往包括事实或者真命题，证据必定是能够增加它作为证据所证明对象的概率，并且能够使得一个命题更加可能的那类东西。而使得概率增加的东西其自身必定是一个命题，即是真或假的东西。洗碗机中的脏盘子或许被认为是洗碗机运行不正常的证据。然而，除了在非常宽泛的意义上，这些盘子自身不是证据。真正的证据就是洗碗机中的盘子不干净这一事实。

其次，要注意不单单是命题可被视为主体的证据。如果你不清楚 P 为真，P 几乎不会成为你证据的构成部分。不过仅仅相信 P，其自身不足以使得 P 成为你证据的一部分。假设你和一个朋友正走进一家餐馆，同时你相信它是个素食餐馆，因为你希望它是。这是不是就给了你菜单上没有芝士汉堡这一证据呢？为了给你证据，信念必须至少要得到确证。

但是拥有对 P 的得以确证的信念，就足以使得 P 成为你证据的一部分吗？这里的问题更为微妙。假定那根本不是个素食餐馆，但它看起来很像，而且有人告诉你它是素食餐馆。你相信它是个素食餐馆得到了确证，但你不知道它是素食餐馆。"它是素食餐馆"是你证据的一部分吗？一旦你获悉它不是个素食餐馆，如果有人问你有什么证据认为那个地方不卖芝士汉堡，你或许会说，"嗯，我的证据就是它看起来是个卖素食的地方，而且有人也跟我这么说"。也就是，你将诉诸你之前的知识。换言之，你诉诸你之前得以确证的（假）信念。但是如果你所确证地相信的东西是证据，你为何不能使用呢？①

尽管如此，姑且假定 JB 不足以构成证据，也许 JTB 就可以了。但是在盖梯尔案例一（"史密斯、琼斯与工作岗位"）中，得到工作岗位的那个人口袋里有十个硬币是史密斯的证据的一部分吗？假谷仓情形中，亨利看到的是个谷仓是他的证据的一部分吗？证据有可能像知识一样，似乎也

———————————

① 安全论者也许回应称，这些信念都是安全的，原因是到这些信念得以形成的时候，它们不那么容易为假。在科梅萨那的例子中，主体到最后时刻，决定不把自己伪装成迈克尔，而我们有可能认为，鉴于这个事实，主体在采纳朱蒂关于哪条路到派对地点去的话时不会那么容易出错。然而，这类回应就像一把双刃剑。不妨想一下谷仓案例中的亨利。有鉴于他看的是（唯一的）谷仓，他还可能容易出错吗？如果安全论者想要诉诸安全性来解释亨利何以知道，他似乎不能用这种"到信念形成的时候"来布局，以回应科梅萨那。

要求相同的非偶然性。

如果我们增加一个前提，即一个人知道的任何东西都是其证据的一部分，那么我们就会得出 E＝K 这一结论。完整的论证是这样的：

1. 一个人的证据包含命题。

2. 仅当命题为人所知时，它才是一个人证据的一部分。

3. 一个人知道的任何东西都是其证据的一部分。

因此，4.① 一个人的证据只包括其所知道的命题——E＝K。

人们对于这个论证会从很多不同的方面提出质疑，但是其各个步骤初看起来没问题。

要注意 E＝K 所产生的一个奇怪的后果：如果你处于怀疑论的情境（比如缸中之脑）中，你就不会跟你现在一样有着完全相同的证据。事实上，你知道你有手、眼睛和身体。但是如果你是一个缸中之脑，你就不会知道这些东西，原因是它们会是假的。你只会有这样的证据，如"似乎我有手"。可以认为，有关事物看起来如何的证据，并不像事物就是怎样作为证据那么有力量。因此，有关外在于你的世界的许多——实际上是所有——信念，与你的孪生缸中之脑相比，你得到了更好的确证。如果你回想一下第二章中的"新恶魔"难题，你就能明白以这种方式对它做出回应效果到底如何。一般来说，你能够看出知识优先的知识论是如何改变了很多东西的。

3.8　结论

本章中我们已经讨论了很多基础性话题。我们已然发现，尽管自盖梯尔 1963 年发表那篇论文以来，学者们做了艰辛的努力，但知识可以如何来界定，甚至它是否可界定，这些问题仍然不清楚。毫无疑问，这并非知识论学者希望看到的结果，但我们不应低估过去半个世纪以来所有这些工作的价值。探究知识、JTB、敏感性、能力以及其他话题之间的关联，对于理解知识，理解它为何重要具有非常关键的作用，即使这些探究并未得

当代知识论导论

---

① 应该是"4."，可能编辑中误为"3."——译者注

出一个定义来。我们已然看出，在单纯的得以确证的真信念之外，还有对知识而言有价值的东西，尤其是，因为某人有胜任力做到，进而获得真理似乎是个额外的价值。此外，所有这些研究将使得我们能够处理其他知识论难题。比方说，我们在下一章将会见到，敏感性的观念对于怀疑论者就很有用，这些人主张我们并不拥有很多有关我们周围世界的知识。

思考题

1. 请你自己设想一种情形，说话者运用自由间接引语来表达某个为假的东西。

2. 假设你的父母亲告诉你，你从未去过加拿大的班夫国家公园（Banff National Park），而且你知道，一般来说你的父母亲在你过去的旅行记忆这个问题上非常可靠。此外，你模模糊糊记得看到过露易斯湖（Lake Louise），你知道那是班夫国家公园中的冰川湖。你自己认为：这一清晰的记忆或许只是基于你在书中以及互联网上看到过露易斯湖的图片。因此，你对这个记忆内容不予理会。然而后来发现，你的父母亲犯了个大错误（他们把班夫和大冰山混淆了）。你**曾经**去过班夫，而且你确实记得看过露易斯湖。这里的问题便是：在你了解到你父母亲所犯错误之前，你知道你去过露易斯湖吗？如果你知道，这是不是一种无信念的知识情形呢？这是种无确证的知识情形吗？①

3. 试着在小说、戏剧、电影或电视中，看是否能够找到盖梯尔情形。提示：莎士比亚的作品是个好的资源，《终结者 2》（*Terminator 2*）同样也是。

4. 通常情况下，我们认为纯粹的数学真理（像 2+2 = 4 这样的真理）都是必然真理，因此在所有可能世界中均为真。我们能够很清楚地知道诸多数学真理，但是我们对数学真理的信念是由使得其为真的事实所导致的吗？如果我们认为数学事实并不处于因果关系中，因果论者如何才能解释数学知识呢？在敏感论与安全论中，数学知识同样难以解释。你能解释为

①　关于一个人在有着不合理信念的情况下，能够知道某个东西的讨论，请参阅阿尼奥（Lasonen Aarnio，2010）。

什么吗？

5. 有些胜任力论者（如 Sosa，2007a）对假谷仓情形做了回应，他们主张这是种知识情形。如果你是个胜任力论者的话，你会如何论证假谷仓中的亨利确实知道他看到了一个谷仓？

6. 根据直觉，如果你在一个很大的、公正的博彩项目中买了一张彩票，只有一人会中奖，在开奖前你无法知道你没中奖。分别从敏感论者、胜任力论者以及相关替代项进路的视角来考虑一下这个话题。

7. 以下情形是关于两个球手中有一个犯规的命题，它是盖梯尔难题吗？请解释为什么是或者为什么不是？

你正在看一场曲棍球比赛。你看到分别属于企鹅队（Penguin）和红翼队（Red Wings）的两个球员之间发生了冲突。很显然有人犯规了。想一下这两个球员的情况，并且知道他们在比赛中的犯规率，你得出结论，企鹅队球手犯规了。不过假定真实情况是，红翼队球手犯规了。

8. 针对 E = K 的论证，你会从哪里着手构造挑战呢？请解释一下。

9. 本章的话题有人会有如下看法，你会如何回应：瞧瞧，如何界定是我们来做的。我们能够按照我们所愿来界定事物，因此，我们就可以把知识仅仅界定为得以确证的真信念，这样就搞定了。盖梯尔不过是对知识做了不同的界定而已。两个界定都有可能是正确的。

延伸阅读

Craig, E. J. （1991）. Knowledge and the State of Nature. Oxford：Clarendon Press.

Dretske, Fred I. （1970）. "Epistemic Operators. " Journal of Philosophy 67（24）：1007–1023.

Goldman, I. Alvin（1976）. "Discrimination and Perceptual Knowledge. " Journal of Philosophy 73：771–791.

Kvanvig, Jonathan（2003）. The Value of Knowledge and the Pursuit of Understanding. Cambridge：Cambridge University Press.

Nozick, Robert（1981）. Philosophical Explanations. Cambridge, MA：

Harvard University Press.

Pritchard, Duncan (2005). Epistemic Luck. Oxford: Oxford University Press.

Sosa, Ernest (2007a). A Virtue Epistemology. Oxford: Oxford University Press.

Stine, Gail (1976). "Skepticism, Relevant Alternatives and Deductive Closure." Philosophical Studies 29.

Williamson, Timothy (2000). Knowledge and Its Limits. Oxford: Oxford University Press.

Zagzebski, Linda (1994). "The Inescapability of Gettier Problems." The Philosophical Quarterly 44 (174): 65-73.

第四章 知识的怀疑主义

怀疑主义者声称，在某些重要的领域中，我们根本没有知识或者得以确证的信念，或者这两个都没有。在极端的情形中，这样的领域普遍存在——我们根本没有任何知识，或者没有任何得以确证的信念。这种怀疑主义有时被称为**整体怀疑主义**。比方说，在第一章中，回溯论证就提出，任何人相信任何东西都无法得到确证。但还有一种局部怀疑主义，比如有关他心知识、未来、外在世界（你自己心智之外的世界）①，即使它们没有质疑我们所有的知识，但这些怀疑主义依然还是极端的。在街头巷尾，或者咖啡馆里，我们都会声称我们知道关于他人心智、未来，当然也有关于外在世界的一些东西。不妨想一下我们会这么说："我知道这个服务员从上周开始就认出我了"（意味着另一个人的心智的知识），或者说"我知道贝丝（Beth）将会在我之前到餐馆"（意味着未来的知识），当然这两个都意指外在世界的知识，也即你自己心智之外的世界的知识。所有这些陈述，以及他们所表达的信念都是**错的**吗？似乎这样的看法不尽合理。尽管如此，让这些怀疑主义话题十分有趣的东西，并不是怀疑主义者声称没有任何知识的合理性，而是那种支持这些主张的、颇具说服力的论证。

本章中，我们将聚焦自笛卡尔以来，也许是得到最为广泛讨论的那种怀疑主义论证：根据我们无法排除"怀疑主义的可能性"，就认为我们没有关于外在世界知识的论证。我们将称其为**怀疑主义可能性论证**。这样的论证有可能是为了支持关于得以确证的信念的怀疑主义，但是它们对于有关知识的怀疑主义更为有力。有些关于知识概念的东西，它使得这类论证更加令人信服。在详细表明这些论证是如何展开之后，我们将考察对它们

---

① 关键是要意识到某个领域中有关知识的怀疑主义，与否认那个领域的存在不是一回事。成为一个有关他人心智的知识的怀疑论者，就是认为我们无法知道除了我们自身心智外还存在着心智。逻辑上讲，这跟承认它们的存在是一致的。

做出的诸多传统的回应。

4.1 笛卡尔与怀疑主义可能性论证

为了把握怀疑主义可能性论证的特征，让我们从大师级人物笛卡尔《第一哲学沉思集》（首次出版于 1641 年）开始讨论。笛卡尔的第一个沉思首先是决心消除他已然接受的种种观念。经他考察发现，他之前众多的观念都是错误的，因此为了"在科学中确立一个坚实而又持存的上层结构"，他着手"从根基部分全新开始他的建造工作"。他告诉我们，那个理由使他确信他应该撤回他对那些并不完全确定的东西的信念，一如对那些明显错误的东西。他的策略就是尽其所能地怀疑他已然拥有的众多信念，并向这些信念的基础发起攻击。

你或许会思考笛卡尔寻求确定性这一聪明才智，或者他的怀疑方法是否有助于为科学确立一个坚实的基础。然而，在这些问题上你无须赞同他，你会发现接下来说的那些简直难以抗拒。

我们现在要引用在整个西方哲学中最有影响的一个段落。笛卡尔已经提出，也许是因为感觉有时欺骗我们（比如有关远处的物体或者微小的物体），即使在最佳情形中（比如有关笛卡尔现在是否在炉火前拿着一页纸），我们从来就不能相信我们的感觉。他把这样的怀疑与疯子们的怀疑进行对比，来继续嘲弄这样的想法。然后他又继续说道……

> 虽然如此，我在这里必须考虑到我是人，因而我有睡觉和在梦里出现跟疯子们醒着的时候所做的一模一样、有时甚至更加荒唐的事情的习惯。有多少次我夜里梦见我在这个地方，穿着衣服，在炉火旁边，虽然我是一丝不挂地躺在我的被窝里！我现在确实以为我并不是用睡着的眼睛看这张纸，我摇晃着的这个脑袋也并没有发昏，我故意地、自觉地伸出这只手，我感觉到了这只手，而出现在梦里的情况好像并不这么清楚，也不这么明白。但是，仔细想想，我就想起来我时常在睡梦中受过这样的一些假象的欺骗。想到这里，我就明显地看到没有什么确定不移的标记，也没有什么相当可靠的迹象使人能够从这上面清清楚楚地分辨出清醒和睡梦来，这不禁使我大吃一惊，吃惊到

几乎能够让我相信我现在是在睡觉的程度。

让我们把笛卡尔论证的结构看得更仔细一点。笛卡尔提出了**怀疑的可能性**，它指的是他所有的经验都系统性地误导他对其周围世界的认识。他所提出的这一可能性就是他现在正在做梦。如果他现在正在做梦，那么他关于他周围环境的信念就大错特错。要想根据他的感觉经验来确定其周围环境，他似乎必须要排除他现在正在做梦这样的可能性，但是"没有什么确定的标记来表明醒着的状态能够区别于睡觉"。因此，如何才能确定他正坐在炉火旁边，拿着一页纸在手上呢？他做不到。他已经找到一个甚至可以怀疑他当前知觉信念的理由。

笛卡尔似乎意在将他的论证与确定性关联起来。但是我们可以根据知识来对它进行重新表述。这个论证可以表述如下：

梦境论证

1. 你不知道你现在正在梦境中。

2. 除非你知道你现在不在做梦，否则你根据你当前的感觉经验，无法知道任何有关你周围世界的东西。

3. 因此，你无法基于你当前的感觉经验来知道任何有关你周围世界的东西。

这个论证中的（1）就跟笛卡尔的论证一样。除非你有什么检验手段可以用来区分醒着与睡着，否则你怎么能知道你不是在做梦呢？但是你没有任何这样的检验手段。

如果你是本章作者的话，你就会觉得，很显然你**确实**知道很多关于你周围事物的东西，而且你**真的**知道你不是在做梦。但你究竟是**如何**知道这些事物的，你对此根本拿不准。大部分知识论学者，均与笛卡尔本人一道以这样的方式来看待这个难题。最终的目标不是说服人们他们不知道很多东西，而是要解释既然有这么些强有力、完全相反的论证，那么我们确实知道的很多东西究竟是如何可能的。

你也许期待轻易战胜怀疑主义者。一旦我们放弃知识的确定性，难道我们不能质疑上述论证中的第（1）步吗？你为何不能知道你不在梦境中呢？你知道梦境很少这么井然有序、连贯一致，我们称其为"符合现实"。有些其实是这样的，但相对而言很少而已。因此，难道说你这会儿几乎没有可能不在做梦吗？如果我们所要求的是知识的绝对的确定性，假定你的信念为真，且不是因为盖梯尔情形（参阅第三章 3.2 节）中的运气你才正确无误，这难道不足以成为知识吗？

有好几个可供怀疑主义者用来回应的策略。我们将考察其中两个。第一个策略是，怀疑论者也许会指出，梦境同样不能影响记忆，这样梦境中看似为真记忆的东西有可能并非如此。如果是这样，你如何知道被你称之为有关梦境通常是什么样的"知识"，就不是一个梦境记忆或者根本不是知识呢？第二个策略或许更让人无法辩驳，它主张，当你获得关于梦境像什么的信念时，除非你现在知道你不是在过去的梦境中，否则你不知道梦通常是什么样的，并因此而没有任何允许你知道你现在不是在做梦的信息。你如何知道你不是处于过去的这些场合的梦境中呢？实际上，我们也许可以将梦境假设再推进一步：你如何知道你整个人生不是在梦境中呢？如果你不知道你以这样的方式经历了你的人生，你如何能够根据感觉经验，无论它们是过去还是现在的，来知道任何东西呢？

笛卡尔自己没有在梦境论证上止步。他用邪恶精灵可能性论证来提出更高的怀疑论风险。按照关于知识的论证，这个论证转换如下：

邪恶精灵论证

1. 你不知道过去的人生是在邪恶精灵的欺骗中度过。

2. 除非你知道你的人生不是在邪恶精灵的欺骗中度过，否则你无法知道有关你周围世界（或者甚至有关数学或逻辑）的任何东西。

3. 因此，你无法知道任何有关你周围世界（或者甚至有关数学或逻辑）的任何东西。

这是一个非常有力的怀疑论论证。事实上早在第二个沉思中，笛卡尔就提出只有关于他当下的思想——他思考的事实、他似乎看见什么东西等的知识，才能够避开上述难题。①

让我们来概述怀疑主义可能性论证的通用思路。给出论证的那个

84

---

① 这正是我思（the cogito），也即他的名言"我思故我在"的要义所在。即使你处于怀疑主义场景中，并因此你在很多事情上被欺骗，你仍然在思考，而且实际上你**是**（are）[即你**存在**（exist）]。由此看来，笛卡尔认为他找到了他的阿基米德之点，从这个点出发，他就能够"转动地球"并为牢靠的知识确立其基础。

人——姑且称他或她为"怀疑主义者"——瞄准某个常见的信念或者某类常见的信念，我们通常认为我们知道这样的信念。我们把这样的信念或这类信念称为 O［代指常见（ordinary）］。怀疑主义者接着构想了一个怀疑的可能性（SK）——可能情况是，一切都跟你从内里表达的完全相同（比如你有相同的经验、表观记忆、信念等），但目标信念均为假。怀疑主义者论证如下：

前提 1：你不知道非 SK（not-SK）。

前提 2：除非你知道非 SK 为假，否则你不知道 O。

结论：你不知道 O。

4.2 对怀疑主义可能性论证的回应：拒斥前提 2

回应这类论证的方式之一，就是坚持认为你不需要为了知道 O 而知道非 SK。这样回应的话就要拒斥前提 2。也可以这样来问：你何以为了知道那边有张书桌，窗外有棵树等，就一定要知道你不是在做梦或不是一个缸中之脑呢？如果像第三章中讨论那些知识的理论表述没错的话，要想拥有知识，所需的是拥有得以确证的真信念，它们只要不是因为运气而正确即可。不管它们是什么，姑且称这样的非运气条件为 X。对于那边有张书桌这个命题，你难道就不能拥有这样的 JTB+X，同时又不知道关于怀疑主义场景的很多东西吗？

尽管如此，它不可能这么简单。首先，有些怀疑主义可能性与我们所相信的一些日常命题并不相容。考虑一下你是个（没有手的）缸中之脑这一怀疑主义可能性。如果你有手的话，这个怀疑主义可能性就不可能出现，原因在于你有手蕴涵了你是缸中之脑为假。此外，你能够明白这样的演绎推论。那么，在你能明显看出如果你有手你就不是一个缸中之脑的时候，你如何能够知道你有手但又不知道你不是一个缸中之脑呢？

刚确立的要点似乎依赖一个原则，它就像是第三章中的"演绎闭合"原则。根据演绎闭合原则，如果你知道 P，那么倘若你有能力从 P 推断出 Q，并因为这一演绎而相信 Q，那么你就知道 Q。应用到这里的情形，演绎闭合将会告诉我们，如果你知道你有手，而且你从这一点推断出你不是缸中之脑，同时因此而相信你不是缸中之脑，那么你最终知道你不是缸中之脑。

然而，如我们在第三章所注意到的，当相关演绎存在乞题时，演绎闭合就有争议了。第三章中诉诸演绎闭合当然可以，在那里我们只是关注日常情形，而在这些情形中我们是通过演绎来扩展知识。（比如，"**我的**1983年丰田赛利卡的正时链条有问题，因此**有些**丰田赛利卡的正时链条有问题"。）如我们所见，如果你从 P 推断出 Q，而这些演绎推论存在乞题或者循环，那么就不能说你因此而能够知道 Q。而且从有手推断出不是缸中之脑，似乎是乞题或循环的。我们有必要构思一个在这些话题上预计会保持中立的闭合原则。我们先暂停一下，以便直接弄清楚所需的那种闭合原则是什么样的。

4.2.1 知识的闭合原则的构想

我们不打算假设一个人从其已知的另一东西推断出某个东西，并询问有关最终信念的认识状态，让我们把提问指向知道一个命题的意涵，它是关于知道其所蕴涵的更进一步的事物。在某些情形中，因为你**已经**知道它了，因此你不是现在**才知道**所蕴涵的东西。假设你已经几年没有测量你弟弟的身高。他现在九岁了。你量了一下，因此才知道他的身高，比方说4.5 英尺（约 135 厘米）。但是毫无疑问，你从他不高于 7 英尺这一信息可以做出相应的判断。在弄清楚他准确的高度之前，你看一下他就**已然**知道不会接近 7 英尺高。

在其他情形中，不单单是你根据与 P 毫不相干的理由，恰好已经知道 Q；而是**要想**一开始就知道 P，你**有必要**此前已经知道 Q。比方说，来看看赖特的例子，你看到人们在一张纸上做了 X 的标记，假设你依据你看到他们这么做，就能知道他们正在参加投票，前提是你已经知道这个地方正在进行选举（Crispin Wright，2002：333）。我们也许同样可以认为，这适用于怀疑主义情形。要想知道我有手，我就不得不已经知道——因此就可以合理地认为——我不是一个缸中之脑。这就是从我知道我有手这一点进行推论，为什么我无法知道我不是缸中之脑。

尽管如此，需要注意的是在所提及的这两类情形中（你恰好已经知道结论；你要知道前提，不得不已经知道结论），尽管从原有的命题 P 你无法知道所蕴涵的命题 Q，但我们仍然可以说，如果你知道 P 你同样确实知道 Q。即使在知道 P 之前（就像在"弟弟的身高"那个例子中）你已经知道 Q，但是如果你知道 P 那么你就知道 Q 这一点仍然为真。类似的是，如果你要知道 P 而不得不已经知道 Q，那么同样可以说，如果你知道 P 你就知道 Q（就像在"选举"的例子中）。假定这似乎是你可能知道 P，且知道 P 蕴涵 Q 的仅有一类方式，但又无法通过从 P 演绎来知道 Q，同时假定在所有这些情形中你确实知道 Q，我们就能提出如下闭合原则：

> 如果你知道 P，且你知道 P 蕴涵 Q，那么你就知道 Q。

在我们继续讨论之前，需要更进一步的微调。正如我们对它所刻画的，闭合似乎要求"将相关情况结合起来"。我也许知道 bazaar 是一个中间有 zaa 的单词。而且我也许知道，如果 bazaar 是这样一个单词的话，那么某个英语单词在中间就有 zaa。但是如果我不把这些放在一起，我也许不会相信并因此不知道有个英语单词的中间有 zaa。除此以外，我们并不想在其他方面也声明这样的原则。有一些类似的东西对于怀疑论假设而言同样如此。或许我们有强有力的根据相信它们为假，但我们也许从来就没有集合那些理由，并"将相关情况结合起来"。为了避免这样的可能，我们将使用以下对闭合的刻画：

> （闭合）：如果你知道 P，且你知道 P 蕴涵 Q，那么你就能够知道 Q。

我们称之为**闭合**，使其区别于与第三章被称为**演绎闭合**的那个原则。除了在我们考虑乞题或者循环演绎时，两个原则之间的区别在于它们毫不相干。

我们现在有一个闭合原则适合讨论怀疑主义时使用。这个原则确实有其效力。我们可以借助它来为怀疑主义可能性中的前提 2 加以辩护，在该前提中，SK 与日常目标命题（O）相容。因此我们来举个例子，考虑以下怀疑主义可能性论证：

i. 你无法知道你不是缸中之脑。

ii. 要想知道你有手，你必须要能够知道你不是缸中之脑。

iii. 因此，你不知道你有手。

闭合原则被用来辩护（ii），这样就妨碍了我们正在考察的那种对怀疑主义可能性论证的回应。因为如果你知道你有手，那么就会出现以下三种情形中的一种：（A）你能够推断并进而知道你不是缸中之脑；（B）你已经知道你不是缸中之脑；或者（C）你已经能够知道你不是缸中之脑，所依据的是那些无关乎从我有手，但没有将相关情况结合起来而进行的演绎的理由。不管这三种情形中哪一个出现，如果你确实知道你有手，你同样就能够知道你不是一个缸中之脑，而这就是（ii）所表达的。

不管一个人是否有关于如何看待怀疑主义可能性的任何观念，诸如我有手这样的日常命题，JTB+X 足以构成这类命题的知识，这正是拒斥怀疑主义可能性论证的前提 2 的背后所隐含着的原初思想，这个思想又如何呢？尽管这一思想有其吸引力，但我们能够看出闭合使得它疑点重重。因为如果闭合对于知识为真，且知识（K）就是 JTB+X，那么 JTB+X 自身同样遵循闭合：如果你拥有关于 P 的 JTB+X，且你又拥有 P 蕴涵 Q 这一命题的 JTB+X，那么你就能够拥有关于 Q 的 JTB+X。尽管不用过多担心，我们是否拥有针对我们没有处于怀疑主义场景中有关这些主张的 JTB+X，但是我们同样会发现，我们不能随意地声称我们拥有日常命题的 JTB+X。有一个聊以慰藉的想法就是，对怀疑主义场景的"哲学的"忧虑与我们是否知道日常事实没什么关联，闭合使得这个想法又难以自处。之所以说它是一个意趣满满的原则，这是其中一个理由。

在转向探究人们可能会如何拒斥闭合的方式之前，还有一个小问题值得关注。你也许注意到，从（i）到（iii）的论证不同于前面讨论的那些怀疑主义可能性论证，也不同于它们的一般框架，原因在于这个论证有几个地方用的是"能够知道"，而不是"知道"（know）。如果要利用闭合原则来确证（ii），就有必要做出这样的替换。这个替换要求怀疑主义者辩护这样的主张〔这里就是（i）〕——你无法知道与之相关的怀疑主义可能性没有出现。如此便出现了一个问题：对于怀疑主义者来说，相较于辩护你仅仅不知道哪个可能性未出现这一更弱的主张，辩护这一主张是不是更加困难呢？如果是这样，怀疑主义者诉诸闭合就要付出代价。

幸运的是，在第一个前提中怀疑主义者用"能够知道"来替换"知道"，没有造成那个前提更难辩护。怀疑主义者主张你不知道你不是在做梦，你不是一个缸中之脑等，这样的主张往往意味着，你不知道什么具体的物质材料，从来不单单是你不知道。一个人也许只是因为没有将多种情况相结合，就无法知道什么东西。举例来说，假设今天是星期天。你知道图书馆星期天闭馆，并且你知道今天是星期天。但是你无法将两种情况结合在一起，因此你会在没意识到它今天不开门的情况下前往图书馆。在这种情形中，尽管你不知道它今天闭馆，但是假使你头脑中把所有这些信息综合在一起，你就**会**知道这一点。然而，在怀疑主义者看来，即便你有条件继续思考下去，你能够将你所想到的全部证据综合起来，你最终仍然不知道你不是一个缸中之脑。对于怀疑主义者而言，你无法知道这样的东西。如果说这里有什么**更好的**，那么从"知道"到"能够知道"的转换就表达了怀疑主义者努力要说的东西。

回忆一下怀疑主义论证：

    i. 你无法知道你不是一个缸中之脑。

    ii. 要想知道你有手，你必须要能够知道你不是一个缸中之脑。

    iii. 因此，你不知道你有手。

从这个讨论中，我们可以得出结论，要想阻止像（i）—（iii）这些论证中的第二个前提，人们就有必要拒斥闭合。我们需要来看看是否有可行的路径做到这一点。

4.2.2　诺奇克论怀疑主义：一个拒斥闭合的方案

罗伯特·诺奇克不仅仅声称在应用到这些情形中时闭合为假，相反，即便不是对怀疑主义的关注，他所辩护的一种知识观也表明，闭合在这些类型的情形中均无效。有关他的知识观，我们在第三章（3.4.2 节）中已经讨论过，要想知道 P 的话，你对 P 的信念必须是敏感的，换言之，如果 P 为假，你就不会相信 P。（出于当前讨论的目的，我们可以忽略方法问题。）

用这样的知识观，诺奇克对怀疑主义可能性论证给出了更为精巧的回应。这样的论证之所以有吸引力，原因是第一个前提均为真：你不知道而且无法知道你不是缸中之脑，你不是在做梦等。如果你处于其中一个怀疑主义场景，你仍然会认为你不是缸中之脑。这就是你为什么不知道。（此外他还认为，这完全抓住了我们所感受到的，为什么我们似乎不知道这些东西。）因此，对于诺奇克而言，怀疑主义者在这个意义上是正确的。然而，怀疑主义者错在从这一点得出的结论，你缺乏诸如你有手这样的日常事物的知识。正因为你的信念——你不是缸中之脑并不敏感，因此不能随之得出，你对蕴涵这个命题的日常命题的信念就不敏感。敏感性在已知的蕴涵下不是闭合的。你能够知道 P，知道 P 蕴涵 Q，但又不知道 Q，而且无法知道 Q。依照诺奇克的知识观，这个知识的闭合原则有许多实例，但它在这些类型的情形中恰恰不成立。上面论证的前提（ii），以及怀疑主义可能性论证中所有前提 2 因此都不成立。诺奇克的论证就是如此。

不在敏感意义上相信**我不是一个缸中之脑**，一个人如何才能在敏感意义上相信**我有手**呢？姑且让我们说实际的世界是"正常的"，它大致就像你所认为的那样——也就是说，它是一个你以所有正常的方式知觉到桌子、椅子等的世界。如果实际的世界是正常的，那么缸中之脑的世界就与真实性相距太远，是不可能的世界，比如后一类世界中，米特·罗姆尼（Mitt Romney）赢得 2012 年美国总统选举。在 W 世界中，"如果 A 不是这种情况，C 就不会是如此"，这样的陈述形式为真，当且仅当在离 W 最近的世界中 A 为假，C 同样为假。假定真实世界是个正常的世界，那么离得最近的、你没有手的那些世界就是，比方说你突然失去手的世界。在这样的世界中，你可以直接看到并感觉到你没有手，因而你不会相信你真的有手。因此，如果真实世界是正常的，你的信念——你有手就是敏感的。然而，无论真实世界的特征是什么，你的信念——你不是缸中之脑并不敏感：如果你是缸中之脑，你就仍然会认为你不是缸中之脑。因此，如果真实世界是正常的，你的信念——你有手就是敏感的，而你不是缸中之脑这一信念则不敏感。将这一点与诺奇克的知识观放在一起，就会得出，如果真实世界是正常的，你知道你有手但不知道你不是缸中之脑。

诺奇克通过诉诸我们的世界是个正常的世界这一事实来反对怀疑主义者，他有没有乞题呢？答案是否定的。与怀疑主义可能性论证中的前提 2 相反，他的立场是，拥有对日常事物的知识，不是你知道或者能够知道你没有处于怀疑主义场景中的一个必要条件。要表明一个事物 A 不是另一个事物 B 的必要条件，如果有一个 B 会出现而 A 不会出现的可能性就够了，这就是诺奇克的主张。他的看法并不是说我们的世界是正常的世界（尽管他当然相信这一点为真），而是说正常世界是可能的，并且如果我们的世界是正常的，那么比如你相信你有手这样的日常信念就是敏感的，即使你的信念——你不是缸中之脑并不敏感。有鉴于诺奇克的知识理论，这表明你有可能知道你有手但不知道或者无法知道你不是一个缸中之脑。因此上述怀疑主义可能性论证中的前提（ii）为假，而且一般来说无论怀疑主义者为前提 2 选择什么均为假。这样看来，怀疑主义可能性论证不成立——所有都是如此。

如我们在第三章（3.4.2 节）所看到的，知识的敏感性要求还有明显的反例，它们与闭合没有什么关联。因此任何人如果追随诺奇克的话，在回应这些反例时，就有必要找到某种靠谱的策略。

但是即使把这样的反例置于一边，似乎也不太可能将反例限定在面对怀疑主义情形的闭合之上。在第三章中，我们注意到，根据诺奇克的论述，尽管你可以知道 P，但通过**你未错误地相信 P 这一**推断，你无法知道 P。这违反了知识的演绎闭合。相同的例子可以用于表明，诺奇克的知识观违背了更适合于各种怀疑主义理论的闭合原则，这个原则我们称之为"闭合"。你确实知道 P 为真（对于像**那边有张椅子**这样的 P 而言），而且你确实知道这蕴涵了你没有错误地相信 P，但是你并没有在敏感意义上相信后者。同样还有其他一些反例，它们联结着日常命题与温和的怀疑主义命题。来看看这个情形：我知道我的前院里有棵枫树站立在那里。我现在在办公室，离家有几英里远，但是仍然知道这一点。如果它为假，我似乎会晓得这一点，因为在离得最近的、它为假的世界中，我就会安排把树砍掉，或者在暴风雨之后我早晨就会亲眼看到倒下的树。现在思考这样的可能性，那棵枫树刚才还没有被到处惹是生非的小混混们砍掉。这个命题被另一个命题——**在我的前院有一棵树站立在那里**所蕴涵。但是我对它的信念并不敏感。如果这棵枫树刚刚被砍倒了，我就不会对它有任何认识。因此，尽管我知道我的前院里有棵枫树站立在那里，诺奇克必定会说，我不知道那些惹是生非的小混混们刚才并没有砍倒它。你能够构想出很多其他类似的例子（比如你知道你的车停在某某停车场，但是你无法知道它已经被偷或者开走了）。

对于诺奇克的知识观而言，防止针对闭合的各式反例出现就是其中的一个难题。另一个难题则源于这样的困惑，如果闭合原则涉及怀疑主义场景的那些实例为假，我们就有必要撤回我们下面的主张，即在我们承认我们不知道我们不是缸中之脑之后，我们知道一些诸如我们有手这样的日常知识。为什么承认你不知道你不是一个单纯的缸中之脑就会使你感到，你真的不能继续坚持认为你知道你有手、脚等呢？闭合原则的真理将会解释我们为何感受到这样的压力：我们之所以如此，原因在于我们感到知道（P）——除非一个人能够知道 Q，否则这个人能看到这样的东西蕴涵着其他某个东西（Q）是不可能的。①

我们已然看出，在尝试阻止怀疑主义可能性论证的前提 2 时所面临的需要认真思考的难题，这个前提指的是，除非一个人知道（或者能够知道）非 SK，否则这个人就不知道 O。至少当日常命题（O）蕴涵怀疑论假设 SK 为假时，前提 2 似乎就可以高枕无忧了。在本章作者看来，一个更有前景的回应思路，是承认怀疑主义者的前提 2，但是拒斥前提 1——坚持认为我们**确实**知道各式怀疑论假设为假。我们**确实**知道我们不是缸中之脑。我们**确实**知道我们不是在做梦等。

4.3　拒斥前提 1：你知道你不是一个缸中之脑！

你也许会说，好吧，但是你**怎么**知道这些东西呢？请注意，这个问题似乎问的是：一个理由、一个确证。我们或许会不屑一顾地回答说，由于确证对于知识而言并非必要条件，因此确证这一话题在此毫无关联。只要你有真信念，同时不是因为运气缘故才为真，那么你就拥有知识。在第三章中，我们讨论了各种有可能确证这种回应的方案，尤其是用某种可靠性作为知识条件的那个方案（尽管不是敏感性方案!）。一般来说，这个想法就会消除知识的确证条件，并且不会认为知识要求可靠的真信念，并进而主张，在没有任何理由或确证的情况下，我们能够知道怀疑主义可能性为假。

但是对于许多哲学家来说，包括本章作者在内，知道以上这一点似乎

---

①　在坚持你确实知道你有手、脚以及身体的同时，承认你不知道你不是一个缸中之脑，就是断言了德洛兹所称的"非正常的连结"（DeRose，1995：27-29）："是的，我知道我有手、脚和身体；但是不，我不知道我不是一个缸中之脑。"显然这是一个说出来很怪异的事情，它似乎很荒谬。

并不够。如果我们在回应怀疑主义者时所能够确证地加以表达的，是我们有可能以这样的方式与真理进行并不偶然的关联，那么我们所能确证地予以表达的就是"也许我们知道"。不过它好像至少在两个方面是有问题的。首先，这是个极度无力的回应。在我看来，我认为我确实知道是得以确证的，而不仅仅是可能知道。其次，这是对怀疑主义者的一个非常怪异的回应。这样一类回应，我们会认为它是基于错误的知识理论。知识与确证并不像这个回应所表现出的如此截然分开。为了看清楚这一点，不妨设想一组正在侦查一个凶杀案的侦探。姑且让我们来假定，他们有某些证据表明，这个嫌疑人是凶手。他们也许会说："我们有理由相信他是凶手，但是我们并不知道他是凶手。"后来，随着更有力的证据出现，他们可能说："现在我们不仅有理由相信他是凶手，我们还知道这一点。"这样看来，侦探们将确证的程度作为一种衡量知识的标尺，确定它是处于顶端还是至少处于上端。这样思考知识的方式，不可能仅仅通过主张知识是一码事，而确证则几乎完全是另一码事，来加以消除。它们之前有着非常重要的关联，怀疑主义者利用的正是这样的关系。

那么，我们如何知道我们没有生活在怀疑主义场景中呢？这里有三个传统的想法，可以解释我们如何解决这个问题：

1. 我们先验就知道这样的事物，也即我们的知识建基于经验之上①，称之为**先验方案**（*a priori proposal*）。

---

① 先验知识至少要回溯到康德，传统意义上它被否定地界定为"独立于"经验的知识。你很自然会问，"这里'独立'是什么意思，'经验'又意指什么呢？""独立"应该被理解为与认识的独立性有关，而不是因果的独立性。或许你无法知道这个命题（称之为 T）——如果一个物体 x 比另一个物体 y 更高，那么 y 就没有 x 高——如果你没有某些经验让你拥有"比……高"这个概念的话。因此，你的知识——T 为真，并非在因果意义上独立于经验。但是你的知识的来源——认识基础——并不是经验。倘若你拥有对于思考 T 是否为真之为必要的经验，那么它就不是助推产生这一知识的经验。我们在多宽泛的意义上理解"经验"，在某种程度上是个选择的问题。你先验地知道你此刻正在思考吗？如果我们将"经验"理解为包括了思想的内省，那么**答案就是肯定的**。如果我们认为它完全指代知觉经验，那么我们也许就得出结论认为它是先验的（假定我们确实没有知觉到我们的思想）。这里我们所理解的经验不仅包括知觉经验，而且还有内省。关于先验与后验的区分的更为全面的介绍，可参阅拉塞尔（Bruce Russell，2013）。

2. 我们是后验地知道它们，但并非基于我们通过经验所获得的有关世界的知识之上，只是建立在我们的经验似乎是什么以及我们的外显记忆这样的知识的基础上，这称之为**直接的后验方案**（*straightforward a posteriori proposal*）。它之所以是直接的，原因在于它不像下一方案，似乎并没有在反对怀疑主义者这一点上存在乞题情形。

3. 我们是后验地知道它们，其根据是我们通过知觉获得关于这个世界的知识，这称之为粗略的**后验方案**（*bold a posteriori proposal*）。

本章余下部分将逐一考察这三个方案。我们把相对较新的、涉及"知道"的语义学的第四个方案延至后面一章讨论。

4.4　先验方案

18 世纪苏格兰哲学家托马斯·里德（Thomas Reid）提出，我们相信并大致知道涉及偶然事实问题的某些"第一原则"是得以确证的。这样的确证是先验的，原因在于它是基于这些原则的自明性而不是经验。

里德所列举出来的某些第一原则与人们自身的心智生活有关，但是他所列举的大部分都是关涉人们心智之外的世界。不妨来看看这样的一些例子（Reid，1785，Essay 6，Chapter 5）：

关于记忆的第一原则

　　我所清清楚楚记得的那些事情确实真的发生过。

关于知觉

　　我通过感官所清清楚楚知觉到的那些事物确实真的存在，而且它们正是我们所知觉到的样子。

关于推理

　　我将真理与谬误区分开来所借助的那些自然能力是不会出错的。

关于他人心智

　　我们与我们的同类进行交流，其有着生命和智能，……有面部表情、声音以及体态的某些特征，这些都显示出相应的思想与心智倾向。

所有这些命题均不必然为真。在一些可能世界中，我们清晰记得的东西（即似乎清晰记得的东西）没有真的发生；在这样的世界中，我们清楚知觉（我们所经验）到的东西并不反映事实上有什么等这样的问题。尽管如此，里德声称，我们相信记忆与知觉是可靠的这一点是得以确证的。① 因此，里德主张，我们对第一原则的信念得到了确证；而且如果最终表明它们并非偶然为真，那么它们就构成了知识，至少根据第三章中所讨论的那些类型的知识观是这样。知识之所以是先验的，原因是它并非建立在经验之上，而是基于这些原则的自明性。② 运用这样的知识，我们就能够很明显地将大量的怀疑主义假设排除出去。如果你的感觉是可靠的，一个笛卡尔的恶魔不会在你进行数学和逻辑推理时持续地欺骗你。

里德的主张与传统的先验观（至少回到康德那里），形成了直接的对比。根据传统的观点，只有必然真理能够先验地知道，而偶然真理只能借助于经验才能知道（广义上对经验的理解包括一个人心智的内省）。之所以认为偶然真理不能先验地为人所知，其中一个原因是，当我们抛开经验时，作为知识的来源所余下的只有纯粹理性，而且纯粹理性自身不能告诉你在一个可能世界中而不是在另一个可能世界中。它只能告诉你在所有可能世界中什么东西为真，或者没有什么东西为真。可以说，你只能"注

① 这只是初步的确证。如果你获得特殊的证据表明，在某个具体或者也许是常见的情景中，你的感觉是不可靠的，那么它就被击败了。请参阅第一章（1.8节）。

② 在里德的诠释者之间存在的一个争论，恰恰就是如何理解他的那些第一原则。阿尔斯通（William Alston，1985）与莱勒（Keith Lehrer，1989）主张，它们均为普通真理，而且我们同样会接受这个诠释。然而，范·克里夫则认为，更确切地说，它们是证据的原则（Van Cleve，1999）。他举了一个例子，范·克里夫将涉及记忆的情形做如下理解：如果你清楚地记得 P，那么 P 对你而言就是第一原则。如范·克里夫所表述的，他的诠释无疑设定了记忆的诸多第一原则，它是为每一条记忆的证明设定了原则的诠释。继而他将"P 对你而言就是第一原则"理解为，它意味着（在第二章2.1节中所讨论的"直接得以确证"的意义上而言），你相信 P 是即刻直接得以确证的。如果范·克里夫的诠释正确，里德主义的第一原则就并没有提供一种先验的方式让我们知道怀疑主义假设为假。感谢佛利苏（Marina Folescu）与瑞修（Patrick Rysiew）在我如此诠释里德时所提出的建议。

当代知识论导论

意看"什么东西在可能世界中**正好**是这样的，而且它又是真实的。①

尽管里德强调没办法通过"直接或无可置疑的证据"来证明第一原则，但是如他所说，他确实给出了一些关于我们也许可以"针对这些原则进行理性思考"的意见。他给我们提供的想法是，我们或许可以确定什么是第一原则、什么不是第一原则。这样的意见或许非常有用，因为如果我们能够确定命题P是第一原则，那么根据第一原则为真，我们就可以得出结论P为真。里德所提出的一些建议仅仅能够在后验意义上得以证实，比如"对年龄和国家的赞同"，或者我们接受教育之前早期生活中出现的一些特定的信念，以及我们的官能所给予我们的那些证明的一致性。你不可能天生就知道"对年龄和国家的赞同"意味着什么，也不知道在正常的成长过程中信念什么时候会出现，而你必须借助关于一段时间的经验的知识来认识我们们的官能的证明的一致性。然而，他所提到的建议中有两个我们或许可以先验就知道，我们将着重讨论这两个。

首先，里德提出，这些第一原则也许"承认归谬法的证据"。为了通过归谬法来证明某个内容，我们假定该命题为假，并从中衍生出其不合理之处，然后从相关假定导致谬论这一事实，我们得出结论该命题为假。这里有一个基础逻辑的例子。我们如何才能证明以下命题为真："如果P&Q，那么P？"可以这样试试：假定它为假，那么P&Q就为真，且因此P为真，但是P同样为假。不过这很荒谬。因此，"如果P&Q，那么P"这一陈述为真。这个策略对于证明第一原则，比如逻辑的第一原则的必要性似乎很适合，但此刻对于我们异常重要的那些第一原则（比方说有关知觉的第一原则）就是偶然的。我们假定它们为假，如果从中衍推出荒谬来呢？

其次，第二个建议涉及一致性。里德写道：

---

① 克里普克（Saul Kripke，1980）提出，偶然的先验知识是可能的，实际上也是真实的。他声称，我们有这样的先验知识，比如"巴黎的标准米尺是一米长"。这个想法所表达的是，"巴黎的标准米尺的长度"这一限定摹状词固定了"一米"的指称。但这是一种偶然真理的先验知识的情形吗？或者我们至多能这样说：只有知道你说的是什么意思，你才能知道上述句子表达了某个真内容？不过知道你的意思是什么似乎依赖于对你意向的内省，因此就不是先验的。请参阅第110页的脚注。

……（它）是一个个人偏好论证，倘若它能够表明一个人所拒斥的第一原则，跟其所承认的那些原则有着相同的基础：因为当这样的情形出现时，他必定会因为他赞同某一个而拒斥其他原则而出现不一致性。

由此，意识、记忆、外在感觉以及理性的能力，对每个人而言都是与生俱来的能力。没有什么好理由能用于证明存在其中一种能力，但对其他能力没有同等效力。数量众多的怀疑主义者会承认来自其中一种能力的证明，并许可它所证明内容作为第一原则而为人所主张。因此，如果他们拒斥来自感觉或记忆的当下证明，他们就会犯下不一致的错误。（Reid，1785：Essay 6，Chapter 4）

这是个很有力的论证，但是怀疑主义者有很多回应。

一方面，怀疑主义者有可能乐于同意，意识（对里德来说相当于人们心智活动的内省性信念）与感觉经验处境相同：我们同样能够设想出笛卡尔式的怀疑论证来攻击它。举例来说，在你没有某些经验、信念、欲望等的时候，或许笛卡尔的恶魔能够让你觉得你似乎有。如果这有可能发生（它自身就是个有意思的话题），那么怀疑主义者将有如下主张：你并不知道没有恶魔在这个问题上欺骗你，因此你的内省性信念不是知识。

另一方面，怀疑主义者也许回应如下，笛卡尔确实没错，怀疑主义可能性必定包括对我们心智活动相关方面的规定——比如，事物至少对我们而言在某种意义上是确定的——因此这些方面不可能成为怀疑论证的攻击目标。倘若是这样，那么我们就可以跟里德所主张的相反，且有充分的根据将意识与知觉（外在感觉）或记忆区别对待。①

最后，如里德所承认的那样，他只是将一致性作为一个个人偏好论证的基础（只是指出某些哲学家不合理的地方）。如果我们强调它们涉及与生俱来的能力，而且这样的能力完全可靠，以努力将里德的这些建议转换为针对感知觉、意识、记忆等的辩护，那么我们就会面临一系列难题：什么是与生俱来？我们能先验地知道什么是与生俱来吗？即使我们能够先验

---

① 怀疑主义者能够针对理性给出一个类似的回应吗？她能不能说我们有充分的依据将理性与知觉区别对待呢？

地知道这一点，我们有什么根据先验地认为，与生俱来易导致的是可靠性而非不可靠性呢？

尽管这一先验策略无论在什么意义上，都没有被排除出去，但是其支持者有很多工作要做。①

4.5　直接的后验方案

接下来我们开始讨论**直接的后验方案**，它诉诸这样的事实——关于我们的经验以及外显记忆差不多是什么样的。这个策略试图做的事情恰恰是怀疑主义者认为我们必须要做的：基于从内里看事物究竟如何的特征，来论证我没有处于各式怀疑主义场景这一结论。对这一策略存在的主要忧虑在于，这是要从非常有限的一组数据中得出所渴求的结论。

从我们的经验与外显记忆到我们不是缸中之脑这一结论，这个论证可以如何展开呢？似乎没有什么办法让我们从这个事实——你有特定经验与外显记忆，演绎出你不是缸中之脑。如果一个人在这个演绎中所用的前提为真，演绎就是要得出一个**必定**为真的结论。但是有关你的经验和外显记忆的真理并不保证你不是一个缸中之脑，原因是缸中之脑同样可能有着你所拥有的、完全相同的经验和记忆（这正是对缸中之脑假设的准确说明）。我们诉诸**最佳解释推理**也许会有更好的效果。② 最佳解释推理是一个归纳推理模式，人们据此推论出数据的最佳解释的真理。严格意义上说，最佳解释不是从数据演绎而来。非常有可能存在着相对立的、与数据相容的解释（但与最佳解释不相容），不过这些对立的解释也许同样没有针对数据给出诠释。实际上，在福尔摩斯的故事中，当福尔摩斯进行"推断"时，他没用运用哲学家所称的演绎，他用的是最佳解释推理。当

---

① 请参阅第十一章（11.4.2 节）中对先验进路仅有的一丝希望的讨论。然而这一点点希望并非里德所想的那一类，而是涉及概率的那种。从根本上说，这个想法所表达的是，将关于一个人的真实经验和记忆的这么多东西嵌入怀疑主义假设，严重降低了其在先的（prior）概率。这样的在先概率并不是基于经验信息之上，它是个先验概率。

② 接下来的讨论与第一章（1.9 节）有所重合。

然不单是侦探们会用这种论证模式，我们在尽力查清我们车出什么状况或者我们为宴席烧的汤为什么没味道的时候，我们也会用这个论证。① 那么我们想要考察的主张就是，相较于任何怀疑论假设，你的经验和外显记忆通过以下假设能得到更好的解释，即你有身体并且以你认为我们实际上使用的那种方式，与一个真实的世界在知觉与能动意义上进行交互〔将其称为**真实世界假设**（Real World Hypothesis，RWH）〕，并因此你就能知道怀疑论假设为假。

在第一章（1.9节）中，我们考察了最佳解释推理的一个原则：

（JEI）通过解释性推论的确证

如果假设 H 旨在解释 S 的证据 E，且不存在不相容的假设 H'为 E 提供一个更好或同样好的解释，那么 S 根据 E 相信 H 就得到确证。

JEI 会引起无数有待讨论的问题。我们应该如何理解"没有不相容的假设"呢？我们应该将它视为包括所有假设吗，无论有人曾经确切表达与否？若是如此，可能在很多情形中，就难以知道我们根据 E 相信 H 是否得到确证。或许存在着我们未曾想到的某个不相容的假设，它解释了 E。相反，如果我们将"没有不相容的假设"理解为只包含那些我们所了解到的且可以获得的不相容假设的话，我们就面临着另一个不同的难题。就像范弗拉森（Bas Van Fraassen，1989）所表达的那样，H 难道不能是"瘸子里选将军的结果"吗？这样相比于可把握的对立解释，它给出了最佳解释，但仍然不是一个特别好的解释，结果是我们相信 H 没有得到确证。假设一个入室抢劫案有十个可能的嫌疑人，十个人中有一个人必定是案犯，因为他们是仅有的有犯案机会的人员。尽管如此，我们对其中任何一个都没有充分的解释，究竟他们为何要入室抢劫。尽管大致可以说会有某个十分好的解释，但对于我们来说现在又无法获取。然而，我们确实知道十个嫌疑人有一个叫斯科特（Scott）的人曾经在商店行窃。因此**斯科特入室抢劫**这个命题就为这个入室抢劫案提供了略好但仍然无力的解释。我们会据此而确证地相信是可怜的斯科特做了这件事吗？这样的立场看起来过于强硬。

---

① 更多关于如何准确地表达最佳解释推理是什么，请参阅利普顿（Peter Lipton，2004）。

此外，还有更进一步的困难。如果 H 实际上是 E 的最佳解释，但主体 S 对此一无所知，又怎么样呢？对观察到彩虹的最佳解释指向这么一个内容，即相对于观察者的某个角度，水分子中能产生光的折射与反射。但是人们相信这样的假设并没有始终得到确证！在科学中找到这样的解释则需要一个巨大的创新。我们可以修正 JEI，其方式则是增加一个限定条件，这样主体 S 就知道或者确证地相信，与那些竞争性假设相比，H 更好地解释了 E。但在怀疑主义情形中，这算是苛求了。对于普通人而言，如果要确证地相信 RWH，难道必须知道它们为证据提供了最佳解释吗？更不用说像**这是一棵树**这样的日常命题。一个普通人难道能够构建起这样的解释吗？

除了这些疑虑之外，我们将不得不面临的问题还有，相比于包括怀疑主义假设在内的任何对立假设，RWH 是不是一个更好的解释。如果我们自己可以随意取用我们积累的科学知识，回答这个问题就简单了。不过这么做不是要回避反对怀疑论这一问题，它恰恰是诉诸怀疑主义者所质疑的那些知识。这里所谓直接的后验方案之所以是直接的，其原因是它正视怀疑论者，并因此而不允许这样的乞题论证。不妨假设我们将自身限定在经验特征、外显记忆以及其他我们先验知道的其他任何东西中，在这些限定范围之内，与怀疑主义假设相比，RWH 有没有为我们的经验和记忆给出更好的解释呢？很多哲学家至少会回到洛克那里，并给出肯定的看法。① 尽管里德认为第一原则超越了证据，但他把记忆以及"外感觉"视为彼此相互确认。这里列举这些哲学家所引述的一些规律性的东西：

    感觉-经验模式中的规律（例如，如果你似乎看到有人捡起一块石头并扔了出去，你就能够预计似乎看到它从空中飞过砸向窗子。）

    交叉模式的感觉-经验规律（例如，如果你似乎看到一块石头朝着那边玻璃窗飞去，你就能够预计似乎听到砸坏玻璃的声音。）

    做决定、努力完成与感觉-经验间关联的规律（例如，如果你决定扔出这块石头，你就能够感到好像你的肌肉收缩了，然后在这块石头似乎离开你手的时候又放松下来，之后定然出现的结果似乎是看到

---

①　按顺序的话，他们包括罗素、布劳德（C. D. Broad）和艾耶尔（A. J. Ayer），以及当代哲学家邦儒和沃格尔。18 世纪哲学家贝克莱为人所共知的做法则是诉诸某种类似于最佳解释推理的东西，这是一种主张 RWH 的观念版本。

它在空中飞了一段距离，听到它击中玻璃等。）

外显记忆、努力完成与当下经验之间的规律（例如，如果你明显记得把钥匙放在壁炉台上，你就能够预计似乎在走到壁炉台那边、似乎看到钥匙的时候，你似乎就将看到它在上面。）

RWH 似乎对这样的规律给出了完备的解释。这是因为它们似乎就是我们所预计到的东西，倘若真的存在着我们知觉到的那些物体，并且它们至少大致会有我们相信它们拥有的那样的特征。与之相比，不妨来看看这个假设，你的经验与记忆不过是"随机的"（即它们根本没有什么可解释的）。它们怎么可能会有这样的融贯一致的形式呢？

不过这个"随机的"假设并非怀疑主义者的假设；怀疑主义者所诉诸的是终生梦境、邪恶精灵以及超级神经科学家。我们能够区分不同版本的怀疑论假设，有的更弱，有的则更强。强版本将假设嵌在针对你的经验和记忆特征的设定之中。最弱的版本则不是这样。有个强版本的例子便是这样的假设——你是一个拥有完全相同的经验和记忆的缸中之脑。更弱版本的例子之一则是，你是由某个神经科学家刺激而成的缸中之脑。除非另有说明，本书中我们所意指的都是强版本的怀疑主义假设。

既然有强弱版本之分，我们就可以提出以下问题：假定缸中之脑可能性有着更强或更弱的形式，我们还能弄清楚经验与记忆的融贯性吗？让我们从你只是个缸中之脑这一弱假设开始。作为一个缸中之脑似乎与任何连续的经验都相容，无论这样的经验融贯与否。如果你只是个缸中之脑，你为何认为你的经验会融贯呢？假设我们想办法强化这个假设，科学家给你一种正常的经验，使得你似乎知觉到桌子、树、人等。此外，还有很多种融贯的规律，它们涉及桌子、树、人，并且都是先验可能的。为何你的经验展现出的是这些特定的融贯的规律，而不是其他规律呢？假定我们再进一步增强这个假设，这样它就跟你一样有相同的经验和记忆。然后我们就可以明白，如果那个假设为真，你的经验和记忆就会跟它们一样表现出那些类别的规律。这个假设很显然预测到了这样的规律，但是它们可以由该假设来加以解释吗？似乎它们并不能这样。

怀疑主义者可能指出，邪恶的神经科学家自身就有其计划，并执行这些计划。这能不能为同样合理地解释我们的经验与记忆中所显示的那类融贯性提供材料呢？怀疑主义者的常用策略或许是，在假定的真实世界物体与保留相同属性和关系的"替代性"实体领域之间建立映射关系（Vogel，2005），或者用数学中的一个概念来创造**同构关系**。因此，正如石头、窗户有其特定的属性和交互模式，怀疑主义者会假定，带有相应属性和关系的欺骗者的心智中的想法是她假设的构成部分；或者也许是另外一些想法，比如她有可能在一个超级计算机中选择文件，或者你拥有什么东西。尽管这样的想法意在消除 RWH，但它却以某种方式让我们的经验和记忆变得非常不准确。

RWH 比这样一个复杂的怀疑主义假设更好吗？你也许认为后者需依具体情形而定，很复杂，又显得比较勉强等，因此是个更为糟糕的解释。但是假定这些说法都没错，这样的因素在认识上都相关吗？它们是不是使得这个假设对我们而言更加不可信呢？或者这些解释的特征不过是我们觉得在实践意义上有用的特征，也即我们能更好地运用带有这些"特征"的理论，我们就能更好地理解它们吗？

尽管不能说对怀疑主义的解释论回应在任何意义上都毫无希望，但可以认为，就此回应取得成功的这种情形而言，并不是直接与否的问题。而且我们需要更多的理由认为证据支持的 RWH 而不是怀疑主义假设。我们正找寻的是一个足够充分的、为我们提供有关外在世界的知识理由，然而看不出来解释论回应给出了这个理由。

4.6 粗略的后验论方案

最后，来考察一下粗略的后验论方案。根据这个方案，你能够运用关于世界的信息从而知道怀疑主义假设为假，这些信息乃通过当下和过去的感觉经验获得。我们不是缸中之脑这一论证有可能是这样的：

1. 我有手。

2. 因此，我不是一个（无手的）缸中之脑。

（你可能会觉得这个推理很滑稽：它是个笑话吗？有趣的是，它为什么看起来很滑稽。）我能够从（1）开始通过推理而知道（2）吗？这个例子借用了20世纪早期哲学家摩尔（G. E. Moore）著名的"外在世界证明"。在摩尔 1939 年给英国科学院的讲演中，他对听众说道：

> 似乎对我而言，正如康德宣称，在他看来，只有唯一一个可能的证据来证明外在于我们的那些事物的存在，也即他所给出的那个证明，这一点离成为真理还相距甚远。我现在能够提出非常多的证明，它们每一个都是极为有力的证明。比方说，我现在就能证明有两只手。怎么证明呢？举起我的两只手，然后在我用右手做出一个姿势时说，"这里有一只手"，然后在我用左手做出一个姿势时补充说，"这里还有另一只手"。(1959：145-146)

摩尔向观念论者阐述他的证明，这些观念论哲学家认为，除了心智和观念之外不存在任何东西（因此也没有独立于心智的物理世界）。我们如果要讨论它相对于观念论者的优势，就会离这里正在进行的主题太远，但是他的论证、他的"证明"对上面（1）到（2）的推理有不少启发。

如果是为回应怀疑主义者的话，这种摩尔主义推理（即通过摩尔式证明的推理）很明显乞题了。怀疑主义者主张，因为你不知道（2），所以你不知道（1）。按照摩尔的思路，如果你用从（1）到（2）这样的论证来回应，你所用的恰恰是怀疑主义者所主张的一个前提——除非你已然知道（2），否则你无法知道（1）！在从（1）到（2）的论证中，你只不过是忽略了他的论证，而不是介入它们。对有的人而言，怀疑主义者的论证简直不可抗拒，以你的推理根本无法将他们说服。因此辩证地看，你从（1）到（2）的推理毫无意义。

然而，不妨来看看反驳地平论者的论证。地平论者声称，地球是平的，并向你解释一个涉及卫星图片的巨大阴谋是怎么来的。假定你借助卫星图片来回应他，但没有解释这张图片实际上为什么不是一个骗局。你只是用一张图片作为依据。很显然，你在反驳地平论者时乞题了。如果说有人觉得地平论者的论证无可辩驳，这个人不可能让你借助卫星图片就被说服。当然，这样的图片有可能让一个人终于知道地球不是平的。① 它是不是与摩尔主义的推理有相似之处呢？我们在 4.2.1 中讨论闭合时，暂且把

---

① 实际上，对于一个经验不足的地平论者而言，他只会根据从地球上看物体是什么样，或者根据我们不会从地球上"掉下去"这一事实来进行判断，当然借助卫星图片则是知道地球是圆形的途径之一。

当代知识论导论

乞题的演绎是否有可能是我们扩展知识的图景这一问题放置一边。我们希望闭合在那个问题上保持中立。这里我们要回到那些问题上来。尽管摩尔主义推理存在乞题的特征，但它有没有可能仍然是一种赋予我们知识——我们没有处于怀疑主义场景中的方式之一呢？或许可以推测，历史上的摩尔在其意识中有类似的想法。因为乞题的缘故，他当然知道他的证明不会让观念论者满意，即便如此，但也许他认为这个证明仍旧非常完美，通过它人们就能够知道观念论是错的。

因此，在评价针对怀疑主义者的摩尔主义回应（即粗略的后验论回应）时，我们必须将辩证话题与认识话题区分开来。① 这里的关键在于，摩尔主义推理是否能让我们知道我们没有处于怀疑主义场景之中，或者相反，要知道那个推理的前提，我们是否不得不已经知道我们没有处于怀疑主义场景中。如果一个人必须要知道或者能够知道像（1）到（2）那样的摩尔主义推理结论之真，那么这样的推理就无法让我们知道我们未处于怀疑主义场景中。

让我们来进一步澄清，摩尔主义推理到底是如何被视为让我们知道我们没有处于怀疑主义场景之中的。摩尔主义者主张，从（1）到（2）的推理是获知一个人不是缸中之脑的途径之一。至此一切还好。但是这个推理究竟是如何完成这一壮举的呢？让我们来问问摩尔主义者：在未施行摩尔主义推理的情况下，一个人经验到有手这个事实是不是为知道一个人不

---

① 与之相关，我们应该将以下两个问题区别开来，一是人们是否能够通过推理来消解其怀疑，另一则是认识问题，即如果人们缺乏相应的怀疑，这样的推理是否有可能变成扩展其知识的途径之一。在有些情形中，人们无法用一个推理过程来消解其怀疑，即使你缺乏那些怀疑的话，那个推理过程也能够赋予你知识。假定我怀疑明朝相对和平的时期是否有250年，然而我如此怀疑的理由并不是常见的那些理由。假设我有这个怀疑的原因是，我非常不理性地怀疑当前的历史研究方法的可靠性，那么我就无法根据一个诉诸恰恰由那些历史方法所确证的前提而进行的论证，并通过推理来消除这个怀疑。然而，这并不是说有个正在读一本有关明史的书的人，就无法通过推理来扩展其知识，这些推理正是从那些前提出发而得出结论的——明朝相对和平的时期有250年。对于一个论证而言，如果它不能消除人们对相关结论的怀疑，那样的情况似乎正好相当于它通过乞题来反驳其对手时自身存在的问题。请参阅普莱尔（Pryor，2004，Section 5），他对这些问题有清晰而详细的论述。

是缸中之脑这一结论提供了充分的根据呢？如果摩尔主义者回答"是"，似乎摩尔主义者正在滑回直接的后验方案。我们将不得不解释关于经验的那些事实如何才能为怀疑主义假设为假这一想法提供强劲的理由。摩尔主义的方案应该与这个方案区别开来。在前述直接方案与粗略方案之间，其路径完全不同。因此，摩尔主义者的回应恰恰应该是：不，经验依其自身并非一个人不是缸中之脑的强力证据，但是即便如此，倘若一个人一开始有这样的经验，然后运用摩尔主义推理，这个人就获得并依靠这样的证据来证明其不是缸中之脑，因此而进一步知道其不是缸中之脑。

这样看来，摩尔主义方案中真正新颖之处在于，当一个人进行摩尔主义推理时，依经验自身所无法做到的事情就能够做到了。你也许会问：这是如何实现的呢？运用摩尔主义推理，一个人是如何获得更多的证据相信其不是缸中之脑呢？其实是更多的经验证据，而不是先验证据。（这会让我们想起，这是一个粗略的后验方案。）

这看起来似乎很神奇。如果一个人之前没有这样的知识，好像通过这样的方式获得他不是缸中之脑这一知识就会显得过于容易。这种情况就似乎是，一个人刚开始有比较弱的证据（如经验），然后在没有更多信息出现的情况下，仅仅通过推理就不知怎么把握到了强有力的证据。

这里有一种方式，摩尔主义者也许会试图用来解释摩尔主义推理的力量。你的经验依其自身就足以确证你有手，而且如果一切顺利的话（你确实有手，你也没有处于盖梯尔情形中），你知道你有手。你不必知道你没有处于怀疑主义场景中。因此，一旦你知道你有手，你就有一个超越经验的新的理由，让你相信你不是缸中之脑。这个新的理由就是你有手。实际上，这就为你不是缸中之脑这一结论提供了非常有力的支持。你有手这一点蕴涵着你不是一个缸中之脑，而你有一种经验则做不到这样。

那么，摩尔主义者所提出的也许是由两部分构成的方案。第一，经验让我们有理由知道有关世界的日常命题，不管我们是否已然得到确证或者知道我们没有处于怀疑主义情形中。第二，一旦我们确实拥有这一知识，我们就有证据表明我们知道它蕴涵我不是缸中之脑。然后，我们就能推断，并终于知道——如果我们不是提前知道它的话——我们不是缸中之脑。在第六章中，我们将详细考察这个方案是否过于顺利了，以至于它未必为真。

因此，我们已经针对粗略的后验方案必须是什么样的，以及它面临什么难题，得出某些暂时的结论。我们发现，如果要将它与直接的后验方案加以区分的话，它必须要赋予摩尔主义推理以某种认识能力：单单经验不足以成为知道一个人不是缸中之脑的根据，但是摩尔主义推理在某种意义上给出了一个充分的根据。这里的关键问题在于，摩尔主义推理是如何获得这样的认识能力。

4.7　结论

我们已经考察了众多对怀疑主义的传统回应，发现没有哪一个正确无疑。这并不意味着我们应该成为怀疑主义者。如同历史上的摩尔同样以对怀疑主义做出的评论而声望卓著，倘若他像我们一样相信任何怀疑主义论证的那些前提——我们对周围的世界知之甚多，这同样不合理。在回应罗素基于四个假定的怀疑主义论证时，摩尔写道：

> 我忍不住回答说：对我而言，相比这四个假定中任意一个为真，似乎**更加**确定的是，我**确实**知道这是一支铅笔……更不用说四个了……而且，更为重要的是：我不认为如同确信我真的知道这是一支铅笔那样，来确信四个假定中任意一个就是**理性的**。（Moore，1959：226）

在本章作者看来，摩尔这里说的完全没错。面对怀疑主义论证，我们不应放弃对外在世界的知识。类似的是，当我们读到说谎者悖论或芝诺（Zeno）的运动悖论时，即使我们看不出来问题到底在哪里，我们要采取的正确反应并不是不再相信真理或者运动；相反，我们要坚持那些信念，并认为在这样的论证中必定有什么地方错了。比如，不妨考虑以下来自芝诺的论证：

> 对于任何两个地点 A 与 B，它们彼此相邻，如果一个物体要从 A 到 B 的话，它首先必须要到达 A 与 B 的中间。但是要到 A 与 B 的中间，它必须要到达从 A 到 A 与 B 的中间那个中间点——换言之，它必须要到 A 至 B 这条路线上四分之一的位置。这是个无限的序列。在一个物体的运动中，与这个序列中每一元素相对应的距离要花上有

此，为 了 从 任 何 地 点 A 移 动 到 另 一 个 有 一 定 距 离 的 地 点 B，这 将 花 上 无 限 的 时 间。

用 微 积 分 概 念 就 可 以 看 出 这 个 论 证 究 竟 是 哪 里 出 问 题 以 及 为 什 么 出 问 题。当 然 如 果 你 不 懂 微 积 分 的 话，你 也 不 会 被 这 个 论 证 说 服。你 **知 道** 运 动 是 存 在 的。即 使 你 不 知 道 那 个 论 证 的 问 题 出 在 哪 儿，一 个 理 性 的 结 论 是，它 在 某 个 地 方 确 实 有 问 题。这 正 是 摩 尔 认 为 在 回 应 像 本 章 中 所 考 察 的 那 些 怀 疑 主 义 论 证 时，我 们 应 该 考 虑 的 内 容。

当 然，这 样 的 回 应 并 非 我 们 所 希 望 的。我 们 想 知 道 怀 疑 主 义 论 证 中 问 题 出 在 哪 里，更 重 要 的 是 它 是 怎 样 的 以 及 为 什 么 出 错。本 章 中，我 们 聚 焦 于 对 怀 疑 主 义 可 能 性 论 证 的 前 提 1 为 何 出 错 做 出 了 种 种 解 释。（回 想 一 下，前 提 1 就 是 否 定 我 们 知 道 怀 疑 主 义 可 能 性 无 法 实 现 这 一 步。）我 们 详 细 讨 论 了 三 个 策 略，它 们 解 释 了 我 们 如 何 知 道 我 们 没 有 处 于 怀 疑 主 义 场 景 中：先 验 策 略、直 接 的 后 验 策 略 以 及 粗 略 的 后 验 方 案。但 是，从 我 自 身 来 说，我 可 以 认 为，像 摩 尔 一 样，相 比 于 这 几 个 策 略 中 任 何 具 体 的 一 个，我 更 加 相 信 我 确 实 对 外 在 世 界 有 所 知 晓，并 且 我 认 为 这 样 很 合 理。（你 可 能 会 认 为，说 着 容 易！但 是 不 妨 考 虑 一 下 你 自 己。你 会 说 些 什 么 呢？）

本 章 从 传 统 的 视 角 讨 论 了 有 关 知 识 的 怀 疑 主 义 的 难 题，但 它 并 没 有 涉 及 近 年 来 在 这 个 问 题 上 那 些 新 的 创 见。下 一 章 中 我 们 将 讨 论 其 中 一 个 创 见 的 反 怀 疑 主 义 潜 质，也 就 是 关 于 "知 道" 的 语 境 主 义（contextualism）。

讨 论 题

1. 试 着 把 自 己 当 成 怀 疑 主 义 者。像 怀 疑 主 义 者 那 样，在 回 应 以 下 论 证——你 知 道 你 不 是 在 做 梦 时，你 会 怎 么 说 呢？

梦 境 往 往 支 离 破 碎，不 会 利 用 对 前 一 天 事 件 的 记 忆。清 醒 的 生 活 则 不 是 这 样。因 此 非 常 可 能 的 情 况 是，我 现 在 这 个 时 候 不 是 在 做 梦，因 为 我 当 下 的 经 验 是 连 贯 的，而 且 我 记 得 前 一 天 的 事 件。或 许 根 据 这 个 我 不 能 完 全 确 定 我 不 是 在 做 梦，但 我 有 相 当 充 足 的 理 由——足 以 知 道 我 不 是 在 做 梦。

2. 诺 奇 克 提 出，如 果 我 们 的 世 界 是 正 常 的，那 么 我 们 就 知 道 我 们 有手但不知道我们不是缸中之脑。这是因为缸中之脑的世界与现实相距太远。不过看起来，有些怀疑主义假设没有与现实相隔那么远。不妨考虑这样的情况，你正在做着一个非常现实的梦——你在看书。这难道根本"不正常"吗？如果它不正常的话，那么诺奇克岂不得承认，除非你知道你根本没有在做着一个你正在看书的现实的梦，否则你就不知道你在看书吗？或者有没有什么办法让诺奇克可能将他的通用策略应用到梦境，就像他应用到缸中之脑情形那样呢？如果是这样，请解释他会如何做。

3. 是不是就如同里德所声称那样，如果认为怀疑主义论证表明，知觉不能给我们传递心智之外世界的知识，同时又认为内省给我们传递心智的知识，这样就不一致吗？试着构思一个反对内省的怀疑主义可能性论证。你能做到吗？

4. 在其"外在世界的证明"中，摩尔（Moore，1959：146）给出了他视之为对于证明而言，单个来看必要，合在一起则充分的三个条件：(i) 结论必定不同于前提；(ii) 结论必定从前提出来；以及 (iii) 必须已知前提为真。你认为，对于一个证明而言，这些条件真的每一个都是必要条件吗？你认为，它们合在一起就是充分条件吗？请做出解释。

5. 摩尔声称他的"外在世界的证明"，你应该记得其形式是举起他的手，并提出"这是一只手，另一只手是这个，因此存在着外在事物"，完全可以类比于这样一个完美的证明：人们可能用手逐个指着说，"这是一个印刷错误，这是另一个，这是第三个"，从而表明原稿中有三个印刷错误（Moore，1959：147）。引述三个印刷错误解决了原稿中是否有印刷错误这一问题；它证明了有一些。用同样的手段来证明外在世界难道就证明了有外在事物吗？为什么是或者为什么不是呢？如果说有的话，这两个"证明"之间有什么相关的差异吗？

6. 有人也许提出，对你而言你是否为缸中之脑无关紧要，关键在于你的心理状态（你的经验、感受和外显记忆），是它们让生活更值得过。按照规定，既然如果你是一个缸中之脑，你就处于相同的心理状态中，那么谁在意呢？不妨考虑下面的回应。除了你的心理状态，你**确实**关心一些东西：你在意的是有真实的朋友，而不是"虚拟的"朋友；你在意的是身体健康，而不仅仅是从内里"看似"健康等诸如此类的问题。如果真实世界假设为真，你就实现了你所关心的东西；如果缸中之脑假设为真，它们正是你不会实现的东西。这样看来，你是不是一个缸中之脑是个重要的问题。你同意这个回应吗？为什么同意或者为什么不同意呢？

7. 为了论证所需，不妨假定你是不是个缸中之脑是异常重要的问题。不是缸中之脑要比是一个缸中之脑更好，或者其他情况相同的话，至少可以这么说。难道你是否**知道**你不是一个缸中之脑同样是个重要的问题吗？试着给出一个最佳情形并做出肯定的回答，然后再试着如何否定地回答。哪一种情形更好？为什么？

8. 本章我们着重讨论怀疑主义的怀疑可能性论证。还有另一类怀疑主义论证，被称为"非充分决定性"论证。该论证大致是这样的：我们不知道真实世界假设（RWH）为真，除非我们有证据支持它而不是它的对立假设，比如缸中之脑假设。我们的证据不支持 RWH，而不是缸中之脑。我们的证据"不足以完全决定"这两个假设中哪一个是正确的。因此，我们不知道 RWH 假设为真。这一论证中最弱的一点在哪里呢？

延伸阅读

Blumenfeld, David and Jean Beer Blumenfeld (1978). "Can I Know I Am Not Dreaming?" In Michael Hooker (ed.), Descartes：Critical and Interpretive Essays. Baltimore：Johns Hopkins University Press.

Descartes, René [1641] (1996). Meditations on First Philosophy. In J. Cottingham and B. Williams, eds., Meditations on First Philosophy and Selections from the Objections and Replies. Cambridge：Cambridge University Press.

Logue, Heather (2011). "The Skeptic and the Naïve Realist." Philosophical Issues 21 (1)：268-288.

Moore, G. E. (1959). Philosophical Papers. London：George Allen and Unwin. This volume includes the key epistemological papers by Moore："Proof of an External World," pp. 127-150；"Four Forms of Skepticism," pp. 196-225；and "Certainty," pp. 226-251. Key excerpts are reprinted in

Kim, Sosa, Fantl and McGrath (eds.). Epistemology: An Anthology. Oxford: Blackwell.

Nozick, Robert (1981). Philosophical Explanations. Cambridge, MA: Harvard University Press.

Reid, Thomas (1785), Essays on the Intellectual Powers of Man. In R. E. Beanblossom and K. Lehrer, Reid: Inquiry and Essays. Indianapolis: Hackett Publishing.

Stroud, Barry (1984). The Significance of Philosophical Skepticism. Oxford: Oxford University Press.

第二部分

确证与知识：几个特殊话题

第五章 语境主义、实用侵入与断言的知识规范

近年来知识论中的重要进展之一，就是持续关注我们用以谈论认识话题的语言的运作。这个问题之所以得到如此持续的关注源自一种怀疑，认为知识研究中出现某些传统的难题，原因是我们没有重视"知道"以及相关的语词是如何运作的，也许其并不像"知道"意味着知识这么简单。所谓的**语境主义者**则声称，当你说一个人"知道"时，你所表达的会随着你这么说的时候所处的语境而变化。语境主义者的常见主张是，尤其是知识的怀疑主义难题，它之所以出现，是因为我们忽视了语境–变化性。

然而，本章不只是讨论"知道"的使用和语义。正如我们将会看到的那样，在考察"知道"的语义的过程中，尤其是包括了**行动**和**断言**在内的诸多新问题随之出现，它们涉及知识自身，以及它与现象的关系，后者在传统意义上并没有被视为属于知识论的范畴之内。本章第二与第三部分则分别考察知识与行动、知识与断言之间的关系。在本章的内容中，我们会考虑知识–行动与知识–断言关系是如何为**实用侵入**（pragmatic enroachment）这一神奇的论题提供支持，它主张不同实用因素（比如实际风险）之间的差异能够带来一个人是否拥有相关知识的差异。

5.1 语境主义

语境–敏感是一种为人所熟悉的现象。以第一人称代词"我"为例。如果独立于它在某个具体场合中的使用，这个词不指称任何东西。在一个**说话的语境**中，它指称马修·麦克格雷斯，而在另一个语境中，它指的是阿尔文·I. 戈德曼。鉴于有一个说话的语境，"我"指称那个语境的言者。因此，"我"就敏感于语境：它的指称对象会随着会话语境的不同而改变。同样的情形也适用于"你""我们""现在""上星期""这里"

"附近"以及其他指代词。

语境主义者主张，"知道"就存在类似的语境敏感。这样看来，我们就有以下语境主义论题：

> "知道"就其意义而言随着会话语境而变化，其方式是，"S 知道 P"在一个使用语境中可能有一种意义，在另一语境中则有另一种意义。

如果这些"知道"的意义依据需要而有所不同，就会存在着更强和更弱的意义，那么我们就能够明白，"S 知道 P"如果在一个语境（一个弱意义得以表达的不严格的语境）中说出来时如何可能为真，而在另一个语境（一个强意义得以表达的严格的语境）中说出来时如何可能为假。如果我们分辨不出，"知道"的这种转换就会让我们备受愚弄。我们也许会发现我们自身面临着无法解决的难题。我们不打算徒劳地去解决这些难题，而是设法诊断出它们，采用的途径则是通过表明它们是如何因为我们忽视了"知道"的转换而出现的。

或许怀疑主义者的论证在某种意义上也在用"知道"一词搞出不少把戏来吧？是不是怀疑主义者以某种方式迫使我们在强意义而不是在日常的弱意义上使用"知道"呢？在你承认说，"好吧，我猜想我不知道我不是一个缸中之脑"，你是在屈服于怀疑主义者压力的情况下，以这种方式使用"知道"一词吗？甚至你都没有意识到这一点吗？

不妨来对比"空"这个词。在冰箱里只有番茄酱和小苏打时，如果我说冰箱空了，通常没人会反对，"是的，它是空的"。然而，如果有人真想较真，他或她有可能会说，"如果什么东西是空的，它里面就没有**任何东西**，但番茄酱算是个**东西**，不是吗？因此冰箱实际上不是空的"。这里一个在空问题上的怀疑主义者（如果你想做这样的人）就迫使你在严格意义上使用"空"。但是它不会取得很大的成功，它只是在利用"空"的转换（即它的语境敏感性）而已。怀疑主义者在知识问题上是不是也在做类似的事情呢？

让我们来看看语境主义者对怀疑主义的诊断是怎么来的。假定怀疑论者给出了如下梦境论证："你不知道你没在做梦；如果你不知道你没在做梦，你就不知道外在世界的任何东西；因此你不知道有关外在世界的任何东西。"那么，在语境主义者看来，这个论证错在哪里呢？答案出人意料：

它**没有**错。在怀疑主义者给出论证时，其前提为真，而且结论也是从前提中来。因此当它如此呈现出来**时**，这就是一个完备的论证！① 它的错谬之处就是我们从中可以得到的教训。我们假定，如果由怀疑主义者所给出的这个论证是合理的，那么它就始终是合理的，并且其结论就始终为真（即，在每一个会话语境中为真），由此无论何人说他们"知道"外在世界的什么东西他们就都错了。但这是一个过度概括：只是因为在怀疑主义者给出时这个论证是合理的，并不意味着它始终合理，因此也就不等于其结论始终为真。

　　为了更好地领会过度概括，姑且来比较以下论证，这次是"平的"而不是"空的"：

　　1. 所有桌面都有一些隆起。

　　2. 如果有什么东西的表面有些隆起，它就不是平的。

　　3. 因此，没有桌面是平的。

　　在一个人断言（1）和（2）时，所用的是强意义的"平"。（1）和（2）并不蕴涵（3）。因此，当一个人断言（1）和（2）时，（3）为真。这不等于它始终为真。在日常语境中，我们用弱意义上的"平"，根据这个意义，无论是（1）还是（2）均不为真。如果所有这些都是正确的，那么因为当被呈现出来时这个论证是合理的就得出那个结论——（3）**始终为真，这**就是过度概括。语境主义者会说，在怀疑主义情形中，也会出现同类问题。

　　让我们在知识情形中来考察它们之间的类比。假设我尝了我烧好的西兰花后，我说："我知道，这个西兰花煮得过头了。"这是一个很平常的、低标准的语境。而后怀疑主义者追问我："你知道你没在做梦吗？如果你在做梦，根本就不存在尝西兰花这回事儿，但看起来你像是在尝西兰花。"假设我承认："不，我猜我不知道没有梦到这些。"怀疑主义者接着说："这样的话，你就不知道你把西兰花煮过头了。"我继续承认说："我猜那是正确的。"怀疑主义者随之说："那么在你说你知道把西兰花煮过头了之前，你就错了。"这又让我退一步，"看起来是这样的"。但是正是在最后这句话中我做出了过度概括。语境主义者也许会这么说：

――――――――――

　　① 提示：合理的论证是指一个所有前提为真的有效论证。有效论证则是一个从前提中得出结论的论证。由此看来，在一个合理的论证中，结论同样为真。

·133·

第二部分　确证与知识：几个特殊话题

当你在日常语境中说，"我知道我把西兰花煮过头了，"你完全正确。怀疑主义者同样是正确的，当**她**在后来的会话语境中说，"你不知道你把西兰花煮过头了"。这些**看似**不太相容，但是彼此却不存在冲突，原因是怀疑主义者所否定的与你所断言的并非同样的内容。当你说"我知道你把西兰花煮过头了"，你所表达的——大致来看——是你至少处于一个**相当正常**的认识状态中，并且那是真的。当怀疑主义者说"你不知道你把西兰花煮过头了"，她所表达的是你没有处于一个**极好**的认识状态中。两者均为真。由此，当你最后承认"看起来是这样的"，你就是过度概括。你假定"知道……"就其意义而言没有随着语境而变化，但事实上它却是变化的。如果它不变的话，你的概括是正确的。但是既然它在变化，那么你的概括自然就不正确。

你可以看出为什么这被称为对怀疑主义的**诊断**，而不是怀疑主义难题**的解决方案**。它通过表明怀疑主义论证哪儿出错，并没有解决怀疑主义难题。对于语境主义者而言，这个论证没有问题。**我们**错在假定当这个论证呈现出来时它是有效的，它就始终有效！怀疑主义"难题"之所以出现，用维特根斯坦的说法，只是因为语言迷惑了我们。

关于语境主义，我们要做些澄清。首先，说"知道……"的意义随着会话语境而变化，并不等于说知识本身随着会话语境的改变而变化。尽管"知道"在有关怀疑主义的会话中的意义，不同于办公室里的正常谈话时的意义，但是这并不意味着，在你从一个语境转换到另一个语境时，你就从知道变成不知道（尽管我们下面会考察一个确实持有类似看法的观点）。这同样并不意味着——甚至更为奇怪——**你**是否知道可能受到来自其他人在其他会话语境中如何使用"知道"一词的影响。让我们看一下"平"这个概念。一个特定的延伸的平面是不是平的，这只是一个关于它自身的问题，而不是人们在不同的语境中说什么的问题。当然，你在使用"空"这个概念时说的话会随着语境而变化，但是在保持语境固定的情况下，"平"是否适用于某物，只取决于事物本身是什么样的。语境主义者对"知道"也有相同的看法。你在使用"知道"时所说的话随着你说话时所处的语境而发生变化，但是如果固定你使用"知道"时的那个语境，那么"知道"是否适用于一个人，只取决于那个人所处的情景

（她的证据、确证等诸如此类的东西），而不取决于其他可能谈论她的人。

其次，说"知道……"的意义随着语境变化，并不等于说"知道"在"bank"（"bank"是金融机构还是河岸）和"pen"（"pen"是猪圈还是水笔）的例子中词法上模棱两可。[①] 如果你把词法上模棱两可的词翻译成另一种语言，通常你会发现另一种语言中存在着两个拼写和发音完全不同的单词，并且也表达着不同的含义。这对于"bank"来说是真的，但是对于"know""empty""flat"来说并非如此。在语境主义者看来，"知道"有一个核心意义，这个意义决定了这个词的意义随着语境变化会产生怎样的变化。同样的情况还发生在类似于"我""现在""这里"这些指示性词语的身上。"我"到底指称谁会随着语境发生变化（会随着说话者而变化），"现在"和"这里"亦如此。即便是这样，仍然存在一个共同的核心意义，它会根据词汇使用时所处语境的特征，从而确定不同的指称对象或意义。[②]

至此，我们只考察了对怀疑主义进行语境主义诊断的一般方案。为了进一步展示其中的细节，我们会考虑用两个办法来叙述语境主义的故事。在怀疑主义者呈现她的论证时，到底是什么在从一个语境到另一个语境中转换了，以及它为什么转换呢？我们将讨论两个可能的语境主义呈现方案：相关替选项进路和认识标准进路。

5.1.1　相关替选项方案

让我们回想一下在第三章中所考察的有关界定知识的相关替选项进路。要想知道 P，你必须拥有排除所有 P 的相关替选项的证据。P 的不相关的替选项则不需要排除。在假谷仓的田地中，要想从公路上知道你所看到的是一个谷仓，你就必须要排除相关替选项——**我看到的是一个假谷仓**。不过在正常

---

① 之所以称为"词法"的模棱两可，是为了强调词典里它有两个词条：两个词拼写与发音相同，但无论是词源还是意义均不同。

② 在语境主义文献中，语境主义往往是根据"语义内容"来解释，尤其是被解释为这样的观点，即"知道……"在不同的会话语境中表达了不同的语义内容，却只有一个"主角"，这里的主角指的是一个言者必须知道用一个语词所能表达的东西。"内容"与"主角"这两个词源自卡普兰（David Kaplan，1989）。我们这里所选用的是更为常见的词"意义"，它在文献中指称内容，而不是主角。

的农田中，这个替选项并不相关，因此也不需要加以排除。这种进路似乎是为应对怀疑主义而量身定做的。难道我们就不能说，要想知道类似于**我拥有手**这样的命题，像**我是一个缸中之脑**这样的替选项与它毫不相关，因此我们无须将这类替选项排除吗？这会是一种非语境主义相关替选项理论。然而，在解释可以看到的怀疑主义论证力量方面，这种理论本身不会起到很大的作用。它只会向我们表明怀疑主义论证哪里出了问题：他们将某种不相关替选项视为相关联。然而我们也想要获得一个解释，来说明我们为什么被它们欺骗，以及我们为什么因为它们而感到有必要承认忽略了一些东西。

或许如果我们将这种相关替选项进路与语境主义相结合，并因此而允许同样的替选项被视为**依据具体的会话语境**，有时相关，有时不相关，那么我们将会获得一个针对怀疑主义的有前景的诊断。①

我们将利用一个来自日常生活中、有着温和怀疑主义气息的例子，来给出一个解释。假设我在日常语境中说，"我知道车停在 A 停车场"。当我在日常语境中说这句话的时候（我和我的妻子在下飞机时聊天），如果我能排除一些可能性，比如车停在 B 或 C 停车场，或者我们实际上没有从自己家开车去机场，而是乘坐机场巴士到机场，那么这一陈述为真。假设我能将这些替选项排除出去，那么我的陈述"我知道车停在 A 停车场"就为真。然而，在另一个语境中某人提出，"你并不知道你的车有没有被偷走或者被开走了，因此你不知道你的车停在 A 停车场，难道不是吗？"其他一些替选项就变得相关了，而这些在正常语境中并不相关，它们是我无法排除的，比方说上面明确提到的可能性，也即车因为被偷了或者被开走了，所以不在 A 停车场。

这一论述可以被刻画为如下模式：

相关替选项方案

在说话语境 C 中 "S 知道 P" 这一主张为真，当且仅当 S 的证据排除了 C 决定是否相关的 P 的所有替选项。

不同的语境决定了不同替选项相关与否，因此一个知识归赋②是否为

①　关于这样论述的例子，请参阅 Lewis（1996）。

②　在这里遵照通例，在指称对 "S 知道 P" 这一形式的语句表达时，我们使用 "知识归赋" 这个词。

真就随着语境变化而不同。我们可以将"知道……"的意义视作具有这样的形式：**拥有可以排除某 X 类替选项的证据**。X 会随着语境的变化而变化，有时候会包含更多的替选项，有时会更少，有时候则是重叠的。

怀疑主义者是如何使得类似于缸中之脑场景的这些替选项变得相关呢？他们并没有给出证据表明存在这些场景。他们所做的是让我们去考虑它们，而不是像我们通常所做的那样无视它们。在"空"和"平"之间就存在相似之处。我们在说某物是空的或者是平的之时，时常会忽略微观粒子或隆起的现象。但是科学家或怀疑主义者会通过将它们展现在我们面前，从而让我们注意到它们，这样我们自然就不能无视它们。

那好吧，既然这些现象被指出来，我们就不能视而不见；但是为什么这就让它们变得有关联呢？一个常见的解释认为，"空""平""知道"都是绝对的概念（Unger，1975）。如果某个东西是空的，那么它里面就**什么也没有**；如果某个东西是平的，那么它就**没有**起伏；与之相似，如果你知道某事，你就可以排除它**所有**的替选项。但是什么才算是"所有"，这取决于我们考虑到什么或者是我们无视了什么。在一节课开始之前，如果我说"所有人今天都到齐了"，学生们可能会对此表示同意。但显而易见的是奥巴马就不在课堂上，教皇也不在。我所使用的"所有人"仅包含了我所考虑到的这个班级的人，而不包括那些我所无视的人。不过可以设想一下，如果一个聪颖的学生说："奥巴马就是一个人，但是他今天并不在这里。"我并不能回答道："不，就算奥巴马今天并不在这里，所有人今天也都到齐了。"相反，我只能说一些这样的话："这个班所有登记在册的人今天都到了。"

5.1.2 认识标准方案

相关替选项方案中有一个值得注意的特征（某些人会称之为缺陷），即在某个特定语境中，也许可以说一个人知道 P 但不知道 Q，而这里这个人所处的认识情境对于 Q 而言似乎跟它对于 P 来说一样好——易言之，这个人相信 Q 得以确证，她持有那个信念是可靠的等，就跟她相信 P 一样得以确证、可靠。这可能显得很怪异。

让我们再考察一下车被偷的例子。如果我的妻子疑虑重重，开始提出车停在 A 停车场被盗、被开走的可能性，那么在这个语境中，我说我"知道"车在 A 停车场就为假。在那个语境中，我的妻子并没有提出什么问题——关于我在家中的自行车是否还在我的车库里，或者相反它被偷了。她没有注意到**那种**可能性。因此，有关我是否可以说"知道"我的自行车还在那里，这种可能性似乎就是不相关。所以，在我们说话的语境中，看起来似乎是——根据相关替选项方案——"我知道我的自行车在我的车库里"这一陈述为真，即便"我知道我的车停在 A 停车场"这一陈述为假。这似乎有悖直觉，原因在于我关于我的自行车在车库里这一认知情境，并不比我的车还在我所停的停车场中这个认识情境要好多少。

这个关键特征（或者缺陷）的理由在于，根据相关替选项进路，对于知识归赋为真来说，重要的是主体有证据排除某一类替选项。它与这类替选项有**多少**确实没有什么关系；它只跟主体证据是否排除这个集合**所有**成员有关。因此，可能出现的情况是，跟**我的自行车在我的车库里**一样，我能够准确排除**我的车在 A 停车场**的相同规模的替选项，但是因为我的妻子已经提到了车被偷的可能性（而不是自行车被偷的可能性），我并不"知道"前者——即使我仍然"知道"后者。相关替选项方案并没有为认识情境设置一个**标准**，也没有宣称除非主体满足命题标准，否则主体就不可能知道任何东西。如果想要应用像那样的语境主义，我们有必要另觅他法了。

我们或许可以看看这一个：

认识标准的方案

"S 知道 P"这一归赋在说话语境 C 中为真，当且仅当 S 对 P 的信念达到 C 所决定的认识标准。

一个认识标准可能会需要某种确证、可靠性等，当且仅当一个人的信念——不管所相信的命题是什么——清除了所有这些障碍时，它就被视为"知识"。持有任何信念都要达到这个相同的标准。

回到我和我的妻子讨论汽车的例子上，这里的想法便是，我的妻子提到有人偷了我们车的可能性——提出了**任何**信念必须满足的标准，假如我们要正确地将它描述为"知识"的话。因此，"我知道我的自行车在车库里"这句话在这个语境中并不为真。①

语境主义对怀疑主义的诊断是否成功，这是一个可以继续争论的问题。你可以在本章后面的问题部分来探究一些针对它的反对意见（尤其可以参阅问题 2）。

5.1.3 排除怀疑主义的语境主义：风险转换情形

如果没有理由认为除去用语境主义来诊断怀疑主义的前景之外，有关"知道……"的语境主义为真，那么你也许会认为它对怀疑主义的诊断只是暂时或者受迫所为。除了它对于怀疑论的诊断，语境主义还有其他充分的论证吗？语境主义者的回答是肯定的。他们通常诉诸形成对比的种种情形，它们在实际利害关系上变化非常大，其中有低风险情形和高风险情形。这里来看看由德洛兹构想出的两个著名案例：

银行案例 A：星期五下午，我的妻子和我一起开车回家。我们打算在路过银行的时候停一下，去银行把我们的工资存起来。但是当我们开车经过银行的时候，我们注意到里面等待的队伍非常长，星期五下午的银行一如既往地排着长队。虽然我们都想要尽快把自己的工资存进银行，但是在这种情况下，这种愿望马上就显得不重要了，因此我建议我们直接开车回家，等到星期六早上再来存工资。我的妻子说："可能银行明天不会开门营业，很多银行星期六都是关门的。"我回答说："不，我知道银行会开门营业，我两个星期前的星期六刚去过银行，它一直开到中午。"

银行案例 B：（和案例 A 一样，除了……）在这个例子中，我们刚刚开了一张非常重要的支票。如果我们没有在星期一早上之前把工资存进支票账户，这张支票就会被退回，从而使我们陷入一个**非常**糟糕的处境之中。同时可以肯定，银行不会在星期天开门营业。我的妻子提醒了我这些事实，然后她说："银行的确改变了它们的营业时间。你知道明天银行会开门营业吗？"我仍然相信银行明天会开门营

---

① 有关标准的语境主义，请参阅科亨（Cohen，1999）与德洛兹（DeRose，2009）。

业，但是我会回答："哦，不，我最好去银行里面确认一下。"（DeRose，1992：913）

让我们来假设，银行存款仍然可以这么来操作：一个人自己带着支票到银行。现在，语境主义者也许会这么认为：

1. 在银行案例 A 中，当你说"我知道银行会开门营业"的时候你所说为真。

2. 在银行案例 B 中，当你说"哦，不，我最好去银行里面确认一下（我不知道它会不会开门营业）"的时候你所说为真。

3. 你的认识境况——你所满足的那些标准，你能够排除的那些可能性，你的确证有多强，你多么有把握等——在案例 A 和 B 中都完全相同。

4. 如果你在这两个案例中的认识境况相同，那么倘若"知道"在这两个语境中有着同样的意义，那么在两个案例中你所说的不可能同时为真。

5. 因此，"知道"在这两个语境中必定具有不同的意义。换言之：关于"知道"的语境主义为真。

前提（1）和（2）之所以显得合理是出于两个原因。首先，普通人**的确**会像这样用一种极为严肃的方式说话，但这么做的时候又不依赖错误的事实性假设。尽管这并不衍推出他们说的是真的，但是我们也许会认为这是一个好的证据，表明他们说的是真的。其次，这些陈述直觉上看难道不正确吗？当然，这并非确凿无疑，但它的确是证据。

根据对案例的描述，前提（3）大致上就得到了确认。前提（4）似乎非常靠谱，似乎是说一个主体是否知道，是个涉及主体的认识立场有多强，他或她达到什么样的认识标准等的问题。它与实际的风险**不相关**，与这一会话是否已经在进行中不相关，而实际的风险与会话语境乃是案例 A 和 B 之间仅有的区别。

激烈的辩论还在继续，其讨论的是像（1）到（5）这样的论证是否为语境主义提供了良好的依据。① 这里我们只能浅尝辄止。我们将考察针对该论证中各步骤的可能回应。下面这句话中的专门用语有着重要的意义：在

---

① 这里所讨论的话题，是语境主义是否为真，而不是它是否成功诊断出怀疑主义的困难所在。有人也许会是一个语境主义者，但又否认它对怀疑主义给出了诊断。

"知道"问题上任何人如果不是语境主义者，我们就将称其为**不变论者**。

拒斥前提 1

身为一个不变论者，拒斥前提 1 的方法之一，可能是诉诸**松散用法**这一现象（Davis，2006）。我们都知道，如果一场垒球比赛在第九局比赛中失去第一次发球权，那么比赛就还没有结束，即便当时的比分是 22∶0。但是，从某种意义上，这种情况就和比赛结束了一样，球员和粉丝们可能会说："比赛结束了。"尽管严格来说，此时比赛似乎并**没有**结束，但是已经非常接近于结束了。当我们说一件事情，严格意义上并不为真，但就当下目的来说几乎就是真的时，我们就是在松散意义上进行表达。当我们说一场考试花了两个小时（实际上考试花了一小时五十分钟）的时候，当我们说没牛奶了（实际上剩下的牛奶只够再泡一碗麦片了）的时候，以及在诸多其他情形中，可以认为，我们就是在松散意义上进行表达。在银行案例 A 中，你不那么严格地说话难道就不合理吗？尽管你不知道，但是你的认知状态对于当下目的而言非常接近于知道。这是否就是，即便你真的不知道，但你会说你知道，以及你这么说似乎有很合适的原因呢？

与这个回应思路相关的主要担心表现为，最终的不变论观点是否会坍塌为相当强劲的怀疑主义形式。不过姑且来假定，这种"松散说法的"不变论者刻意避免了怀疑主义。假设他或她允许，我们确实拥有自认为拥有的很多知识，包括比方说知道我们出生时的名字。现在这一知识用绝对的确定性来衡量的话就不是知识。实际上，相比较我们出生时的名字是什么，我们更加知道某些事情——比如我们知道我们现在通常被人叫作什么名字，而且还知道我们存在着。因此，一个人出生时的名字是什么，这的确是知识，但不是最具确定性的知识。不过我们为什么不能构想出一个类似于银行案例 B 的高风险情形，其中依照你对出生时名字所持有的信念是什么样确实会带来非常高的成本呢？倘若是这样，让我们来假定你在这样的高风险情形中说："嗯。也许我应该与权威的信息源核实一下。我不知道这是不是我出生时的名字。"如果我们设计出这样的一种情形，语境主义者就可以将论证重来一遍，也不担心"松散用法"的不变论者会拒斥第一步。

拒斥前提 2①

也可能在银行案例 B 中，即使你说你不知道，但你**确实**知道。但是为什么当你不知道的时候，你要说知道呢？我们是不是有必要假定，在你是否知道这个问题上，你的**信念**是错误的呢？或者这里的观点是，你知道你知道，但出于某个原因却说你不知道呢？

有一个不变主义方案来自布朗（Brown，2006）和莱修（Rysiew，2008），他们采取了后一条道路。这个建议是说，你确实知道，并且你知道你知道，但是因为说你知道会有误导的缘故，你没有说你知道。在银行案例 B 中说你知道意味着，你能够根据银行开门营业这个信念而行动，比如不去排队，明天再来，但这是假的：鉴于你需要在星期一之前将支票存进去，你不可能今天不去排队。

这里出现了两个问题。一是，为什么在案例 B 中说你知道，就说明你能根据你的信念而行动呢？一个自然的解释就是，**知道 P** 蕴涵着你能够根据你对 P 所持的信念而行动。但是既然在银行案例 B 中你不能根据**银行明天会开门营业**这个信念而行动，如果知道蕴涵你能够依据你的信念而行动，那么就可以说你不知道。然而，根据我们正在思考的这一回应，你确实知道。因此，这个自然的解释说不通。

但是即便假定我们可以提出一个解释来说明，在案例 B 中，为什么说你知道银行明天会开门营业就意味着某件事情为假，这也无法解释所有需要得到解释的东西，就像德洛兹所注意到的（DeRose，2009）。在案例 B 中，你不会轻易地拒绝说"我知道"，你会说的是"我不知道"。因此，假定你确实知道的话，你不会轻易拒绝表达某个真东西；但你会断言某个不实之事。② 通常情况下，尽管我们一般不会做出那些有误导的真的断言，但我们也不会想方设法表达不实之事。假设一个女人和她帅气的父亲

---

① 实验哲学家开展的大量研究似乎怀疑这样的主张，即我们认为银行案例 B 中的那个人在说他或她不知道时，他或她知道或者说的为真这一点符合直觉。然而，其他一些情形则为此提供了支持。第七章（7.3.3 节）讨论了这些话题。

② 根据与麦克格雷斯的交流，他做了以下补充。假定你事实上的确知道。如果你随随便便拒绝说"我知道"，那么你就没有据实表达真。但是如果你说的是"我不知道"——而你的确知道——那么你就是在说某个为假的东西。之所以如此，这里意在区分拒绝表达某个真理与断言不实之事。——译者注

一起吃了晚饭。她的丈夫不知道跟她一起吃晚饭的人是谁，她不会对她丈夫说："我与一个帅气的男人吃了晚饭。"这种说法就会有误导。不过她同样不会错误地声言："我没有和一个帅气的男人吃了晚饭。"

至此，我们已经考察了这两个不变论的反对意见，即对前提 1 的松散用法的反对意见和现在这个针对前提 2 的反对意见，它们在本质上很相似。它们均主张，能够做出一个特定的、并不为真的陈述，而且他们都尽力解释，即便它为假，到底是什么使得这个陈述仍然是恰当的。

拒斥前提 4

对前提 4 的拒斥就意味着，你是否知道某物，有可能不仅取决于你的认识境况，以及你达到哪些认识标准，你能够排除哪些替选项，你多么有理由，你多么值得信赖，等等。现在看来，如果因为在你是否**相信**问题上的变化，而使得其不过是在知道中的变化问题，这便不是一件特别令人惊奇的事情了（cf. Nagel，2008）。然而，可能知识方面的变化并不总是回溯到信念上的变化，而是会追溯至实际的风险。① 实际风险会对知识、持有固定的信念以及认识境况的力度等产生影响，这样的主张当然会让人觉得意外。在文献中，它被称为**实用侵入**论题。"实用侵入"这个词是由其反对者所发明，意指某些危险的事物，即一个纯粹的领域被某些受到污染的东西"侵入"。但是该理论的支持者们采纳了这个术语（这也是经常发生的事情！）。我们在下一节中将会细致讨论实用侵入。在这里我们根据你在案例 A 中相信但是在案例 B 中不相信的理由，来检视拒斥前提 4 的合理性。

难道我们就不能规定，你在案例 B 中相信但在案例 A 中不信吗？这会使得前提 4 得以确立下来。然而，这样也会使得你在案例 B 中说"我不知道"看起来很奇怪。如果你相信的话，你为什么要说你不知道呢？当然，我们可以修改案例 B，从而使得你的妻子对你说（而不是你说）你"不知道"。这是否会让前提 2 变得更不合理呢？如果不是的话，看起来对信念的考虑似乎不妨碍语境主义从修正版的案例 A 和案例 B 进行的论证。

---

　　① 我们这里用的是一个比较粗糙但尚且可用的概念——风险。我们认为风险概念包含了犯错的代价，以及可以选择的空间，比如安全操作或者冒一定危险。这里的关键在于，风险是个实用因素，它与一个主体的认识依据强弱没有什么关联。它们与主体在所讨论的这个命题上的证据，以及她的心理过程多么可靠等没有关系。

5.2　知识、行动与实用侵入

要再一次声明的是，实用侵入的主张、实用因素中的差异——宽泛来看涉及"实际"环境的因素，比如风险——有可能对知识产生影响。为什么要相信这个理论呢？

有一种论证只不过诉诸类似于银行案例这样的情形。在案例 B 中看起来难道不是你**不知道**吗？而在案例 A 中看起来难道不是你**确实**知道吗？如果是这样，这就证明，除了在实用因素，尤其是利害关系的变化之外，知识会随着类似的这些情形的不同而变化。

这种说法本身并不构成实用侵入让人印象深刻的依据。毕竟，确实可以说知识并不依赖于风险。随着风险降低，通常你不会认为你知道一些你之前不知道的东西。你也不会认为，就算风险现在变得更高，你知道的比你实际所知道的要少。然而，这似乎是说，你是否知道仅仅事关你的认识境况是多么有力（即你是多么有理由，你多么值得信赖等）。

如我们接下来所要探究的，实用侵入的一个更好的基础是诉诸知识与行动理由之间的关联。①

5.2.1　实用侵入的案例

正如我们在第三章（3.1.3 节）中提出，知识似乎标示一些事物，它们让我们能够在针对做些什么以及思考些什么进行**推理**时，**从中**可以获得适当的理由。这为我们提供了进一步探究的起点。我们可以更准确地将这个基本观点刻画成这样：

知识-理由（KR）

如果你知道 P，那么就可以充分确保 P 是你所拥有的、相信以及

---

① 下面的情形来自范特尔与麦克格雷斯（Fantl and McGrath, 2009），有少许修改。其他实用侵入的论证，请参阅霍桑（Hawthorne, 2004）和斯坦利（Stanley, 2005）。

做其他事情的理由。

我们之所以将"充分确保"放在里面，其目的是为了覆盖许多情形中你所知道的事物并不是你做一些随机的、无关的事情的理由（你知道水星是一颗行星，但是这并没有给你做开合跳的理由）。知识–理由背后要表达的观点是，知道什么东西在认识上足以使得其成为你所拥有的一个理由——既是实践的理论，也是理论的理由。

假设我们承认这个原则是正确的。现在，（鉴于今天排着长队，明天则不需要排队）**银行明天会开门营业**看上去就是一个非常充分的理由——让你明天再来存支票。因此，如果你在案例 B 中知道银行明天会开门营业，你似乎有极为完备的理由明天再来，并避开今天排着长长的队伍。但是，有鉴于我们对这种情形如此设定，你不应该明天再来（这太冒险了）。因此，如果你确实有这个极为完备的理由，并决定明天再来，它必定会被你已然拥有的其他理由所击败或超越。但是哪些才是这样的击败性理由呢？最好的备选对象就是相当高的风险，也即如果你等到明天再来，银行可能并不会开门营业，你可能无法将支票存入。但是这样就能理解你可能同时拥有以下两个理由吗？

理由 1（支持明天再来）：**银行明天会开门营业。**

理由 2（反对明天再来）：**银行明天可能会关门，而且假如银行不开门，我们又来存支票的话，那将会非常糟糕。**

如果有这样的理由，你就应该有能力权衡它们。但是你能衡量"银行明天会开门营业"和"银行明天可能会关门"之间孰重孰轻吗？思考一下你在日常情形中是如何权衡理由的：

一方面，在我们咖啡中加奶油会使它变得可口；另一方面，这会让人发胖。那么可口和避免额外的脂肪之间，哪一个更为重要呢？

一方面，我们可以就近度假，同时省下汽油钱，也不用长时间开车，可以在人工湖中游泳；另一方面，我们可以开车去山里，享受远足乐趣、美丽的风景和凉爽的温度。那么，在附近游泳度假，省时间又省钱，或者花时间和钱去享受山间美景，哪一个更为重要呢？

对比：

一方面，银行明天会开门营业。因此，如果我等到那时候再来，我就不用排上这么长的队伍。那么，这是一个明天再来银行的理由。另一方面，银行明天可能不会开门营业，那么，如果我明天来了，银行没开门，我就不能在星期一之前把支票存入，这将会非常糟糕。银行明天会开门营业这一事实，与它不开门会导致相应的严重后果之间，哪一个更为重要呢？

最后这个对比乍听起来难道不是非常怪异，甚至不合理吗？在银行案例 B 中一个更为自然的对比是这样的：

一方面，银行明天**有可能**会开门营业……另一方面，银行明天**也许不会**开门营业，如果在银行没开门的情况下我明天过来了，这将会非常糟糕。在银行明天大概率会开门营业与明天银行小概率不开门但有巨大风险之间，哪一个更为重要呢？

当我们开始权衡与 P 为假这一严重风险相关的理由时，我们似乎自动从利用 P 本身作为反对理由的阵地当中撤了出来。这无疑支持了下面的结论，即如果你将 P 作为行为或者信念的理由，那么作为反对的理由，你没有考虑到 P 为假的可能性。这就是"安全理由"原则：

安全理由（第一个版本）：如果你拥有做或者相信什么事情的理由 P，那么就可以充分确保 P 来为你的行动或信念提供确证。

事实上 P 是不是你所拥有的理由似乎无关紧要，唯一的关键在于它是得到充分确保的。由此我们就可以将上一个版本强化成下面这样：

安全理由

如果充分确保了 P 是你所拥有的去做或相信什么事情的理由，那么就可以充分确保 P 为你的行动或信念提供确证。

如果我们将知识-理由与安全理由放在一起，我们可以得到如下结论：

知识-确证原则（KJ）

如果你知道 P，那么就可以充分确保 P 为你的行动或信念提供确证。

根据知识-确证原则，实用侵入论者就可以提出如下主张：如果在银行案例 B 中你有知识，那么你明天再到银行存支票就是得以确证的；但是在银行案例 B 中你明天再到银行存支票**没有**得到确证；因此，你没有知识。

为了推衍出实用侵入，我们只需要增加一步：在银行案例 A 中你确实拥有知识这一前提。问题是你有知识吗？实用侵入论者这里有一个选择，就是联手语境主义者，并诉诸以下事实，这是有能力的言者会说的话，而不依赖事实性错误。

本章作者所主张的一个备选方案，同样要诉诸一个认识原则：

知识的可错论

知识并不要求绝对的认识确定性。易言之，即使你在完全肯定某个事实的问题上未得以确证，你仍然能够知道某些东西。

这里要澄清一下：这是对于**可错论**一词的专门用法。在日常使用中，**可错的**意味什么东西**有可能是错的**。当然，假设知识蕴涵真：如果你知道某事，它就不是错的。因此，知识在这个日常意义上不是可错的。我们这里所用的**可错论**与知识蕴涵真相容。

有一个例子可以让关于知识的可错论看起来合理一点：你知道，如果明年不取消美国职业棒球大联盟赛季，那么至少有一名球员将在至少一场比赛中因为三击未中而出局。（美国职业棒球大联盟的比赛一年有 162 场，在每一场比赛中其中一名球员有超过 50% 的概率被三击出局。通常情况下，只有非常少的一些比赛不会出现三击出局的情况。）但这是不是百分百确定的呢？你可以根据以往的数据，计算这样的基于频率的概率——在一个赛季 162 场比赛中，任何一场比赛没有人会被三击出局，它几乎就是 100%，但是它并不**完全是**事实！那么现在，你知道这一点吗？本章作者非常愿意说：**是的**。

我们不可能说，如果可错论是对的，那么你在银行案例 A 中就拥有相应的知识。然而我们可以给出一个更为抽象的论证，并得出以下结论：存在着某个类似于银行案例 A 一样的情形，尽管你知道，但说到完全肯定的话则没有得以确证。或许银行案例 A 不是一种正确的情形，但是也确实有符合要求的情形。

有鉴于这一点，实用侵入的抽象论证如下：

假设可错论和知识–确证原则均为真。根据可错论，在某个我们称之为 LOW 的情形中，你根据命题 P 而行动得到了确证（即在实施 P 作为实施理由的行动中）。在 LOW 中，你对 P 所拥有的依据与针

120

对 P 的绝对确定性所需要的依据，其程度上的差异并不影响你做什么是否得到确证。不过现在来设想一个不同的情形——HIGH。在 HIGH 中，就你对 P 的依据是在什么程度上，你处于完全相同的认识境况中。然而，在 HIGH 中，因为所涉及的风险，你对 P 所拥有的依据与针对 P 的绝对确定性所需要的依据，其程度上的差异**确实**影响到你做什么是否得到确证。尤其是在 HIGH 中，你根据 P 而行动没有得到确证。由此，按照知识–确证原则，你在 HIGH 中就不知道 P，但是在 LOW 中你的确知道 P。那么就可以认为，除了实用因素的变化，即实际风险之外，知识在不同的情形中会有所不同。换言之，由此可以说实用侵入为真。

实用侵入论者可以将上述银行案例与这个抽象的论证视为相互之间是相互支持的。这个抽象的论证有助于解释，为什么你在银行案例 B 中不知道，以及为什么在案例 A 中你的确知道是合理的。鉴于这个抽象论证，这些案例并不都要诉诸直觉。有关知识、理由和得以确证的行动是如何关联的，有一些通用的原则就为此提供了更进一步、彼此加强的支持。

5.2.2　知识论的实用侵入的意涵

在我们考察针对实用侵入的反对意见以及它的论证各步骤之前，我们应该先来检视知识论的实用侵入的意涵。我们将讨论两个广为人知的意涵。

对于有着可错论倾向的知识论学者来说，一个存续已久的困惑涉及知识所需的保证的程度。可错论者说，知识不需要绝对确定性所需的那种保证，但它的确需要某种强力的保证。在投掷之前，即使有 5/6 的概率你不会掷出 6，你根本不知道这个六面骰子会不会出现 6。那么，知识到底需要什么程度的保证呢？按照实用侵入，我们至少能够为知识所需的保证提供相关联的下限：如果你的保证不足以为你根据 P 而行动提供确证，那么你就不知道 P。如果实用侵入是正确的，那么什么样程度的保证是必要的，就会随着实践因素而发生变化。在银行案例 A 中，知识的下限就比银行案例 B 中的更低。

第二个意涵则关涉知识概念的重要性。在日常生活中，为什么知识的概念是个如此重要的工具呢？如果知道 P 足以使得 P 成为相关行动和信念的合适的基础，就像知识-确证原则所主导的那样，那么这有助于回答上面这个问题。当你知道某件事的时候，这标志着一个重要的临界点：你可以将 P 作为行动与信念的理由。很显然，这就是我们所关心的那个临界点。我们关心的是我们是否能够弄清楚这些，并将它们作为基础以便我们进行实践和理论推理。①

5.2.3 对实用侵入的异议

自实用侵入出现之后，从来不乏对它的反对意见。我们将（从知识-理由等出发）讨论对这个论题本身的异议，以及对它的抽象论证的异议。

有一类反对意见只是宣称，实用侵入论题不太合理。这种异议当然有一定的力度：支持者们甚至承认实用侵入让人觉得意外，而且有悖直觉。似乎并不能说，一个主体知道与否可能取决于风险或者任何其他实践因素。否则，这样好像就变成，知识只涉及认识境况或保证的强度问题。我们姑且承认这一点。这的确是一个因素。但是实用侵入论证也许过强，自身其实难以承受。

一个与之相关但有所不同的异议则指出，实用侵入听着就有些怪异。上文中我们已然注意到，如果知识可能会随着实际因素的变化而变化，那么以下陈述就可能为真：

> 约翰不知道 P，但是如果风险低的话，他就会知道 P。

> 约翰以前知道 P，不过现在因为风险更高了，他就不再知道 P。

> 但是他知道的证据一点也没少。

至少可以说，这样的陈述听起来确实反常，也许可以认为它们完全就是错误的。实用侵入的支持者们常常声称，诸多知识论学者面临着类似的难题。比方说，语境主义者似乎承诺并允许以下陈述为真：

> 当然可以说，"约翰知道 P"，但是如果会话语境中那些至为重要

---

① 有关针对实用侵入论者如何确立这一界线所提出的怀疑，请参阅布朗（Jessica Brown，2014）。

的风险变得更高，那就不可以说"约翰知道 P"。

> 以前可以说"约翰知道 P"，但是现在，因为对我们而言至为重要的风险更高了，那就不可以再说"约翰知道 P"。不过约翰的证据一点也没少。

或许这些陈述就不像上面那样反常，但它们还是反常的。正统的不变论者甚至有可能会郑重其事地承认，上面那些陈述在某种意义上仍然怪异。不妨考虑一下第三章中的假谷仓案例。"亨利知道他看到了一个谷仓，但是如果周边有很多假谷仓，他就不知道"，这听起来同样有些奇怪，但根据大多数正统的知识理论，这样的说法为真，比如第三章中考察的那些理论。①

即使实用侵入的拥趸认为我们纠结于诸如此类的反常是正确的，他们也有必要解释它们**为何**看起来如此反常，即便它们有时的确为真。尽管会有争议，但我们可以借用假谷仓情形来说明这个问题。②

没有哪个实用侵入的支持者会因为它符合直觉而接受这个理论。他们之所以接受，原因在于对它的各种论证，既有像银行案例那些例子的论证，还有更加抽象的原则，就像上文中考察的那个抽象论证。单单基于银行案例（或者类似的一组组对照案例）的论证中蕴涵的辩证性，它会以同样的方式出现在语境主义中（请参阅 5.1.3 节），因此我们将接着考察

---

① 事实上，诸多正统的不变论者所接受的这个主张确实存在某些异常之处，比如一个人在实际推理中使用前提 P 是否得到充分的保证会随着风险的改变而不同。如果认为，"是的，银行明天会开门营业"，然后在收到一些有关高风险的信息后，又说"嗯，也许银行明天不开门营业"，这显然很怪。即便没有证据影响其真相，你为什么不再确信这一点呢？甚至更加奇怪的是，在一个人一开始处于高风险情形中，然后随着风险降低，又开始形成判断："是的，银行明天会开门营业。""嗯，也许明天银行不开门营业"，到"是的，银行明天会开门营业"——在实际推理或者任何推理中——人们似乎有必要获得新的证据，它们影响银行是否明天会开门营业。但是知悉风险很低，并不同时获得影响银行明天是否开门营业的证据。在本章作者看来，相较于它最开始看起来的情形，更加难以避免的是与实用侵入相关联的困难！（请参阅 Fantl and McGrath）

② 有关部分尝试方案，请参阅霍桑（Hawthorne，2004，chapter 4）、斯坦利（Stanley，2005，chapter 5）以及范特尔与麦克格雷斯（Fantl and McGrath，2009，chapter 7）。关于针对这些尝试方案能否取得成功的疑虑，请参阅内格尔（Nagel，2008）。

5.2.1 节中给出的、针对实用侵入的抽象论证的反对意见。

抽象论证的关键步骤是这样的：

KR（即知识–理由的原则）

安全理由

可错论

知识–理由原则+安全理由给了我们 KJ，再加上可错论，便让我们有了实用侵入。让我们先将对可错论的反对意见放在一边。大部分知识论学者希望保留可错论，而放弃可错论以避开实用侵入，似乎是一种比疾病本身更加糟糕的治疗方案。

其他原则又如何呢？有些哲学家提出针对 KJ 的反例，KJ 源自 KR 与安全理由。布朗（Jessica Brown）的例子是这样的：

外科医生

一个学生花了一天时间跟随一个外科医生。早上他在诊所里看到她给一个左肾病变的 A 病人诊治，并在那天下午做出将那个病变的肾拿掉的决定。接下来，这个学生观察到那个外科医生待在 A 病人麻醉后躺着的那个手术台边。手术并没有开始，外科医生正在询问病人的记录。那个学生非常困惑，于是问护士们到底发生了什么：

学生：

我不明白。为什么她在看病人的记录呢？她今天早上在诊所和病人待在一起。她难道不知道应该摘除哪个肾脏吗？

护士：

当然，她知道应该摘除哪个肾脏。但是想象一下，如果她摘除错了肾脏，会发生什么情况。她不应该在没有查看病人记录的情况下就开始手术。（Brwon，2008：176）

就是这么一个案例，外科医生知道左边的肾脏病变了，但根据这个信念并不足以保证她的行为。如果要反对这一点，实用侵入论者可能会关注，在"她知道是哪个肾脏"和"她在手术之前有必要检查病人记录"之间仍然存在着冲突。我们可以将这个例子修正一下，这样"她不知道"似乎有可能显得更容易接受，不妨设想那个学生做出了相同的评论——除了**没有**最后补充一句"她难道不知道吗？"。这样的话，那个护士就会回答："人们总会忘记事情的。她需要在手术之前知道是哪个肾脏。这就是为什么她在检查记录。"现在，既然我们可以通过一种方法，让"她不知道"这句话在直觉上听起来没什么问题，从而建立起这一对话，那么就看不出来这个推定出来的反例到底有多强了。

有人也许想强化这个例子，其途径则是给出一种论述来表明 KJ 的论证错在哪里，以及为什么错。KR 是错的吗？安全理由错了吗？我们将考察针对前一个问题出现的很自然的异议。

反对意见是这样，知道 P 所确保的只是 P 能够被用作其他信念的理由，它不像作为行动的理由那么具有必要性。通常情况下，能够被作为信念的理由的东西，同样能够被用作行动的理由，但处于高风险的情境中则另当别论。因此，这里的想法是，当我们觉得 KR 合理时，我们只是在考虑日常的低风险情境。如果是限定在那些情境中确实如此，然而，如果是限定在那些情境中，它就不能被用到实用侵入的论证之中。

尽管如此，可以想一想对于行动而言 KR 为假，但对信念来说 KR 为真，这意味着什么。它的意思是说，有这样一种情形，你知道某件事，比如**明天银行会开门营业**，它构成一个理由让你相信一些事情，诸如**如果我等到明天再来存支票也没什么问题**，以及**如果我明天来存支票也不会有什么糟糕的事情发生**——并且它的确会为你相信这些事情提供确证。然而，在这个案例中，银行明天会开门营业这个事实也不是你所拥有的、明天再来的**理由**。这是你所拥有的、相信行动计划会顺利完成的理由，但不是采取那种行动的理由。就好像把**银行明天会开门营业**加载到你关于事实会如何的推理中，这没什么问题；但将它加载到你关于做什么的推理中则不行。因此，我们期待，如果你想的是，"好吧，银行明天会开门，但是在反复思索是明天再来还是今天排队时，我不能考虑这个问题"。这才完全合理。即便如此，这个想法是合理的吗？

关于实用侵入的争论继续吸引着当代知识论学者的注意力。至少，实用侵入的拥趸们已经展开了讨论，涉及行动的理由究竟如何与信念的理由相关联，以及两者如何与知识相关联：在一些（或是所有？）情形中，如果一个命题就是你行动的理由，那么相比于它处于你信念的理由中，是不是需要更多的依据？知识究竟需要什么？确证的信念？确定性？是不是不同的认识状态取决于实际情境呢？①

5.3　知识与断言

有一个非常恰当的初始情形，可用于假定知识与断言密切关联。威廉姆森
(Timothy Williamson, 2000, chapter 11) 提出三条路线来证明这样的紧密关系。

会话模式。有意思的是，事实上在做出一个断言时，其内容根本不涉
及知识，例如"茶比咖啡对健康更有益处"，我们的对话者应该将我们视
为差不多在表达我们知道我们所说的内容的真相。我们会说："你知道
吗？"或者说得更礼貌一点，"这很有趣，你怎么会知道这些呢？"我们会
有技巧地用"不能说"代替"不知道"。如果有个朋友问我："你知道下
个星期六自己会不会在城里吗？"你可能会回答："在这一点上，我说不
好。"为什么要回答这个问题？这个问题询问的是知识，给出的回答却是
关于某人"能说"什么。

彩票案例。我们不会直白地断言，我们买的彩票不会中奖。为什么？
我们确实会说，"它很有可能不会中奖"，甚至是"我相信它不会中奖"。
为什么不简单地说**它不会中奖**呢？有这样一个说法：我们并不会直白地断
言这一点，是因为我们不知道彩票会不会中奖。一旦我们看到了中奖者的

---

① 这里略去了一个重要的知识归赋理论未予以讨论，就是评价的相对主义。只要
指出相对主义所避免的语境主义的弱点，我们就能够解释相对主义的基本理路。如果语
境主义是对的，那么当风险上升（或者怀疑主义者做出其论证）时，根据语境主义者的
立场，说"我知道 P"的话就为假，即使在你说出"我知道 P"时知道你先前所说的为
真。那么，我们后来为何要撤回我们早先的知识主张呢？如果语境主义没错的话，我们
难道不应该说"我先前所说的完全正确，当时风险更低"吗？但是我们并没有这么说。
评价的相对主义避免了这个难以处理的后果，其方式则是将语境主义降位，并使得知识
关联于**评价**的语境，而不是说话的语境。评价的语境指的是，在这个语境中，一个人在
评价人们是否知道或者一个知识主张是否为真。因此，在风险上升的时候，我们为什么
不撤回先前的主张呢？答案则是：因为与我们评价语境相关的那些知识归赋均为假。与
我们的评价 HIGH 语境相关，无论是"我知道 P"还是"我先前在说出'我知道 P'
时所表达的内容为真"，两者均为假。这一进路的突出后果，便是它将一类新的参变量
——评价的语境的真与否相对化了。有兴趣的读者，应该参阅麦克法兰的说法（Mac-
Farlane, 2005）。

第二部分　确证与知识：几个特殊话题

报道，我们才会断言"我的彩票没中奖"。这个时候为什么就可以这么说呢？因为我们知道彩票没有中奖。

摩尔悖论。1913 年，摩尔讨论了一个他所谓的悖论。为什么说"天在下雨，但是我不相信天在下雨"是一种荒谬的说法呢？"天在下雨，但是我不相信天在下雨"这个句子有些时候的确为真。通常情况下，"P 但是我不相信 P"这个形式很多时候确实为真。那么，为什么你不会直截了当地断言这样一个陈述呢？这就是"悖论"或者至少是个疑问。当我们用"不知道"代替了"不相信"的时候，就会产生类似的一个疑问。不妨来看看这一句子"天在下雨，但是我不知道天在下雨"。这里会再次出现，尽管这极可能为真，但听起来依旧荒谬。为什么会如此呢？有一个故事是这样的。如果我们不知道某个东西，我们就不应该对它做出断言。当你断言"天在下雨，但是我不知道天在下雨"时，你就在断言你不应该断言的事情，除非你知道天在下雨。这样看来，你是意在表明，你知道天在下雨。但是接下来在你陈述的第二个部分中，你又增加了你**不**知道天在下雨。你意在表明某件事，然后在同一个陈述中又明确将它否定得一干二净！①

这些考虑导致威廉姆森和其他哲学家推断出"断言的知识规范"。诸多争论恰恰是针对如何刻画这种规范，这种规范的本质是什么。出于我们的目的，我们可以将这种规范视作得体会话的规范。许多规范都对会话产生影响：要确切，要有序，要有礼貌。除了这些以外，上面所述的内容也许让我们认为存在如下针对断言的知识规范：

断言的知识规范

> 存在这样一种会话的规范，你根据这种规范，除非你知道 P，否则你就不应该断言 P。

这种规范在很多情境中都会被其他规范所超越。如果你不相信你叔叔给你做的肉卷很好吃，并因此而不知道它好吃，那么如果他问你的话，一种礼貌的规范或许仍然会使得"它很好吃啊"这样断言显得可以接受。

---

① 威廉姆森（Williamson，2000：253）指出，人们不可能知道"P **且我不知道** P"这一形式的命题。知道这一形式命题就将要求两个连接项——知道 P 的同时，还要求知道这个人不知道 P。但是你不可能在知道 P 的同时却又知道你不知道 P！其原因是，如果你知道你不知道 P，那么你就不知道 P！不管怎样，知识都需要真理。

但是这个断言依旧有一个缺陷，也即如果你叔叔看出你的真实想法，他就不会好意地看待你的断言。

你也许会承认，尽管有这么一种会话的认识规范，但并不认为它需要知识，或得以确证的信念，或者真理，或确定的知识等诸如此类的东西。假定确实存在这样的断言的认识规范，我们就能考察以下原则：

知识-断言的原则

当且仅当你知道 P，你才达到与 P 有关的断言的认识规范。

与上面的知识规范不一样，这个原则中有"当且仅当"。因此，它不仅意味着，在断言你不知道什么时你违背了一种规范；它同样暗指，如果你断言某个你知道的东西，你就没有未被断言的认识规范。当然，你在断言你知道什么时，非常有可能违背**其他**的很多规范。你所说的东西或许与正在进行的会话无关、不值一提等，但是根据这个原则，从认识意义上看，它无可厚非。

如果知识-断言的原则为真，这会是个意外的发现。我们就会理解，知识根本上与非常广泛的现象（而不是传统中得到考虑的认识现象：断言）密切关联。就这一个方面来说，它就像上面的 KJ（知识-确证的原则）。跟那个原则差不多，如果知识-断言的原则为真的话，它或许有助于解释知识概念的重要性：为什么它这么常用，以及与某个略逊于知识的东西相反，为什么它对于一个人在某具体情形中拥有知识意义重大。①

---

① 知识-断言的原则蕴涵着，如果你知道 P，那么你就达到与 P 有关的断言的认识规范。这个主张或许需要再改进一些。如果我说了某个我的确知道为真的东西，但是我又知道它会误导我的听者，那么我因此就违背断言规范了吗？如果是的话，我违背了断言的**认识**规范吗？如果我们认为以上两个问题的回答都是肯定的，那么我们也许希望修改这个原则，以使得单凭知道 P 无法满足断言的认识标准，它需要更多内容。不是说它需要某种与 P 有关的更好或更为牢靠的认识依据。相反，这里的建议是，假定它们都是合理的，只有知识（或合理的信念）才使得断言不会误导相应的听者。误导听者未必带有什么道德的意味。如果有人问我一件无关紧要的事情，比如皮特（Brad Pitt）在哪里上大学，然后我回答说，"密苏里州的某个地方吧"。我会断言我知道的某个东西，但是同时又错误地导致我的会话者认为，有关皮特在哪里上大学没有更为详细的信息，我所知的就是那些了。

有一个办法可以避免对误导性后果的忧虑，就是主张认识规范只不过是一个人在断言 P 时，他所拥有的与 P 有关的认识依据必须要多么充分。那么，一个人也许就可以主张，知道 P 就是这样的依据足够好。

最后，知识–断言的原则影响了实用侵入的问题。如果它为真，那么倘若达到断言的认识规范的充分保证随着实际风险而变化，我们就有材料用于对实用侵入进行不同的论证，这个论证不是关于普遍的行为，而是关于一种具体的行为——断言。实际上，在上述实用侵入论证中，我们可以用知识–断言原则代替知识–确证原则。按照可错论，确实会存在某个LOW 情形，你知道 P 但是在完全确定 P 这一点上没有得到确证。在 LOW 中，你达到了关于 P 的断言的认识规范。接下来，设想在一个 HIGH 情形中，就像银行案例 B 一样，断言银行明天会开门营业没有充分的依据，那么要确定你的认识立场的强度处于什么水平上，就会随着实际风险而变化。在这个 HIGH 情形中，你没有达到断言的认识规范。根据知识–断言的原则，你在这个情形中同样并不知道银行明天会开门营业。由此，就出现了知识在各类情形中，只是因为实际风险不同而出现变化。这就是实用侵入。

语境主义者也使用断言的知识规范来支持他们的观点。你可以想象一下他们是怎么做的。语境主义者不会认为**知识**随着各种情形而发生变化。相反，他们的结论是，在两种语境中，"知道"所表达的内容各不相同。对于语境主义者来说，不是说知识–断言的原则为真；相反是这样：

语境主义的知识–断言

　　当且仅当在你的语境中"知道 P"适用于你，你才达到断言 P 的认识规范。

这一点可以与以下前提联合起来使用以得出语境主义，即在银行案例 A 中你能达到**银行明天开门营业**的规范，但达不到银行案例 B 中相应的规范（DeRose，2002）。

为了在原来的知识–断言的原则与这个语境主义版本的原则之间做一对照，我们需要某个理由来主张断言与知识本身（或者与所有"知道"所表达出的各类意义）有着重要的关联。然而这里看不出来，借助于知识和针对断言的理由之间的关联在辩护知识–断言的原则中有多少好处。知道 2+2＝4 会让你有理由断言它吗？不妨想想你知道的数以百万计的命题。你有理由对其中每一个做出断言吗？很难相信这一点。如果我们想要辩护知识–断言的原则，除了语境主义版本之外，我们还需要寻找其他

126

办法。

走到这一步，一个很自然的方法就是尝试根据知识来解释断言。假设断言什么东西在构成意义上涉及——这是断言之所是的一部分——其自身表现为知道它。根据这个假定——如果在你不知道的时候你自身表现为知道它，你做出断言就是不恰当的（如果你的确知道它，在认识上就是恰当的），我们就会产生一个解释，来说明为什么知识-断言的原则会如此主张。但是这里还是有很多东西有待解释：什么叫自己表现为知道呢？还有，首先什么才是一个人自身表现的样子呢？①

我们的愿望很清楚，知识与断言之间的关系问题，会以富有成效的方式将知识论与语言哲学、语言学关联起来，一如知识与行动之间的关系问题将知识论与伦理学和决策理论有效关联那样。

思考题

1. 在高风险的银行案例 B 中，当你说"我不知道银行明天会开门营业"时，你说的是真的吗？如果你说的不为真，那天会有什么看似为真呢？

2. 针对语境主义对怀疑主义做出的诊断，有一种回应说它最多在有限范围内有效。假定怀疑主义者修正了缸中之脑论证，比方说是通过用"知道"来替代"达到日常的认识标准"，由此，这个论证就变成：

a. 你没达到**我不是一个缸中之脑**的日常认识标准。

b. 如果你没有达到**我不是一个缸中之脑**的日常认识标准，你就没有达到任何有关外在世界的命题的日常认识标准。

c. 因此，你没有达到任何有关外在世界的命题的日常认识标准。

① 威廉姆森对断言的知识规范做过一个全面的辩护（Williamson, 2000, Chapter 9）。在他之前昂格（Unger, 1975）同样给出了非常有力的辩护。在昂格看来，我们注意到了全面怀疑论——认为任何人都不知道任何东西，在某种意义上是自我击败的。如果你说，"没人知道任何东西"，相当于你是在否定你自己的意图。我们为什么会有如此感觉呢？断言的知识规范给了我们一个解释：你不应该断言任何东西，除非你知道它；但是在断言"没人知道任何东西"时，你所断言的东西蕴涵了你不知道它；因此在你断言时，就必然出现你对它如此断言的不当性。换言之，你所断言的内容必定导致你对它断言的不当性！这就是一种自我击败。

（c）是一个极端怀疑主义主张，即使它不用"知道"这个词。（a）－（c）这个论证是不是很显然比通常自始至终使用"知道"的怀疑主义论证更糟糕呢？如果不是的话，关于"知道……"的语境主义能够为做出诊断提供帮助吗？

3. 当我们明确谈论公正的乐透彩中你的彩票时，"我不知道我的彩票没有中奖"这个说法似乎为真。当天晚些时候，在想到明年你是否有足够的钱买游艇时，说"我知道明年我不会有足够的钱去买游艇"看起来也为真。然而，如果你的彩票真的中了奖，你明年就会有钱去购买游艇。此外，如果说的是"我不知道我的彩票会中奖，但是我知道我明年一定不会有钱买游艇"，这似乎始终为假。语境主义者认为，他们已经解释了所有这些知觉何以正确。他们是如何解释的呢？他们的解释成功了吗？

4. 语境主义者区分了主体因素和言者的因素。主体因素是指对涉及主体的知识归赋的真产生影响的因素，而不是言者（除非这个言者是在进行知识的自我归赋，这样的话主体就是言者）。大部分语境主义者认为，**真信念处于主体因素之中**。由此带来的一个后果就是，如果你有一个假信念，那么不管言者是什么想法或者说什么，言者都无法真的说你"知道"。错误可能性通常更多出现在言者这边。如果主体是错的这一可能性对言者来说明显看得出来，这并不随之意味着其他言者就不能真的说主体"知道"。它只是说明，**那个看出错误可能性很明显的言者**，无法真的说这个主体知道，包括如果主体自己谈论自己时的主体自身在内。

你要思考的问题则是，语境主义者是否**不应将因运气而获得的盖梯尔式真信念的受害者**，视为一个主体或言者的因素。如果它是一个主体因素，那么在各种言者的语境中出现什么情况则无关宏旨：将知识归赋于主体就会是假的。如果它是一个言者的因素，言者的语境就很关键了，因为"知道"取决于言者正思考什么，认为什么更重要等的同时，它在言者归赋"知识"时，也许有着更强或更弱的意义。它是主体因素还是言者的因素呢？为什么？①

5. 詹姆士（William James, 1896）曾经提出过一个著名的主张，即信

---

① 在你自己尝试回答这一问题时，你也许可以参考科亨（Stewart Cohen, 1998）的论证——我们无法用这种方式来解决盖梯尔难题。

念有两个突出的准则，即"知道真理"与"避免错误"。让我们将第一个准则视为"相信真理"。詹姆士认为，我们有必要平衡这两个目标，同时我们要根据不同的信念而施行不同的平衡策略。比方说，詹姆士认为我们在问及是否相信上帝时，应该给予"相信真理"以更高赋值，但问到是否相信科学假设时则应该赋予"避免错误"以更高值。平衡这两个准则的问题究竟是如何影响实用侵入的呢？

6. "我知道 P，但事实上也许非 P"这样的陈述形式听起来很怪异，甚至自相矛盾。在知识论文献中，这些都被称为"妥协性知识归赋"（这个表达源自 Rysiew，2001）。妥协性知识归赋似乎自相矛盾，这一事实对于知识的可错论而言构成一个难题吗？如果它是的，可错论如何才能够给出阐释呢？

7. 假设你拒斥断言的知识规范以及知识–断言的原则，你会如何解释针对它的三类材料（即来自会话模式、乐透彩以及摩尔悖论）呢？

8. 看起来似乎不买人寿保险也可能是合理的。同样，至少对于那些健康状况良好、四十岁以下的人而言，你似乎知道他们明年不会生病。这里对于知识–确证原则构成一个难题吗？如果是这样，该原则的辩护者如何才能给出一个最佳回应呢？这样的回应足以解决问题了吗？

延伸阅读

Brown，Jessica（2008）．"Subject-Sensitive Invariantism and the Knowledge Norm for Practical Reasoning."Noûs 42（2）：167–189.

DeRose，Keith（2009）．The Case for Contextualism，Volume 1. Oxford：Oxford University Press.

Fantl，Jeremy and Matthew McGrath（2009）．Knowledge in an Uncertain World. Oxford：Oxford University Press.

Hawthorne，John（2004）．Knowledge and Lotteries. Oxford：Oxford University Press.

Lewis，David（1996）．"Elusive Knowledge."Australasian Journal of Philosophy 74（4）：549–567.

128

Nagel, Jennifer (2008). "Knowledge Ascriptions and the Psychological Consequences of Changing Stakes." Australasian Journal of Philosophy 86: 279-294.

Stanley, Jason (2005). Knowledge and Practical Interests. Oxford: Clarendon Press.

Unger, Peter (1975). Ignorance. Oxford: Oxford University Press.

Williamson, Timothy (2000). Knowledge and Its Limits. Oxford: Oxford University Press.

当代知识论导论

第六章　知觉确证

知觉是知识的来源之一。当你走出屋子，看到门廊栏杆上有一只松鼠或者听到山雀叽叽的声音，你就会知道你周围环境的一些事物：栏杆上有一只松鼠，院子里有一只鸟在叫，等等。实际上，如果我们不能知觉到事物究竟如何，我们就难以明白我们如何才能知道我们周围世界的很多东西。知觉同样是得以确证的信念的一个来源。当你看到一只松鼠在那里时，你相信有松鼠在栏杆上就得到了确证，当你听到叽叽的声音，你相信院子里有只鸟在叫同样地得到确证。

至此，我们只是在陈述那些显而易见的内容。然而，在我们提出知觉如何为我们提供知识和确证的信念时，很多困难的问题便出现了。本章主要讨论的是得以确证的知觉信念而不是知觉知识。如果知识要求得以确证的信念，那么这些问题将对知识而言同样会衍生出来。如我们将要看到的，本书前面章节中讨论的话题——内在主义与外在主义、基础主义与融贯主义以及怀疑主义，在我们探究知觉确证时，都会涌现出来。

我们先从简要地讨论知觉经验开始。

6.1　知觉经验的基本形式

至少在标准的情形中，知觉涉及知觉经验（简称"经验"）。当你在正常光线下看到富士苹果时，你就有了一种经验，它不同于你看到青苹果时的那种经验。当你听到钢琴奏出的 C 大调和弦时，你就有了一种经验，它不同于你听到 C 小调和弦的那种经验。

当你有这样的经验时，事物及其属性似乎以某种它们在非知觉思想中所没有的方式呈现给你。对比一下看到桌子上的青苹果，和你眼睛闭上时别人告诉你桌子上有个青苹果。在这两种情形中，你都会知道有个苹果在桌子上，但是当你看到它时，这个苹果以及它本身带有的绿色、柔软和饱满都会呈现给你，其不同于你闭上眼睛坐在桌子边时它们之所是。在拥有这个以及其他标准的知觉经验时，属性不仅仅呈现了它们是作为限定事物而呈现的——这样的绿色在你看到这个苹果却没有呈现出来，它的呈现在于限定这个苹果。用某些哲学家比如西格尔（Siegel，2010）的说法，属性呈现为事物"所例示"的东西。

知觉经验这个词尽管不是日常用语的一部分，但对我们而言，它跟谈论事物看起来、听起来、摸起来如何等关联在一起。当我们有视觉经验时，事物对我们来说就是**以某些方式**看起来的样子；当我们有听觉经验时，事物对我们来说就是**以某些方式**听起来的样子，等等。在我们经历这些经验时，事物看起来、听起来、摸起来的"方式"，对应于呈现给我们的那些属性。①

6.2 经验能够为信念给予确证吗？

当你看到那个青苹果时，对你而言它看起来很饱满，也很绿，你就会确证地相信它有这些属性。在确证一个像这样的信念时，经验起到什么作用呢？经验会不会是这类信念的**确证赋予者**呢？也就是说，拥有一种经验能够让你在这样的信念中得以确证成为现实吗？

知识论学者对于这个问题有着不同看法与回答。现在其中主流的观点是，经验能够并且的确为信念赋予确证。然而，有一些哲学家认为，经验不能确证任何信念，但是能够导致信念的出现（cf. Davidson，1986；Rorty，1980）。比如，一个苹果对你来说看起来绿，也许会导致你相信它是

---

① 知觉有必要涉及经验吗？从心理学中的实验研究来看，我们知道人们能够表现出对那些他们缺乏有意识获取的信息的敏感性。比方说，在一项研究中，主体对一个模棱两可的叙述的印象所受到的影响，主要来自主体是否在潜意识已经暴露在有着否定性特征的或者中立的语词之中（请参阅 Bargh and Pietromonaco，1982）。其中的推理是，这一点必须是无意识的，原因是主体无法给出报告。但是它又必定是知觉，原因在于被处理的那些信息影响主体所从事的**相关任务**。在知识论中，莱昂斯（Jack Lyons，2009）提出，经验并非知觉性确证所必须的东西。第七章将详细讨论莱昂斯的研究。

绿色的。进而这个绿的信念将确证你持有其他信念，只要它与你的其他信念相契合（请注意这里涉及**融贯主义**）。但是根据这个观点，苹果对你而言看起来绿不会为你相信任何东西给予确证。在下一节中（已标明是选读内容），我们将考察对这一观点给出的一个非常有影响又很复杂的论证。正如本章作者看来，这个论证值得仔细审视，即使它并没有确立其结论。本章大部分内容聚焦于经验如何确证了信念，而不是它们是否能够如此。那些希望处理的是"如何"而不是"是否"问题的读者，可以直接跳到 6.3 节。

6.2.1 塞拉斯主义困境（选读内容）

我们在这一节中所讨论的论证，其结论是经验无法确证信念，在哲学家塞拉斯（Wilfrid Sellars）之后这个论证被称为**塞拉斯主义困境**。① 在我们所讨论的这一版本中，有一个专门用语是"断言性命题内容"。我们有必要先解释一下，让我们从"命题内容"开始。这个词的意思最好通过例子来解释。信念有命题内容：它们是**某个事件**信念，这里**某个事件**就是一个命题，要么真要么假。有只松鼠在门廊栏杆上这一信念，其命题内容就是**有只松鼠在门廊栏杆上**。与之相似，愿望和意向也有命题内容。当你有一个愿望时，你通常是希望**出现某个事件**。接下来是"断言的"这个词。一个信念将其命题内容表达为某个真理；与之相反，一个愿望则将命题内容表达为**某个成真才为好的**东西，与意向相对应的则是某个**要使之为真的**东西。一个心理状态有断言性命题内容，仅当它有命题内容，同时它将那个内容表达为真。这样的心理状态并非与其内容毫无关涉。它们"断言"了那些内容的真，以至于如果内容为真，心理状态就是准确无误或者真实的；如果内容为假，则心理状态不准确或者不真实。我们不会把一个对不为真的事物的愿望称为假的或者不准确。但我们的确会用这些词

---

① 本文所给出的这个论证版本是从邦儒（Laurence BonJour，1985）的新版论证中衍生而来。同样还要感谢莱昂斯提出的几条非常有益的建议。

来称针对假命题的信念。①

那么就形成如下论证：

塞拉斯主义困境

　　1. 要么经验有断言性命题内容，要么没有。

　　2. 如果经验没有断言性命题内容，它们就无法确证信念。

　　3. 如果经验有断言性命题内容，它们就无法确证信念。

　　4. 因此，经验无法确证信念。

如果要赞同这个困境中（2）与（3）中的任一条的话，我们可以表达些什么？我们将从（2）开始对此做一考察。

为什么认为缺乏断言性命题内容将会使得经验无法做到对信念的确证呢？一个强有力的思路是这样的：信念的确证涉及相关的理由。因此，如果一个东西 X 确证了信念 P，那么这个 X 必定相当于有理由相信 P。然而，如果只是处于一个没有断言性命题内容的状态之中，就不能说相当于有理由相信任何东西。因此，如果经验缺乏断言性命题内容，它们就无法确证信念。这个推理取决于两个关键的观念。第一个观念将确证与有理由相关联：

以理由来确证的观点（The Justification-from-Reasons View，J-from-R）

　　如果你相信 P 得到了确证，你是因为你有相信 P 的理由才得以如此确证的。

第二个观念则告诉我们那些理由是什么，以及拥有其中一个理由需要什么条件。

理由的命题观（The Propositional View of Reasoning，PV）

　　（i）一个信念的理由就是一个命题，且（ii）拥有一个作为理由的命题 P 就是处于一个在断言意义上表达了 P 的心理状态中。

---

　　① 第一章（1.7 节）检视了许多反对即刻直接确证的论证，其中有一个就是塞拉斯提出的。任何反对直接确证的论证均反对单纯由经验赋予确证的论证，至少假定经验是不可能得以确证的或者未得以确证的。然而，不像第一章中所考察的塞拉斯的那个论证，这里塞拉斯主义困境并不依赖于"高阶的"要求。（对 P 的信念要得到确证的话，你需要确证地相信你是确证地相信 P，或者确证地相信你所运用的资源是可靠的这个要求。）准确地说，塞拉斯主义困境同样以第一章所思考的那个论证所没有的方式涉及**经验**。

（2）是从（J-from-R）与 PV 中得出来的。原因在于，如果经验缺乏断言性表达内容，那么（根据 PV）经验就不是那种人们处于其中就有理由持有某个信念的状态，并且［根据（J-from-R）］经验因此就无法确证信念。

确证始终源自拥有相关的理由，这个主张听起来当然合理。你持有一个信念，比方说 2014 年冬季奥运会在俄罗斯举办，除非你有理由相信这一点，问题是你如何才能得以确证呢？知觉信念似乎同样因此为真。如果你通过知觉而相信你面前的墙是米色，你难道就不需要有理由来支撑这个信念吗？尽管我们可以争辩这个理由到底是什么，但似乎可以说你必须要有个理由。我们将会在下文回到（J-from-R），一开始它似乎非常靠谱。

然而有鉴于它是一个高度理论化的观点，理由的命题观或者（PV）似乎表面看来就没有那么理所当然了。不过有一些例子或许可以证实这一点。① 假设你面前有一本书，但是你还没打开。它的书名是《统计学导论》。你有理由相信它里面有公式吗？很显然是的！这个理由是什么呢？嗯，它应该是这样的：**统计学涉及公式的运用，而且这是一本统计学的书**。因此你的理由就是一个命题：它是**某某事实**。这种情形并非一个特例。任何你认为是个理由都可以此为例。你难道不能将它刻画为一个可以为真或者为假的陈述——一个命题吗？

此外，我们能够给出一个普遍的论证——理由必定是命题。相信命题 P 的理由必定**支持**或**证实** P，但只有命题才能证实命题。我们在宽泛意义上谈论在被告的家中找到带血的刀具，它们证实了他有罪。但刀具自身并不证实任何东西；刀具带血并且是在被告家中发现，这样的事实才证实被告有罪这个命题。而且，宽泛地说，事实就是命题（即真命题）。

至此，我们辩护了理由的命题观的第一条（i）。涉及**拥有**理由的第二条（ii）又如何呢？**拥有**理由使理由得以确证你的信念，由此而来的问题则是，一个理由如何得以做到这一点。一般说来，一个为真的命题不足以做到这一点。如果体育馆星期天不开门，但我对此一无所知，那么**体育馆星期天不开门**这个命题就无法确证我更进一步的信念，比如**我今天不能在**

---

① 请注意我们这里的讨论与 3.7.2 节中对 E=K 的讨论之间的相似性。对此有一个解释是这样的：可能的情况是，信念的理由是证据，且拥有一个理由就据有了证据。

那里锻炼。可以认为，拥有一个理由就要求处于某个心理状态中，而且那个理由正是其内容。但不是说任何理由都将如此，希望 P 为真并不会使得 P 成为我的理由。如果我希望我的车在旅行途中不抛锚，我当然不会因此而将**我的车在旅行途中不抛锚**作为相信其他事情的理由！意向、恐惧等也是同样道理。心理状态必定涉及对某种为真的命题的断言。这种断言性表达的主要形态就是**信念**。不过或许还有其他一些形态，比如经验。在经验中，属性在对象的例示之下被呈现给你——绿色就是由苹果所例示的那样被呈现给你。这似乎是断言性表达的良好形态。如果是绿色的，你的经验就**正确无误**；反之，它就**是错误的**。

这样看来，到目前为止，理由的命题观似乎完全站得住脚。就这个困境的第一条来看，假定确证就是有相应的理由，塞拉斯主义看起来没什么问题。现在让我们转向第三条。

3. 如果经验有断言性命题内容，它们就不能确证信念。

为何认为这一点为真呢？论证是这样的：带有断言性命题内容的状态能够确证信念，仅当它们自身得到了确证；但是经验不可能得到了确证；因此，即使它们带有断言性命题内容，它们也无法确证信念。

我们姑且承认，经验不可能得到了确证（在读完 6.4 节后有可能你会再次思考这个问题）。经验通常被理解为"所予"（givens），它们来自世界，而不是被视为我们从世界"拿来"。只有我们从世界"拿来"才能够用来评价确证。

那么（3）这一情形就取决于，带有断言性命题内容的心理状态，要确证主体拥有某些具体的信念，它们自身是否必须是得以确证的。为什么要这么认为呢？对这一主张的最佳论证有赖于我们上面提出的那些原则——（J-from-R）与（PV——它构成对）PV 的一个重要的补充，即相关的断言性心理状态自身是得以确证的。因此，这个论证便是，确证相当于有相应的理由，就像（J-from-R）所称；而且有理由就等于有一个心理状态——它就是对一个命题的得以确证的断言性表达，或者它就是作为某个理由的事实。这样，（PV）就被扩展为：

扩展的理由的命题观

（i）信念的理由就是命题，且（ii）拥有一个作为理由的命题就是处于一个在断言意义上表达了 P 的心理状态 M 中，且（iii）这个心理状态 M 自身是得以确证的。

（iii）显然是一个**关键的**补充。它为什么是必要的呢？

我们可以再一次给出常见的例子来支持（iii）这个必要的补充。（PV）似乎为假，它只包括（i）和（ii），不仅仅是旧有的信念——或者任何旧有的断言性表达——将命令变成你所拥有的理由。假设我只是突发奇想，相信我在密苏里乐透彩（Missouri Lottery）中中奖。那么，我是不是就获得了一个我将变成富翁的理由呢？没有！（要记住，有相应的理由只是被视为有助于使得一个人得到确证。）我的信念——我将会中奖，其自身有必要得到确证以获得一个理由来相信我将变成富翁。有人也许会进一步概括，信念是什么样，对所有其他断言性心理状态就会是什么样。如果你没有处于一个心理状态，它不仅在断言意义上表达了 P，而且其自身又是一个得到确证的心理状态，那么你就不会拥有作为理由的 P。

在这一点上，回头看看我们的讨论，你也许就开始担心（J-from-R）与扩展的（PV）的结合。它们合在一起就蕴涵着，只有一个无限的确证链或者其他确证链能够给予我们一个得以确证的信念！它们将任何一类即刻直接确证排除在外，不管是经验与否。有鉴于第一、第二章中讨论即刻直接确证的替选项时形成的否定性结论，我们应该探究用什么方式可以抵制（J-from-R）与（PV）的结合。看起来确实有个可行的选择。这个选择是这样的：有些信念是直接得以确证的。就它们直接得到确证而言，由于人们对这些信念有相应的理由，因此它们没有得到确证；只有在间接地得以确证的信念的情形中，它们的确证才必须源自拥有相应的理由。换言之，（J-from-R）尽管对于直接确证而言为假，但对间接确证为真。①

如果我们不得不以这样的方式从（J-from-R）后撤，那么塞拉斯主义的困境就坍塌了。经验似乎正是那种赋予我们以直接的确证的心理状态，这样的确证不是因为拥有理由才获得。人们是否拒斥这一困境中相应的论证条款，这取决于究竟如何理解经验——人们是否将它们视为拥有断

---

① 我们应该注意，无论是邦儒（BonJour, 1985）、戴维森（Davidson, 1986），还是罗蒂（Rorty, 1981），乃至塞拉斯本人，都对融贯主义抱有好感。

言性命题内容。①

现在塞拉斯主义或许要求解释，如果不是通过拥有理由而确证，那一个人是如何才得以确证的。这是一个非常好的问题。不过应对这一问题的最好方式，并不是高高在上并给出原则，而是尝试做出假设——经验能够给予确证，然后再看看它是如何成功做到这一点。当然也有可能在尝试这么多之后，我们也许会发现自己对这一点充满好奇，塞拉斯主义是否很有道理，我们自己因此而怀疑直接确证。或许也不是这样。尽管如此，我们没有其他替代方案来尝试应对这个问题。

6.3　假定经验能够给予确证，它们是如何做到的呢?

我们将做出这样一个假设，即经验能够而且确实为信念赋予确证。当问及它们是如何做到时，我们可以将理论分为两类。在一些经验中，事物以某种方式予以呈现，有的理论就将这样的经验视为直接**确证了**我们相信有关外在事物的命题。根据这样的观点，我们拥有即刻直接得以确证的关于外在世界的知觉信念。（在第一章所用的术语中，有些关于外在世界的知觉信念是**基础**信念。）其他理论则将确证视为间接的：经验间接地确证我们关于我们经验的命题的信念（比方说**我似乎看到那边有个绿色的东西**这样的命题），进而这些信念为我们相信有关我们周围世界的事物看起来如何的命题赋予确证（比方说**这个事物是绿色的**这样的命题）。根据这些观点，有关我们经验的信念都是直接通过经验而即刻得以确证，有关外

---

①　用这样的方式回应塞拉斯主义困境，可以将人们从那个令人气馁的解释任务——拥有一个经验如何才能构成拥有一个理由释放出来。即使我们假设经验有着断言性命题内容，甚至我们否认（PV）中的（iii），拥有一个带有内容 P 的经验蕴涵着拥有作为理由的 P，这一点仍然可疑。让我们来看看这样一种情形，你获悉一个看起来是绿色的苹果事实上根本不是绿色的：有一束隐蔽的绿光对着实际上是一个浅黄色的苹果。在这个情境中，你的理由中根本没有**这（这个苹果）是绿色的**这一条。如果你有的话，你就将确证地相信苹果是绿色的。毕竟相较于**它是绿色的**，你会有什么样更好的理由来相信一个东西是绿色的呢？因此，在这样的一种情形中，你没有把**这是绿色的**作为一个理由，尽管你的确经了作为绿色的这个东西。因此，将苹果经验为绿色不足以将**这是绿色的**作为一个理由。

在世界中的事物看起来如何的信念则是间接得以确证的。让我们称第一类理论为**直接理论**，第二类理论为**间接理论**。

6.3.1　间接理论

在某个经验中，苹果对你而言看起来是绿色的，它如何为你持有的关于外在于你的世界（比如苹果是绿色的）的命题的信念提供确证呢？你难道一开始不需要注意苹果是绿色的，然后得出结论认为依据哪一点它是绿色的吗？根据间接理论，回答是**肯定的**！①

然而，间接理论面临非常多的困难。第一，倘若你刚开始就要拥有的东西是它对你而言看起来是绿色的，似乎很难得出结论说，苹果是绿色的。毕竟，这个推论不是特别有力。这个难题究竟给间接理论带来多少麻烦，取决于 **F 对我而言看起来如何和它是 F 之间的推论关联有多强**，同时也取决于那些有助于弥合两者间鸿沟的背景信念的确证问题。

第二，这一困难涉及心理学。在描述之前，我们有必要回顾第二章（2.1 节）中对命题与信念确证做出的区分。前者是我们相信一个命题拥有确证问题，即我们是否确实相信还是不相信。后者则是我们拥有一个得以确证的信念问题。如我们在第二章中所见，要拥有一个得以确证的信念 P，你必须要**在适宜的基础之上相信**才行。这样，我们就会形成：

信念确证的基础性要求②

你对 P 的信念是得以确证的，仅当你相信 P 得到了确证，且你

① 有的知识论学者主张，作为直接得以确证的信念，指的是那些有关一个人当下心理状态的信念，这些人接受**笛卡尔主义的基础论**——这是第一章（1.7 节）中的概念。笛卡尔主义的基础论者接受一种主张经验如何确证信念的间接理论。原则上，一个人也许可接受经验如何确证信念的间接理论，但同时又认为通过其他来源（比如理性的直觉），我们的确拥有关于除了我们当下心理状态之外的事物（比如 2+2＝4）的直接得以确证的信念。

② 下面对该要求的刻画中，"确证地相信 P"指"相信 P 得以确证"，为表达方便，本人做了一些修改。本书前面内容与后面内容偶尔会出现类似的情况。——译者注

基于那些使得你确证地相信 P 的那些因素而相信 P。①

针对间接理论的心理学忧虑表现在，它们无法解释我们有关外在世界事物的知觉信念的确证。我们真的是将我们的知觉信念，比如这个苹果是绿色的建立在有关我们经验的信念之上吗？可以说，我们并不是这样。假定有个人根据它对她而言看起来是绿色的，而相信她面前的苹果是绿色的。即便这样，再假定她是在一开始**没有**相信它对她而言看起来是绿色的情况下而持有这个信念，然后推论，因为它对她而言看起来是绿色的，它就必定是绿色的。根据间接理论，使得她确证地相信它是绿色的（提供命题性确证的东西），并不只是经验，还有它对她而言看起来是绿色与它是绿色之间的推论关系。但是例子中那个人并未基于这些因素而做这个推理，即使隐性的推理也没有。我们还会认为，这个人的信念——她面前的苹果是绿色的，在该情形中没有得到确证吗？

对于间接理论的最后一个思考是这样的。任何人如果接受这样一个理论，就有必要解释经验**为何**仅仅能够直接确证我们持有的那些关于我们经验的信念，为何不能同样确证那些有关外在于我们的事物究竟如何的信念。我们也许会倾向于给出以下这样的解释，尽管我们关于外在于我们的事物究竟如何可能犯错，但我们关于我们的经验不可能出错，只有在我们不出错的情况下，我们才会拥有直接的确证。然而，我们应该抵制的恰恰是这样的倾向。事物对我们来说看起来、听起来如何等，难道我们就不会出错吗？尽管我尽量不出问题，难道我的经验就不会错吗？② 同样，为什么直接确证恰恰是在有错误发生的情况下才可能呢？

---

① 如我们在第二章（请参阅 2.3 节中夏德的例子）中所见，信念性确证所要求的东西，不只是将一个人的信念建基于为其提供命题性确证的东西。这一"基础要求"给信念性确证提供了必要性，但并非充分性条件。这是我们为何这里用"仅当"，而不是"当且仅当"。

② 想一下，阴影之中的雪看起来如何：你看到的是不是灰色的呢？或者蓝色的？

本章余下内容将集中讨论直接理论。①

6.4　教条主义

直接理论的最简单的版本，也是我们在这一节要考察的版本，其主张可以表述为，当你有种经验时，其中你以某种方式看到、听到某个东西等，单凭这种经验就足以为你相信它正是**看起来的那个样子**提供确证。该经验立刻就确证了你持有那个信念——换言之，不是通过你确证地相信其他命题。然而就其可废止性来说，这里所提供的确证无论如何都只是初步的，它可能因为一些击败因素而遭到反驳和损毁（有关击败因素，请参阅第一章 1.8 节）。在历史文献中，这个流行的观点所指的就是**教条主义**（dogmatism）。② 我们将在下文中表明它是如何赢得这一称谓（请参阅 6.6 节）。

---

① 很多知识论忽视了一个有趣的区分：一个事物在 t 时对某人而言看起来如何与一个事物的外观。一片柳栎的叶子有特定的外观，这与有没有人看着它无关，同样也因此与它是否在某个时候以任何特定的方式，对某人而言碰巧看起来如何无关。如同奥斯汀写道，"石油看起来像水这个事实并不是一个关于我的事实"。如果存在着事物所拥有的外观，它超出了主体所拥有的任何特定的类型的经验，那么它们是如何与知识论相关联的呢？在其他著作中（McGrath, 2018），我提出这些外观是对象的客观特征，并且正常的成年人对于事物究竟怎么样——它们的颜色、形状以及它们所隶属的那些事物的种类等的信念是得以确证的，原因在于它们对于其外观的信念得到了确证。这一点更加容易进行论证，尤其是在分类信念的情形中，比方说像看到的某个事物**是一架钢琴**这样的信念。通过确证地相信它看起来像一架钢琴，你在简单的知觉情形中所持有的那个东西是一架钢琴这一信念就得到了确证。在我看来，更有挑战的是设计一个论证来表明，我们对于**这是红色的**等诸如此类的问题的确证是从一个相信它看起来是红色的确证衍生而来。（不幸的是，在我看来）既然它们并没有在知觉知识论中有什么重要作用，那么在本文中，我将把这些"客观的外观"放在一边。有关外观是客观的这一观点的经典之作，请参阅奥斯汀（Austin, 1962）。

② 这个词来自普莱尔（James Pryor, 2000）。有很多内在主义者都接受这个观点，包括费尔德曼（Feldman, 2003）、胡埃默（Huemer, 2000）、波洛克（Pollock, 1975）、普莱尔（Pryor, 2000）以及塔克尔（Tucker, 2010）。大量的外在主义者同样也接受这一看法，有时需要某些条件（下文将予以考察），比如像阿尔斯通（Alston, 1991）、戈德曼（Goldman, 1976）以及米勒（Millar, 2012）。

这一观点可以简单描绘如下：

(简单版) 教条主义

无论何时你有一种经验——一个事物以特定方式向你显现为（即看起来、听起来等）F，你相信它就是 F 都可以因此而即刻直接地拥有一个初步的确证。

假若应用到幻觉这样的情形中，事实上没有任何东西对你显现出来，这个描述就有必要进行修正。我们也许要扩展教条主义以便适用这样的情形，其方式则是运用如同一个事物以特定方式来显现的经验的概念，这个概念既包括一个事物对你而言以特定方式显现这样的正常情形，同时也包括非正常情形中似乎有什么东西向你显现，尽管你什么也没有知觉到。那么，我们就可以得出：

(扩展版) 教条主义

无论何时你有一种经验——某事物对你而言以特定方式为 F 存在，你相信它就是 F 都可以因此而即刻直接地拥有一个初步的确证。

因此，在大部分意义上，我们并不过多担心这两个版本之间的差异。为了得出一个便利的通用版本，我们将用"如同 P 的经验"来表达。

教条主义有着强烈的反怀疑主义意涵。这是因为，如果它为真，那些主要的怀疑主义论证的前提就为假。如我们在第四章中所见，"怀疑主义可能性"论证有赖于像这样的主张：

"如同 P 的经验"要想为你相信 P 提供确证，这里的 P 是有关外在世界的某个命题，那么你就不得不确证地相信你不是一个缸中之脑（不是在做梦，等等），而且你相信你不是一个缸中之脑（不是在做梦，等等）的确证不能来自由 P 进行的推论。换句话说：你没有处于怀疑主义场景这一信念的确证，必须**与**你针对相信 P 的任何确证**无关**。

如果教条主义为真，那么这个怀疑主义的假定几乎为假。原因在于，如果教条主义为真，你所需要的仅仅是在相信 P 时，"如同 P 的经验"得到确证即可，这里不存在任何击败因素。经验已经足矣，无须进一步要求你相信你没有处于怀疑主义场景之中还要得以确证。

教条主义是一个简单而又充满吸引力的理论。它允许我们可以接受得以确证的知觉信念的同时，不必拥有复杂的怀疑主义证据的论证。教条主义的优点在于，它跟我们的知觉信念对我们而言看似完美相容：它们的确似乎得到了确证，但不是通过复杂的论证而得以确证的。因此，教条主义有其真正的特异之处。尽管如此，这个观点面临着必须要加以回应的挑战。下面我们将考察其中两个挑战：

难道任何经验都如此？ 也就是说，任何经验都提供了即刻直接的确证，或者说一个经验要想提供即刻直接的确证，它必须要满足更多具体的条件吗？

是不是经验就足够了？ 换言之，一个信念要得到确证的话，所需要的是不是一个人有经验就足够了呢？或者除了你的经验之外，你还需要背景证据吗？比如你的经验是可靠的或者不存在那些使得其不可靠的条件又如何？如果它需要背景证据，那么与教条主义相反，"如同 P 的经验"就无法即刻直接为我们相信 P 提供确证。

6.5　难道任何经验都如此？

在近来关于教条主义的著作中，有几位哲学家已然提出并反对任何经验都能如此的这一主张。他们赞同**有些**经验确实可以赋予相应的信念以初始的确证，并且是即刻直接地赋予；但是他们认为并非每一经验都如此。因此，他们的想法是，我们有必要将教条主义限制在特定类型的经验范围内。我们将考察两个反对意见，它们致力于表明教条主义需要加以限定：**认知渗透异议**与**斑点母鸡异议**。

6.5.1　认知渗透异议

数十年前，在科学哲学中发生过一场异常热烈的争论，主要议题是有关"理论负载"问题（cf. Fodor，1983；Pylyshyn，1999）。我们"看到"了我们已接受的那些理论所依存的不同的事物吗？如果是的话，那么我们用我们所见来确证那些理论，难道我们没有陷入循环之中吗？

更具体一点，假设你接受一个理论，它让你期待着某个实验将以某种方式呈现其结果，再假定当你观察实验结果（当你用显微镜来观察）时，这个期待影响了你的经验。这似乎确实有问题。西格尔（Susanna Siegel，2012）提出的一个例子是这样的。在 19 世纪，一些生物学家是预成论者（performationist），他们相信人体中每一个细胞都带有一个非常小的胚胎，一旦有了合适的环境，就会长成一个人。假设有一个预成论者的同行，通过显微镜，期待看到一个小胚胎。正如结果所显示，确实有个东西在那里，它看起来有一点点像个胚胎。然而，不妨假定因为有期待的缘故，预成论者"视之"为一个胚胎。我们可以进一步假设，他没有什么特殊的理由来怀疑其经验的真实性。根据教条主义，那么预成论者相信他在显微镜下看到的东西是个胚胎就得到了确证。然而，这里似乎问题重重。①

这里的关键因素并非**理论**-负载本身，而是我们的认知态度（即认知渗透）对自身经验的影响。这样的渗透并非总是因为理论性的信念才发生：欲念、情绪以及其他非信念的态度同样影响经验。（"认知的"一词是在非常宽泛的意义上使用，指超越一个人经验的任何心理状态。）来看看另一个由麻吉（Peter Markie，2006）提出的例子，它针对教条主义所指出的难题与预成论者的情形一样，区别在于前者不存在任何理论负载。［在 Siegel（2012）与 Goldman（2009）还有类似的例子。］假设古斯（Gus）是个新入行的黄金勘探员（gold prospector），他想找到黄金，是这个欲念，而不是任何识别黄金的技巧让他将盆中蒙着灰尘的金属块看作黄金。他基于这一点而相信那是块金子。但凡他用他那种（极为贫乏的）黄金识别技巧，他也不会将那个金属块看成黄金。是不是因为他想找到黄金的欲念就使得古斯得到了确证呢？这似乎比一厢情愿的想法好不了多少。在这里，期望首先影响了经验，只是间接影响了基于经验而形成的信念，但是这一效果的间接性会造成认识的差异吗？

诸如此类的情形有没有成功反驳了教条主义呢？也许并没有。如果有个东西看起来很显然是个金块，你会怎么认为呢？难道它**不是**金子吗？确

---

① 诚如西格尔指出，这里的麻烦似乎有两个方面。一是预成论者获得了相信细胞包含一个微小胚胎的确证。二是预成论者获得了针对其理论的确证。如果我们得出结论说，预成论者没有获得第一类确证，那么我就能够解释他为何没有获得第二类确证。

证事关究竟是什么东西让你合理地持有一个在你身上发生的某件事情的信念。这种经验正是古斯现在正在经历的，既然有这种经验，古斯针对**这是个金块**这一命题采取的唯一合理的信念态度就是相信。因此这个淘金者相信它是黄金就得到了确证，即便他的经验受到其欲念的认知渗透。

但是，看起来这个辩护思路——针对例子"你会怎么认为呢？"这样的回应，确实存在可疑之处。为什么因为他期待着找到金子，就认为石块对古斯而言看起来像金子，就是"他正在经历的东西"的构成部分，而不是某个被他**添加**到他正在经历的东西之中呢？至少在特定的情形中，这有可能是正确的心理叙述。那个例子的意涵似乎正是这样。假设以下描述是正在发生的情况：古斯有着特定的经验，并且通过愿望所驱动的"强化"，促使他集中注意到并夸大经验中的某些方面而忽略其他，古斯就有了石块看似金子的经验。这难道不像是贸然得出结论吗？如果古斯基于有关其颜色、形状的信念来推断出信念——石块是金子，根据古斯的信息，这里的颜色和形状并没有足以支持它是个金块的结论，这难道看起来不是从推论直接跳到结论去了吗？但是如果这样的"跳跃"是在经验之中发生，以至于一种经验是建基于另一种之上，难道这在认识上不是更好吗？①

教条主义者可能会说，或许确实如此，但是我们需要将这一点弄得更清楚，也即**经验**中包括了什么，没包括什么。教条主义者也许会觉得，经验排除了处于"低层级的"重要内容（即颜色、形状、声音、质地等）；它没有延伸至**成为一块金子**，**成为一个胚胎**以及其他处于"高层级的"重要内容。② 这样，你根本不会真的经验像**金块**、**树**、**汽车**等这样的事物。你可能会说，"这看起来像棵树"，但实际上你的经验只是带有最好的空间与颜色属性——树呈现出的"样子"。当有个东西对你而言看起来是棵树时，这涉及一个后经验的想法（比方说，信念或者倾向于相信），就像所有的思想

---

① 更多针对教条主义的认知渗透反例的解读的讨论，请参阅 McGrath（2013）。

② 低层级与高层级重点内容的划分至少大概对应于心理学家对"早期"与"后期"视觉处理的划分，早期被视为处理我们称之为低层级内容的东西，而后期则针对高层级。然而"早期"与"后期"这个说法，不应该致使我们认为不存在从那些与"后期"处理相关联脑区（比如颞叶内侧区域中的细胞），到那些与"早期"处理相关联的脑区（比如 V1）的反向投射。这样的反向投射已经在实验上得以证实。请参阅加扎尼加等人的讨论（Gazzaniga et al.，2013）。

形式一样，这样的想法受到认识上糟糕的认知状态的渗透。这些认识上的错谬，该归责于那些后经验的想法，而不是经验自身。它处于思想之中，而不是发生在直接跳到结论这样的经验之中。这样看来，教条主义并未受到认知渗透情形的影响，原因在于它是关于经验，而不是后经验的思想。因此，教条主义者也许至少会这么认为。

这种对教条主义的常见辩护，引起了针对另一个话题的争论，即我们是否经验诸如种类属性这样的"高阶的"重要内容（比如"一块金子"）。这个话题早就被讨论过，贝克莱在18世纪就声称，当有马匹和马车的车厢经过时，我们听到的并不是四轮马车：

> 我正坐在书房中，听到街上跑过一驾四轮马车。我向窗外看去，就看到了它。我走出去，上了车；常见的话语方式会让一个人认为，我听到、看见并触碰同一个事物，也就是那辆马车。尽管如此，可以肯定的是，每一感觉所嵌入的观念非常不一样，彼此各不相同。但是因为已然被持续观察到连在一起，它们就被视为同一个事物。（1732，section 46）

对贝克莱而言，听觉局限于声音，并且不会将像四轮马车这样的类属性延伸至物体。相较之，里德则将原有知觉与获得的知觉区分开来，并允许我们通过获得的知觉能够听到四轮马车（作为一辆马车）跑过去（Thomas Reid，1764，1785）。①

今天，在关于经验的不同层次的争论中，哲学家利用了来自心理学与神经科学的丰富的实验成果。② 各种心理学实验的证据似乎有着潜在的相关性，包括反应次数的研究（对比在诸如种类这样的高阶内容分类与颜色、形状这样的分类中的反应次数），以及fMRI扫描的研究（检查在分类和其他任务中大脑区域的活动情况）。令哲学家特别感兴趣的则是研究联想失认症患者，有这个缺陷的主体，其"早期"视觉区域正常或者几乎正常，能够用手准确画出其所看到的事物，但是对于如何对这些事物进行分类他们就无所适从了。一个主体看到一根香蕉，也许能够准确画出

---

① 有关里德对这些话题所做的精致的讨论，请参阅 Copenhaver（2010）。

② 贝克莱的《视觉新论》（*New Theory of Vision*）本身就是对早期视觉科学的标志性贡献。不过，很显然，他那时无法利用我们今天可以获取的丰富的数据。

来，但是，至于它可能是什么东西，这就让他们大伤脑筋了。如果联想失认症有经验性缺陷，那么看起来高阶内容的观点就是正确的：我们没有这一缺陷的人就拥有高阶内容的经验。应该注意的是，这样的缺陷并非因为缺少"语义记忆"（即缺少相应的知识，比如什么是香蕉）所致。对香蕉无法分类的联想失认症患者，能够告诉你有关香蕉的一些东西。（它们是水果，常在早餐时吃，它们很甜，等等。）然而，看不出来我们为何要将他们的缺陷看作经验性的。诚如某些时候会有这样模糊的表述，他们的缺陷或许意味着，无法将这样的语义记忆与做出分类所需的经验相关联。①

对认知渗透情形的这个"低阶的"回应还有一个更深入的难题。原则上，似乎低层级经验自身有可能是在认知上被渗透了。或许就像有些心理学家已经提出（如 Hansen et al.，2006），我们在一些情形中，可能将浅灰色香蕉看得比它们实际上要更黄，原因在于我们期望它们看起来是黄色的。同样，在原则上，也可以说在现实中，无论是欲念、恐惧，还是偏见，似乎都有可能干预导致经验出现的处理过程，并影响其最终的主要意涵。一个白人在将一张面孔归类为一个"黑"人时，有没有可能认为这张脸比它实际上更黑呢？根据莱文和巴纳吉（Levin and Banaji，2006）的研究，确实是这样。

如果认知状态渗透了像颜色、形状这样的低层级内容的经验，那么所形成的认识结果是什么呢？如果你和我有着相同类型的颜色体验，我的经验受到我希望香蕉是黄色这一期待的影响，而你的却没有，那么在相信香蕉是黄色的这一点上，我所得到的确证是不是比你的要少呢？

让我们将这一问题做进一步推进：（姑且假设）我的欲念影响到早先导致经验出现的处理过程——比如说视网膜细胞通过视神经的信号中，这样会如何呢？这有可能影响我的确证吗？如果你跟本章作者一样，认为缸中之脑得到的确证与我们在知觉信念中完全一样，你将会进一步认为，神经科学家的欲念影响缸中之脑的经验这一事实，没有减少缸中之脑的确证。如果这些欲念是其他人的，而不是主体的，这一点是不是很关键呢？

---

① 有关联想性失认症，请参阅帕尔默（Palmer，1999）或者任何知觉心理学教材。请参阅布罗加德（Berit Brogaard，2013a）对来自联想性失认症的高阶经验的论证的回应。

如果是的话，又为什么呢？

　　至此，我们已然看到，即便面临诸如预成论者和黄金勘探员古斯这样的认知渗透情形，教条主义者仍然有很多方法，试图保持教条主义完好无损。不过让我们来假定，教条主义者暂且承认其中有些情形确实驳倒了教条主义。有没有什么方法在保留这一观点的核心立场的同时，又能够限定教条主义的范围，以避免这些反例呢？当然，她并不想将婴儿与洗澡水一起泼掉。或许某个认知渗透在认识上并不糟糕。假设一个观鸟者现在知道乌鸫的视觉特征，在她看到一只时，这一知识影响了她的经验，以至于这些独有的特征凸显出来。这在认识上似乎没什么问题。那么，好的认知渗透与坏的认知渗透之间的区别在哪儿呢？

　　我们是不是至少可以说，欲念所引起的渗透通常带来坏的认知渗透呢？好吧，如果我们所说的"渗透"意指**因果性**，那么很显然不是。假设你想要看到的是靛青色的东西（比方说，将它与那天天空的颜色相比），你就会查鸟类指南，看看靛青鹀如何。我们并不打算说，你根据你的经验相信那只鸟的颜色是靛青色有什么问题。当然，"渗透"并不只是意味着任何一种旧有的因果关系，我们指的是在感受器有了最初的刺激之后所出现的因果关系。

　　那么，我们能不能说，最初感觉刺激出现之后的处理过程中，欲念的影响导致了坏的认知渗透呢？这里同样不能这么说。对蛇的恐惧有可能导致蛇形物在经验中"突然出现"，引起我们的注意，并让我们立刻发现一般我们不容易发现的蛇（参阅 Lyons，2011a）。这样的"突然出现"是在感受器有了最初刺激之后出现的。它未必是认识上糟糕的（我们姑且假定它不会导致大量假阳性情况）。在界定认知渗透时，我们同样应该将这一点排除出去。

　　相关文献中有一个界定很有道理，根据这个定义，一种经验在认知上被渗透，当且仅当一个人的认知状态渗透（即在因果意义上影响）了感觉输入的后注意性处理过程（Siegel，2012）。同样，从这个定义中推出所有欲念的认知渗透在认识上都是糟糕的，也**言过其实**。（如果你认为是的话，那为什么呢？）有关这一点，我们要么可以尝试通过更多案例来进行考查，或者相反，找到一个理论基础，将好的认知渗透与坏的区分开来。

我们将探讨后一个选项。

无论如何确切地界定坏的认知渗透，将它与好的认知渗透区别开来的一个建议，就是诉诸**可靠主义**或者关于确证的其他某种形式的**外在主义**。① 按其最简单的形式，可靠主义主张一个信念得以确证，只要它以可靠的方式形成即可，这意味着它借由一般情况下产生真信念而不是假信念的信念形成过程而形成。根据可靠主义，寻蛇者充满恐惧的经验确证了他的信念，原因是相信有一条蛇的过程是可靠的，而且这个过程是基于混合着恐惧的"蛇状物"经验。然而，根据以期待为基础的"胚胎"-经验，相信有一个胚胎则是不可靠的，那个经验因此没有确证预成论者的信念。对于古斯来说也是如此，他是个一厢情愿的黄金勘探员。

然而，有人也许怀疑这样的可靠主义论述是否完全堪当此任。不妨来设想一个场景，有两个人对其所处环境完全搞错了，可以说是两个缸中之脑。假设其中一个是缸中之脑-古斯。缸中之脑-古斯跟古斯完全相同，当然除了它是一个缸中之脑。他的欲念渗透了他的经验，其方式与古斯也一模一样。现在来看看格蕾丝（Grace），她是个可靠的黄金勘探员，她的欲念没有渗透到她现实世界的经验中。跟她相对的有个缸中之脑-格蕾丝，其关于黄金的经验没有受到其欲念的渗透。让我们来对比缸中之脑-古斯与缸中之脑-格蕾丝。缸中之脑-古斯跟古斯一样似乎没有得到确证，但缸中之脑-格蕾丝似乎在认识上要好得多。缸中之脑-格蕾丝（至少对本章作者而言）似乎与真正的专业黄金勘探员一样，是得以确证的。因此，这两个缸中之脑（缸中之脑-古斯与缸中之脑-格蕾丝）在确证状况上差别很大，但两者在其信念形成过程中均不可靠——毕竟，他们都是缸中之脑，由此，对于那些传递有关外在于其心智的事物的信念的过程而言，它的真比（truth-ratio）**非常低**。因此，在确证问题上存在着差异，但是在可靠性上则没有差异。更可能的情形则是，有些更深入的外在主义或许在这里处理得更好，但是简单版的可靠主义似乎无法胜任。②

假定你不是个外在主义者。你可能会有什么看法呢？一个想法是将教

---

① 请参阅戈德曼（2008，2009）与莱昂斯（2011a）按照这些思路的论述，同时参阅布罗加德（Brogaard，2013a）结合了可靠主义观念的一种教条主义。

② 读者也许可以思考第二章（2.5节）中讨论的两阶段可靠主义的前景。

条主义限定于那些缺乏**非理性病因**的经验范围内（请参阅 Siegel，2013a）。即便这样，究竟是什么构成了非理性病因呢？弄清楚这个问题的方法之一，就是提出如下问题，如果它涉及信念而不是经验，那么同样的病因是否被视为非理性的？假设依据它有如此这般的形状（这并不明显表示那是胚胎的形状），我相信我看到的事物是一个胚胎，并且因为我想看到一个胚胎，而在这个信念的基础上形成信念——它是个胚胎，那么我的胚胎信念就是一个非理性病因：这是一种贸然得出结论的情形。（因此，它就是一个没有得到确证的信念。）同样的，如果它看起来是个胚胎，原因是它看起来像某种模样（跟之前一样的形状），那么这会是经验的一个非理性病因，是在经验之中仓促得出的结论。即使它们不可能得到确证或者不可能未得到确证，当它们有非理性病因时，经验都有可能使得相应的信念得以确证。当然，因为认知状态影响，"跳到结论"，只是信念可能由于"认知渗透"而有非理性病因的途径之一，还存在其他的途径。如果对于信念而言，每一非理性的病因对经验而言也是非理性的，那么只要我们能够恰当把握信念的非理性病因，我们就会有一个方案将好的认知渗透与坏的分离开来。

可以这么说，对教条主义而言，认知渗透最终如何仍是个持续充满争论的问题，它涉及知识论、心智哲学和经验心理学。

6.5.2　斑点母鸡异议

现在我们转向第二个担忧，某物看起来如何的**任何旧有**经验是否能够确证一个人相信该事物就是那样的。这就是所谓的**斑点母鸡难题**，其声名得益于索萨的讨论（cf. BonJour and Sosa，2003）。

想象一下你看到了两只母鸡，一只有 48 个斑点，另一只有 3 个斑点。在你数斑点个数之前，你认为第一只母鸡有 48 个斑点没有得以确证，但是不用数就认为第二只有 3 个斑点却得到了确证。教条主义的麻烦在于，在你看到第一只母鸡时，似乎 48 个斑点出现在你的经验中，它跟你看到第二只时 3 个斑点呈现在你经验中一样。不过，假如对你而言，它看起来是 48 个斑点，那么根据教条主义，难道你认为第一只母鸡有 48 个斑点不是得以确证的吗？但是你并没有。因此我们遇到了针对教条主义的一个难题。

教条主义者可能会抱怨说，这根本就不是反例。教条主义主张，事物以特定方式出现的经验，可以理解为你相信事物就是那样的提供初始的确证。但是她也许会说，在斑点母鸡情形中，母鸡没有显现出 48 个斑点，而只是，比方说显示了**很多斑点**。母鸡可能确实有 48 个斑点，但这一内容没有在经验到母鸡时呈现给主体。

然而，不妨看看以下情形（cf. Davis，2006；Pace，2010）。假定你听到钢琴弹出的中央 C（middle C）。假设有个朋友弹出一个音符，你没有看到他弹了哪个键。即便你无法完美地识别音高，你也会听到这个音符，并清楚知觉到这个音高。但是你相信它是 C 的话并没有得到确证，它可能是 D、E 或者其他任何一个你能够辨识的音高。接下来，假定你坐到钢琴边，弹了个中央 C。你也许会认为，"嗯，是的，就是这个——我刚才听到就是这个音高"。你有可能是对的。你**确实**听到了 C 调。这个属性在你的听觉经验中呈现给你。由此，我们似乎就形成一个针对教条主义的反例：尽管你有一个 C 调音符的听觉经验，但是你相信它是个 C 调没有即刻得到初始的确证。这个情形可以根据需要替换为斑点母鸡情形。① 中央 C 调情形清楚地表明，斑点母鸡难题中的核心观点无须应对多样性或复杂性问题。

这里跟认知渗透异议一样，可靠主义又一次提供了可能的答案。这与索萨所赞同的答案很相似。我们相信第二只母鸡有 3 个斑点，这一点之所以得以确证，原因在于我们在识别 3 个斑点时是可靠的。在数斑点前，我们所持有的第一只母鸡有 48 个斑点的信念**没有**得到确证，是因为我们在没数的情况下识别 48 个斑点是不可靠的。可靠主义者可能会指出其观点在这些问题上有更进一步的优势：按照可靠主义，我们不仅能够明白 48 个斑点的经验为何没有提供确证，而且知道它们为何**能够**为那些相较于我们有着更强知觉能力的人给予确证。如果有人基于涉及存在大量斑点分布的经验而能够可靠地持有相关信念，这个人就因为那些经验而得以确证，

---

① 正是因为有这一类针对斑点母鸡情形的怀疑的回应，我们可以坚持原初的斑点母鸡情形，要求那些怀疑经验中是否出现 48 性（48-ness）的人用它来取代中央 C 调情形。

即使我们并没有如此。48 个斑点的经验提供确证并没有什么逻辑困难，尽管它没有确证我们，但那仅仅是因为我们缺乏相关的可靠的信念形成过程，其他可能的主体也许有这样的过程，并因此而得以确证。

即便如此，就像面对认知渗透异议时一样，我们可以设想出缸中之脑情形来提出简单的可靠主义是否覆盖了所有情形这一问题。不妨来看看有一个缸中之脑，其拥有我们看到一只 48 个斑点的母鸡时那种经验。如果这个缸中之脑相信它有 48 个斑点，同样没有得到确证，但是当这个缸中之脑拥有我们看到 3 个斑点的母鸡时的那种经验时，就是被确证的。尽管其可靠性上没有区别，但在确证上是不一样的。简单的可靠主义无法区分所有这些情形所需的区分。

有没有什么内在主义意义上的可接受方案用来解决斑点母鸡难题呢？这里所需要的就是某个内在主义路径，可以用来框定某一类经验，它对于我们来说排除了 48 个斑点的经验，同时又包括了 3 个斑点的经验。而且我们还希望这一修正过的原则允许有着完美的音调辨识能力的相信那个音符是 C 这一点得以确证，而同时允许没有如此能力的人未得以确证。我们如何才能做到这一点呢？

在尝试给出一个内在主义方案时，教条主义者有必要注意以下问题，即她没有考虑到如果经验是信念的话又如何。教条主义者不能说：所包括的经验指的是那些人们**觉知到**事物有属性这样的经验。觉知到事物有属性几乎相当于拥有知识或得以确证的（真）信念，并因此将我们带回信念。但是经验要想确证信念，其自身将不得不先得到确证，因为经验会是信念，而且仅当**它们**得到了确证，信念才确证其他信念。

在回应斑点母鸡异议时，教条主义者因此就有必要万分小心。以内在主义者所乐见的方式，教条主义者有非常多的路径来处理这一问题。我们将论及其中三种回应模式。你可以自己判断其前景如何。

第一是**表现回应**。教条主义者所理解的经验，应该跟心理状态有着相关的意义，在心理状态中，对主体而言某个事物似乎是 F，并且只有这样的表现能够提供确证。在斑点母鸡情形中，对主体而言，母鸡似乎并非拥有 48 个斑点，这是为何他没有得到确证的原因。此即胡埃默（Michael Huemer，2000）提出的所谓的现象保守论（phenomenal conservatism）。

这些表现究竟是什么？它们在不同的信念和不同的相信倾向中是不一样的吗？无论它们如何形成，任何表现都提供初始确证吗？或者只有某些表现足以提供确证呢？是什么类型的表现呢？

第二是**呈现模式回应**。教条主义者可能主张，只有属性以特定方式或模式呈现出来的那些经验才提供初始确证。在斑点母鸡情形中，48-性（48-ness）的确呈现了，但没有**作为 48-性**（as 48-ness）呈现。当你看到 3 个斑点的母鸡，3-性作为 3-性（as 3-ness）呈现。

要考虑的问题

被称为某样事物的东西究竟是什么？这个回应与表象回应有没有不一样的地方呢？

第三是**指示性回应**。教条主义者也许严格将其理论予以限定，以使得它只适用诸如**该事物就是那样的**这类信念。因此，如果一个事物以特定方式对你看起来如何，你所获得的初始确证仅仅是针对它是**那样的**这一信念而言。这对于听到中央 C 但没有完美音调辨别能力的那个人所处情形有些意义。你听到了这个声音，你立马确证地相信这个音符**像那个什么调**。你坐在钢琴前，弹了中央 C，这才知悉**那个声音**就是 C。你当然可以通过你当下得以确证的信念来进一步拥有间接得以确证的信念，但是这里的看法就会变成，对于这样的指示性信念，只有经验能够给予即刻直接的确证。①

接下来要考虑的问题

这有没有让教条主义丧失相对于间接理论而言所拥有的优势呢？

6.6　教条主义的第二个挑战：经验就足够了吗？②

我们来回想一下第四章中讨论的摩尔式证明：

---

① 有关对这一问题的更多讨论，请参阅麦克格雷斯（McGrath，2018）。

② 提醒读者：本节中所用的材料颇有挑战性，在某些地方甚至运用来自概率论的概念。如果时间允许，或许最好与第十一章一起阅读。不过，这里没有预设要熟悉第十一章的内容。

1. 我有手。

2. 因此我不是一个（无手的）缸中之脑。

乍一看，似乎通过这个推理你不可能**达到**获得确证的目的，原因在于相信（1）要想得以确证，你将不得不已经确证地相信（2）。然而，如果教条主义为真，这个"第一眼的"直觉难道不是错的吗？根据教条主义，要想确证地相信你有手，所需的是好像有手的经验。你不需要已经确证地认为你没有处于像缸中之脑场景那样的怀疑主义情形中。因此，假定你没有这样的确证，那么从（1）到（2）这样的摩尔主义推理将为你提供这个确证，即通过摩尔主义推理人们就会**变成**确证地相信（2）。①

让我们把这一点解释得更详细些。假定你一开始并非确证地相信你不是一个缸中之脑。不是说你只是缺乏一个得以确证的信念，你**在**（in）相信你不是一个缸中之脑时没有得到确证。换言之，你缺乏命题性确证以及信念性确证。然而，我们来假定你同样采取充分的理由相信你**是**一个缸中之脑。再假定，你没有充分的理由相信你是一个缸中之脑，或者你不是一个缸中之脑。现在，根据教条主义，当你看着你的手（或者触摸它们），你有手的经验足以使你在相信你有手这一点上得到初始的确证。我们可以假定，你没有好的理由怀疑你的经验是否准确无误。（这里首先要规定你缺乏充分的理由认为你是一个缸中之脑；如果你有这样的理由，它就会击败你从经验那里获得的相信你有手的初始确证。）接下来，假设你基于这个经验，继续相信你有手。这就给了你一个得以确证的信念——你有手。根据这个得以确证的信念，你就有能力推断你不是一个缸中之脑。这就赋予你一个得以确证的信念——你不是一个缸中之脑。

它果真是这样的吗？在第四章（4.2.1节）中，我们提出了一些问题，它们是有关基于你所知道的命题所进行的演绎而形成信念是否始终提供了更进一步的知识。或许当这样的演绎涉及乞题推理时，你就不可能以这样的方式形成新的知识。同样的忧虑也适用于得以确证的信念。然而在第四章中，我们提出了一个在这些话题中保持中立的闭合原则。用到确证这一问题上，那个原则会变成如下形式：

---

① （只要你确证地相信的东西并非偶然为真）这里适用于确证的东西同样适用于知识。

得以确证的信念的闭合

如果你针对 P 的信念是得以确证的，且你知道 P 蕴涵 Q，那么你相信 Q 就得到了确证。

就跟知识的闭合原则一样，这里的基本标准在于，你是否无法通过不得不采用的演绎来扩展你那些得以确证的信念，因为你对结论已然有了一个得以确证的信念，或者你至少有一个独立的依据相信这个结论。因此，无论怎么样，如果你的确对 P 有一个得以确证的信念，且你知道 P 蕴涵 Q，那么，不管是通过对 P 的演绎还是以独立的方式，你就能够获得针对 Q 的得以确证的信念。要确证地相信 Q 只不过相对于能够拥有一个针对 Q 的得以确证的信念，由此我们就有了闭合原则。

有意思的是，如果教条主义和这个闭合原则均为真，那么当你事先不是这样时，通过拥有一个好像是 P 的经验并在此基础上相信 P，你相信你没有处于怀疑主义场景中就能够变成得以确证。因为当你经验到似乎有手时，教条主义者会说这就为你相信你有手赋予了确证。如果你基于这样的经验相信你有手，那么你就拥有了一个得以确证的信念——你有手。① 但是现在看来，因为闭合的缘故，你相信你不是一个缸中之脑得到了确证。为你赋予确证的东西正是你有手这个得以确证的信念，另外这蕴涵了你不是一个缸中之脑这个知识。你没有任何独立的确证源表明你不是一个缸中之脑，而且你也没有通过相信跟你的经验相一致的东西来获得任何确证。因此，你仍然没有针对这一点拥有任何独立的确证。尽管如此，根据闭合原则，你对它所持有的信念却得到了确证。因此，一个必然的结果便是通过摩尔主义推理来形成你不是缸中之脑这一得以确证的信念，从而扩展你得以确证的信念。

这里面有问题吗？但是，要获得有关一个人不是缸中之脑的得以确证的信念，它的确看起来是一种过于简单的路径，不过有时候易于获得的却是真实的东西。我们需要用一个**论证**来表明人们无法通过这种方式来获得一个得以确证的信念。如果我们有这样的论证，那么我们能够就两个问题

---

① 我们有必要规定，你讲你的信念建立在你的经验之上的方式是适宜的。比方说，经验的主角至关重要。它不是说你基于任何经验而相信你有手。它指的是这样的事实，即好像有手的经验导致了你形成那个信念。

得出结论：一是针对怀疑主义的摩尔主义回应没有成功；二是与本章内容更为相关的则是教条主义为假。

教条主义的批评者已然精准地为我们提供了这样一个论证，正好契合这里的目标。我们要讨论的这个论证来自科亨（Cohen，2002），尤其是怀特（White，2006）的研究成果。它与概率有关。出于本章的目标，我们可以将人们针对各种假设的概率视为评测一个人在那些假设中**应该**相信的程度如何。因此，在说一项证据 E 增加了一个假设 H 的概率时，就等于说给定 E 的情况下一个人对 H 的概率——一个人基于 E 所拥有的针对 H 的条件性（条件概率），相较于其对 H 的（非条件）概率更高。鉴于我们这里的目的，我们可以将"增加了某人概率"归结为这个：E 提高了一个人对 H 的概率，当且仅当，假设你获悉的内容就是 E，相比较你获知 E 之前你所应该持有的信心，你应该增强对 H 的信心。

简言之，论证是这样的。假设你事先对~BIV（~BIV，即命题——你不是一个缸中之脑）的概率没有高到使你确证地相信这个命题。经历你好像是有手这样的经验过程，并进行摩尔主义推理，并没有增加你对~BIV 的概率。因此，如果你事先没有得到确证，你后面就不会变为得以确证。但是如果你后面没有确证地相信你不是一个缸中之脑，你通过摩尔主义推理所获取的信念也没有得到确证。然而，如果教条主义为真，在这个情形中你通过摩尔主义所获取的信念就是得以确证的。由此，摩尔主义为假。

让我们将这个以前提/结论的形式来表示。为简要起见，我们姑且称拥有该经验同时又经历摩尔主义推理的过程为"摩尔主义过程"。

"反摩尔主义"论证

1. 如果在摩尔主义过程之前你并非确证地相信~BIV（除了你缺乏充分的理由认为你是一个缸中之脑），那么除非你对它的概率通过摩尔主义过程得到了增加，否则你不会变为确证地相信~BIV。

2. 有了好像有手这个经验增加了你对~BIV 的概率。

3. 在有了该经验后经历摩尔主义推理没有增加你对~BIV 的概率，以至于超过在拥有那个经验时的概率。

4. 因此，你对~BIV 的概率并没有通过摩尔主义过程而增加。

5. 因此，如果在摩尔主义过程之前你并非确证地相信～BIV（除了你缺乏充分的理由认为你是一个缸中之脑），那么通过从（1）到（4）这个摩尔主义过程，你并没有**变为**确证地相信这一点。

如果这个反摩尔主义论证合理，我们就能用它的结论作为前提来为反对教条主义而加以论证。我们将这样的论证标以反对教条主义的"简便确证"论证，因为它可以使得对教条主义的忧虑更准确地反映出来，这个忧虑指的是教条主义使得相信一个人未处于怀疑主义场景中太易于得到确证。

反对教条主义的"简便确证论证"（Easy Justification Argument）

5. 如果在摩尔主义过程之前你没有确证地相信～BIV（除了你缺乏充分的理由认为你是一个缸中之脑），那么通过这个摩尔主义过程，你并没有**变为**确证地相信这一点。

6. 如果教条主义为真，那么在这样的情境中，摩尔主义过程就为你提供了你不是缸中之脑这个得以确证的信念。

7. 如果摩尔主义过程为你提供了你不是缸中之脑这个得以确证的信念，那么在摩尔主义过程结束之时，你必定是确证地相信你不是一个缸中之脑。

8. 因此：教条主义为假。

如我们所注意到，根据闭合以及我们界定教条主义的方式，（6）似乎难以反驳。[①] 同样，在信念性确证暗含着命题性确证这个意义上，（7）也难以否认。

让我们检视一下反摩尔主义论证的前提［即第（1）到（4）步］，先从（1）开始。假定经历这样的摩尔主义过程并未增加你对～BIV 的概率。这为什么会表明你相信～BIV 就没有得以确证呢？答案有赖于概率与确证之间所假定的关联。假设你对～BIV 的概率在有了该经验，又经历了推理过程之后却没有得以增加。比方说，开始是 0.99，后来也没有变高。但是如果概率没增加的话，你如何可能在相信～BIV 问题上

[①] 有一个有趣的论述是关于（6）何以可能为假，请参阅塞林斯（Silins，2008）。有关对塞林斯的建议的批评，请参阅寇曾（Kotzen，2012）。我们这里忽略这些复杂的东西。

变为得到确证呢？如果一个 0.99 的概率还没高到足以确证什么，最后概率仍是 0.99 或者更低，那么在摩尔主义过程结束时的概率，对确证而言同样不够高。

对（1）的论证依赖于：

得以确证的信念的阈值观

> 有这么一个概率的阈值：对于任一时间 t 的任一命题 P，当且仅当你对 P 的概率在 t 达到或超过那个阈值，你所持有的对 P 的信念才得以确证。

我们不必尝试阐述这个阈值具体是多少，或许它很含混又/或模糊。其关键问题有两个：第一，存在着这样一个（可能含混、模糊的）界线，假如你从没有得到确证这一侧出发，除非你对命题的概率增加，否则你就无法跨到得以确证的这个界线另一侧。第二，同样的阈值适用所有命题。如果你确证地相信 P，那么 Q 对你而言的概率与 P 相同，你同样将会确证地相信 Q。当然有很多方法可以用于质疑阈值观①，但至少一开始它确实有明显的合理性。

接下来看（2），也即好像有手这一经验无法增加你对~缸中之脑的概率这一前提。考虑一下这个假设——你**的确是**缸中之脑。我们在这个假设中设定你有了摩尔主义过程一开始时就拥有的那个好像有手的经验。那么你是缸中之脑这个假设就预测了你有这些一模一样的手的经验（其方式无关紧要，但它仍然预测了它们）。也许当你对一个假设的预测为真，你就同样知悉如果该假设为真，那么你希望出现的东西实际上也为真。为什么这会降低你对假设的信心呢？看起来应该不至于。因此，你有手的经验并没有降低你对缸中之脑假设的概率。由此，它并不会增加对其否定项（即对于~BIV）的概率。②

（3）又如何呢？（3）断言，仅仅通过摩尔主义推理不会增加~BIV 的

---

① 至于如何做到这一点，请参阅第五章（5.2 节）与第十一章（11.2.4 节和 11.4 节）中的讨论。

② 更多有关概率增加的问题，请参阅第十一章（11.4 节）。有更多想法的读者，也许同样可以考虑这些概率问题，到底是如何影响第四章中（4.4 节）所讨论的、针对怀疑主义的解释主义回应的前景。

概率，以至于超过拥有好像有手的经验之后的概率。为什么认为这一点为真呢？可以这样说，经历推理过程增加你的概率，条件是你在提高那个概率的过程中获得新的证据。但是仅仅经历摩尔主义推理怎么可能赋予一个人所需的新证据呢？在推理时你确实获悉新的东西（比如，你在推理，你有什么什么信念，等等），但是诸如此类的东西如何增加你对～BIV 的概率呢？

不过先等一下，你也许会说：当你基于有手的经验形成你的信念时，难道没有获得你有手这一得以确证的信念吗？按照教条主义的理解，你确实获得了这样的信念。但是难道你就不会拥有你有手这样的新证据，而它增加了你不是一个缸中之脑的概率吗？要注意，即便你有手，不是一个（无手）的缸中之脑的概率同样也是 100%。因此，这个得以确证的信念——你有手，难道不能是通过摩尔主义过程所获得的，并将你对～BIV 的概率增加到足以使得其得以确证的新证据吗？①

你只有一个办法能够基于经验来获得一个得以确证的信念——你有手，那就是如果该经验使得你确证地相信你有手。真的是这样的吗？教条主义者会坚持认为：是的。但是教条主义者难道真的可以这么回答吗？不妨来思考一下，你有手显然蕴涵你不是一个缸中之脑。因为这一点，你对**有手**（即你有手这个命题）的概率不可能比你对～BIV 的概率还更高。②但是正如我们在讨论（2）时所见，在你拥有该经验之后，经历摩尔主义推理之前，你对～BIV 的概率相比有这个经验之前的概率，并没有增加。因此，如果你在有该经验前并非确证地相信～BIV，那么你在有了该经验

---

① 要承认的是，通过将它建立在你的经验之上能获得你有手这样的一个得以确证的信念（当然你必须已经知道你有手！），尽管这样的看法有点怪异，但让我们将它放到一边。我们提出的问题是，如果教条主义为真，究竟什么才是**可能的**。假使教条主义为真，如果有个完全不可能的东西后来变得可能，那么我们能得出结论说教条主义为假。

② 在概率的数学理论中，如果 A 蕴涵 B，那么 A 的概率就少于或等于 B 的概率。假使我们得出结论，作为衡量理性置信度的概率并不遵守数学理论，似乎仍然可以非常合理地认为，如果对你而言很显然 A 蕴涵 B，那么你对 A 的信念就不应该超出你对 B 的信念。毕竟，A 为真的每一可能性都是 B 为真的可能性——但反过来就未必。

之后仍然不是确证地相信它。既然无论怎样，你对**有手**的概率都没有比你对~BIV 的概率更高，那么就可以认为，在你有了该经验后，经历摩尔主义推理前，你对**有手**的概率依然没有高到足以使得你确证地相信**有手**。

至此，如果这些结论是正确的，那么你没有通过摩尔主义过程获得一个得以确证的信念——你有手，因此你没有获得证据表明你有手。在某种程度上，你从弱证据出发，通过形成得以确证的信念——你有手，且费心劳神得到这么强的证据——你不是一个缸中之脑，这个观点对教条主义者而言似乎不是一个救命之物。

得以确证的信念的阈值观再加上对概率的思考，共同严格地限定了确证地相信一个人有手，与确证地相信一个人不是缸中之脑之间的关系，这些限定似乎使得，倘若不是已经得以确证的话，根本不可能从**有手**这样的经验获得所需的确证，它与任何为~BIV 给予确证的摩尔主义推理无关。由此，这些限定似乎将我们带回"第一眼"的直觉性想法——你相信你有手不可能得到确证，假如你不是已经确证地相信你不是一个缸中之脑的话——这是**反教条主义**。

在当代知识论中，教条主义如何才能顶住来自轻便确证论证的攻击，这仍然是一个未决的问题。假设到了教条主义被驳倒的那一天，我们如何才能避免要么回退到间接理论——即我们只有从有关我们经验的信念的经验中获得即刻确证，要么回退到塞拉斯主义立场——经验根本不可能为任何信念提供确证。

赖特则提出一个观点，它是处于这两个极端之间的中间立场（Crispin Wright，2004）。根据他的看法，经验自身不可能为关于这个世界的信念赋予任何确证。由此，关于世界的知觉信念就不是即刻直接得以确证的，然而经验是能够确证这类信念的事物的根本构成。经验**加上**特定的背景信念或者假定就能够达到目标了。当然，这个立场提出了许多问题：这些背景信念或假定是什么呢？它们究竟是如何得以确证的呢？如果它们没有得到确证，它们如何与经验一道来确证任何事物呢？但是如果它们是被确证的，那么它们是被更进一步的证据确证的吗？倘若如此，那个证据难道最终不是来自通过以往知觉而形成的信念（就像这是一只手这样的信念）吗？那样的话，我们就会质疑**那些**信念是如何得以确证的。或者，这样的背景信念是不是某种意义上先天确证的呢？（请参阅第四章4.4节）对于赖特的理论来说，有关背景信念和相应假定的担忧同时也带来了希望，可能也是疑惑，即反摩尔主义论证有什么地方不对劲，因此反对教条主义的轻便确证论证或许也有问题。①

6.7　结论

本章探讨了关于知觉确证的许多关键问题。我们的基本问题是，经验如何才能确证信念。（在选读章节中，我们考察了比较棘手的塞拉斯主义困境，这个论证致力于表明，没有哪个经验能够确证任何信念，甚至就是关于那些经验自身的信念也不行。）我们讨论了一些经验或许可以确证信念的理论，包括间接理论（根据该理论，经验直接确证了有关那些经验自身的信念，并且只是间接确证了关于外在于我们世界的信念），以及直接理论（按照这个理论，经验直接确证了有关外在世界的信念）。我们大部分内容都聚焦教条主义这个直接理论的流行版本，依据这个理论，当你有了某物向你呈现为 F 的经验时，这就给了你即刻的直接初始确证让你相信它就是 F。我们发现有一些来自认知渗透难题与斑点母鸡难题的理由，可以限制这一原则。最后我们考察了经验本身是否足以确证关于外在世界的信念，或者得以确证的背景信念是否同样必要。我们发现，轻便确证的论证对于教条主义是个关键的威胁，甚至即使在它被局限于处理认知渗透难题与斑点母鸡难题之后。

我们能够看出，有关经验如何确证信念的争论是个活跃的话题，而且

---

① 在教条主义的文献中，你会发现"保证传递失败"的讨论（cf. Wright, 2004；Davis, 2004；Silins, 2005）。这个话题与轻易确证的话题紧密相关。在说保证无法跨越从 P 到 Q 的衍推而传递时，实际上是说人们无法通过从 P 推论出 Q 而变为知道 Q——或者获得对于 Q 的保证（确证）（这样的保证将会"过于容易"）。你同样将会看到针对教条主义的"自由主义"，以及针对赖特（Wright, 2004）观点的"保守主义"这样的语汇。这里赖特的观点指的是，只有借助背景信念，经验才为关于世界的信念提供确证。让人困惑的是，这个被称为"现象保守主义"立场（请参阅6.5.2），（在这个词的使用上）是一种自由主义，而不是保守主义。我们这里已经避开了这个令人费解的词。

在应对这些问题时，知识论学者善于利用来自哲学其他分支（如心智哲学、概率哲学）以及经验心理学的有用资源。

思考题

1. 在以"任何经验均如此吗？"为标题针对教条主义的反对意见中，我们考察了认知渗透与斑点母鸡异议，并思考了间接理论，它认为经验直接确证的只有关于经验的信念。这样的理论有没有避开针对教条主义的这两个异议呢？或者避开其中一个？或者两个都没有避开吗？请解释一下为什么是或者为什么不是。

2. 我们考察了信念（比方说期待）对经验产生影响的一些情形。在我们所考察的预成论这种情形中，你或许会认为预成论者并非确证地接受其理论，因此他的经验就被一个**未得以确证的**信念所渗透。即便如此，你是怎们看待那些经验被一个**得以确证的**信念，或者甚至是被**知识**所渗透的情形呢？这是不是一个好的认知渗透情形呢？为什么是或者为什么不是呢？

3. 假设根据赖特（2004）的理论，你认为经验确证了关于世界的信念，只不过借助于背景信念。你还会担心认知渗透和斑点母鸡难题吗？为什么是或者为什么不是呢？

4. 西格尔区分了认知状态可能影响你所拥有的经验的两种方式（Susanna Siegel，2013b）。一是通过**认知渗透**，这意味着认知状态通过一定程度的干预、形塑来影响处理过程。另一个是通过**选择偏见**，也就是认知状态只影响那些被处理的输入。因此，比方说外部群体雇佣的研究（比如所有成员均为男性的雇佣委员会讨论女性候选人）表明，因为认知渗透引起外部群体偏见，就不像选择偏见所导致的那么明显（请参阅 Steinpreis et al. 1999）。内部群体雇主说，也许不会为了一个外部群体候选者而注意个人简历中的"网球校队"，但是对一个内部群体候选者会这么做。要思考的问题则是：假定你的经验没有被认知渗透，但的确源自选择偏见，它们仍然会为基于它们而形成的信念提供确证吗？为什么是或者为什么不是呢？

5. 你能够想到针对得以确证的信念的阈值观的可能反例吗？或许你可以参考第十一章（11.4节）的观点。

6. 思考一下这个看法——经验确证有关外在世界的信念，但要借助于相应的背景信念或假定。这个观点在根本上是不是略好于经典的基础主义呢？为什么是或者为什么不是呢？

7. 与教条主义的"轻便确证"难题相关的，还有"步步为营"难题（cf. Vogel，2000；Fumerton，1995）。这个难题是针对可靠主义提出来的，但可以说它同样影响了教条主义。（对教条主义）该难题是这样的。教条主义主张，你能够确证地拥有知觉信念，而无须另外知道基于知觉那个信念是可靠的。不过来看看以下步步为营的推理。我睁开眼睛，相信他们告诉我的——这是一个咖啡杯，那是一个烤饼，等等。我得出结论，所有这些情形中的经验都准确无误。我又继续推衍下去。因此，通过好的演绎推理，我难道不能得出结论说，我的经验可以为这些事物是怎么样的给予可靠的指导吗？但是我能形成我的经验**以那个方式**是可靠的这么一个得以确证的信念吗？这就好像是，只要相信它的读数是什么，并相信通过它来确定炉温计很准确，而不用通过其他方式来进行任何验证。这里有两个问题：（a）教条主义有没有承诺这样的主张——步步为营是相信对于事物是怎么样的，你的经验是一种可靠的指导呢？（b）如果回答上一个问题（a）是肯定的，这对教条主义是不是一个难题呢？

8. 对于选读章节6.2.1的读者来说，请思考第二章中所提出的那种形式的可靠主义。如果有人接受这种可靠主义，他应该拒斥塞拉斯主义困境的哪一条呢？请解释你的答案。

延伸阅读

Bonjour, Laurence（1985）. The Structure of Empirical Knowledge. Cambridge：Cambridge University Press，Chapter 4.

Brogaard, Berit（2013b）. "Phenomenal Seemings and Sensible Dogmatism." In C. Tucker（ed.），Seemings and Justification（pp. 270-289）. Oxford：Oxford University Press.

154

Goldman, I. Alvin (2008). "Immediate Justification and Process Relia-bilism." In Q. Smith (ed.), Epistemology: New Essays (pp. 63 – 82). Oxford: Oxford University Press.

Pryor, James (2000). "The Skeptic and the Dogmatist." Noûs 34: 517–549.

Sellars, Wilfrid (1997). In Robert Brandom (ed.), Empiricism and the Philosophy of Mind. Cambridge, MA: Harvard University Press.

Siegel, Susanna (2012). "Cognitive Penetrability and Perceptual Justifi-cation." Noûs 46 (2): 201–222.

Sosa, Ernest, and BonJour, Laurence (2003). Epistemic Justification. Oxford: Blackwell, Chapter 7.

White, Roger (2006). "Problems for Dogmatism." Philosophical Stud-ies 31: 525–557.

第三部分

自然主义知识论

第七章 知识论、认知科学与实验哲学

7.1 奎因与自然主义知识论

本书前六章中，我们一直是在**做**知识论。我们并没有反思很多关于知识是**如何做**，或者应该如何做。易言之，我们没有讨论很多有关知识论的**方法论**。不过知识论学者通常对方法论有着浓厚的兴趣。他们为什么不应该专门讨论知识论的方法论呢？在这一章和接下来的一章，所关注的正是这个问题。尽管我们将不会提出全新的、无人涉足过的方法论，但是我们将审视一些当前学者正使用的非传统的方法。

传统哲学方法的重要特征之一（当然它对于知识论同样适用），就是利用假设的例子来支持或反驳所提出的分析或理论。知识论学者用直觉来检视相关情形，确定**在直觉意义上**这些情形是否有资格成为，或者应该被归类为知识、得以确证的信念等的具体实例或不是它们的具体实例。这通常被称为"扶手椅"方法，因为利用一种直觉的归类判断根本无需知觉的观察（一旦人们听到或者读到这个例子本身）。人们只要想象或者思考这种情形，有关它应该如何加以归类的直觉自然就会在心智中"冒出来"。毫无疑问，有些心理操作正在幕后发生，但是这些操作仅仅用心智中的其他内容触及基础；根本无须另外检查外在世界。因此，这些分类判断自身并非经验性判断。

我们可以回退一点点，哲学家在历史上将信念或者判断分为两个范畴：先验的与后验的（也就是经验的）。先验判断指的是，就其认识可信性而言，不依赖知觉的那些判断。诸如 $2+3=5$，或者任何东西都是自我同一的，这样的判断都是常见的先验判断的例子，因为它们是通过纯粹的**思考**、**智力活动**，或者单单依靠**理性**就得以（或者可能）形成。后验的或者经验的判断则涉及感觉的运用。根据这个传统，直觉是某种非感觉的、非知觉的——因此是先验的——能力或过程。哲学家常常明确指出，直觉是知识的来源，比如数学、逻辑以及其他概念关系的知识。相较之，科学不会完全以先验的方式来开展。通常情况下，科学家会对那种认为可以通过纯粹先验的方法认识世界上的事物的观念不屑一顾。不管怎么样，如果问题局限在关于世界的偶然事实中，就必定要用经验的方法。① 因此，如果哲学的方法是纯粹直觉的/先验的，其方法论（至少在部分意义上）就不同于科学的方法。不过众多哲学家将科学视为一个典型，有着可敬而又靠谱的、良好声望的方法论。根据这些人的看法，将哲学与科学隔离开来是个可疑的观念。长期以来先验方法的模糊特征使得这样的观念尤为可疑。尽管针对直觉有很多讨论，却鲜见以非常令人满意的方式解释它可能是什么，以及我们为何有资格在任何意义上信任它。这个话题将在第八章中予以探讨。与此同时，带有科学导向的哲学家拥有巨大的内在动力，在可能情况下试图将哲学方法与科学方法联结起来。

作为 20 世纪中叶举足轻重的哲学家，奎因（Willard van Orman Quine）就非常关心这个问题。像他所钦慕的那些逻辑实证主义者一样，他力图调和哲学与科学的关系，或者更准确地说，是将哲学混合到科学之中。逻辑实证主义者主张，哲学的陈述只是在先验意义上可知的，原因在于假使它们为真，它们就是**分析的**（依据定义为真），而不是**综合的**。不过奎因自己完全拒斥这种分析与综合的区分。那么他要转向哪里呢？他将知识论视为跟科学哲学一样，是同一个东西，而且科学哲学对证据与理论之间的关系始终有兴趣。但是心理科学同样对证据与理论间的关系感兴趣，如他在《自然化的知识论》（"Epistemology Naturalized"，1969）中写道：

> （心理学）研究自然现象，也即物理的人类主体。这个人类主体与某种在实验意义上加以控制的输入——比方说按照各种频率呈现的特定模式的辐射相一致，并且待时机成熟时，主体就将三维外在世界及其历史的描述作为输出。贫乏的输入与海量的输出，两者间的关系正是我们致力于研究的东西，在某种程度上，其原因跟研究知识论

---

① 近来这个概括遭到挑战，但是出于我们这里的目标考虑，我们无须涉及所说的例外情形。

往往一样，都是为了弄清证据如何与理论相关联，以及一个人的自然理论以什么方式超越任何可获得的证据。(82-83)

因此，奎因提出，哲学，或者至少是知识论应该被视为**心理学的一章**。他对其他解释知识论这一事业的任何方式颇为绝望。他无意于对知识或确证或理性进行"分析"，或许反而是排斥这些内容，其原因是他拒斥分析性。那么应该怎么对待知识论呢？按照他典型的科学化倾向，他建议将知识论重置为心理学的一个分支学科。这就是他的《自然化的知识论》一文的核心要义。

即使有的话，也只是寥寥几位知识论学者明确接受这个想法，它似乎倡导放弃我们对它已然有所认识的知识论。打个比方，在这一观念之下，知识论的**规范性**或**评价性**分支又会如何呢？毕竟它们对于其目标至关重要。① 在奎因重新绘制该领域的图景时，难道解释知识与认识规范的本质这一项目还没有逐渐消失吗？

其他知识论学者，尽管没有倾向于接受奎因这一非常极端的建议，但也在思考有些合理的理由将知识论与心理学关联起来，同时也是与认知科学这一研究心智的更大范围的经验性学科联结起来。即使有人相信奎因将知识论还原至心理学分支的建议应该予以抵制，或许这个领域将会因为获得来自认知科学的帮助而受益。② 这一明显弱化的自然主义知识论版本，就是我们将要在本章剩余部分（以及接下来一章）要探讨的问题。

7.2 将认知科学应用至认识主体

我们可以区分两条不同的将认知科学应用于知识论的路径。一条路径是将它应用于关于认识**主体**的问题。通常情况下，知识论学者在思考和写作关于认识主体的问题时，要么是根据日常的、常识性概念，要么是按照一些精选的形式化概念，他们认为后者在认识上贴切或实际上有批评性

---

① 这一点由金在权提出，而且诠释他的几个人均否认他放弃认识的规范性（Jaegwon Kim，1988）。

② 戈德曼则竭力主张这种更弱、更为温和的自然主义知识论版本（Goldman，1986）。

（比如逻辑、概率理论、统计学等）。除了这些进路之外，还有用以替代它们的其他进路，知识论学者也许会诉诸理解认识主体的方法，其途径则是将它们概念化为带有信息或计算特征的处理器，这在认知科学中是极为常见的做法。从选定的认知主义领域中引入的那些概念，在阐述传统的知识论难题时或许被证明是有益的。认知科学能够进入这一图景的另一条路径，是将其理论或者发现应用到认识的**判定者**或**归赋者**。如我们在第二章最后所注意到的，知识论学者有理由寻求更多的理解，当人们（口头上或非口头上）将（知识、确证等）认识成就归于其自身以及他人时，认识活动究竟揭示了些什么，认知科学可以在这个问题的处理上起到相当好的作用。

7.2.1 将认知科学应用于知觉的知识论

我们从第一类策略开始，也就是将认知科学应用到认识主体的研究，即应用于那些有可能拥有知识、确证或任何你所拥有的东西的人。如第一章和第六章所表明，基础信念代表着诸多知识理论的重要分支内容。不单单是纯粹的基础主义是这样，而且很多其他理论（包括可靠主义在内）均保留了对基础信念的实质性承诺。知觉如何进入这个理论图景中呢？不是所有的基础信念都是知觉信念，但是（得以确证的）基础信念的重要子类却是知觉信念，可以说它们构成了最为常见的那类基础层面的确证。现在，大部分知觉确证的进路都会在其论述中将知觉**经验**置于中心位置。正如第六章中所做的解释，经验能够在这个论述中起到不同的作用，但是这里有一个重要的共识，即经验——意识经验必不可少。

莱昂斯就对知觉信念与基础性提出过一个与众不同的理论，他的看法与当前流行的观点背道而驰，其理论依据受到来自认知科学成就的启发（Jack Lyons，2009）。他有不同意正统理论的基本依据，其中第一个要素是认为经验知觉并非不可或缺。僵尸人是可能的生物，它们与人类极为相似——但完全没有（意识）经验，不过它们仍然能够被描述为"看到"事物、"听到"事物，等等。当然这种论证不依赖也不诉诸科学。但是我们无须借助科幻小说得出这个观点：如同心理学研究所表明，现实世界提供了这样的例子。

吉布森注意到大量的被他称为"无感觉的知觉"的实例（James J. Gibson, 1966）。其中一个例子就是所谓盲人的视力障碍感觉。盲人能够探查诸如墙、椅子等诸如此类的障碍，同时又没有任何意识感觉。戴着眼罩的有正常视力的人可能出现这种情况，尽管在这个方面没有盲人做得好。盲人会认为他们通过面部皮肤获取信息，事实上这样的信息是作为一种细微的回声通过耳朵输入的（Lyons, 2009: 52）。

莱昂斯对传统观点的批评的另一条路径，涉及将纯粹的哲学论证与依赖于知觉心理学的论题结合起来。常见的哲学论证是这样的：

> 被称作确证基础信念的非信念的经验，要么是感觉要么是知觉……感觉不能确证基础信念，部分意义上是因为它们与信念之间不存在适宜的证据关系。知觉同样不能确证基础信念，除非这些知觉自身就被理解为信念，这样的话它们就不是非信念的，并且它们所确证的那些信念根本不是基础信念。（39-40）

如果要支持这两个论证的路径，就要分别诉诸视觉科学家所知的有关"早期"和"后期"视觉的东西。视觉流的早期部分开始于视网膜刺激，后期部分则结束于物体或情景识别。早期部分（"感觉"）要么完全不含有内容，要么缺乏作为信念的证据性确证赋予者所需的命题/概念内容。（单纯的）"知觉"作为基础信念的确证赋予者，同样是糟糕的候选对象。这是因为，如果没有感觉，这样的知觉就太像预感，或者诺曼的千里眼感觉了（请参阅 BonJour, 1985）。从一个主体的视角看，他们似乎不知从哪儿来的，因此就不会向内在主义者寻求合适的确证赋予者。

最后，思考一下莱昂斯针对得以确证的基础信念的积极进路。也许这是他理论中最为显耀的部分，它诉诸的是认知科学。莱昂斯对认知系统的模块化进路稍微做了修正。根据福多的建议，模块是信息处理的机制，这是与生俱来就规定好的，因具体区域而异，信息已压缩在里面（也即，不存在对更大型的有机体获取信念与目标），并且在内省意义上含含糊糊（Jerry Fodor, 1983）。这些都是极为严格的要求。莱昂斯并不接受其与生俱来的特质以及所谓信息原本压缩在里面的说法，他对模块倾向于采取一种更弱的观念，并称之为"认知系统"。一般来说，认知系统是个"分离的虚拟机器，它完成某个功能上有整体特征的任务，并且对于那个任务而言它是自足的"（Lyones，2011b：445）。知觉系统是一种认知系统。对于任何人来说，拥有一个知觉信念就相当于拥有作为该知觉系统输出的一个信念。

莱昂斯还谈到一个非经验意义上的"表象"，从而使得他的知觉系统观念更为丰满。他将这个称为"知觉输入"意义上的"表象"。为了引入他这个特殊意义的"表象"，他指出学习往往导致有关事物看起来如何的变化——是在所欲求的意义上来说——同时又并不必然改变它们在经验意义上看起来如何（2005：243-244）。其中他列举了这么一些例子：

1. 你和我有着相同的视觉经验，但对你而言看起来像乔伊（Joe）的那张脸，对我来说只不过是一张脸。

2. 你和我在田地里碰上一条铜头蛇。我是一位专业的爬行动物学家，在我看来它是铜头蛇，但对你来说只是一条蛇。

3. 我现在能够听得出旋律小调音阶与减音节的差异，对我来说它们听起来有很大不同。几年前我听着几乎完全一样（也即，我听不出差别），相较于以往，它们现在听起来没什么不同（也即，其经验性状态自身似乎相同）。

上面每一种情形中，他都认为表象的非经验模式可能完全就是知觉系统的输出。

现在我们讨论对这些观念更为具体的知识论应用，尤其是它们对基础信念的应用。莱昂斯认为，知觉系统的信念输出在知识论意义上就是基础信念。由此，有关日常物体的信念，在具体性的中间层面［比方说"桌子"而不是"齐本戴尔式桌子"（Chippendale table）］，（对于大部分人而言）就是基础信念。在他的用词中，"基础的"并不暗含"得以确证的"。那么一个基础的知觉信念要得到确证的话，需要什么条件呢？简单说来，一个基础信念要得到确证，它必须是知觉系统的输出，而且输出它的那个系统必须是可靠的。因此，莱昂斯所赞同的就是一种可靠主义。与大多数传统的基础知觉确证理论相比，他的整个阐释并没有诉诸现象或"经验"。

当前的讨论只是勾画了一个相当复杂的理论，这里并没有试图评价这个理论。同样它只是呈现和展示有关认知科学的发现和理论框架，也即它们究竟如何才能将一个非常有趣的新颖的视角融合到传统的知识论难题之中，并在可能的情况下为一个富有启发的解决方案铺平道路。

7.2.2　对思想和概率推理的心理学研究

由于认知科学的研究成果的引入，知识论中至少有两个方案均就确证和知识给出了一般的理解。其中之一采用外在主义、可靠主义的视角，另一则是内在主义视角。戈德曼在 1986 年的著作《知识论与认知》（*Epistemology and Cognition*）提出，针对确证识别合适的通用标准或准则这项工作属于哲学的事情。如果所选定的标准被归于某个特定的范畴，那么要求认知科学家提供很多关键的材料自然是在情理之中。一个可能的标准就是利真（truth-conducive），其中最常见（但并非唯一）的例子是可靠性（参见第二章）。要把这个标准应用到人身上，问题立马就出现了：人类究竟可以获取什么样的认知过程？它们各自的可靠性是怎么样的？然而，这种方法论上对能力的划分无须限定在可靠主义或者外在主义。波洛克与克鲁兹已然提出一种"自然主义"进路，它在宽泛意义上类似于明显的内在主义视角（尽管可以认为是一种非正统的内在主义）（John Pollock & Joseph Cruz，1999）。他们写道：

　　　　实质的自然主义知识论的承诺对于外在主义者而言颇具吸引力，因为外在主义者的观点似乎被视为唯一的方式，可以将有关生物学和认知的科学信息融合到确证理论中。然而，我们已经提出这是个错误的印象。内在主义者可能支持的一个确证理论，其自然主义特质与外在主义理论所声称的几乎一样。（162）

他们继续以一种非常相似（"弱"）的方式来描绘自然主义知识论，也即这里所赞同的方式："如果它主张知识论要么应该部分或完全属于经验性学科，或者应该受到经验性学科的成果的影响，那么这个确证理论就属于自然主义。"（165）

接下来出现的问题则是，心理学或者认知科学能够或者至此已然做出什么具体的贡献。很显然，这些领域已经积累海量的文献，因此我们只能从中选取一些例子。我们不妨给出有关人类认知的特别有影响的研究视角的一些重点内容，以感受或"体验"它们是如何为知识论中独特的规范性问题做出贡献。

推理心理学中一个非常有影响的潮流完全是悲观主义趋向。它指责人类思想就是针对理性的"犯罪"，其根据则是我们思考时运用经常导致违背合适的推理原则（比如概率原则）的那些"便捷策略"（heuristics）。心理学的这个"偏见与便捷策略"由特沃斯基和卡内曼（Amos Tversky and Daniel Kahneman）所倡导，有着非常广泛的影响（Kahneman, Slovic and Tversky, 1982；Gilovich, Griffin, and Kahneman, 2002）。最早也是讨论最多的例子就是被他们称为"代表性"便捷策略的东西，它导致使用者（有时）违背概率规则。

概率理论的基本规则是 A&B 形式的合取在概率上不可能高于其中任何一个合取项。芝加哥明天寒冷且刮风的概率不可能大于寒冷的概率。任何人如果赋予前者的概率比后者高的话，就违背了概率的形式规则。根据维恩图（Venn diagram）来思考的话，A&B 的概率明显不可能高于其中 A 事件或 B 事件的概率。人们会避免违背规则吗？让人伤心的是，他们不会，即使在相关领域（比如统计学与决策理论）受过专业训练的人也会犯下特沃斯基与卡内曼所称的"合取谬误"（1983）。

他们对一个叫"琳达"（Linda）的人做了以下描述，并将它展示给一项研究中的参与者：

> 琳达是个三十一岁、单身、直率而又非常活泼的人。她主修哲学。作为一个学生，她高度关注歧视与社会正义，还参加反核示威游行。

然后，向这些参与者呈现八个琳达可能从事的职业或她的业余爱好，并被问及根据它们的概率进行排序。八个可能性是这样的：

琳达是一位小学老师。

琳达在书店工作，还学习瑜伽。

琳达是女性主义运动的积极分子。

琳达是精神科社会工作者。

琳达是女性选举团体的成员。

琳达是一位银行出纳。

琳达是保险销售员。

琳达是一位银行出纳，并且是女性主义运动的积极分子。

要注意她是银行出纳（T）与她是银行出纳而且是女性主义运动的积极分子（T&F）之间的逻辑关系。这样的蕴涵意味着（T&F）的概率不可能高于（T）的概率。

参与者的表现如何呢？在使用受测者内（within-subject）设计时（即每一位主体均拿到了所有列出的备选项），相较于"银行出纳"（T），几乎所有这些主体均赋予"女性主义的银行出纳"（T&F）以更高概率。89%完成问卷的本科生违背了概率原则。按照特沃斯基与卡内曼的解释，他们犯下了"合取谬误"。甚至当这些问卷交给斯坦福商学院中决策科学课程上的博士生填写时，尽管他们均选修概率与统计学高级课程，但85%的调查对象同样犯了"合取谬误"。

这到底是怎么发生的呢？特沃斯基与卡内曼的解释则源于这样一个观察，即问卷参与者被呈现的有关琳达的描述与一个银行出纳的标准形象极不相像，而与一个热衷于女性主义运动银行出纳更为相像，因而更具典型特征。他们进一步假设，我们的认知库中有一种代表性便捷策略，在这个推理模式中，人们对某个有属性 F 的事物的概率进行评价，其途径则是通过认为它与有 F 的那些事物有多少相似性或者代表性。从实验中所用的诸多其他例子看，他们发现均证实了这一点。

他们主张的其他两个便捷策略均会产生偏见。其中一个为无视基本比率，指的是忽略相关事件的频率的趋向；另一个是可把握性，这个趋向意味着人们常常根据其获取相关问题的例子便捷与否来评价一个概率。为了表明这样的可把握性便捷策略，假定有人问你："英语中以字母 K 开头的单词多还是第三字母是 K 的单词多呢？"人们在准备回答这个问题时，通常是评价这两个类型中那些进入头脑中的词汇的便捷程度。这个方法显然是不可靠的，原因在于相比第三个字母是 K 的单词，人们更容易想到第一个字母是 K 的单词。事实上，英语中一个典型的语料库表明，第三个字母为 K 的单词差不多是 K 开头的单词的两倍——可把握性便捷策略让人们做出了相反的评价。

另一个有影响的认知科学家群体研究便捷策略，则对此有着几乎完全不同的立场，他们至少将某些便捷策略视为非常突出的理性范例而不是非理性的范例。这就是吉仁泽（Gerd Gigerenzer）及其合作者的方案，他们捍卫所谓的"快速省力的便捷策略"的优势（Gigerenzer, Todd, and the ABC Research Group, 1999）。这个团队提出的理性的标准是他们所称的生物学理性。生物学分析采用了进化的视角，努力表明某些推理方法是对人们的环境的适应性反应。他们认为，使用这些简单的、在计算意义上"廉价的"推理方法有可能更便于找到相关问题的（正确）答案，有时甚至比更为复杂的、形式上更为讲究的程序要更好。① 正如其所表明的那样，他们的理性标准看起来就是可靠性或者利真性（这个特征会被术语之间的差异所掩盖），因此可以合理地将他们的标准视作一种认识上的理性。然而，他们理性的观念同样有非常强的实用意味，这表现在它强调速度和资源保有，其中无论哪一个都增进适应性。当前很多知识论学者在对认识的实用维度（请参阅第五章）的兴趣上已然形成一股风潮，他们也许看好吉仁泽与他的同仁所强调的那种认识评价的标准。在这里认知科学家好像走在这场理论争论的前列，他们不仅在描述意义上指出人们事实上做什么，而且关注什么才会让他们获得更高的认识成效。

这个群体一直在兜售的便捷策略究竟是什么呢？其中一个就是**采纳最佳决策**（take the best，TTB，也被称为"单一理由决策"）。这就提供了一个异常明显的"快速省力"观的具体例证。通常情况下，人们会有这样一些（基于概率的）信息，对于它们而言，关于一部分事物的线索与关于那些事物相对有多少兴趣彼此存在着关联。如果人们能够根据他们知觉到的可靠性（或者心理学家所称的"有效性"）来对那些线索排序，那么他们就可以确定要搜寻哪些线索以及需要多少线索。一个极为省力的搜寻与推理程序应该是引导行动者搜索直至他找到他所能找到的唯一一个最好的——**然后就可以停止**。换言之，不是说要顾及方方面面，而是努力从尽可能多的提示中获取信息，这样人们就会采用单一理由决策。这正是 TTB 所建议的做法。

---

① 莱修整体上对特沃斯基与卡内曼所提出的"标准图景的"理性，与吉仁泽及其同事主张的经济型图景进行了有益的对比（Rysiew, 2008）。

有心理学证据表明人们确实运用这个策略，但是它真的跟其他更为全面的程序一样好吗？由快速省力的便捷策略团体所开展的一项研究验证了这个让人惊奇的结果。他们首先将 TTB 与其他搜寻与推理程序完全对照起来。在一个 TTB 与五个其他快速省力的便捷策略的竞争中，TTB 完胜所有其他策略。同样，另一个在 TTB 与七个更强有力的竞争策略（像多元回归分析法）竞争之间，TTB 在准确性上再一次与后者不相上下。吉仁泽和他的同事所支持的另一便捷策略被称为**辨识的便捷策略**。尽管它同样十分省力，但它会让（实验背景中的）新手做出非常成功的股票投资，其表现甚至超过一些专业的交易员。

这里所做的只是勾画了吉仁泽及其同事对其在支持所选定的那些便捷策略时所做的辩护，它们是人们在心理上倾向于利用的便捷策略。那么根据他们的进路，人们有着相当重要的能力，甚至运用相对简单的程序，就能获得高层级认识成就。在使用快速省力的便捷策略的过程中，无论是它的可靠性，还是留有丰富的心理资源用于更进一步的认识任务，都表现得很不错。这有助于行动者在有限的时间框架中处理好多重任务。这是一个重要的认识能力的标准，或许跟主流的知识论学者所关注的那类检验手段同样重要（即评价个体的信念"行动"）。然而，这并不等于要倡导放弃知识论学者长期以来对单个命题的确证的关注。

7.2.3 知识论与演绎推理的心理学

我们接下来探讨**演绎推理**的心理学，这是对影响着知识论问题的最后一个心理学研究工作的例子。不妨考虑一下知识论学者在处理必然真理时所面对的难题。如果一个人相信一个必然命题，那个信念必定为真，那就没有什么办法来相信同一个、但不准确的命题。然而这不应该意味着任何这样的信念将是得以确证的。显然有可能出现的情况是，拥有对必然真理的未得以确证的信念与偶然真理一样多。如果一个人在具体的一组组命题之间将其归为特定的演绎关系，就会出现相似的难题。如果前提合在一起蕴涵着结论，那么任何将这样的论证视作有效的人，就将相应地相信一个真理，然而这同样并不意味着他或她得到了确证。对于过程可靠主义者及其同类来说，这表明一个人必须要密切关注其在形成他或她的信念时所执行的具体的心理过程。

很显然，这并没有引起在数学哲学与逻辑学中受过训练的知识论学者的兴致。诸多这样的哲学家采用了一个明显反心理主义的立场，其原因或许是来自弗雷格（Gottlob Frege）的影响，他通过逻辑表明他是个强力的反心理主义者。然而这里不会讨论逻辑本身，我们所探讨的是一个人的**信念的确证**，这不是一个纯逻辑的问题。在质疑琼斯相信一个重言命题 T 或者定理Φ是否**得以确证**时，很难避免信念的来源或源头的问题，而它应该被理解为心理起源。如果 S 通过纯粹的猜测而获知 T 或者Φ，这样的信念就没有资格得以确证或者没有资格成为知识，不管这个命题多么必要。倘若是在非心理主义意义上理解方法，那么确证状况可以根据所用的方法来加以阐述吗？当然不能！这样的操作不过是把难题推后了一步：不管规定了什么样的形式技巧，它们最终必定要以某种心理意义上适宜的方式，由行动者来理解并执行。只是通过猜测而采纳并运用一个正确的形式方法难堪此任（Goldman，1986：52-53）。一个人无须是可靠主义者才接受这样的观点。如同 7.2.2 节中所引述的摘自他们论著的那一段落所表明，像波洛克和克鲁兹这样的内在主义者，同样应该与这一观点处于同一阵营中。

针对我们有哪些过程用于逻辑关系上的（恰当）推理这一问题，心理学家有没有取得什么进展呢？他们确实有。演绎推理的心理学是个得以充分发展的领域，其关注并处理各种过程，意在评价与逻辑有关的信念的认识信度，尽管就哪一个才是处理这个话题的最佳框架没有达成稳固的共识，但至少已经提出了两种灵巧的进路，值得我们关注。这两种进路就是"心理模型"与"心理逻辑"观，它们分别是由菲利普·约翰逊-莱尔德（Philip Johnson-Laird，1983；Johnson-Laird and Byrne，1991）与李普斯（Lance Rips，1994）这两位知名的研究者提出。此外，还有一些重要的研究工作是针对人们在演绎推理任务中所出现的各种错误（Wason，1966），沃森的文章同样富有启发意义，但是从中选取同一类要讨论的过程则更加困难。

李普斯的心理逻辑进路的版本，本质上类似于哲学家所熟悉的自然演绎技巧的心理学化版本，比如，来自奎因的那个版本（Quine，1950）。它意在模仿实际的人的表现，并且不遮掩任何东西。这个理论提出，人类天生就拥有了类逻辑系统，能让他们构建起有效的证明，进而使得他们从众多前提中得出适宜的结论。换言之，他们利用了保真的（truth-preserving）证明原则。我们并非天生拥有构建出全部适宜的证明所需的所有原则。比方说这个系统不包括否定后件的心理操作，这是因为经验研究表明，人们"天生"没有将否定后件视为有效的推理模式（不像他们乐于认同的肯定前件）。由此，李普斯的心理逻辑进路并不相信人们有着理想的或者完备的系统来从事逻辑活动。此外，可以认为演绎规则的施行将会用于工作记忆，这个心理子系统明显存在能力上的局限，这意味着过多的记忆负担可能易于产生错误。

李普斯所构建出的基础系统包括一组演绎规则，而这套规则又构建了该系统的工作记忆中的心理证明。如果有个论证提呈给这个系统来评价，它在尝试构建从前提到结论的内在证明就要运用那些规则；如果有一组前提被呈现给这个系统，并要求从那些前提中进行相应的衍推，它就将运用这些规则来形成对可能结论的证明。这个模型需要证明，首先要在工作记忆中存储输入的前提以及结论（倘若提供了任何结论的话）。然后，这些规则就扫描记忆内容以确定是否有任何可能的推理。如果有，它就会将新的被演绎的句子添加到记忆中，并扫描更新后的分布，做出更进一步的演绎，等等，直到要么得出一个证明，要么不再应用更多的规则。至此，这个推理过程就执行了该基础系统的大部分任务。

为了大致看出它们是什么样的，这里列出了李普斯系统中几个常规步骤：

正向 IF 消除（Forard IF Elimination）

a. 如果形式为如果 P 那么 Q（IF P THEN Q）的语句在论域 D 中成立；

b. 并且 P 在 D 中成立；

c. 并且 Q 尚未在 D 中成立；

d. 则将 Q 添加到 D 中。

正向析取三段论

a. 如果形式为 P 或 Q 的语句在论域 D 中成立；

b. 那么如果非 P 在 D 中成立并且 Q 尚未在 D 中成立；

c. 则将 Q 添加到 D 中；

d. 或者，如果非 Q 在 D 中成立并且 P 尚未在 D 中成立①；

e. 则将 P 添加到 D 中。

李普斯将他的系统称为 PSYCHOP——证明的心理学（Psychology of Proof）的简称。PSYCHOP 在评价论证时的策略是从外到内的模式，用"正向"规则从前提中得出可能的结果，并根据具体条件用"逆向"（backward）规则（这里没有呈现出来）来创见一个子目标。它同样包含了它能够运用的"逆向"规则。在构建 PSYCHOP 时，并不是为了仿照理想的演绎推理者，而是模仿真实的人类推理者。不过，至于推理的"自然演绎"方式作为人类思维的模型，在经验意义上是否合理，在此陪审团情形依然并不适用。

怀疑的理由之一就是，其他心理学家在实际表现中有证据表明存在很多有着错误倾向的特征，这就让人怀疑究竟人们对有效性概念要掌握到什么程度。当然推理的有效性与它的前提或结论实际上为真与否（它们有可能均为假）没有关系。一个结论因其与某个参与者的已有信念相冲突而"不可信"，这一事实并不意味着该论证无效。类似地，一个结论非常值得相信这一事实并不表明它所依存的那个论证就是有效的。尽管如此，有研究显示人们趋向于任由其相信或不相信某个结论影响他们对有效性问题的回答，这就是心理学家所称的"信念偏见"（Evans，Barston，and Pollard，1983）。而这里的问题是，人们有这样的偏见是否相容于他们演绎推理中拥有基于证据的心理模型。

前文提到的演绎推理第二种常见进路运用了不同的模板，从模型–理论的进路转向逻辑。② 心理模型是对情境的内在表征，可以用前提与结论从论证中推衍出来——比如三段论的论证。那么，演绎推理可以按照三个

---

① 按本书原文，这里应译为"或者，如果 Q 尚未在 D 中成立"，经对照李普斯《证明的心理学：人类思维中的演绎推理》（The Psychology of Proof：Deductive Reasoning in Human Thinking，第 113 页），原文为"Else, if NOT Q holds in D and P does not yet hold in D, then add P to D."。戈德曼引用恐有误，故更正如上。——译者注

② 接下来的概述是基于史密斯与考斯林的论述（Smith and Kosslyn，2007：445–446）。

阶段来进行。第一，在前提中构建信息的心理模型。如果有人告诉你"所有的 A 都是 B"，且"所有的 B 都是 C"，那么你或许就可以构建一个模型，其中三个心理对象都被标为"C"，有两个同样被标为"B"，并且这两个中有一个被标为"A"。（由此，模型中两个 B 同样均为 C 且那个 A 同样是 B，这一事实与两个前提相容。）第二，先形成一个初步的结论并给予相应评价，这样就可以确定它是否与第一步中构建的模型一致，在这个模型实例中，初步结论是"所有的 A 都是 C"。第三，同时这也是该理论最具争议的方面，结论必定得以证实。这涉及一个以驳斥为导向的检索，要检索与前提一致但与结论不一致的那些替选模型。在这个例子中，任何替选模型都与前提、结论一致。然而，假使这样一个替选模型产生，最终会表明结论并非是前提的有效结果，而且将不得不产生一个替选的结论，并给予相应评价。一个结论，仅当无法获取任何替选模型来证伪它，它才是个有效的结果。

实证研究已经表明，人们在评价条件和范畴的三段论中遭遇困难，至于在什么样的程度上，则与所需要的模型数量直接相关，因此心理模型进路充分地阐释了演绎中的错误。通过假定无法产生和/或评价足够的替选模型，该进路也许同样可以解释，得出的结论是多么难以置信又/或无效。在没有充分的建模和/反驳的情况下，我们可以得出一个结论。与此同时，该进路表明，在相关情形的特定小类中**可能**得出的结论又多么精准。

上述这两个理论每一个都描绘了不同类型的认知过程，这些过程对于说明心智是如何执行逻辑关系计算的任务都是合理的候选者。每一个理论均提供了相应的资源，可以分辨出一些非常可靠的以及相当不可靠的信念形成过程类型。尽管很难在经验意义上确定这些相互竞争的理论（以及其他理论）的总体优势，知识论学者有理由乐观地认为，明确合适的过程种类基本上是可以做到的。这显然是与之相关联的一种进步，如果我们不对经验性研究密切关注，我们当然不会认识到这样的进步。

7.3 将认知科学与实验技术应用于认识的归赋者

现在让我们转向知识论的进路，它们聚焦于认识状态的**归因者**或者归赋者，而不是这类状态的主体。在第二章中我们讨论过这种进路，第五章中也有简单的回顾。我们这里将详加展开。在探讨这一进路时，当代学者更多诉诸具体的心理学发现和理论，以及他们自己的实验研究，以改善或反驳各式各样的知识论话题。总的来说，出现了越来越多实证性的研究，以及对这类研究工作的引述。哲学家自身已然变得擅长做实验研究，非常类似于心理学家所做的那些实验，尤其是通过问卷的研究。后面的这一做法被冠以实验哲学（experimental philosophy 或 X-phi）。总而言之，这些活动代表了"自然主义知识论的"巨大成长。

7.3.1 可以用心理学"解决"普遍性难题吗？

如我们在第二章中所见，支持过程可靠主义的证据或许可以通过实验研究而获得，尤其是针对归赋者的语言行为。在讨论这一点之前，让我们先稍稍退后一步，来看看为何应该聚焦在认识归赋者身上。表面看来，对归赋者的密切关注相当于放弃了我们一开始确立的目标。为什么归赋者值得持续的关注呢？

第一个回答是要表明，当我们从事日常分析活动时，我们没有关于主体与生俱来的认识属性的"直接"证据。我们对此的证据，似乎处于人们（包括我们自己）对于他们被质询的情形，所提供或者倾向于提供的归赋之中。尽管我们提出主体 S 是否得以确证或未得以确证，但是我们将有关 S 的 E 状况（E-status）的归赋者知觉作为我们的证据。此外，很显然，在非常多的简单而又确定无疑的情形中，归赋者**集中在**同一个答案上。他们差不多都会说，这个场景中的主角**是**得以确证的或者**没有**得到确证（或者有知识或者没有知识）。如果能够提供一个充分的解释来表明这是如何发生的，如果这个解释在部分意义上就是注意到，归赋者判断出该主角选定的某个信念形成过程是可靠还是不可靠的，那么这就是个支持过程可靠主义的证据，这或许是人们在合理地搜寻时最接近普遍性难题的"解决方案"了。如果实验研究能够提供这样的证据，这会是对知识论理论的一个主要的"自然主义"贡献。

奥尔森（Erik Olsson）曾经提出过这么一种非常有新意的建议，他让

174

人们注意一个广受支持的有关概念化的心理学理论——**基础层次理论**（basic-level theory）。这个理论可以追溯到几十年前，是认知心理学中最具活力的一个发现。[①] 它是罗施及其同事（Eleanor Rosch et al.，1976）的研究成果，他们研究与分类学相关联的概念。[即在一个"树"中关联在一起的概念，这样每一概念的外延都是其父概念的子类。] 一个概念的"父"概念就是其上位词，其"子"（child）概念就是其下位词。比如说，在包括"动物""狗"以及"拉布拉多犬"的动物学分类中，"狗"的上位词是"动物"，"狗"的下位词是"拉布拉多犬"。

这样就表明，中间层的概念（前述例子中用"狗"来表示）跨越了很多概念分类和语义域，有着优先的地位。在一个分类中这个中间层被称为**基础层**。基础层的概念在自由命名中获得相当多的偏好，相比于其上位词，它们同样有更多非常显著的关联特征，它们的下位词几乎没有这种情况。儿童最先获得基础层的概念，它们更多出现在文本中。对于当前目的来说，它的特别意义表现在，当人们被要求提供刺激物的名字或简短描述时，往往趋向于集中在报告相同抽象层面的内容。这种趋同现象在好几个语义域中出现，包括物理对象、事件、个性特征以及现场情景。[②] 有些趋同现象让人印象深刻。罗施和她的同事（Rosch et al.，1976）发现，在540个回答中，530到533个在命名一个物理对象时集中在同一个词。

如我们在第二章中讨论的，奥尔森假设人们有可能以相同的方式归类殊型过程，这跟基础层研究所预测的一样。另外，他提出这些类型的可靠性将预测相应的确证和知识的判断。在他看来，假定存在直觉性过程类型，可靠主义就能避免这个明确性不足的难题——被冠以"普遍性难题"。当然，可靠主义的怀疑者们已然抵制这一观念——存在着广义上共有的"直觉的"类型。费尔德曼与科尼声称，如果没有语言提示，那么就不存在与一个具体的过程殊型相对应的单一的直觉性过程类型（Feldman and Conee，2002）。面对这样的怀疑主义，还能做出什么回应呢？

荣森设想并实施了几个旨在阐述这一话题的实验（Martin Jönsson，

---

① 请参阅罗施等人（Rosch et al.，1976）。

② 针对做出这些发现的相关文献的引述与概述，请参阅荣森（Jönsson，2013）。

2013）。据他所报告的实验结果，它们解释了他为什么要支持可靠主义。他的前两个实验是自由命名实验，参与者被问及视频片段中的人如何形成特定的信念。他的第三个实验，则遵循奥尔森提出的那个模式（第二章中对此做出了勾画）。一组参与者被要求对过程类型的可靠性予以评定，他们认为特定信念形成过程殊型属于这些类型，而第二组和第三组则被要求针对这里的人物的确证程度或知识获得予以判断。

为了让这一讨论简明扼要一些，我这里只表述荣森实验结果的大概情况。在信念形成过程上的趋同出现在大部分被试的测试项目中。在描述视频片段中的主角所用的信念形成过程时，被试者集中关注相同的动词，而且对于及物动词，他们大部分人选择不用状语短语修饰动词。考虑到实验中的视频片段对于如何归类这些过程没有明确的语言提示，费尔德曼与科尼的假设——只有这样的提示才会使得某个类型凸显出来——就被证明不成立。在另外一个单独的实验中，荣森报告称，实验结果表明，被指派给信念形成过程的可靠性估测能够出色完成追踪确证和知识判断的人物。最后，参与者被指派给每一试验项目做出可靠性估测，在不同参与者之间呈现非常相似的结果。

荣森随后继续给出了详尽而又复杂的辩护，主张这些结果支持了可靠主义。实际上，他提出了六个稍有不同的可靠主义表述，其中任何一个都可以发现与实验结果高度吻合。这些表述会随着类型是否与思想或语言的**表达**有关联而变化。荣森得出结论，尽管七个有着细微不同的可靠主义版本也许是依照实验提出来的，"但（他实验的最后）所报告的异乎寻常的相互关系则构成了可靠主义理论得以建基的极其强健的基础，而且也是对可靠主义长期以来一直持有的主张做出了关键的经验性证实"。奥尔森与荣森的这些结果与提议丰富地展示出，独特的经验性研究如何能够在原则上推动核心的知识论项目。

7.3.2　（在实验意义上）重审盖梯尔难题

正如在第三章中所说，自 1963 年盖梯尔发表他的短文以来，他的主张——得以确证的真信念并不足以成为知识，已然成为正统观念。然而在

2001 年，温伯格（Weinberg）、尼克尔斯与斯蒂奇（Stich）报告了一个实验，开始对他提出怀疑。他们将盖梯尔式的场景提呈给有着印度次大陆血统的美国学生以及欧洲血统的学生。后一组给出了相当标准的回答——盖梯尔式情形中的主角"只相信"，而不是"真的知道"，而61%的南亚学生组则称场景中的主角"真的知道"。这个结果的确立并不那么牢固。其他研究者，如内格尔、圣·胡安与玛尔（Nagel，San Juan and Mar，2013）试图重复这个发现，但没能做到。有一些作者已然在批判这种以及其他实验哲学的方法论（Cullen，2010）。此外，有两位心理学家斯塔曼斯与弗里德曼针对普通人做了一个类似的实验，并报告称，其中69%的参与者将盖梯尔式情形中的人物归类为"真的知道"（Starmans and Friedman，2012）。这就对专业的知识论学者们一致认为盖梯尔式场景中的人物并不拥有相应知识提出了质疑。或许知识论学者只不过是通过彼此强行灌输来接受某个专业意义上的"知道"。但是普通人（他们没有知识论学者也许会有的那种理论上的私心），对这个词的使用难道不应该更加代表着"知道"一词的日常意义吗？知识论学者之间这个无法抵抗的共识难道真的值得信赖吗？

在回应这一挑战时，有些哲学家根据专业人士相较于普通人有更多**专长**来辩护传统的方法论，因此认为他们的直觉具有更高的证据价值。不过因为这个回应有过于自信、自我标榜之嫌而为人所拒绝。如果他们没有特殊的专长，又怎么能自信地追求他们的目标呢？（更进一步的）经验性研究能够对这一争论给予什么启示呢？

图里（John Turri）论证如下。如果专长这个说法是正确的，哲学家可能比未经训练的普通人更善于关注、认同盖梯尔情形中那些细微特征的意义，普通人可能忽视这些特征。如果这一点没错，就应该有可能通过适当调整这些例子的呈现方式，来突出这些关键的特征。这样就可以赋予那些普通人跟训练有素的哲学家一样，对盖梯尔情形的相关特征具有相同的敏感性，后者依照其背景很容易注意到它们。如果普通人得到这类有用提示的协助，他们也许会与盖梯尔本人，以及绝大多数受过专业训练的哲学家一样，认为盖梯尔的那些主角们没有相应的知识。这就会进一步支持专业的知识论学者自始至终对知识所持的看法。

图里组织了一系列带有盖梯尔式情形这样的实验，特地将它们设计成突出他所称的"明显的三分结构"（Turri，2013）。他按照三个步骤来描述。第一步，故事的主角一开始就有一个信念，它很显然满足确证条件。第二步则引入一个糟糕的运气，它正常情况下会阻止那个得以确证的信念为真。第三部则涉及一个明显很特别的好运气因素，它会使得那个信念为真——尽管以不那么正常的方式。

参与者则被随机赋予两个条件中的任一个："控制"（Control）或"真正的盖梯尔"（Authentic Gettier）。所有参与者均阅读三个步骤的故事。第一步与第三步两个条件均相容，起着批判作用的第二步则不一样。故事的简短版是这样的，两个实验条件中第二步有着不同的版本。

第一步：罗伯特（Robert）最近买了一枚极稀有的1804年美元银币，他将它放在书房的壁炉上。他的邻居突然邀请他今晚一起吃饭，他就把银币放在壁炉上。他走后关上书房的门，跟他的邻居打招呼说："你猜怎么着？我的书房里有一枚1804年银币。"

第二步：真盖梯尔：当罗伯特关上书房门，一个小偷悄悄从书房窗户潜入，偷走了他的银币，并迅速逃离。银币丢失的时间恰好是他跟邻居说"我的书房里有一枚1804年银币"那个时候。

第二步：控制：当罗伯特关上书房门的时候，门的震动导致银币掉落到地毯上。罗伯特没有听到任何声音。在他说"我的书房里有一枚1804年银币"的时候，银币已经掉到地毯上了。

第三步：罗伯特的房子是一栋旧楼，建于1800年初。当它最初建成时，一个木匠偶然之间将一枚1804年银币落在用于建壁炉的混合砂浆里。几百年以来一直没人发现，它仍然藏在罗伯特的书房中。

这个实验的呈现中每一步都出现不一样的情景。两个条件中的参与者每一步都被问及一个理解题——比方说，"当罗伯特跟他邻居打招呼时，他的书房里有一枚1804年银币吗？［是/否］"在这个故事结束之后，参与者被问及**测试题**：当罗伯特跟他邻居打招呼时，他真的知道还是他只不过认为他知道他的书房里有一枚1804年银币呢？

这个想法是要将盖梯尔情形的三分结构戏剧化表现出来，并凸显坏运气与好运气来源的情形之间的差异。它首先将故事分为三个步骤，然后要求参与者追踪核心命题的真理，这就给主体在回答这个二分法的测试题时带来巨大的影响。对照条件下84%的参与者回答罗伯特"真的知道"，而在真盖梯尔条件下89%的参与者回答罗伯特"只不过认为他知道"。由此，图里得出结论，"在进行适当探究之后，文化差异显著、男性与女性、年轻与年长的普通人表现出，他们很显然有着相同的盖梯尔直觉"（34）。

这是一个非常有意思的例子，表明实证的实验研究如何能够帮助阐明一些重要的话题，比如哲学家在回答像盖梯尔情形那种场景的细微特征时是否有任何特别的专长。①

7.3.3　实用侵入的实验

如我们在第五章中所看到的，近来知识论领域中一个有趣的发展就是"实用侵入"论题。这个理论主张，知识不仅随着纯粹"理智"因素（像真理、证据和确证等）而变化，而且还因涉及利益和行动的"实践"因素的变化而变化。或许反对纯粹理智主义，并赞同实用因素的最著名论证，就是从"风险"出发的论证。在十年时间内，有三位不同的哲学家或者几组哲学家主张，对比处于类似的"低风险"情境，人们将知识归赋处于"高风险"情境中主体的可能性更小。德洛兹（Keith DeRose，1992）提出的一对对银行案例，科亨（Stewart Cohen）的一对对机场案例，以及范特尔和麦克格雷斯（Jeremy Fantl and Matthew McGrath，2002）的一对对火车案例，使得这个问题变得相当突出。如果信念持有者的风险水平影响对他的知识归赋，那么至少在反对传统的知识论假定的背景时，这似乎就告诉了我们某个异常特别的东西。来自霍桑（John Hawthorne，2004）与斯坦利（Jason Stanley，2005）的实用侵入论证则补充了这个自身原本就不稳定的混合方案。

然而，最近一组实验哲学家并没有完全被这些哲学家在扶手椅上的直觉说服，他们开始检验这些关于究竟是什么影响人们知识归赋的主张。如果将一对对高风险/低风险情形提交给普通人做判断，相比高风险的主体，他们会更加乐意将知识归赋于一个低风险主体吗？首先，让我们更准确地

——————————

①　这个问题将在下一节和第八章中予以深入探讨。

描述这个问题。根据巴克沃特与沙弗（Buckwalter and Shaffer）的论述，不妨思考以下论题：

大众风险敏感性

> 在其他条件相同的情况下，人们更可能将知识归赋于低风险主体而不是高风险主体。

"其他条件相同的情况下"意味着什么呢？它的意思是，所有"传统的"认识因素像证据和信念在两种情形中被视为确定的。当传统的因素被视作确定时，在有可能根据知识归赋做出不同反应这个意义上，归赋者仍然对风险敏感吗？对这一问题的经验性研究的第一股潮流报告说，对该主张表示怀疑。但是不久，经验性研究的第二股潮流就报告说，其证实了大众风险敏感性。不过其实这远不是该故事的结尾。巴克沃特与沙弗对实用侵入给出另一个否定的判断，他们声称证据的平衡支持了一个迥然不同的观点。

大众风险不敏感性

> 在其他条件相同的情况下，人们将知识归赋于高风险主体与低风险主体的可能性完全相同。

巴克沃特与图里新近的研究继续拒斥大众判断对于风险的敏感性（Buckwalter and Turri，2017）。不过在对该争论新做出的转变中，他们区分了两种不同的实用因素：**风险**因素与**可行动性**因素。"可行动性"在这里指的是行动者应该如何行动。霍桑与斯坦利原来在对这个问题的处理中，所关注的几乎就是风险。相较之，范特尔与麦克格雷斯（Fantl and McGrath，2002；2009）则主要强调在可行动性问题上对实用侵入的辩护［麦克格雷斯（在本书第五章中）以及霍桑与斯坦利（Hawthorne and Stanley，2008）持同样的观点］。这两个因素并不等同。而且真想不到，如他们所解释的那样，巴克沃特与图里的研究产生了这个结果——知识与风险判断之间不存在深入而重要的直接关联，不过，这种深入而重要的关联却存在于知识判断与可行动性判断之间。

巴克沃特与图里的论文（与之前实验哲学家的研究工作相关），在方法论的主要创新在于他们运用了中介分析。中介分析这一技术用于澄清一个预测因子是如何影响结果的。尤其是，它有助于估测该预测因子对结果

179

的影响在多大程度上是直接的，以及多大程度上是间接的。间接影响是通过其他变量来调节的，而直接影响则不是。我们应该关注的不仅是实践因素是否影响知识归赋，而且还有它们是如何影响知识归赋的，特别是它们的影响在什么程度上是直接的。

他们（两个）实验的结果表明，风险判断的确预测知识判断，但真理判断调节着风险与知识判断间的关系。与之相似，风险效应由证据来调节。由此看来，一旦人们把握好真理与证据判断的效果，风险在知识归赋中就不起**直接**的作用。相较之，在两个实验中，关于行动者应该如何行动的判断，很显然**直接**与知识判断相关联。接着，他们形成如下概括性陈述：

> ［我们］发现……［与风险有关的］实践因素至多对知识归赋有着不太大的间接影响。然而……可行动性……则与知识归赋有强力的直接关联。事实上，如果我们的结果有任何意涵的话，那么可行动性跟真理与证据一样，对知识归赋有着相同的影响。（Buckwalter and Turri，2017）

尽管我们还没有尝试评价从该研究工作中得出合适的哲学结论，但是很显然，这些类型的发现——尤其是根据它们比其他有着更多的统计技巧——不得不说非常有影响。

7.3.4　对比主义与语言学

在本章最后一节中，我们考察对比主义（contrastivism）这一知识进路，尽管这个话题我们在第三章中没有涉及，但它显然值得密切关注。除了其纯粹的知识论优势之外，它提供了另一个表明哲学能够从认知科学获益的阐释路径。然而在这种情况下，认知科学输入的是语言学，而不是心理学。但是语言学通常被视为认知科学的核心之一，因此本章将它作为一个例子也是适宜的。

沙弗（Jonathan Shaffer，2004；2005）是对比主义最主要的倡导者，在他看来，知识不应该如它通常被理解的那样，只是概念化为两位关系（two-place relation）（Ksp）。相反，它应该被概念化为以下要素间的三位关系（Three-place relation）（Kspq）：（i）主体；（ii）第一命题；以及（iii）第二命题，这里的第二命题与第一命题形成对比或相反关系。（或者也许可以选择通过**两种**方式来对知识"概念化"，下文将对这样的方式予以展开。）在三位或三元组成的模式中，知识归赋会通过诸如"S知道x是F而不是G"这样的结构来例示，比如，"S知道这个饮料是可口可乐而不是百事可乐"。对比主义可被视为与语境主义有着亲缘关系，或者更恰当地，是（第三章中讨论的）相关替选项进路的近亲。在提出并表达与相关替选项的关联时，这里的想法是要根据知识的三位关系来界定标准的双位或二元关系：

> S知道P，当且仅当对于P的每一个相关替选项Q而言，S知道P而不是Q。

然而，本节中我们的重点是讨论知识的三元观依其自身是否可予以辩护，是否有这样或那样的（或者很多类型的）证据来对它予以支持。我们将表明沙弗是如何运用语言学这一工具来为对比主义收集证据。①

沙弗的知识的对比主义进路中的核心内容是论述知识归赋**意在**何为。按他的说法，它们旨在证明主体能够**回答问题**（2005：236）。当做出知识归赋之后，尽管它们并不始终与一个已然清晰地提出来的问题相关联，却一直能从那个会话语境中再次获取这样的问题。在始终没有消退、默默隐藏着的问题背后，这样的语境为言者提供了"现成的选择"。

我现在讨论沙弗是如何利用语言学资源来论证对比主义。沙弗提出以下"编码"原则："通过编码与问题之间的关系，知识归赋来编码 Kspq。"沙弗通过辨识知识归赋的三种主要表现形式，并呈现编入每一形式中的问题相对性机制（mechanism for question-relativity），他辩护了这一原则。有三类句法上不同的知识归赋类型。第一类是**疑问句**归赋，它是运用 wh 开头（wh-headed）的补语短语，比如"我知道现在是什么时间"（what time it is）。第二类是**名词**（限定词）短语，比如我知道时间（the time）。第三类是**陈述句**归赋，它用的是 that 开头（that-headed）的补语短语，比如"我知道现在是午夜"。

---

① 有一个更新近的、详细的修正进路，则更加倚重语言学，请参阅沙弗与萨博的讨论（Schaffer and Szabó，2013）。

通过什么样的机制将问题编到知识归赋中，因问题类型而有所不同，并且尽管有好几种确认它们的方式，但我将仅仅探讨其中一个确认模式，沙弗则讨论了每一种确认模式。先从疑问句的知识归赋开始，它们所代表的是直接嵌入了问题的句法类型。问题相对性表面上看正是处于 wh 从句情形中。如果一个人说，"我知道谁偷了自行车"，那么"谁偷了自行车"这个被嵌入的问题，就呈现出一系列备选，比如，"玛丽偷了自行车"；"彼得偷了自行车"；"保罗偷了自行车"。在知识归赋中，p 是被选中的答案，q 则是被拒的备选项。如果是玛丽偷了自行车，那么知道谁偷了自行车，就是知道 p（＝玛丽偷了自行车）而不是 q（＝要么彼得偷了自行车，要么保罗偷了自行车）。这就是疑问句知识归赋嵌入问题的方式，对这一事实的确认来自现存的共同点。如果我知道现在是几点，那么就可以认为**存在这么一个问题**——我知道如何回答它，也即"现在是什么时间？"该问题正是现在被类推出来的东西。

现存的类推检验对于名词知识归赋，比如"我知道时间"同样适用。如果我知道时间，那么就可以认为有这么一个问题——即"现在是几点"——我知道它的答案。与之相似，如果我知道凶手是谁，那么就可以认为有这么一个问题——凶手是谁这一问题——我知道它的答案。

最后，陈述句归赋的问题相关性处理方案也是由相同的检验来确认。如果我知道时间是中午，那么就可以认为有这么一个问题（即现在是什么时间这一问题）——我知道它的答案。

在另一篇论文（Shaffer，2004）中，沙弗借助另一组来自语言学中的工具来辩护对比主义。首先，很显然，倘若它假定一个隐藏的对比变量（q），并且又不是最为常见的日常知识归赋，那么对比主义就是在冒险。因此，究竟是什么有可能让一个理论家有资格声称，这样的归赋在其"逻辑形式"中包含了一个在句法上真的对比变量呢？沙弗给出了五个论证来表明 q 在句法上为真，他全部借用来自语言学的技巧，而且其中大部分对于当前目的而言都显得技术性太强。第一个是**显见的对应物**论证（argument from overt counterpart），第二个是捆绑论证（argument from binding），第三个是**省略**论证（argument from ellipsis），第四个是**焦点**论证（argument from focus），这一个更容易加以阐释。

"艾德（Ed）更喜欢**喝茶**"与"艾德更喜欢喝**茶**"这两个句子在真值条件上不一样。如果艾德的总体偏好排序是喝咖啡，之后是喝茶，然后是洗茶水浴，那么前一个句子为真，后一个为假。诚如德雷茨基（Dretske，1981）所注意到的，知识归赋同样存在焦点（或者重点）敏感。在德雷茨基的例子中，知道克莱德（Clyde）把他的打字机**卖给**艾利克斯（Alex），与知道克莱德把他的打字机卖给**艾利克斯**，两个并不必然完全相同。知道克莱德把他的打字机**卖给**艾利克斯，等于知道克莱德把打字机卖给艾利克斯，而不是相当于知道他把打字机送给他或者借给他。另外，知道克莱德把他的打字机卖给**艾利克斯**，就等于是知道克莱德将他的打字机卖给艾利克斯，**而不是博尼**（Bonnie）（Shaffer，2004：79）。

沙弗继续论证了对比主义有很多优势，包括对知识怀疑主义难题的独特的处理方案。不过当前对对比主义的重视足以表明，它作为认知科学所属的领域之一，能够为知识论研究提供巨大的帮助。

思考题

182

1. 针对奎因的自然主义知识论的批评，他在回应时称，知识论应该是类似于诸如思维"工程"这样的东西。他这么说可能在表达什么呢？这会不会在心理学框架中产生适宜的知识论观念呢？

2. 7.2.2 节中所勾画的针对演绎推理的两种不同心理学进路，如何才会对演绎推理的**知识论**产生影响呢？与心理逻辑方法相比，心理模型方法似乎有更多错误的可能性——至少当人们"在头脑中"进行演绎推理时。比方说，在试图覆盖所有可能的模型时，容易忽视一个或一个以上模型。因此，可靠主义知识论学者可以得出结论，在心理模型进路之下的可靠性前景，相较于它们在心理逻辑进路之下要更糟糕。这看起来是不是一个恰当的应用呢？为什么是或者为什么不是呢？

3. 近些年来，思维与推理的"双过程"（dual-process）进路在心理学中变得非常盛行。［请参阅"延伸阅读"中所列出的埃文斯（Evans）与卡内曼（Kahneman）的著述。］其基本观点是，人类实际上拥有两个不同的心智，它们处理同一个难题，但运行方式迥然不同。系统 1 在进化上更为古老、快捷、（其在资源的使用上）节约、并行（parallel）、自动的，并且很大程度上是无意识的。系统 2 则是新近的、更慢、更依赖资源、串行（serial）、基于规则的、审慎的，并且受到意识的控制。系统 1 的核心是便捷策略，而系统 2 的核心则是更为审慎的、更具反思性的过程。是不是可以从文献中得出结论，知识论学者所重视的所有的认识特征均与系统 2 而不是系统 1 有关联呢？如果是，难道我们应该得出结论，人们应该比他们通常情况下更多运用系统 2 吗？或者是不是知识论学者在系统 2 类型的活动上赋予了极不合理的价值呢（同时又低估速度、认知资源的保护，等等）？

4. 费尔德曼与科尼可能会如何回应荣森的实验？据称这些实验支持了这样的说法——归赋者在信念形成过程的常用描述词及其可靠性问题上是趋同的。可靠主义的怀疑论者是不是应该尽量找到荣森实验结果中的错误所在，或者否认这些结果（再加上"基础层次的范畴"背后的机制）支持可靠主义呢？他们的最佳反击手段是什么呢？为什么？

5. 图里的实验究竟要表达什么？是说在理解一个复杂场景时，如果其中关键特征都特地被凸显出来，普通人是不是跟专业哲学家一样准确无误吗？抑或一旦得以适当引导，在判断思想实验的场景时，他们是不是因此像哲学家一样成为"专家"呢？还是温伯格、尼克尔斯与斯蒂奇（Weinberg，Nichols and Stich，2001）所提出的担忧根本不存在呢？上面有没有哪一个属实呢？

延伸阅读

Evans, Jonathan St. B. T. （2003）. "In Two Minds: Dual-Process Accounts of Reasoning". Trends in Cognitive Sciences 7 （10）: 454-459.

Fantl, Jeremy, and Matthew McGrath （2002）. "Evidence, Pragmatics, and Justification." Philosophical Review 111 （1）: 67-94.

Gigerenzer, Gerd, Peter M. Todd, and the ABC Research Group （1999）. Simple Heuristics That Make Us Smart. New York: Oxford University Press.

Goldman, I. Alvin (1986). Epistemology and Cognition. Cambridge, MA: Harvard University Press.

Jönsson, Martin L. (2013). "A Reliabilism Built on Cognitive Convergence: An Empirically Grounded Solution to the Generality Problem." Episteme 10 (3): 241-268.

Kahneman, Daniel (2011). Thinking, Fast and Slow. New York: Farrar, Straus, and Giroux.

Kornblith, Hilary (2002). Knowledge and Its Place in Nature. Oxford: Oxford University Press.

Olsson, Erik J. (2014). "A Naturalistic Approach to the Generality Problem." In Alvin Goldman and His Critics, eds. H. Kornblith and B. McLaughlin. Oxford: Blackwell.

Pinillos, Angel (2012). "Knowledge, Experiments, and Practical Interests". In Knowledge Ascriptions, eds. J. Brown and M. Gerken, 192–219. New York: Oxford University Press.

Quine, Willard van Orman (1969). "Epistemology Naturalized". In Ontological Relativity and Other Essays, 69-90. New York: Columbia University Press.

Rysiew, Patrick (2008). "Rationality Wars-Psychology and Epistemology." Philosophy Compass 3 (6): 1153-1176.

Turri, John (2013). "A Conspicuous Art: Putting Gettier to the Test." Philosophers'Imprint 13 (10).

Turri, John, and Wesley Buckwalter (2017). "Descartes'Schism, Locke's Reunion: Completing the Pragmatic Turn in Epistemology". American Philosophical Quarterly 54. 1: 25-45.

Weinberg, Jonathan M., Shaun Nichols, and Stephen Stich (2001). "Normativity and Epistemic Intuitions." Philosophical Topics 29 (1-2): 429-460.

当代知识论导论

第八章 哲学的直觉方法论与科学的角色

8.1 如何做哲学：扶手椅上还是实验室中呢？

每一个探究的领域都有其方法论，或者应该有方法论。哲学的方法论是什么呢？它在设法确立它所寻求的不同种类的真理（不管这些真理是什么）的活动中表现如何呢？如果它像经验科学，它就会产生有关那些所选定的哲学问题的假设，然后做实验来确定哪一个假设正确。哲学是不是以这样的方式来开展其活动呢？看起来它似乎是这样的。正如第三章中所说，知识论中有一个曾经流行的理论认为，知识就是得以确证的真信念。盖梯尔力图检验这个假设，他提出两个例子，在他看来证伪了这个理论。每一个例子中的主角都有与某具体命题有关的得以确证的真信念。该理论因此而预计该主角会被认为知道那个命题。不过真想不到，结果并不是那样；很显然，这个主角**不**知道所讨论的那个命题。因此盖梯尔说，这个理论不成立，而且众多知识论学者都赞同他的观点。这难道不是对一个理论的检验吗？难道这个检验结果没有证伪该理论吗？因此，看起来包括知识论在内，做哲学的方式本质上似乎跟科学一样。

这与科学有多少相像呢？在经验科学中所实施的检验活动指的是那些结果能够被观察到的实验。或许他们只能借助于仪器（望远镜、电子显微镜、红外光谱，等等），但是那仍然是观察。哲学的检验中所观察到的结果是什么呢？这不是直接观察到的。在盖梯尔的第一个例子中，"结果"或许是这么一个事实——史密斯（Smith）相信那个得到工作的人的口袋里有十枚硬币是得以确证的，但他并不知道这一点。然而，既然这个例子只是想象的，这是哪一种事实呢？它又是如何被观察到的呢？

哲学的理性主义者会说，它不是在这个词的标准意义上被观察到。或许有这样的一个概念性事实，它处于特定概念间的必然关系中。这样的必然关系是通过先验的洞察或直觉能力或许可以发现那些类型的东西。有可能当一个人思考盖梯尔情形，并通过这样的能力认识到该情形中的主角不知道命题的时候，这样的情况就发生了。这样一种描述正是未来的理性主义者想要讲述哲学"实验"如何操作的时候会说的内容。它们并不像科学中那样的知觉性观察情形，而是对实验结果的不同种类的发现。由此，尽管在哲学与经验科学之间有某种相似性——两者均在其各自领域中对理论加以检验——哲学的检验与科学的检验却大相径庭。哲学的检验是在扶手椅中进行，而科学的检验则是在实验室中（通常是在按字面意义，偶尔有时在宽泛意义上说）。因此哲学的方法论很显然不像科学的方法论，至少在某些特定的方面是这样的。为什么这样呢？它应该继续这样呈现吗？理性主义者认为，它是这样的而且应该如此，自然主义者则有可能不赞同。其间分歧的本质究竟是什么有待继续探究，自然主义者阵营或许并不齐心。

8.2　思想实验与盖梯尔化判断的内容

大部分自然主义者对源自思想实验（包括盖梯尔式思想实验）的直觉或判断持怀疑态度。哲学家如何才能使用针对那些涉及难题的情形的直觉性判断，得出某个有关哲学理论的结论呢？比方说，在一个盖梯尔情形中，这一点如何表现出来呢？从某人针对单个场景的基于直觉的看法，到涉及哲学理论家所感兴趣的一个概念、术语或关系的结论，这中间做出了什么推论呢？

威廉姆森力图为那些通常根据"直觉"而描述的哲学实践祛魅（Timothy Williamson，2005；2007）。他并不认同我们有特殊的先验直觉的能力这样的观念，实际上他认为先验/后验这个区分太粗糙，根本无法运用在知识论之中。他主张，我们应该将思想实验的运用理解为我们通常用到的一种极为普通的、毫无问题的推论——反事实推理。

威廉姆森首先考察了基于盖梯尔的结论可能蕴涵的内容，这些内容被假定是利用思想实验得出的结论。他希望看到的是一种哲学方法的论述，表明一个人如何从我们在特定盖梯尔情形中获悉的某个东西，得出我们针对一般意义的知识形成的结论性内容。这个论述旨在弄清楚这样的探究是否利用了经验或先验的方法。威廉姆森所喜欢的初始结论的表达是这样的：

反事实命题：如果某人要按照盖梯尔情形所描述的方式来认定一个命题，那么她就会对那个命题而不是知识有着得以确证的真信念。①

这是盖梯尔化论证中的两步中的第一步。这一步自身并不蕴涵 K = JTB 论题，这个论题是我们这里要探讨的最终结论。然而，威廉姆森说，第二步是相当直接的。这一步说的是，盖梯尔的文本所描述的例子是**可能的**。当这个可能性命题（POSSIBLITY proposition）的真理与反事实命题的真理相结合的时候，我们就有一个合取内容，从中就得出 K＝JTB 的否定项。（这个例子提供的情形是满足了 JTB，而 K 没有被满足。如果这样的情形可能的话，那么就不会出现 K 与 JTB 的同一。）

反事实命题是不是对盖梯尔式信息的恰当传递呢？威廉姆森想说服我们接受这一点，因为在他看来，反事实推理是个极为平常的推论，它不应该鼓动任何人去借助像"先验理性"这么古怪的东西，它同样不应该让任何人怀疑在哲学中可以运用思想实验。如果哲学思想实验能够被理解为反事实推理的具体例证，那么后者如此常见，应该消除任何关于哲学用到"特殊"方法的主张——正是这个方法招致疑虑或怀疑主义。这恰恰是威廉姆森在其中发现的有吸引力的东西。

然而，这样的诠释正确吗？市川与贾维斯认为恰恰相反（Ichikawa and Jarvis，2009）。反事实命题将盖梯尔式论证的核心前提视为一种偶然为真的反事实情形——因为盖梯尔描述的情形既不蕴涵得以确证的真信念，也不蕴涵非知识（nonknowledge），这才导致它们偶然为真。这个故事可以用很多不同的方式来表述，其中只有一部分涉及得以确证的真信念与非知识。因此，威廉姆森所提供的并不是一种蕴涵关系，而是反事实关系。

市川用于展示其看法的例子是这样的。首先，有这么一个假想的类似

---

① 这是市川（Ichikawa，2009）和贾维斯（Jarvis，2009）的表述。它被转述为用英语来表达威廉姆森的逻辑符号。

盖梯尔的文本，它描述了一个让人感兴趣的可能的世界。既然这些反事实基本上是根据最为接近的可能世界中所发生的事情来诠释，那么就可以考虑第二个这样的世界（Ichikawa，2009）。有一个假想的文本是这样的：

> 在 8：28 的时候，有人看钟来确定现在是几点。但钟坏了，它正好 24 小时之前停了。这个人依据钟的时间读数，相信是 8：28。

尽管这个文本表明但实际上并不蕴涵着，看钟并相信是 8：28 的这个人并不知道时间是 8：28。现在不妨来思考一下这个最接近的世界，在这个世界中该描述为真，但时钟观察者**提前**知道这个钟正好已经停了 24 小时。在那个世界中，即使该文本得以满足，但这里的主体（基于时钟的读数）**不知道**时间是 8：28。因此，反事实为假。如果这个人要满足盖梯尔文本，那么他就不会知道，这一点并不为真；相反，他会知道。正如市川与贾维斯进一步解释的那样，威廉姆森的反事实诠释使得 JTB 分析的盖梯尔化依赖特定的模态空间结构，尤其依赖在最接近的可能世界中有什么样的主张。不过知识的盖梯尔化并不因此而依赖模态空间的相关配置。即使反事实在具体的世界中得以满足，知识也不是因为那个停掉的时钟例子而被盖梯尔化。

马尔姆格伦（Anna-Sara Malmgren，2011）针对威廉姆森的提议提出了一个类似的反例，同时也对盖梯尔情形所暗含的判断形式给出一个更有前景的肯定性论述。她的肯定性论述如下：

> **可能性（POSSIBILITY）**：*一个人有可能像在（所描述的）盖梯尔情形中那样坚称 P，并且尽管她有一个得以确证的真信念 P 但并不知道 P。*

根据这个诠释，那个停下来的时钟的例子就没有任何问题。即使这个例子本身不会是个盖梯尔情形，另一个类似的、主体确实不知道的例子将会表明盖梯尔的观点。它会在不考虑模态空间的结构的情况下表明这个要点。

8.3　作为证据的认知结果

在本章开头，我们指出哲学的方法论类似于经验科学的方法论，即用

"实验"来挑战、可能拒斥正在盛行的一个或者更多的理论。接下来提出的问题则是，在这些实验中涉及哪些种类的"结果"。然而，我们尚未面对这类结果中最为常见的候选对象。这类结果中主要的候选对象就是**直觉**，或者被视作某种命题态度的直觉**状态**，这些状态将思想实验所提出的那些归类问题的回答视为其内容。在一个盖梯尔情形中，这个问题就变成："这个故事中的主角知道 P 吗？"可能的回答则是"是的"或者"不是的"，或者是个肯定或否定的态度。（一般而言，这些状态将被理解为非语言的，或者用思维语言而不是公共语言来表示。）现在这些直觉状态可以被视为思想实验检验的**结果**。实验主体可以是任何面临这样的假设场景的人：一个专业哲学家、哲学课堂上的学生或者实验哲学研究中的参与者，在阅读场景描述之后必须要在框中打钩或者点击屏幕，以表明"是"或"否"。①

或许哲学方法论理论的中心问题是这个："这些直觉或者直觉状态是证据吗？"能把它们正当地理解为，在支持或反对某个哲学理论时赋予真正的证据性力量吗？或者，正如一些哲学方法论家所声称，它们真的不值得信任，也不适合被赋予证据内容的作用吗？毕竟，如果我们允许这类心理状态被赋予证据的作用，这无疑将在知识论话题上产生一定的认识后果，比方说，回答问题的人在依据其直觉，得出结论或者修改他或她的信念时是否得到了确证。传统哲学家们运用直觉方法，通常假定直觉能够而且应该被赋予证据的作用，这样哲学家们基于直觉方法论的理论结论（在有利的情形中）毫无疑问就得到了确证。直觉方法论的怀疑主义者怀疑或否认，基于直觉的方法论在哲学问题上能够产生得以确证的结论。至少怀疑主义者认为，几乎看不出来，它们是**如何**能够正当地提供这样的确证。②

---

① 假定一个主体或参与者给出一个表达了其真实态度的回答（无论是口头还是通过点击）。换言之，假定主体诚实地回答，而不是出于某个策略或其他特别的动机。这个假定在某些实验情境中很显然不会始终得以坚持，但这里通常假设的是参与者将做出诚实的回答。

② 最近一项值得注意的研究工作，试图表明针对一般意义上的抽象物体的信念，直觉（或"觉知"）如何才会给予我们确证，请参阅 Chudnoff（2013）。

在大部分哲学家看来，谈论"直觉"就是谈论某一类具体的心理状态。威廉姆森在其《哲学的哲学》（*Philosophy of Philosophy*）中表达了他的忧虑。他在这本书里基本上拒斥任何将"证据心理学化"的企图。他写道："当前哲学主流未能阐明一个完备的哲学方法论，部分意义上是因为它陷入将数据资料心理学化的经典知识论错误。"（2007：4—5）然而，看不出来这个立场是如何相容于他对思想实验的得当的运用所做出的肯定性论述。如我们在 8.2 节所注意到，威廉姆森对思想实验的可信性的论述诉诸反事实推理的可靠性。但是如果它不是心理过程，反事实推理又是什么呢？这样看来，威廉姆森自己似乎恰恰是"将数据资料心理学化"（或者也可以说是将相关"现象"心理学化）这一策略的例证。在其他情形中他将这一点视作"谬误"，但在他自己那里又不是，他怎么能够做到两者相一致呢？① 无论如何，知识论在为确证或为知识留空间时，有非常多的进路均要诉诸心理状态或过程。知识论中利用这类状态或过程的所有尝试注定会犯下（无可救药的）错误，这样的主张无异过于一概而论，无法得到充分的辩护。

回到直觉或直觉状态，在阐明直觉究竟是什么时，哲学家群体就分裂了。这里有两个主要的候选对象：（1）直觉就是信念状态，与（2）直觉是信念的倾向或者理智的"表现"（seemings）。通过论证之后，第一种进路会认为，有关盖梯尔"十枚硬币"案例，一个典型的主体直觉是**相信史密斯不知道**。第二种进路则主张，有关那个盖梯尔情形的直觉会是**倾向于相信**或者带有"史密斯不知道"这一内容的**理智表现**。倾向于相信或者理智表现，有可能被其他因素操控，以至于直觉不会被视同真正的信念，就像在穆勒错觉中一根横线比另一根更长这一知觉表现未必是个信念一样。我们用不着在这两种进路中做出决定接受哪一种（如果其中有的

---

① 此外，威廉姆森提供了更多关于反事实推理的心理学的细节。他声称，有很多与他不在同一阵营中的人提出反事实思维是一种"离线模拟"（off-line simulation）（2007：47—53）。然而，这个想法风险很大：心理学文献中有海量的证据表明，模拟，至少在其应用到读心时，并非特别可靠。请参阅戈德曼（Goldman，2006：164—170）对这类经验证据的概述，这些证据证明了以模拟为基础的读心充满着各式各样的偏见。这个威胁越大，那么倘若完整的思想实验方法论取决于以模拟为基础的离线推理的（高度）可靠性，怀疑主义的理由就越充分。

话）。原则上，任何一种或许都可以起到维护基于直觉的方法这一目标。

这样的维护可以怎么来进行呢？不管直觉是信念还是理智表现，它都可能是一种有资格作为**证据**的状态。这里有一个人们都熟悉的证据意义或许可以担此重任。如果一个事物是其他某个事态的可靠标识，它通常指的就是"证据"。气压计的读数下降，就是即将下雨的证据，原因是当气压计下降的时候，通常是快要下雨的可靠的标识。树干上的圆环的数量，就是树龄的证据，如果一个树干有 X 个圆环，这就是这棵树是 X 岁的可靠标识。当然在这些情形中，那些证据是外在世界的状态，不是心理状态。不过心理状态同样可以是其他（无论是心理还是非心理）事态的可靠标识，并因此而赢得证据的地位。有一个关于今天早餐吃的是格兰诺拉麦片（granola）的（表观）记忆，就是一个人早餐确实吃了格兰诺拉麦片的可靠标识。因此前者可以是后者的（好）证据。在进入房子时有着独特的嗅觉体验，可能就是厨房里正在烧某个人喜欢吃的菜的可靠标识，因此它能够证明烤炉中有什么。心理主义证据论者像费尔德曼与科尼，当然会承认并欣然接受这些心理状态的地位，它们就是具体的证据（请参阅第二章）。确实如此，他们会反对这些状态的证据状况建立在可靠标识上这样的观点，不过他们只是因为对可靠性理论存在认识上的盲区才招致如此。当然，并不是**所有**的心理状态类型都可以作为证据。盼望 P 或者想象 P，或许就无法证明任何东西——或者任何让人感兴趣的东西。

说得更准确些，当我们提出某类心理状态是否为证据时，我的意思往往是它**对于其内容的真**而言是证据。就记忆而言，你好像记得你早餐吃了格兰诺拉麦片，不会被视为你早餐确实吃了格兰诺拉麦片的证据。对于愿望来说，尽管将一个愿望与它的内容之真相互关联并非完全不可能，但正常情况下它不会出现。至此，就我们所表达的内容来看，直觉有可能或可能不与它们内容之真可靠地相互关联，或者跟它有着可靠的标识关系。

然而，已经有很多论证提出来了，意在削弱直觉作为证据的资格。这里有一个改编自卡明斯（Robert Cummins, 1998：116-118）的论证：

　　一个器具、程序或方法的输出构成了我们能够适当地将其当作证据的资料，仅当那个器具、程序或方法被校准过（calibration）。校准要求来自一个独立程序的证实。直觉有被校准过吗？它有没有通过一个独立于直觉的方法来表明它的可靠性呢？根本没有办法做到这样。假定我们对公平有哲学的兴趣，然后我们询问人们对具体的假设情境中所描述的分配公平有什么直觉的认识。我们不应该信任他们对这些情形的直觉，除非我们已然先行确定他们的公平直觉器（fairness intuitor）是可靠的，也即除非它已经被校准过。但是我们如何才能实施这个校准呢？我们没有密匙用以确定他们的直觉途径的输出是正确的，而且根本就不存在这样待发现的密匙。

直觉的证据地位的辩护者也许按如下方式回应这个论证。独立的证实或校准这一要求是个过于严格的条件，不能把这个条件加诸证据来源上。必定存在着某些具有"基础"意义的证据来源，它们不可能被独立的来源所证实。基础的证据来源或许包括直觉、记忆、内省、演绎推理以及归纳推理。这些能力被很多知识论哲学（即使不是大部分）视为有着基础地位，而且它们同样被当作合法的证据来源。它们的基础性，准确地说，意味着没有独立的能力或方法用来确定它们的可靠性。但是这并没有削弱它们的证据赋予能力。因此我们不可能接受卡明斯对证据的限定，否则就会招致普遍的怀疑主义。所以，他反对直觉的证据赋予能力的论证没有什么说服力。

8.4 科学能够帮助我们评价证据的地位吗?

现在让我们转向用科学的方式来探究直觉的证据价值的前景。特别是认知科学会有助于做到这一点吗？或者实验哲学有助于实现这个目标吗？这是对前一章讨论自然主义知识论的高度延续。然而，有没有什么实例用于对其他领域中程序的证据价值或合理性加以科学地研究呢？在这里它将会有助于提供一些指导。

思考一下在法律语境中出现的证据。在科学探究中，人们至少会使用两类标准的证据性方法来揭示其中的问题。第一项研究表明目击证人证言存在各式困难和错误（Loftus，1979）。近期的例子涉及最为标准、公认的那类法医证据——法医在法庭上提供的证言，大致是说在犯罪现场发现的那个指纹样式与被告指纹相"吻合"。这种证言是不是足够可靠，并因此而值得法庭采信呢？这一问题已然是涉及关于证据的一个二阶问题。它要提出的问题是，是否有好的证据来证明指纹方法的确提供了好的证据（这是通过证言而传递出来的）。

这样的二阶问题最近在美国法庭上以极具批判性的方式被提出来。所谓指纹证据的"ACE-V"方法长期以来是法医证据的黄金标准。但是在几个备受瞩目的案子中，由一直被视为业内最好的法医实验室之一的FBI犯罪实验室所提供的宣称"相吻合"的结论，最后发现大错特错，这促发学术界的专业人士去深入研究这一方法。基于更为细密的考察之后，指纹证据专家群体所称的"科学"在更为科学的意义上并不合格（Mnookin，2008）。简单地称一个方法是"科学的"没有使得其事实上如此。这个方法的准确性从来没有符合一定的统计学检验结果，因此不存在科学的二阶证据证明这个所谓的证据就是好证据。众多评论者提出，这种情况应该要加以改变。

这个例子所表明的要点在于，被当作证据并没有使得某个事物成为**真正的**证据，至少不是**好**证据。如果一个事态没有可靠地标识它旨在标识的那些类别的事实，在认识上就不应该信赖它。法医学的例子同样表明这一点，这些经验性检验（据称是其可靠的标识）通常能够被设计成探究过程或方法的可靠性，以便确定过程或方法输出是否有其可靠标识。这些检验将会是二阶证据的例子。最后，正如法律系统当然应该针对法庭法医证言的可靠性要求好的二阶证据，哲学家同样可以合理地寻求类似的检验，从而获得有关哲学方法的证据殊型的二阶证据。

8.5　用实验来检验哲学直觉的证据属性

恰如我们所见，诉诸直觉是一种证据性程序。不管我们将直觉诠释为信念，还是理智表现，均是如此。然而，鉴于当前的目的考虑，它们可以被看作**归类判断**（classification judgment）（即关于如何将某个场景或事态归到相应范畴的判断）。不是所有对"直觉"一词的运用都涵盖在这个解释之中。日常语境中的"直觉"可能指有关未来的预感或预兆，在哲学话语中它可能指的是在特殊的认知领域（比如数学或伦理学）中所运用的假设的能力或者感觉。但是出于当前的目的，可以忽略直觉一词其他的用法。

可以看出，这里呈现的核心问题是，至少哲学话题中的归类判断是否配得上高级证据这样的地位。它们通常是不是其内容的可靠标识呢？如果换另一种方式来表达，它们的状态一般来说与它们的使真者（truth-maker）相一致吗？这个问题是不是可以借助实验哲学来加以阐述呢？这里有一种可能的进路。假定两个人都出现在同一个场景中，按要求对该场景中有哲学意义的属性或关系的特征进行归类。布朗（Brown）报告称她的直觉是该场景就是一个 F 的情形；布莱克（Black）声称，依照他的直觉，该场景不是一个 F 的情形。① 表面上看，这两个人不可能同时正确。事实上，正好其中一个人必定是对的，而另一个人是错的——50%的概率。如果最终表明调查的参与者在他们的归类判断中正好各占一半，这对于直觉的证据性前景而言是个糟糕的结果。它们没有比标识所探究的归类性"事实"的概率好多少——根本上说毫无证据上的帮助。

实验哲学家做了很多诸如此类的调查（不变的是参与者在两个以上）。大致说来，他们应该因此而能够报告对于直觉的证据性前景而言有利或没有利的结果。比如，如果对于每一个被检验的诸多哲学范畴来说，60%的参与者直觉为"F"，40%直觉为"非 F"，那么至少 40%必定是错的。这是非常高的错误率了。

₁₉₂ 在实验哲学发展的初期，"标题"研究产生了大致可以归为前述那个类型的数据材料。温伯格、尼克尔斯与斯蒂奇（Jonathan Weinberg, Shaun Nichols, and Stephen Stich, 2001）给主体呈现一个盖梯尔式的例子，这个例子的主角是一个叫鲍勃（Bob）的人，他们然后询问人们鲍勃是否"真的知道"或者"只是相信"所述的一个命题。大部分（74%）有西方血统的主体回答是"鲍勃只是相信"，而大部分（56%）有东亚血统，以及大部分（61%）有印度血统的主体则回答"鲍勃知道"。这些研究者最感兴趣的是来自不同地域的参与者所做出回答之间的差异，但是这个检验同样可以根据一定会出现的错误率来谈论其重要意义，并以不同民族的参

---

① 假定人们在口头报告其直觉时始终正确无误。为了简洁考虑，至少在涉及归类判断时，我们承认主体内省的可错性。

与者的分歧模式来进行推论某些结果。

　　在直觉这个话题上，实验哲学家有时将他们自身分为两类：**肯定与否定的**实验哲学的实践者。肯定的实验哲学家并不挑战基于直觉的方法的知识论合理性；他们只是运用这样的方法来努力揭示哲学上有趣的结果。相较之，否定的实验哲学家则着力挑战直觉的认识意义。亚历山大、马龙与温伯格所宣称的目标就是"突出这样的否定性"——找到证据来质疑直觉性证据的有效性（Alexander, Mallon and Weinberg, 2010）。他们的研究意在展示主体回答中的变化。这样的变化被理解为主体间分歧，而且据我们观察，当存在这样的分歧时，或多或少有一方必定是错的。太多分歧似乎就会确立他们否定的怀疑主义结论。

　　然而，这过于简化了该情境。用"x"代指假设的场景名称，当这两个人中每一个都直觉或判断 x 是 F 时，他们是在赞同同一个命题吗？未必。如果其中一人以不同的方式这样或那样来理解、表达或认识这个场景，他们可能并没有在赞同同一个命题。而且如果其中有一人断言"x 是 F"，而另一个人则否认"x 是 F"，他们并非彼此互不赞同。他们的动词"赞同"和动词"否认"可能没有构成一对相互矛盾的判断，实际上，他们两个人有可能都正确（Sosa, 2007b）。一旦避免对错误的过度归责，对那些明显分歧加以辩解或许保护了直觉所带有的证据性界限。另外，这有可能过于宽容：如果有人内心误解了这个场景，并且这样的误解是他错误归类的来源，那么仍然是所指称的那个场景为他的回答提供了（部分）内容，同时也提供了判断它之为准确或不准确的基础。因此，当两个运用直觉的人针对同一个场景有着不同的归类时，这些理论家基本上可以得出正确的结论——即使问题的来源是对场景描述的误解，两人中有一人必定是错的。

　　同样，用调查结果可以表明直觉的不可靠性——还可以使用其他一些途径。那些支持实验哲学的"否定"形式的人认为，如果调查数据揭示了直觉敏感于某些因素——它们与思想实验自身的内容"毫无关联"，那么这就构成了对其证据地位的反驳。这同样可以根据不相关性与不可靠性是如何相联系的来加以理解。比方说，如果直觉被认为并相信准确地标记了与某个场景有关的事态，那么实验中以什么样的**顺序**将各种情形向主体呈现不应该影响归类判断。不过有一群实验哲学家发现，（第一还是第二的）呈现顺序确实影响归类判断（Swain，Alexander and Weinberg，2008）。这个结果被视为表明直觉是"不稳定的"，而且当它们不稳定的时候，它们就会缺乏相应的比较高的可靠性。能够产生"不稳定性"的其他因素包括对情感语境的敏感性，比如在听到调查问题时看到了让人恶心的刺激物——一片片油腻腻的、放了很久的比萨（Nichols，2004）。

这些类别的结果表明，科学方法可以潜在地为直觉如何产生提供丰富的信息，并且这一点事实上影响了它们的准确性。原则上我们也许会认为哲学家们对常识直觉的幼稚的乐观已被误置。从历史上看，科学已经颠覆了很多常识信念，而它们看起来都很稳固，也无须加以批判地检视。与此同时，人们更愿意相信只有**高质量的**科学才能影响我们的整体评价。有些实验哲学的批评者认为，各式各样的实验哲学对于在方法论上提出异议始终是开放的，或者随着时间流逝会发现有些方法论并不成立。

举例来说，实验哲学的揭秘者们指出，自实验哲学研究的开创性研究（Weinberg，Nichols，and Stich，2001）以来，在第一个十年中，人们并没有做到对这些最初结果的重复检验（尽管尝试过重复这些结果）。当然在实验科学中，对结果的重复是基本的要求。其他人发现，在一开始的那项研究中，东亚人和南亚人的回答非常接近50-50的分布，当主体对一个问题不感兴趣而只是随便回答的话，实验者经常可以看到这样的结果（Nagel，2012）。在那项研究中，主体只是随便回答这样的可能性没有被排除出去。

另外一条攻击的路径则指出，实验哲学的调查只不过常常假定调查中的回答等同于直觉，但这个假定本身不尽合理。在调查中影响回答的因素包括几个可能并不影响（纯粹心理）直觉的东西。它们包括：（1）在诠释其中细节时所用的主体的背景信念，（2）关于研究者对什么感兴趣的信念，并因此而通过回答来"寻找"，以及（3）对会话规范的敏感性。第二个因素有时被用于指代"任务需求"，可能影响主体回答的准确性。这样量身定做的设计可能与实际的直觉并不完全相符。从调查结果到构成直觉的解释，实验哲学的实践者们有的时候可能做出不太稳固的推论，忽略实用和语义因素，显然这些因素在引导参与者对调查做出什么样的回答的过程中起着一定的作用（Kauppinen，2007；Cullen，2010）。简言之，批评者们所指责的是，实验哲学家没有充分关注其中所需的合理的调查研究方法论的细微差别。

还有一条批评的路径则因以下假设所引起，这个假设指的是调查中的学生主体，尤其是那些已然在知识论课程中学习过知识问题的学生，可能并不具备必要的**专业知识**来理解绕来绕去的细节问题，知识论（尤其是与盖梯尔难题有关的）往往在这些方面纠缠不休。这需要知识论学者（与一般意义上的哲学家）具备相关训练和专长。相较之，根本不能假定调查类的实验中普通的参与者拥有所需的工具，并处理这些场景中的微妙之处。当然或许也可以说，他们的直觉或归类程序中没有常规的缺陷，他们的困难只是在目标场景的细节中。第七章中所展示的图里的研究在经验上支持了这个观点。

不过即使这些批评中有一些说得没错，但它们并不构成对本章主要思想的反对，也就是**操作得当的**科学根本上非常有利于总体的哲学实践，特别是直觉方法论的有效运用。无论直觉的可靠性会是什么样，要想精准确定这个可靠性程度，就需要实验的方法论，或者人们至少可以从中获益。

8.6　直觉判断怎么可能出错呢？

让我们先暂停讨论那些指向归类直觉的具体实验研究，而从理论的视角来思考一个（归类）直觉有可能出错的三条路径。第一条路径，如果主体在目标范畴的概念或观念上犯错，比如知识、因果、指称或任何涉及的哲学关系，那么相应的直觉就会出错。如果一个人缺乏对范畴的适当把握，那么在归类一个目标场景时他也许很容易出现不准确的情况，并且认为（比方说），尽管盖梯尔情形中史密斯就是如此，但他却知道。

第二条路径则是，如果主体没有充分表达这个场景，相应的直觉可能会出错。图里实验的要点（7.3.2 节）就是表明，强化场景的表达如何可能引起主体对其关键特征的注意，而这会显著地影响主体对于当下话题是否有全面的理解。如果没有对特定的细节予以足够关注或把握，归类就可能出现偏差。第三条出错的路径是，分类过程的具体实施或执行中有缺陷。在全面、正确地重新表达该场景，并在更早时间形成相关范畴（比如，知识）的正确表征之后，试图对涉及该范畴的场景加以归类在某种程度上仍有可能犯错。任何这些可能性的出现，或者它们的任何组合，都可能导致一个错误的归类判断。

直觉判断的坚定捍卫者或许会回应称，前两类错误均不应归咎于直觉的门阶的恰当与否——也就是直觉的**过程或操作**的门阶。很显然，如果认识活动中的其他因素使得表征该场景或范畴的任务失败，那就不能苛责过程或操作了。它们是另一类缺陷。在评价直觉的方法论时，对直觉本身与其他起作用的因素一道在方法论中的角色，难道我们没有已经了然于心吗？如我们已经提示的，一个具体的归类判断的准确性更多取决于该过程的归类步骤。这个责任应该由所有起作用的因素来承担，而不仅仅是直觉的（归类）过程。如果你发现你的手表显示的时间有误，不一定要把板子打向手表机械系统本身；或许是你因到一个新的时区后没有重新设定所致。如这个例子所示，可靠的标识可能因为诸多不同的原因而出错。

有了这些想法，用于评价作为过程的归类直觉的标准就可以进行有益的调整，其方式与过程可靠主义者调整确证的推论过程的理论相似（请参阅第二章）。如果一个推论过程产生的一系列低真比（low truth-ratio）输出信念为真的比例很低，这种情形可能呈现几种不同的方式，它可能是因为推论模式自身有缺陷，或者，出现错误也许是因为在其运用的各类场合，过程中存在假前提。这可能很容易导致非常多的错误的结论信念。［思考一下"错进则错出"这则谚语吧。］这就推动可靠主义者在他们的框架中引入**有条件的可靠性**（conditional reliability）这个观念——（只有）在输入信念为真的情形中才会有高真比输出。提出这个有条件的可靠性检验，是为了将其作为推论过程（以及其他信念依赖过程）的确证性质量的恰当标准。有条件的可靠性作为一个概念，它同样能够应用于归类判断的情形：

> **有条件的可靠性**（C-J RELIABILITY）：一个归类判断过程具备高度的有条件可靠性，当且仅当它在无论是场景描述还是范畴表征均准确无误的那类情形中，输出了高真比的归类判断。

正如**在所有输入信念为真时**，针对推论的有条件可靠性的界定诉诸输出信念的真比，当过程的所有输入均准确无误时，归类判断的有条件可靠性概念也诉诸准确的归类判断的真比。这里的主要输入将包括：(i) 直觉者对场景的心理表征，和 (ii) 她对（目标）范畴的心理表征。这个界定并不试图解决归类直觉的过程是否足够可靠，或者并不足够可靠，从而值得我们在哲学实践中运用它。它只是竭力主张，可靠性的评测手段应该适当加以确立，这里的适当性是有条件的而不是无条件的可靠性。

然而，一旦有条件的可靠性包括在内，便会出现归类直觉是否可能出错的问题。如果一个主体所拥有的 F 的概念正好与 F 自身相吻合（即跟 F 自身一样有着相同的内容），而且如果她同样全面而又准确地表述了该场景，该归类系统怎么可能对"这个场景例示了 F 吗？"这一问题给出错误的回答呢？甚至，一个有缺陷的归类系统怎么可能呢？它不会是一个正常情况下所理解的归类系统（Ludwig，2007）。

在这里，科学心理学的资源可能又一次对研究归类大有裨益。归类这个话题在认知心理学中得到非常多的研究，通常是以**范畴化**这个名头（是一个这里经常用到的概念）为对象。我们对可能的范畴错误通过两种方式来展示，两者均以基于心理学的范畴化论述为依据。

首先来考察"概念拥有的理论"（a theory of concept possession），即所谓的**范例理论**（exemplar theory）。这个理论主张，概念拥有涵盖了将一组早前碰到的目标范畴的范例（比如"狗"）存储在记忆中。鉴于一个人已然拥有了这样一个概念，那么将视觉上看到的一个对象范畴化为狗或者不是狗（non-dog）开始于：(a) 从记忆中检索某人的狗范例的某个子集，且 (b) 对比目标对象与检索到的范例之间的相似性。如果相似性非常接近（至少非常接近某些检索到的范例），那么这个目标对象就被范畴化为狗。如果这个对象与对比范畴（比如"猫"）的范例更加相似，那么这个目标对象就被范畴化为不是狗。

要注意，上面所述的范例理论主张，**选择**是在从范畴 F 的全集合的检索过程中做出的。是什么引导着这个选择呢？语境因素也许会确立某些范例，以与其他范例进行对比。梅丁与沙弗所提出的范畴化的"语境模型"提供了这种进路（Medin and Schaffer，1978）。如果检索过程能够以这样的方式得以确立，看起来所产生的回答可能会非常多变，而且它们的正确性问题就变得几乎毫无意义。然而，如果考虑全集合的储存范例所产生的回答，不同于考虑它们的某些有偏向的子集所产生的回答，那么后者似乎就是错误的。因此这就是归类机制可能产生错误的一种方式。

其次，我们来分析便捷策略理论（请参阅第七章）。卡内曼与弗里德里克（Kahneman and Frederick，2005；请参阅 Sinnott-Armstrong，Young，and Cushman，2010）所提出的一个便捷策略，是被他们称为取代便捷策略的一个认知捷径。假设一个人想确定一个物体 X 是否有目标属性 T，然而无论这个目标属性是否出现，还是因为信念持有者缺乏信息或时间的缘故而难以检测，信念持有者并不直接去探查该物体是否有那个目标属性，而是运用一个不同属性的信息——"便捷的"属性 H 的信息，这个属性更易于检测，并因此而便于取代 T。事实上，该信念持有者探究了一个跟她起初问自己的不一样的问题。通常情况下，她未能有意识地觉知到她在回答一个不同的问题；如果她检测到这个便捷的属性，她只不过就形成了一个信念——该物体有目标属性。无论什么时候这个取代的便捷策略发挥作用，它很显然都能够产生并不正确的范畴化判断。

我们来概括一下前几节的内容。基于诸多理由，我们得出结论，各种基于经验的发现，无论是来自标准的心理学还是实验哲学，都可能产生一些在可靠性上，进而在知觉方法的证据地位上引起严重问题的结果。由此，我们就证实了我们早先提出的想法——经验证据与直觉是否真的使潜在的证据项目这一问题高度相关，这个问题恰恰是正统的哲学实践所假定的。然而，这并不意味着当前有关直觉的证据地位的证据相当脆弱——当然会有新的高阶证据即将出现。与此同时，就跟所有的事情一样，这需要**买主自慎**：谨慎对待你购买的东西（理智产品）。

在下一节，也是本章最后一节中，我们要来看看，即使个体直觉者的直觉能力不仅可错，而且异乎平常，但人们仍然能够合理地期待在某些方面应用直觉方法，以产生非常实在的证据成果。

8.7　直觉方法与社会知识论

我们在前一节中看到，形成正确的归类判断至少取决于三个条件：（1）主体对场景的表述的准确性，（2）主体对范畴表征的准确性，以及

（3）主体的归类过程的有条件可靠性。很显然，上述这些条件中每一个都是有待满足的不一般的条件。因此哲学家（反正是很多哲学家）如何才能做到那般自信，就像他们对基于直觉的结论的正确性所具有的信心呢？比方说，知识论学者对于与知识有关的几个问题就非常有信心：例如知识需要真，知识需要信念（或者类似的东西），得以确证的真信念并不足以构成知识。鉴于这里已经表明的各式各样的担忧，哲学家怎么才能够做到**始终**确证地相信这类基于直觉方法的信念呢？

现在我们将表明，这个悲观的立场显得过于草率了。如果一个哲学家仅有的直觉证据来自单个场合的单个人的证据，它也许恰恰得到了确证。假设你是一个在思考知识问题的哲学家，你想到了一个全新的例子；或者更好一点，不单单是个全新的例子，而且还是一个新的视角，比如在盖梯尔（或者也许是他之前的罗素①）想到双运气视角时会发生什么。你问你自己对这种新情形的直觉是什么，而且这种情形越来越明确：这个场景中的主要人物**知道**！你对此毫不怀疑或者毫不犹豫。然而你只是根据你自己的直觉，又应该多么有自信呢？既然直觉如此明晰，或许你就有资格对它有某种程度上的信心。但是当你反思你在本章前面读过的内容时，也许你会感到这方面不应该过于自信。你跟自己说，"只有 0.65 的置信度，不会再多了"。

很好，你正变得谨慎而尽责。不过到目前为止，你并没有做所有你也许可以做的，而且这些也是很多哲学家通常会采用的做法。收集更多证据后，你就能够询问**其他人**的直觉如何。你可能会问你的朋友和熟人。你也许会向一个会议提交一篇专门讨论这个例子的论文，看看在问答环节听众会有什么看法。在盖梯尔情形中，事实上每个人在一开始并无异议。他们赞同他关于两种情形的直觉。（他们同样赞同，即便这些情形与 JTB = K 不相一致，但更进一步的设想与当前讨论毫无关联。）只有在这类罕见的情形中，谨慎的哲学家们才会完全被直觉方法的结果所说服，但是或许他们是确证地相信**那些**情形。

传统意义上，哲学家们通过反思**单个人**直觉的运用，来构建有关直觉判断的证据地位的理论。有些时候，讨论局限于一个主体完全基于他或她

---

① 罗素（Russell，1912）提出过时钟停止这个例子。

自身的直觉而拥有的**自身的**证据。实验哲学则有益地扩展了我们对这个主体的思考，其方式则是比较和对比来自很多参与者的数据。然而如我们所见，又存在着过多强调那些发现的否定性证据输入，参与者在这个问题上分歧很大。实际上，针对这个话题上相反的立场，可以给出这样一个论证：不同的调查参与者之间不一致的回答，（原则上）完全相容于一个具体判断有强力的证据支持这一结论。特别是，假如那个判断是众多参与者中占大多数的判断，这就更没错了。

为了弄清楚这一点，我们从几个例子开始。如果有很多人均观察到一个犯罪行为，每个人在审判中都提供他或她所看到的证言，假设他们所说的在每一细节上都完全一样，那么陪审团应该觉得他们的证言，总体来看仅仅有部分的证明效力吗？或者难道要求他们均赞同所发生的事情的主要事实才行吗？不是的。这个要求过于严格。如果绝大多数参与者赞同所发生的事情，那应该足以成为证据——即使有一些不同意见者。至少如果所有意见都是独立形成的，情况就是这样。与之类似，一个人相信因为人类而引起的气候变化是个事实，这是得以保证的——即使一些气象学家会持有某种程度的不同意见。

这里的普遍性看法可以借助孔多塞陪审团定理来予以正式表达，这个数学定理因 18 世纪法国人孔多塞而得名（Marquis de Condorcet，1785）。这个定理同样辨识出，在"诉诸数字"时应该考虑的重要限定。假设以下条件得到满足：（1）一个有着客观的正确答案的是非题交由一组投票者。（2）每一投票者相信正确答案的概率是 r，这里的 r 大于 0.5。（3）投票者的信念彼此相互独立。这个定理认为，投票者中大部分判断为正确的那个答案，其正确的概率大于 r，并且随着投票人群体规模的增加，这个概率迅速接近 1.0。换言之，如果每一成员的答案正确的概率只是略高于 0.5（且其他条件得以满足），那么对于更大规模的群体而言，其中大部分的意见为真的概率很快接近 1.0。①

---

① 这个陪审团定理的原有形式要求所有投票者有着相同的（高于一般概率的）能力水平。该定理的当代表述放宽了这个要求，它允许能力上有分殊，平均能力水平要高于一半成员，并且这个群体的成员的能力分布是对称的。（请参阅 Grofman, Owen and Feld，1983）。

如果这个定理能够应用于归类判断，它定将有非常显著的意义。假设一个孤立的归类判断为真概率不太大，比如 0.55，并且这个概率对每个人都一样，那么尽管单个孤立的直觉提供了极有限的证据来支持这个范畴化主张之真，但是这样的直觉很多的话就能够提供非常有分量的证据。确切地说，根本无须一致的意见，无论是完全同意还是接近于完全同意：假若判断的总量非常大且它们都是独立形成，那么在规模上勉强多数支持某一个范畴化就能构成重大证据了。

然而，独立性这一要求对于归类判断效用是值得怀疑的，看起来这里似乎将会存在大量彼此影响或者**相互依赖**的情形。学习直觉判断的很多学生已经学过知识论，因此直接受到他们任课老师以及他们所读的那些文献的作者的影响，而麻烦不仅仅是人们熟悉的这一个。对于独立性而言，甚至还有一个更大、更为根本的难题，那就是在学习词语（包括"知道"这个英语中最为常用的词）的意义时，人们已然碰到很多其他人的归类实例。这些词汇运用的"模型"当然会影响到他们。那么，在归类判断领域中满足独立性条件的会有什么前景呢？当然，读者应该注意，像孔多塞陪审团定理这样专门定理的非应用性，并不构成对一个具体类型的过程的可靠性的反驳，它只是意味着没有什么专门的办法可用于解决这个难题。在面对独立性这一要求时，这个一开始看起来很有前景的"诉诸数字"的方案遭遇严重的困境。尽管这里还有很多有待讨论，但是要想在这些难题上取得进展颇为困难，因此似乎可以暂停于此，承认有诸多疑难悬而未决。

作为高度个体化的传统哲学，究竟从哪儿开始呢？从社会的视角来思考一条路径，就构成了进入本书接下来两章内容的富有启发意义的转向，它们共同归到"社会知识论"这一标题之下。社会知识论同样对直觉知识论产生过影响，这一点在这个知识论分支的成长中似乎是个值得注意的重要阶段。知识论的社会性部分将在第九章与第十章中进一步展开探究。

思考题

1. 卡明斯有可能会如何回应反对他的校准论证的异议呢？在直觉和

其他被广泛认为具有基础性的证据来源，比方说知觉与记忆之间，存在什么样的原则性区分呢？他可不可以认为，即使这些其他的证据性来源不存在原则性区别，直觉依然必须加以校准吗？

2. 假定本章的论证——哲学家为了归类直觉的证据地位，应该探究更高阶的证据是正确的，同时假定更高阶的证据必须是（或必须包括）关于归类直觉的可靠性的**经验**证据。对于在哲学方法论上的传统理性主义立场而言，这在多大程度上构成一个击败方式呢？毕竟，它有可能相容于以下主张——非经验的过程正是在归类过程的一阶层次上出现的。因此，更高阶的证据的本质究竟是一个什么问题呢？

3. 本章的**有条件的可靠性**（C-J Reliability）**描述**——作为归类直觉的证据性的标准，是面向保护直觉的证据地位的一个步骤（请参阅 8.6 节）。接受它意味着任何可能犯下的归类的错误都能够归咎于除了归类过程自身之外的任何东西——比如归因于场景表达或概念表征的缺陷。为了避免这一对直觉可靠性的更明智的辩护，一个可能的批评者必定要在证据性的有条件的可靠性标准中找到缺陷。你能帮助这个批评者找到这样的一个缺陷吗？

4. "多数人意见"的辩护避免了独立性缺乏难题，你能想出一个办法来拯救针对直觉方法论的这一辩护吗？即使存在相互依赖，不同人的直觉的趋同难道不能被视为同时出现的直觉的可靠性的标识吗？

延伸阅读

Alexander, Joshua, Ron Mallon, and Jonathan M. Weinberg（2010）. "Accentuate the Negative." Review of Philosophy and Psychology 1（2）：297-314.

Casullo, Albert（2013）. "Articulating the A Priori-A Posteriori Distinction." In The A Priori in Philosophy, eds. A. Casullo and J. C. Thurow, 249-273. Oxford：Oxford University Press.

Devitt, Michael（2005）. "There Is No A Priori." In Contemporary Debates in Epistemology, eds. M. Steup and E. Sosa. Oxford：Blackwell.

Goldman, I. Alvin (2010). "Philosophical Naturalism and Intuitional Methodology." Proceedings and Addresses of the American Philosophical Association 48 (2): 115-150. Reprinted in: A. I. Goldman (2012). Reliabilism and Contemporary Epistemology. New York: Oxford University Press.

Jenkins, C. S. I. (2013). "Naturalistic Challenges to the A Priori." In The A Priori in Philosophy, eds. A. Casullo and J. C. Thurow, 274-290. Oxford: Oxford University Press.

Malmgren, Anna-Sara (2011). "Rationalism and the Content of Intuitive Judgements." Mind 120 (478): 263-327.

Nagel, Jennifer, Valerie San Juan, and Raymond A. Mar (2013). "Lay Denial of Knowledge for Justified True Beliefs." Cognition 129: 652-661.

Pust, Joel (2012) "Intuition." The Stanford Encyclopedia of Philosophy (Winter 2012 Edition), Edward N. Zalta (ed.), URL = http://plato. stanford. edu/archive /win2012/entries/intuition/.

Williamson, Timothy (2007). The Philosophy of Philosophy. Malden, MA: Blackwell.

第四部分

社会知识论

第九章 证言与分歧

9.1 社会知识论导言

笛卡尔开创性地为知识论绘制了一幅路线图。这个计划就是沉思、反思，而非以完全固执己见的方式处理理智的事务：丝毫不考虑他人的想法或意见，以及他们的知识如何对其产生影响。正如下文中他所传达的，笛卡尔拒绝了他老师的训言，开启了个人发现真相的理智之旅：

> 这就是为什么我一到摆脱我的老师们约束的年纪，我便完全放弃了书本的学习。我决心仅在我自身之内或者也许是在大自然这本巨著当中寻找知识。（Descartes，［1637］1960：8）

绝大部分知识论都承袭了笛卡尔所描绘的图景——作为单个探究者的认识行动者借助自身来寻求真理。洛克则在下面这个值得关注的段落中赞同类似的模式：

> 因为，我认为，就像通过他人的理智来知道那样，我们可以同样理性地希望借助他人的眼睛看。我们拥有如此之多真正且正确的知识，正如同我们自身考虑并且理解了如此之多的真理（Truth）与理由（Reason）。我们头脑中他人观点的浮现并不会为我们增加一丁点知识，即便它们碰巧是正确的。（Locke，［1689］1975：I. iv. 23）

然而，这一点极度有悖直觉：即使不是从私人的朋友、工作上的同事，或是从谷歌和维基百科，每个人每天都会多次从他人那里获得信息。（在大多数情况下）我们相信他们告诉我们其所知道的东西，或者是关于某个目标主题、被共同集合而成的事实。不可否认我们日常认识生活的社会结构，而且即使其大部分内容事实上值得怀疑（比如产品广告、支持或反对政治人物的古怪声明），还有很大一部分似乎是有信息量的、有益的，洛克怎么会如此愚昧无知呢？

因此，作为一般的知识理论，知识论难道不应该为该领域的社会地带留出空间吗？有些人会依据社会与文化影响我们所运用的知识标准，来主张该社会地带的优先性。在最低限度上，社会知识论（social epistemology）应该说明在认知的交互中认识群体所使用的认识标准，并提出改进与扩展的方法来利用我们同辈的认识资源。从历史上看，知识论为这一领域的社会地带找到一个广阔且集中的定位显得很迟缓。① 但是，近几十年我们已见证了知识论的（多个）社会分支的巨大发展与丰富阐释。社会知识论中的研究正如本章和下一章表明的那样，现在发展得如火如荼。

当代知识论可以分为三个分支（Goldman，2011）：

（1）社会知识论分支之一：个体行动者使用社会资源对信念决定进行认识评价。

（2）社会知识论分支之二：集体行动者对信念决定的认识评价。

（3）社会知识论分支之三：对社会建制、系统和网络的信息特征的认识分析。

社会知识论的第一个分支提供了与传统知识论的顺利续接，后者通常聚焦在个体身上，他们是信念状态的核心。社会知识论的第一个分支与传统的区别在于，其主要考虑因素乃是被称之为"社会证据"（即源自他人所说或所思的证据）的东西。对社会证据的考虑，使得知识论的这一分支带有"社会性"。

分支之二将一个十分新奇的要素引进了知识论：即集体的或群体的行动者。群体行动者是另一类实体，它往往被视为或当作信念态度（如相信、不相信、悬置判断和置信度）的主体。集体行动者的特殊之处表现为，其成员拥有自身的信念态度。这里一个主要的问题在于，群体的态度如何从成员的态度中产生，或者如何与成员的态度一致。第二个问题是，

---

① 这一趋势中少有的例外乃是18世纪苏格兰哲学家里德（Thomas Reid），他写道："在其计划中，我们应该是社会性生物，而且我们应该利用来自其他人的信息，获悉我们知识中众多也是最重要的部分。出于这些目的，聪慧而又仁慈的大自然的造物主在我们的本性中植入了信任他人的诚实，并相信他们所告诉我们的内容。"（Reid，［1764］1967，Chapter 6，Section 24：196）

如何对集体信念进行认识的评价：是通过我们用于评价个体的（大致）相同的标准，还是根本不同的标准呢？

分支之三将另一种相当陌生的要素引入传统知识论，即制度或社会网络。虽然就其本身而言，制度和网络并非信念的决策者，但是对这类社会实体的印象，通过促进或阻碍合意的认识目标，能够显著地影响认识的结果。科学是一个社会建制，其目的很显然就是生产新的知识。教育也是一个社会建制，它致力于（或应该致力于）传播先前所发现的真理。法律审判是社会建制，（除了其他目的之外）其目的是实现准确的裁决。在以上每一种情况中，知识论学者可以提出如下问题，什么样的制度设计最适合实现或推动所指示的认识目标。

社会知识论的第一个分支将在本章中展开讨论。第二、第三个分支在第十章中进行探讨。我们这里的两个主要话题包括（1）基于证言的信念与（2）同辈分歧，以及两者之间几个相关的主题。

9.2　证言的知识论：还原论与非还原论

当你还在蹒跚学步之时，人们就开始告诉你许多事情，比如，"炉子烫（所以不要碰它）"，等等。假定你掌握了这一陈述的含义，那你相信它有没有得以确证呢？作为一位身处陌生城市的成年人，你问一位路人，火车站在哪儿，他会告诉你怎样到那儿。你有资格（entitled）相信她所告诉你的话吗？你有什么理由相信陌生人对你说的话呢？你对她的说谎与说真话的过往记录一无所知。

知识论学者经常谈及认识的"来源"，对于这些来源最熟悉的候选对象，乃是知觉、内省、记忆、演绎推理、归纳推理，等等。这些来源中每一个都被认为提供了获取知识的方法。当我们转向社会知识论时，我们立刻在这个分支的最核心之处碰到一个表面看来新的来源——证言。知识能够通过阅读或倾听他人的话语而为人所获取。而这一来源之所以不会出现在这类来源的传统列表之上，只是因为直到现在，知识论很大程度上仍集中于探讨"私人的"或纯粹"内在的"来源。

我们用"证言"来意指何物？要搞定一个精准的定义，无疑是一件棘手的事。根据最初近似的用法，证言指的是任何一种陈述或其他的信息传递，它旨在陈述一个事实或提供信息。（"旨在"是一个重要的修饰语。尽管如此，意在欺骗的虚假陈述也是证言的行为，因为它们暗含去陈述一个事实的意向。）在知识论的语境中，"证言"这个词并不限定于法庭审判中证人所给出的陈述，它同样不需要一个面对面的接触。如果你去读希腊的历史学家修昔底德的《伯罗奔尼撒战争史》，你将会碰到一系列的信息传递，任何用心读它们的人都会从中受益，而且哲学家们会将它们归类为一条条"证言"。

然而，在证言的领域中，相较于接收者行为，社会知识论对说话者行为的关注更少。接收者应如何回应传递的信息，这才是吸引着知识论学者的主要内容。接收者会相信或不相信它的内容，或者悬置判断吗？接收者相信其内容**得到了确证**吗，她是在这个过程中获得认知吗？这里的主要目标是阐明证言信念的确证和/或知识的原则。一个说话者有资格断言一个命题，它要满足什么条件，同样值得探讨，但是在此我们不会讨论这个问题。

证言确证有两种完全不同的进路，即**还原论与非还原论**。休谟是还原论的主要支持者。为解释他的立场，假定有这样的背景，即证言**在某种程度上**是确证的来源，这一点大致可以这样来解释，听者经常凭借听或读某个人断言，在接受该断言的问题上获得了确证。（当它确实出现时）还原论/非还原论之争取决于**这样的**确证如何形成。听到证言是确证的**基础来源**吗，还是它从更基础的来源衍生而来呢？基础来源依其自身而提供了确证，不用依赖其他来源获取其确证的力量。内省、知觉和记忆是基础的认识来源的标准实例。

证言的情况将与此有着很大不同。在休谟的文章《论奇迹》（*On Miracles*）中，他怀疑，我们有理由接受来自那些声称已观察到奇迹的人的证言。他写道：

> 我们对于这种（来自证言）论证的确信，除了观察人类证言真实性以及目击者报告与行为的一致之外，不会源自其他任何原则。[Hume,（1748）1977：74]

休谟所表达的是，我们经常观察人们报告相应的内容（给出证言），常常自己判断这些报告是否准确。我们不是一直有机会去核实他人的报告，但是当有这样的机会时，它们通常就会被确认。而且，记忆能够使我们确证地相信，我们先前观察到了报告与事实的一对对组合。接下来归纳推理确证了我们从这些过往的一对对组合中推论出普遍的原则——大多数证言报告是正确的。最后，我们能够从这个普遍原则中推论出，在我们碰到新的证言形态（即我们不能直接确认其真实性）的地方，我们就可以通过这个普遍原则来确证相信它们也是真的。由此，总的看来，知觉、记忆和归纳推论使得我们确证地相信证言的新形态。所以，证言并不是确证的基础来源，不过它从其他三个来源获取确证的力量。这就是证言确证力的所谓**还原论**解释，它将证言的确证力**还原**至其他三个（基础的）来源的力量。

　　休谟似乎认为，从我们的观察之中，我们能够推断，证言通常是可靠的。但是，我们每一个人分别都能做到充分的观察以确证这个结论吗？在接受并将这个原则应用于任何可能要提供证言的话题，以及它应用至任何人，甚至是我们从未谋面的某个人时，我们每个人都有类型足够**多样**的个例和素材来为我们提供确证吗？C. A. J. 科迪（C. A. J. Coady）认为恰恰相反：

> 我们各自分别完成（还原论）所要求的那么多田野调查工作，这样的看法似乎很荒谬……我们有许多人从未见过小孩出生，我们大部分人没有检查过血液循环，没有考察过实际的世界地理，没有研究过土地法律的任何公正的判例；我们同样也没有观察到位于我们知识背后的天空中的光亮是离我们多么远，也没有做出（还原主义似乎要求的）数量众多的其他观察。（Coady，1992：82）

　　前文已被批判的休谟主义观点，经常被称之为**整体还原论**（global reductionalism）。除了刚被指出的难题之外，有些人会说，证言可信度的那些普遍原则并不足以让接收者确证地信任具体的证言行动。要想获得确证，接收者必须要拥有关于特定说话者的（基于观察和记忆的）背景证据。这一进路被称为**局部**（local）**还原论**。弗瑞克（Elizabeth Fricker）如是说道：

> 在声称听者需要评价言者的可信度时，我的意思是……听者应辨识她对言者的态度，原因是她在整个交流期间应该依据她可以把握的

209

证据或线索，持续地评价他的可信度。这个问题部分涉及她有效利用相关背景知识的倾向问题，这同样在部分意义上涉及她密切注意言者那些反映出其潜在不可信的任何表现出来的迹象。（Fricker，1994：149-150）

然而，这样的高标准似乎对诸多哲学家来说太严格了。这就导致很多人拒绝还原论而支持非还原论。非还原论否认，证言的确证力源于其他的来源；相反，它是一个**独立的**确证来源。除了我们作为个体以往所观察到的之外，只有听到抑或碰到新的证言形态才会让我们相信这样的证言得以确证——至少是初始确证。比方说，伯吉（Tyler Burge）就赞同这个说法，他写道：

> 除非有更强的理由不这么做，否则人们有资格将任何表现为真以及于他而言可理解的事物当作真的来接受。（Burge，1993：457）

根据这一进路，仅仅听到证言即为接收者接受它而赋予（或"传递"）初始的确证，这无关乎接收者先前拥有什么关于证言者（testifier）的证言或背景知识的经验。当然先前的经验可能为这一确证提供**击败者**，以致后来接收者可能并没有被确证。然而，如果没有这样的击败者，确证的实现就"毫无代价"：听者无须任何相关的**肯定**性理由就可以相信言者的报告。

还原论与非还原论各自面对的这些类型的问题，对于哲学家来说是很熟悉的。还原论设立的标准似乎太强，简直就是苛求，而非还原论又似乎太弱，这就导致随意相信证言都可以很容易得到确证。为说明后一观点，我们来思考一下来自拉齐的例子（Jennifer Lackey，2008：168-169）。假定山姆在森林中散步，看见一个他能够认出是来自其他星球的外星人掉了一本书。山姆拿起了这本丢下的书，看到它好像是用英语写的，似乎（以日记的形式）写道，老虎已经吃了这本书作者所在星球上的一些居民。但是，按照拉齐的解释，山姆并没有任何认识上的相关肯定性理由来相信这一来源：他对外星人的心理一无所知，对于这本书作者的可靠性无任何信念，对于外星人作为证言者的一般可靠性无任何信念，以及对于"日记"在外星人的文化中起着怎样的作用无任何信念。山姆所持有的信念——老虎吃了这本书作者所在星球上的一些居民，得到了确证吗？拉齐

210

说没有。如果这是对的，对于伯吉所辩护的这种极端的非还原论而言，它就提出了一个严重的问题。

9.3　证言的人际观

证言普遍被看作一种证据。尽管这一证据涉及另一个人，但是它并非根本上不同于其他很多常见的事件或事态，我可以将后者视为这个世界上其他状态的"标记"或"标识"。就如同温度计和气压计的读数一样，它们乃是关于当地气候当前或即将发生的状态的证据，因此一个人断言P，就是她相信P的证据。而且假使我的背景证据合适的话，那么我就能将其视作P为真的证据。换句话说，我可以将这样的证据视为"真理计量器"（truth gauge）。然而，一些哲学家近来提出了完全不同的关于证言及其接受的观念。这一观念拒斥了根据"真理计量器"模型的类比来理解证言与证言信念。证言的**人际观**就是这一进路的标签之一（Moran，2008）。

（正如这一标签所表明）人际观的首要立场就是，证言交流是人际关系的一部分，例如，言者向听者**提供保证**她的证言为真，或者，言者**请求听者相信她**。根据这一观点的一些支持者的看法，这样的特征在部分意义上能够做到将认识确证赋予获得的证言信念。其次，证言交流的这些特征所提供的认识确证，是非证据性的。不管怎样，证言**不仅**是如计量器和仪器表读数那样的"证据"。这一观点的支持者辛奇曼说道："当你有了言者可靠性的证据时，你都无须去相信她，你可以将她的言语行为看成单纯的一个断言，根据你所掌握的这件事情的真相的证据来相信她所说的话。你可以忽视她正对你讲话与请求你这一事实。你可以**将她看作（真理计量器）**。"（Hinchman，2005：580）类似地，莫兰主张："如果我们趋于相信言者的话，但是后来获悉事实上，他没有将其言语表达呈现为他确信所支持的真相，**余下的仅有语词**，而非相信任何东西的理由……那么作为对现象的言语表达，就失去了我们认为它应该有的认识输入。"（Moran，2006：283）像辛奇曼一样，莫兰认为，当言者被当作单纯的真理计量器，并且仅仅提供了语词时，真正交流的重要意义就消失了。莫兰宣称，当言者断言P时她可以随意假定P之真的责任，因而就让听者有另外理由相信 P，而这个理由在类别上不同于仅凭证据所给出的那种理由。类似地，根据辛奇曼的**信任**观，言者在请求听者信任她时，这意味着她自己对 P 之真承担责任。相较于单纯的证据所提供的，这就让听者有一个不同而又额外的资格来相信。

然而，难道这真的就是以这样的方式所赋予的**认识**资格吗？这是人际观所面临的核心难题。言者所提供的保证认识价值寥寥，除非先前提供保证已然可靠地导向了真理。如果没有任何诸如此类可靠的追踪记录，或者由类似地位的信息提供者给出这样的追踪记录的证据，听者是否真的有针对信任的认识资格还是个问题。如果他们的确有这样的资格，它可能源自言者的证据性背景，而不是言者向听者提供的个人的保证。

其次，这样的个人保证真的很关键吗？它在认识上真的有效吗？拉齐的"窃听者"（eavesdropper）案例所表明的情况正好相反。

本（Ben）和凯特（Kate）认为只有他们两人在办公楼里，正在讨论其同事的私生活。在他们谈话过程中，本告诉凯特，他们的老板和公司雇佣的新来实习生艾琳（Irene）有私情。然而，他们所不知的是，厄尔（Earl）偷听了他们的谈话。所以，他与凯特一样，只根据本所说的话——事实上，这些证言是真的，而且在认识上也无懈可击——就相信他的老板和艾琳有一腿。而且，凯特和厄尔不仅拥有关于本作为证言者的可靠性以及所提供证言的相同背景信息，他们同样都是正常的证言接收者，没有相关的未被击败的击败者。（2008：233）

人际观在这里的难题表现为，本向凯特提供他的保证——即他的证言为真，并且请求凯特相信他。但是，以上两个描述均没有刻画本和窃听者厄尔的关系。因为这一点，根据这里的人际观，相较于凯特所具有的认识资格，厄尔处于劣势。但是他真的这样吗？如果凯特和厄尔作为证言的接收者每个人都可以恰当行事，每个人都有相同的背景信息，等等，那么，什么才能把他们信念的认识状况区分开来呢？直观上，似乎不存在这样的差异，而这就构成对人际观的明显的反驳。

9.4 将信念建立在证言缺乏之上

与此同时，证言的核心难题一直存在一些分支。如果你愿意的话，可以称它们为证言信念的核心难题的"子问题"。但是它们中有一些"延伸"到了社会知识论的其他分支，包括第三分支。

在有关夏洛克·福尔摩斯的故事《银色马》（*Silver Blaze*）中，有一件让人印象深刻的事情是关于一条不会吠叫的狗。福尔摩斯将狗不吠叫用作解开案件的关键证据。狗不吠叫就证明了凶手与狗并不陌生。如果犬吠被理解成交流，那么这里的情形就表明交流的缺失具有证据价值。当然，犬吠并不是证言——大致是因为证言必须是语言和命题性的。但是**无犬吠**（non-barking）一定不是证言。然而即便如此，这也是泄了密的证据。尤其是在特殊情形中，它也许可以成为"最佳解释的证据"。一些证言理论家提出了基于证言的信念的解释，在这种解释中，听者从另一人的证言 P 推断出 P 为真的结论，因为 P 之真构成了知觉到的证言的最佳解释的一部分（Lipton，1998）。类似地，在特殊的情境中，沉默也许同样可以成为一项证据来证明 Q 之真，在这样的情境中，Q 构成了"被听到的"沉默的最佳解释的一部分。

这恰恰是由哥德伯格提出的观点（Sanford Goldberg，2010，2011）。他的方案运用了如下推论形式，即"P 未必为真，因为，假如它为真，我这会儿就会听到有关它的一些话"。如果你是一位关注在线新闻的日常消费者，像大灾难和引起媒体轰动的事件将被广而告之，你也会快速地获知这些信息。如果你在最近的十二小时里，没有听说任何飞机坠落、破坏性极强的台风或者其他诸如此类的事件，那么没有发生任何此类事件就是一个合理的推论。事实上，不管主题是什么，如果有一个谣言工厂、媒体系统或审慎地报告特定话题的专用博客，并且你还没有从这个系统收到邮件或其他类型的信息，那么你也许就可以合理地确信，在这个领域没有发生有新闻价值的事件。在这些情况下，沉默可能如口头报告信息一样富有信息含量。

然而正如哥德伯格所论证的，很显然，沉默或无证言的信息价值根本上取决于社会系统。更为全面地说，我们可以进一步认为，它有赖于合适的技术的存在（在我们的时代，首先就是互联网技术），以及这一技术各种应用的方式（万维网、电子邮件、报纸的电子版与博客，等等）。这个社会技术的世界，再加上其与个体私人化关联，就创造了一个特殊的环境，而在这一环境中，在个体独有的关联模式内，信息的缺席可能蕴涵着大量的信息。

为了表明沉默或者未收到口头报告在信息意义上颇为"有利"，哥德伯格强调了对于一个行动者的环境而言必须要主张的五个方面。第一，行动者的所在社群（"标准来源"）的一些成员经常就所讨论的话题发表看法。第二，行动者假定这样的标准来源在揭示并传播这类问题的真理方面是可靠的。第三，她假定这些来源有足够的时间发现关于它们的相关事实并进行报告。第四，她假定她自己有可能会碰到这样的报告。第五，她事实上并没有遇到这样的报告。哥德伯格将这种推理所支撑的信念，称为**获得支持的信息范围的**（coverage-supported）信念。一个行动者在这一来源上的可靠性被称为**信息范围可靠性**（coverage reliance）。哥德伯格承袭科恩布利斯（Hilary Kornblith，1994），他表明了各种社会实践与建制如何成了"社会环境"，在这个社会环境中，能够产生很多为信念所支持的报道。我们生活在一个充斥着令人眼花缭乱的信息来源的世界之中。我们养成了很多挑选与利用其中一些来源的习惯，而我们最终的信息状态很大程度上依赖所做出的选择以及那些信息来源所覆盖内容的程度与质量。所以，我们对于他人的依赖显而易见。

哥德伯格继续用这个建构来辩护与社会知识论相关的形而上学观念。作为一位可靠主义者，他赞同基于否定性证言（即，无证言）的信念的确证，取决于所使用的过程的可靠性。但是，既然这里所讨论的可靠性严重依赖社会环境，因此如同对经典可靠主义的反对，他认为这一过程随附于社会环境：

> 这个建议的要点在于，可靠主义者对获得支持的信息范围的信念的评价不能仅仅检视信念形成过程，毕竟这样的过程只发生于依赖信息范围的（coverage-relying）主体自身的心智或大脑之中。这样的评价同样还必须指向形成这些过程的各种社会建制和实践，而信息正是在主体所属的群体中借由这样的过程得以产生、传播。尽管如此，就

像任何两个不同的个体表面的相似一样，两个不同的依赖信息范围的主体，也许在他们各自获得支持的信息范围的信念的整体可靠性上有所区别，就像一个主体生活在一个社群中，这些制度和实践则在这个社群中为她提供所涉及话题的高度可靠的信息范围，而其他人则生活在信息范围的可靠性极低的社群中……不管他们各自信念的整体可靠性存在什么区别，它所依附的不仅是他们各自头脑中的所思所想，它同样随附于他们周围的社会实践和制度。(Goldberg，2010：179)

我们这里姑且把哥德伯格的形而上学"延展性"假设放在一边。然而，社会**知识论**的规范似乎非常重要，而且也不应该被忽视。当社会世界的交流属性得到完全展现时，基于证言的知识论的子领域当然会随之得到扩展。

9.5　谁才是专家

对于以证言为基础的信念的知识论而言，其标准格式有三个阶段：(1) 言者发出证言 P。(2) 基于言者的证言与背景信念，该证言的听者（或接收者）做出关于 P 的信念决策。(3) 理论工作者或其他的评价者基于适当的认识原则（无论它们可能是什么），对听者的信念行为做出认识评价。

到目前为止这个方案一切正常。不过在讨论知识论的三个阶段之前，看起来似乎还存在着一些有意思的认识阶段和问题。如我们在前一节中已经看到的，认识的行动者并不始终处于被动的位置。他们无须等着电话铃声响起来，等着一个朋友来交谈，等着机场地勤开始登机呼叫。他们可以选择一个可能的沟通者，向那个人提出问题，因此（往往）就可以针对他们所感兴趣的话题准确地获取证言。他们可以基于先前已有的关于这个作者（或出版物），以及作品标题（或大字标题）所传达出的相关话题，来选择一个专栏、一本书或者一篇期刊论文来阅读。换句话说，认识的行动者可以做到主动积极、有选择性。他们无须被动等待将开展的（交流的）活动。他们可以借助其自身选定的来源而获得信息。简言之，认识行动者能够**集合证据**，他们无须将其自身局限于这个世界随意塞给他们的证据之中。这一点对于社会证据而言尤其如此，并且也很重要。行动者在

214

与朋友、熟人以及不认识的人进行交流时有选择的空间，无论他们是在世的还是过世的。他们取得认识上相应的成功与否，在很大程度上取决于他们寻求社会证据时做得多么明智、愚蠢或无知。

明显还有一块领域所探究的就是这个主题（如其所展示的那样，它是社会知识论最古老的一个主题），它涉及对那些作为**专家**的人如何进行选择。这个世界充满着各种声称是专家的人——要么在这个问题上，要么在那个问题上。**成为**一个专家到底意味着什么呢？我们这里用 D 领域中"专家"（一个真正的专家），来指代这么一个人，相较于大部分人，他/她有 D 领域中更多的真信念和/或更少的假信念。同样，相比大部分人能够给出的答案，他们通常有能力或倾向于针对 D 领域中他们之前没有考虑过的问题给出更为正确的答案。这就是作为一个专家所**意指**的内容（Goldman，2001）。但是有很多据称为专家的人，并不满足前述这些条件。这个难题让柏拉图颇为忧虑。在他的对话《卡尔米德篇》（*Charmides*，170d-e）中，苏格拉底想知道人们能否将一个伪装成医生的人，与某个的的确确是真正医生的人区别开来。

借助人们如何选择一个专家来咨询，有关专家的这个问题已被提出来了。不过在你选择了专家，并听了他们对你的问题或困难做了回应之后，许多相同的问题又出现了。因此让我们来关注这个阶段。假定你对某个（很实际的）问题 Q 完全是外行。你对在那个领域中有关命题的信念所知甚少或者一无所知，并且你也没有时间针对 D 领域接受训练或者获取专门知识。你已经挑选了两位假定的专家，并且问他们每个人相同的（是与否的）问题 Q。每位"专家"回答要么简短，要么冗长。他们的回答也自相矛盾。其中一个说这里蕴涵的命题为真，另一个人则回答该命题为假。你如何确证地决定要信任哪一个专家？也就是说，你应该相信哪一个专家；或者，对于所讨论的命题，你应该如何指派你的信念呢？根据证言的非还原论，你对于信任他们中任何一位都具有初始的确证。但是，这没起到什么作用，因为每一个专家的证言都构成了对另一人证言的**击败者**。你应求助何处呢？当专家有分歧时，一个外行能够合理地决定应该信任哪一个专家（或者指派更高的置信度）吗？

哈德维格（John Hardwig，1991）阐释了专家/外行（或者专家/新手）难题，他认为外行对专家的信赖必定是**盲目的**。事实上，这就表明了外行在两位专家之间做出挑选时没有证据可言，社会证据就是"洗衣厂"。我们能比这个怀疑的结果做得更好吗？如果不能，这将是令人担忧的，因为我们在纷繁复杂的世界中均需要专家的建议。外行要想在两个意见对立的专家之间做出一个得以确证的选择，也许可以遵从以下五种方式（Goldman，2001）。每种路径可以让你挑选出你可能要搜集的证据，要么来自两位假定的专家，要么来自其他人。这样的证据也许会或不会即将来临，这取决于具体的境况。

（1）阅读或倾听这两位专家提供的论证与反面的论证。评价它们的相对优势，并据此而行动。

（2）就同一个主题，获取其他（公认的）专家的观点。如果他们大多赞同专家 A，就将 A 认定为你最好的指导，并据此相信 A。如果他们大多赞同 B，那么让你的信念与 B 相一致。

（3）就 A 与 B 来咨询"元专家们"（meta-expert）。通过询问那些能够比较和判断他们相关专长的人，来找出哪位专家更为优秀。

（4）获取关于专家的偏见与利益的证据，这些也许会让他们其中一个（或两个）给出自私的、真实性存疑的回答。

（5）搜集他们各自过去的追踪记录，并根据这些过往记录分配相应的信任度。

以上所建议的这些方法看起来可能会有帮助，但稍做探查便会发现其麻烦之处。专长所具有的典型特征就是拥有**难以领略的**知识。这意味着，外行可能缺乏专家所使用的词汇，也缺乏其中部分或全部的概念。由此，先来看方法一，即使外行阅读或倾听由专家提供的答案和支持性论证，他可能会发现它们难以理解，或者不可能评价它们。他可能无法评价所提出的前提的真值，无法评价前提/结论间关系的强度。试图参照两个彼此对立的、多步骤论证，对于外行而言，其所面临的情境，可能与他刚开始的时候几无改善。

接下来看方法二，它要求人们观察数量多少。这个方法（至少隐含地来看）的确被广为使用，但它有着根本的缺陷：有更多（公认的）专家赞同 A，这一事实没有告诉你任何有关他们的这些共有信念到底基于什么理由，特别是你对这些同时出现的信念是独立形成，还是彼此相互依存根本一无所知。这一类难题正是因为相互依存才出现的。

假定后来表明，A 的信念得到了在这个问题上所有发表意见的人中绝大部分人的支持。他们也许都是仅有的一位影响力巨大，但被误导的大佬的学生，这位大佬凭借其受人尊敬的地位或霸道的风格，说服了在同一个问题（以及其他问题）上相当多的追随者。当同时出现的信念的来源确定时，就很容易发现对数量本身的差异不应该付诸过多信任。科学史以及许多其他领域充斥着（我们现在视之为）错误的假设，它们在更早之前的某个时候，都是那些所谓专家们的主流立场。对于所谓的专家们当前针对某个问题的意见分布状况有何意义，外行并不处于一个适宜的位置来做出认识上合理的判断。

接下来考察方法三——诉诸元专家。社会上很普遍对元专家有着潜在的信赖。当专家打算用他们的专长给他人留下深刻印象时，他们往往指向其各式凭证或者其有声望的职位，这些大致都由元专家赋予他们。但是，一位外行很少能够在实践中，识别对某个专家的凭证或职位负责的任何元专家。而且即使外行了解了扮演这些角色的元专家们，倘若他不能针对最初公认的专家 A 与 B 给出合理的认识评价的话，怎么能够指望他们进行合理的认识评价呢？总之，对于大多数外行来说，方法三没有什么适宜的有信息价值的应用可言。

第四个方法——察验可能的利益与偏见，可能会有用——假如外行能获得这些信息。然而，这相对来说很少见，除非其中一位专家服务于某个机构（比如，一个公司），与他有着相关的经济利益。如果从任何地方可以获取这类信息，当然就应该得以充分利用。但是，如果两位专家都有这样的利益与潜在的偏见，这对外行而言帮助就会很有限。

最后，来考虑第五个方法——记录追踪方法。从一开始，这看起来就像是个蹩脚的主意：如果确实严肃的话，怎么会提出这么一个想法呢？如果这个外行的确就是那样，怎么可能指望他作为一个外行来确定每一位专家（在 D 领域中）的过往信念为真还是为假，并因此而有好或坏的历史记录呢？正是因为这个外行一开始无法搞定这类命题的真值，才让他转而求助专家！怎么能够期待这个外行，现在通过诉诸他最初就感到绝望的那类事实来评价专家呢？恰恰是这类事实中只有内行才懂的东西在一开始造成了这样的难题。

这些都是很自然的想法，似乎注定第五个方法毫无用处。不过这样的话，最开始采用这个方法会更加让人沮丧，而不是有理由做下去。事实上，外行有时确实有能力评价公认的那些专家的过往记录，因为他们能够**确定**影响那些追踪记录的相关事实。这一令人惊奇的转变的关键在于，在某个时候，或者从某一个认识立场出发，某个特定的事实的确难以把握，但并非所有的时间或者从每一认识立场出发都是如此。这一点不难解释。

下一次日全食在南美洲，比如智利什么时候会出现，可能确实需要一个专家来预测。因此，如果一个人在 2015 年自诩为天文学专家，并预测 2025 年在智利出现一次日全食，那么一个外行在 2015 年就不能借助这个 2015 年预测的日全食，将它作为证据来支持或反对一个天文学家的过往成就。但是，一旦到了 2025 年，同一个外行本人就在智利的圣地亚哥，当日全食出现的时候，她能很容易证实原初的预测为真，并在天文学家的记录中填列一次正确的预测。这个外行的认识立场已经改变了——部分是通过时间的变迁，而且曾经对于她难以领略的东西不再是个问题了。然而，这样的情形并没有解决所有辨别专家的难题，因为实际上，这不可能对所有的情境来说都是非常值得利用的事实。我们必定仍然要面对各种认识不对称性的挑战，这些不对称处于不同层次的专长与非专长之间，遍布在社会知识论的图景之中。

9.6　同辈分歧难题

如一开始所表明，本章设法处理个体回应社会证据（主要理解为有关其他**个体**的证据）的信念决策。迄今为止所述及的情形，典型的特征表现为行动者与他们的证据来源之间存在实质的非对称。在法庭审判中，相关事件的证人被要求去作证，因为他们有陪审员可能缺乏的、更多与案件相关的知识或信息；或因为他们有优于陪审员的专门知识。人们之所以要阅读《纽约时报》针对一个事件的报道，原因在于它的记者们已经获得了有新闻价值的事件的知识，而这些一般民众最初并不知晓。至少从接收者的角度看，这些类型的活动的目标在于，降低他们与他们的证据提供者之间认识的非对称性。一类有些不同的社会认识情境，最近已经显著地吸引了哲学家们的注意力，在这类情境中两个行动者之间或多或少有着"完全的"认识对称，至少在证据和理智能力上是对称的。然而，即便存在这样的对称性，行动者依然发现他们自身处于分歧之中，此处的问题就是他们需要什么样的理性。

举个例子：当我们还很年轻的时候，你我彼此之间非常了解。我们一起上了很多课，并且极其尊重彼此的智慧、修养以及知识。现在，我们突然再次遇到了对方，深入讨论了新闻中有争议的事件。一位政治人物被指控撒了弥天大谎。你相信他真的撒谎了，我则相信这是一个虚假的指控。尽管存在这个立场鲜明的分歧，但是它的出现乃是基于我们阅读了完全一样的证据。我们每一个人都阅读了媒体与互联网上关于这个事件的所有信息。因此，我们是**认识的同辈**（epistemic peers），并且一如既往尊重对方。我相信你与我一样聪明，一样有能力形成有充分理由的信念，并且你在这个问题上与我一样信息灵通（在证据上有判断力）。你跟我一样有如此信念。尽管这样，我们对于这个据传的谎言存在分歧。既然知悉所有这些，是不是应该根据我们所发现的、与我们存在分歧的认识同辈的看法，我们其中一个人或者两个人都会改变观点呢？坚持各自的立场——你相信 L（=政客撒谎）而我相信非 L（政客没有撒谎）——是不是合理的呢？或者对于我们每个人来说，只有悬置判断，而非继续相信我们现在相信的，才是合理的呢？这就是**同辈分歧**难题。

这里有一个论证主张，我们各自坚持自己的立场（即持有一开始的立场）是不合理的。第一个前提是知识论的高位或高阶原则——**唯一性原则**（Feldman，2007）。唯一性观点主张，对于任何命题 P 以及与 P 相关的证据集合而言，仅有一个信念态度是针对 P 可以采取的合理态度。（它可能并不是对于真理的信念，因为可获取的证据也许会有误导。）它这里假定，对于任何命题，只有三种可能的态度：相信、不相信和判断悬置。如果唯一性观点是正确的，那么我们两个人各自持有自己的初始立场就不可能是合理的，因为既然证据只有那些，那么我们中（至少）有一个人必定违背了认识原则所要求的内容。如果这个认识原则要求（基于

218

一定证据）**相信** L，那么我拒斥 L 就是不合理的。如果该原则要求（基于一定证据）**不相信** L，那么我相信 L 就不合理。如果该原则要求判断悬置，那么我们两人持有各自的信念态度均不合理。然而，**不可能**出现的情形是，我们均合理地持有我们各自（不同的）态度。

这对于我们初始信念态度而言均适用，它们不可能同时合理。接下来的问题则是，在获得另一人的信念立场的新证据**之后**，我们各自该怎么做才好。我们两个其中一人或者两人**坚持**初始立场合理吗？或者我们应该修正我们的初始立场吗？如果是的话，我们应该修正多少呢？尽管我们每个人可能都会认为我们（至少）有一人犯了认识错误，但是我们承认同辈这一事实不会让我们理性地得出结论——对方（恰恰）是犯错的那个人。如果我无法确定你根据我们共有的证据是不合理的，而且你对我同样也做不到这一点，那么似乎我们每个人都应该悬置判断。**目前**没有其他可以让我们合理地采纳（或持有）的态度。

用一个类比能够有助于加强上文的论证。假定你和我各自都对现在的气温是多少度感兴趣，并且我们是隔壁邻居。你看了你的温度计，读数显示为 42 摄氏度，进而形成了我们前后相邻的区域也是 42 摄氏度的信念。我（在同一时间）查看了我的温度计，显示读数是 38 摄氏度，并据此而形成相应的信念。接下来，我们比较了记录，发现了我们的分歧。既然我没有理由相信我的温度计比你的更精确，而且你处于一个相对称的位置，我们中任何一人坚持我们最初的信念都是十分不合理的。有关准确的温度到底是多少，（既然我们有分歧）我们各自都应该悬置判断。当我们发现自己在政客被指控说谎问题上出现分歧，而且也没有什么手段来借以澄清时，难道这样的推理不合理吗？在这类情形中，"撤回"并悬置（确定的）信念难道不合理吗？这个立场被称为调和主义（conciliationism）。

9.7 调和主义及其难题

处于同辈分歧情境中的人，他们放弃其最初确定无疑的信念，走向其同辈的方向（因此而走向判断悬置），这样就是符合调和主义。这个观点指的是每个人均应该与他们的同辈"调和"。即使我们勾画了包含比相信、不相信与悬置判断更细分的态度的同辈分歧难题问题，这也会同样适用。如果**置信度**被认为是信念的态度①，且置信度在单位间隔中可能是任一值或某种程度的相信，那么"分歧"将会是任意两个人关于 P 的成对但彼此不同的信任度，比方说 0.57 对 0.63。我们进而将调和主义描述成这样的观点，即一开始持有不同信念的同辈应该至少朝向对方靠近。一个"强"调和主义形式——例如"折中的"调和主义——会要求同辈各自均朝向其对面的人移至中间位置，因而两人在中间"相遇"。（弱或强）调和主义对于同辈分歧的所有情形而言，均是正确的解决办法吗？

对系统性调和主义的反对意见之一表现为，同辈之间的命题自身是哲学难题时所出现的一个麻烦。哲学中的分歧随处可见。研究同一个哲学文本（因而有着相同的证据）的人往往分歧非常明显，既然哲学家几乎全都充满智慧，那么就很难否定他们中任何一对都是理智上的同辈。如果调和主义通常来说是正确的立场，那么哲学家往往会被要求做出判断悬置。这看起来像是对于哲学自身的激进怀疑主义的一种处方。如果与悬置判断相反，任何人都没有资格**相信**任何哲学观点，那么这只是怀疑主义者所力荐的状态——至少有关哲学自身（而不是有关日常外在世界的命题）的怀疑主义者。这是一个极度让人担忧的结局！

对调和主义的第二个反对意见，似乎是它"舍弃证据"（Kelly，2005）。当两位同辈对命题 P 有分歧时，是不是几乎不可能出现，分歧的一方，比如说埃丝特（Esther）一开始做出了完备的推理，而另一方，比如说艾米尔（Emile）推理很糟糕呢？相比艾米尔，难道埃丝特不应该因为她初始的评价而获得更多的认识赞誉吗？在某种程度上，这个好与坏推理的记录不应该从认识总库中清除出去。对于这个具体的认识任务而言，它不应该从两个行动者的总体认识赞誉的清单中消失。一般来说，他们可能因为过往做出完备的推理而获得同等的评价（正是因为这个他们才成为同辈）。但是，在这个具体情景中，既然埃丝特在早期的反思阶段所做出的推理比艾米尔要好得多，就不应该让这个事实从过往记录中消失，它不应该被"舍弃"。

① 请参阅第十一章 11.2 节。

然而调和主义所要求的恰恰是这种消失。假定埃丝特拒绝调和。她很确定她在一开始的推理就很充分，那就不应该要求她消除与艾米尔的分歧，并靠拢至相同的信念。相比于艾米尔，如果她由于未能做到调和而被赋予更少的赞誉，这似乎意味着，只有证据调和主义才与埃丝特和艾米尔一开始对 P 所持有的两个态度紧密相关。那两个**心理**状态是仅有的嵌入他们共有的数据库中的东西，而埃丝特与艾米尔在推理的第二阶段中正是从这一点出发进行推理。在第一阶段，他们各自所做的被抛弃了，埃丝特没有因为在为 P 做出更好的信念指派而比艾米尔获得更多的赞誉。如果我们称埃丝特与艾米尔最初所做的推理为"一阶证据"，并且他们所形成的心理状态为"高阶证据"，那么似乎只有高阶证据被考虑在内，一阶证据被忽略了。这不可能没问题［比如，凯利（Kelly）就这么认为］。

220

对调和主义的最后一个异议为埃尔格所提出，是一个自我损毁的反对意见（Adam Elga，2010a）。假如并且当分歧中出现了分歧，将会有许多情形让这样的调和观招致其自身的拒斥。但是，对于在分歧问题上的观点而言，如果引发其自身的拒斥是不融贯的，那调和观点就是不融贯的。

让我们仔细审视这个论证是如何进行的。为什么调和观有时会引发它们自身的拒斥呢？假定你在同辈分歧难题上的观点是调和主义，但是你有一位备受敬重的哲学家朋友并不赞同。如果你的调和观是正确的，你应该改变它，至少朝着你朋友的方向靠近一些。这类"相遇"的反复更新，只会让你更加远离调和主义。简而言之，调和观趋向于损毁它们自身。

为什么在分歧问题上的观点，如果它引发其自身的拒斥就不合逻辑呢？要注意的是，任何一种分歧观都是其归纳方法的构成部分，它是人们考察证据的**根本**方法。在有一定证据的情况下，归纳方法对于人们相信什么提出建议。潜在地看，它甚至可能提供用哪一个归纳方法的建议。原则上，它也可能引发其自身的拒斥。为表明这一点，埃尔格举了下面的例子。

《消费者报告》（*Consumer Report*）这份杂志给出了家用电器排名，并提供买哪些电器的建议。假定它也评定那些消费者评级杂志，那么它就不可能前后一致地推荐一本与它自身构成竞争的杂志。举例来说，假定《消费者报告》写道，"只买面包烘烤器 X"，而它的一个竞争对手《智慧买手》（*Smart Shopper*）写道，"只买面包烘烤器 Y"。再假定《消费者报告》也写道："《智慧买手》是一本可参考的杂志，《消费者报告》则不是。"随后《消费者报告》就要直接或间接地针对面包烘烤器给出不一致的建议：一方面，它直接说要买面包烘烤器 X，另一方面它说要相信《智慧买手》的建议，只购买面包烘烤器 Y。人们不可能同时遵循两条建议。就好比一本消费者评级杂志不可能始终如一地推荐一本与其构成竞争关系的杂志，因此一个归纳方法同样不可能始终如一地推荐与它构成竞争的方法。之所以这一点适用于调和主义，是因为它是一种归纳方法。为了保持一致，任何一种分歧观在涉及其自身的正确性时必定是武断的。

埃尔格总结道，在处理可能的自应用（self-application）时，一个更好的调和观会留出例外情形。它不应该许可针对调和主义的调和。这会是一个随意或特别的限制吗？埃尔格认为恰恰相反。这样的例外不会为调和主义所独有，而是适用于任何基础政策、规则或任何方法。因此对于调和观来说，针对自应用设定特殊的限制，不会是专门为之。

9.8　调和主义有必要舍弃证据吗？

然而，调和主义能不能就针对它"舍弃证据"的指控做出辩护呢？调和主义的辩护者也许会说，相比于这个批评意见所允许的，调和观能够给出更为有利的阐释。当调和主义者说同辈应该朝着对方靠近或者"消除歧见"时，不应该将他们理解为是在表达，来自同辈的这类信念修正保证了**完全的**合理性。相反，调和主义应该被视作一种关于证据关系的看法，也即"心理的证据"或者各种人的**所思所想**。事实上，尽管心理证据应该被考虑在内，但它不是全部，而且它也不是全部理性信任的唯一决定因素。即使它可能是形成（一定时间内的）特定信任的最后一步，但是先前的步骤不应该被忽视。因此，如果艾米尔在态度形成的更早阶段犯了错误，这一事实在总体评价他的理性或合理性时应有着一定的影响。类似地，如果埃丝特在前期表现得很好，这应该增进她的总体赞誉。换句话说，不应该把调和主义理解为持有这样的观点，即初始的证据是不相关的，或埃丝特的恰当应对无须赋予理性赞誉。她应该获得这样的赞誉，只不过这不是故事的全部（Christensen，2009）。一旦确定了任何调和的举动所具备的适当作用，调和主义就从"舍弃证据"的指责中得以摆脱。

9.9 调和主义、坚定性与唯一性

正如前文所表明，调和主义受到了来自认识的**唯一性**原则巨大的或拉或推的力量的影响。这一原则主张，在任何具体的证据情境中，确切地说只有一个信念态度是（最）理性的。如果 D 在证据情境 E 中是对 P 的唯一可采取的正确的信念态度，那么在 E 中的任何行动者对 P 采取不同的信念态度，这样的做法在认识上都是**不允许的**。现在，如果两个人有完全相同的证据，但是对 P 采取不同的态度，那么他们中至少有一人是不理性的（或不是最理性的）。而且如果他们每人都将对方视为同辈，那么两个人均不能认为，他是那个有唯一正确态度的人而对方则是"错误的"。因此，每个人均应该有调和的行动，这就是在唯一性这个假设之下调和主义似乎不可避免的原因。但是，这样就对了吗？唯一性要求调和主义行动吗？

唯一性的表述本身有点模糊。当它说只有一个信念态度合理时，"信念态度"意指什么呢？态度应该**在狭窄意义上**（即非常确切地）**还是宽泛意义上**具体化呢？假定它们是被宽泛地具体化，那么一个可做范本的规定或许就是："如果你处于证据情境 E 中，你的信念一定要在 0.75 至 1.0 区间内。"用点概率（point-probability）的话说，这样的区间也许等同于那些喜欢把态度"三分"的知识论学者们所称的"信念"。但是，如果这确实就是认识的原则所允许的规定，那么，就要允许处于证据情境 E 中的人在极为宽泛的点概率置信度范围中确定任意一点。情境 E 中的一位同辈可以合理地采用 0.80 的置信度，而另一位则合理地采用 0.90。如果两位同辈均非常清楚这样的认识原则及其意涵，那么他们每个人都可以说，他是合理的，同时他的对等者也是合理的。据此，可以合理地得出结论，每个人都有资格坚持己见（即无须去调和什么）。所以，有一些针对唯一性的解释与否定"整体的"调和主义是相容的。

另一个涉及认识的许可性（permissiveness）与唯一性之间关系的话题

是这样的：即使"正确的"认识原则意味着，如果一个人处于证据情境 E 中，D 就是其可能拥有的正确的信念态度，那么假使某个行动者不知道这就是这些正确原则所蕴涵的内容会怎么样呢？假如这个行动者相信——并且甚至是确证地相信——这些正确的原则意指 D'（≠D），其拥有的正确态度又会怎样呢？什么东西决定了允许什么或不允许什么——这些正确的原则**事实上**暗示了什么，还是某个行动者**确证地相信**这些正确的原则暗示了什么呢？正是这些难以处理的话题使得同辈分歧的图景异常复杂。不过，我们把它们留在这里，请读者们自己对它们进行探究。

思考题

1. 你能够想出一些例子来表明，一个通常可靠的新闻或社交网络或监管机构怎么会出现未能报告某件已经发生了、并且相关的事情呢？这样的失败可以如何避免呢？

2. 在我们的社会环境中，是否存在一些帮助或阻碍外行选择专家的途径呢？我们可以通过哪些制度性结构方式，改善并进一步在这个问题上有所贡献呢？

3. 追随大部分专家或元专家的那些支持者们，对于本章中提出的怀疑与批评可以如何做出辩护呢？

4. 是什么样的理由让外行有些时候难以弄清那些过往记录呢？

5. 你如何理解凯利所提出调和主义要求舍弃一阶证据这一责难呢？假如调和主义者坚定地认为，有关人们相信什么的二阶证据仅仅影响到该难题的某一方面，那么这个二阶证据如何融入整体上看同辈应该如何做的立场之中呢？

6. 你认为埃尔格关于归纳方法的自应用的例外是不是其独有的呢？他的观点对于讨论什么样的归纳方法才是最好的这一问题有什么消极意涵吗？

7. 除了本章所提出的反对意见之外，你能够想出人们可能反对唯一性论题的其他方式吗？

当代知识论导论

延伸阅读

Burge, Tyler (1993). "Content Preservation." Philosophical Review 102: 457-488.

Christensen, David (2009). "Disagreement as Evidence: The Epistemology of Controversy." Philosophy Compass 4 (5): 756-767.

Elga, Adam (2010). "How to Disagree about How to Disagree." In R. Feldman and T. A. Warfield (eds.), Disagreement (pp. 175-186). New York: Oxford University Press.

Feldman, Richard (2007). "Reasonable Religious Disagreements." In L. Antony (ed.), Philosophers Without Gods (pp. 194-214). New York: Oxford University Press. Reprinted in Alvin I. Goldman and Dennis Whitcomb, eds. (2011). Social Epistemology: Essential Readings. New York: Oxford University Press.

Goldberg, Sanford C. (2011). "If That Were True I Would Have Heard about It by Now." In Alvin I. Goldman and Dennis Whitcomb (eds.), Social Epistemology: Essential Readings (pp. 92-108). New York: Oxford University Press.

Goldman, I. Alvin (2001). "Experts: Which Ones Should You Trust?" Philosophy and Phenomenological Research 65 (1): 85-110. Reprinted in Alvin I. Goldman and Dennis Whitcomb, eds. (2011). Social Epistemology: Essential Readings. New York: Oxford University Press.

Goldman, Alvin I. and Dennis Whitcomb, eds. (2011). Social Epistemology: Essential Readings. New York: Oxford University Press.

Kelly, Thomas (2011). "Peer Disagreement and Higher Order Evidence." In Alvin I. Goldman and Dennis Whitcomb (eds.), Social Epistemology: Essential Readings (pp. 183-217). New York: Oxford University Press.

Lackey, Jennifer (2008). Learning from Words: Testimony as a Source of Knowledge. Oxford: Oxford University Press.

第十章　集体与制度知识论

10.1　集体知识论：作为多人主体的群体

　　本章继续探讨上一章开启的社会知识论的话题。我们从已然提出的社会知识论三个方面的划分开始。第一个分支阐释基于社会来源——比如依据其他人所说的和/或他们所相信的内容的证据而形成的个体信念。本章将考察社会知识论的第二与第三个分支。第二个分支——集体知识论，思考的是作为认识行动者的群体或集体，并探究在什么样的条件下这样的主体得到了确证或者未得以确证。第三个分支——制度知识论（或者**系统导向的社会知识论**），所讨论的是各种社会建制，它们影响着那些运用这些制度的人的理智生活，并评价那些制度对他们的（认识的）成功或失败的影响。这个分支同样研究个体间某些模式的影响与交互关系，以及对于那些个体而言会有什么认识后果。

　　我们先讨论群体或集体行动者的本质，或者"多人主体"（作为"我们"而不是"我"的行动者）这一概念的可行性。在探讨集体知识论时，哲学家会假定存在群体行动者这样的概念。这些都是多人主体，他们是命题态度的承载者，并同样是由自身作为命题承载者的多个成员构成。

　　在日常话语中，我们经常将信念，甚至信念度赋于像群体的实体。我们也许会说，比如山地人（Hoosier）很确信他们将赢得冠军。如果我们看报纸，发现某个委员会、公司董事会或者陪审团提供了一个具体的事实性判断（有关谁在什么时候做了什么），我们不会回避这样的看法，即一个群体实体（group entity）有可能做出了这个判定，我们会自然而然就接受这件事情。将信念或判断赋于群体，就相当于说这些群体有某种**心理状态**——命题态度的心理状态。这是一个形而上学承诺。这样一个承诺只有在言者（可能但未必一定是一个哲学家）探究群体信念的**认识**属性时，才变成一个知识论问题。比如，在什么样的条件之下集体信念会得到确证呢？有些时候，现实世界会对我们做出这类判断构造压力。2003年美国政府（通过时任国务卿科林·鲍威尔）在联合国宣布，伊拉克统治者萨达姆·侯赛因拥有大规模杀伤性武器。许多政府对此表示怀疑。美国政府在做出并持有这个公开主张背后可能隐藏的信念时，得到确证了吗？然而，在开始讨论关于群体的知识论问题之前，我们首先必须面对一些形而上学问题。什么时候才可以说一个群体相信某个具体的命题呢？一个群体的信念如何与它的成员的信念关联起来呢？

吉尔伯特（Margaret Gilbert）早先已经提出并被广泛讨论的群体信念理论，可称为**共同接受论**（Joint Acceptance Account，JAA）：

> 当且仅当群体 G 的成员共同接受 P，G 才相信 P。G 的成员共同接受 P，当且仅当它在 G 这一群体中是共有的知识，且 G 的成员个人有意向并公开表达他们愿意与 G 的其他成员一道共同接受 P。（Gilbert，1989：306；也参阅 Schmitt，1994a：265）

然而，由此出现的情形，则是根据 JAA，为了让 G 相信它，甚至无需要求 G 的单个个体成员必须相信 P。这一点完全可以通过吉尔伯特以下说法来予以表明："应该这么来理解……对于一个由成员 X、Y 与 Z 组成的群体而言，其对命题 P 的共同接受并不衍推出存在某个由 X、Y、Z 组成的集合的子集，以至于那个子集的所有成员各自均相信 P。"（1989：306-307）

此外，拉齐提出这样的例子，它表明"共同接受"这种普遍的观念无法衍推出群体中的任何个体成员的信念。假定哲学系正在仔细考虑一个项目中谁是最佳候选者，以推荐到研究生院供其录取。他们同意接受以下命题——简爱·多伊（Jane Doe）是最合格的候选者——也就是说他们（公开而又愿意）赞同对研究生院表达这个命题。事实上，哲学系中没有哪个个体成员相信这个命题；相反，他们相信简爱·多伊是最可能被研究生院认可的候选人。（也可以换一种方式来讲这个故事，尽管没有人认为简爱·多伊是最佳候选者，但也不存在谁是最佳候选人的共识，只是系里的成员赞同将简爱·多伊作为最佳人选提交上去。）根据 JAA，这个群体因此而**相信**简爱·多伊是最佳人选，即便事实上没有哪个个体成员相信这一点。

看起来，共同接受似乎充分论述了对于一个群体来说，**表达**或者**声言**（assert）P，或者至少**准备好**表达或声言 P 意味着什么。但是这并不等同于**相信** P。① 这样看来，信念 P 不可能根据群体成员或代表被允许**说**什么来加以解释，它必须要反映至少一部分成员的信念（如果不是很多成员的话），而且对它们做出回应。如果一个群体的成员大部分均持有同一个信念，特别是这个信念是关于他们的共同的活动，那么就可以说这个**群体**持有那个信念，未必是他们在任何公共或私人的审议中均赞同这个命题。在我们早先关于篮球队的例子中，纽约队有信心将赢得联盟冠军，它的成员可能并没有表露出这个信念，或者公开为它进行辩护。尽管如此，他们共享这个信念（即共同持有这个信念）可能足以让观察者倾向于将这个信念赋予该群体。此外，一两个怀疑者不足以取消这样的归赋。这个针对集体信念的概念化方案有时被称为**加和**（summative）进路。

接下来，尽管我们不十分肯定地沿用一种加和进路，但我们将在这个理念之下探究群体信念的概貌。利斯特与佩蒂特的研究在前述这一理念之下讨论群体能动性（group agency），他们的关注重点更集中在"团体性"群体，其有着共同的意向，这对我们的探究有着显著的作用（Christian List and Philip Pettit, 2011）。

10.2 集体信念与信念聚合

至少就特定范围内的群体来说，人们会很自然地认为一个群体对某个命题的信念态度建基于（或随附于）其成员的信念态度。我们可以根据成员的信念与相应群体的信念之间的函数或映射来代指这样的基础或随

---

① 拉齐指出，除非人们坚持这个区分，否则根本无法指责群体的**撒谎行为**，这也就导致无法尝试提出它们应承担的适当的责任（比如，在法律情境中）。我们有必要主张，当一个特定群体授权其发言人代表该群体声明 P，甚至当这个群体中没有任何成员真的相信 P 时，这个群体就是在撒谎。但是 JAA 似乎蕴涵着以下立场，也即如果该群体的所有成员同意这样的授权，那么他们就确实相信 P。因此这个群体怎么能被指责是在撒谎呢？

附关系。这样的映射可被称为**信念聚合函数**（belief aggregation function，BAF）。有一个 BAF 的例子就是多数（majoritarian）规则，根据这一规则，当且仅当一个群体中多数成员相信 P，该群体才相信 P。另一个例子是超多数（supermajoritarian）规则，意思是说仅当一个群体的成员中达到一定数量（比如三分之二）的多数成员相信 P，这个群体才算相信 P。还有一个例子则是独裁规则，指群体信念通常与某个固定不变的成员的信念完全相同。我们一开始可能会认为 BAF 是运用正式制定和采纳的规则的结果，但是并非所有群体都有这种官方的正式规则。然而同样的概念也可以应用到缺乏这样正式规则的群体，不过这些群体的人际交往实践和心理影响机制会导致用类似的方式可加以描述的模式。

鉴于有这样的规则、实践以及/或者机制，至少某些群体与它们的成员之间就存在利斯特和佩蒂特所描述的如下情形：

> 一个群体行动者所做的事情，很显然取决于其成员做了什么，它们无法在不涉及成员的情况下出现。特别是，如果其成员未以这样或那样的方式做出这样的决定，没有哪个群体行动者能够形成命题态度，而且任何群体行动者都无法在没有其一个或更多成员采取行动的情况下而行动。（2011：64）

尽管存在这样的"决定"关系，利斯特和佩蒂特仍然主张群体行动者有来自其成员的一定程度的自主性。群体既不等同于也不能还原为其成员的集合。群体的命题态度或许可以说随附于其成员的态度，但这只是一种很弱的整体意义上的随附关系，而不是与命题直接相关的群体对 P 的态度与它的成员对 P 的态度之间的随附关系。① 最后的结果便是，群体有"其自身的心智"。它们作为行动者，不同于也不能被还原为其成员的心智。这一点在接下来的思考中很重要。

用图表来展示 BAF 在其成员面对相同的命题时是如何决定一个群体对于某个命题的信念态度，这也许是一种有益的做法。这同样将有助于向

227

---

① 尤其是利斯特与佩蒂特在这个问题上指出，在群体的态度与它的成员的态度之间根本不存在这样的与命题有关的随附关系，从而使得一个群体在面对某个具体命题时，其态度完全取决于它的成员**面对同一个命题时**的态度。群体的态度也许同样受到它的成员在其他（相关）命题上的态度的极大影响。

我们表明，在集体（群体）信念决定中，尤其是当一个人同样也在考虑同一个的群体是如何从其持有的某些信念推理出更进一步的信念时，所涉及的那些复杂情形是如何出现的。那么就来看看大英博物馆 100 个守卫这么一个群体（表 10-1）。① 第一组的 20 名守卫中每一位（M1-M20）均相信阿尔伯特（Albert）正打算在内部盗窃一幅名画（=A）。根据从 A 的演绎推理，他们每个人可以得出（存在）这样的命题——有一个守卫正计划这样一次偷窃行动（=T）。余下 80 名守卫则不相信 A。第二组的 20 名守卫（M21-M40）相信伯纳德（Bernard）正计划一次内部盗窃（=B），并从 B 中通过演绎推理得出 T。其他 80 名守卫不相信 B。第三组的 20 名守卫（M41-M60）相信塞西尔（Cecil）正打算进行内部盗窃（=C），并从 C 中通过演绎推理得出 T。另外的 80 名守卫不相信 C。由此，这个群体 G 的 60 位成员通过他们所相信的某个前提的演绎而相信 T。

表 10-1 个体层面的信念

关于前提	关于结论
20 个成员相信（A）（确证地）	
20 个成员相信（B）（确证地）	60 个成员相信（T）（确证地）
20 个成员相信（C）（确证地）	40 个成员不相信（T）（确证地）
80 个成员不相信（A）	
80 个成员不相信（B）	
80 个成员不相信（C）	

集体层面的信念	
关于前提	关于结论
G 不相信（A）	
G 不相信（B）	G 相信 T
G 不相信（C）	

---

① 这个例子来自戈德曼（Goldman，2014b）。

跟这些问题有关群体 G 到底相信些什么呢？这里我们必须要对 G 的 BAF 做某个假定。让我们假设 G 的 BAF 是一种超多数的操作，它按照与命题有关的方式进行。具体来说，G 相信命题 Q，当且仅当它的成员中至少有 60% 相信 Q。将这个 BAF 应用到我们的例子中，很明显 G 不会相信 A、B 或者 C。这是因为三个命题只有 20% 的成员相信，80% 的成员不相信。这个群体对 T 的态度又如何呢？G 确实相信 T，原因在于就像上文已经描述的那样，100 个成员中有 60 位相信 T。

10.3　确证的聚合

到目前为止，一切都还不错。现在我们进入该领域中主要的**知识论**问题：群体或集体**确证**的问题。群体 G 相信 T 得到确证了吗？说到这里，我们尚未涉及关于成员信念的确证状况（justificational statuses，J-statuses，J 状况）的任何内容。我们一直在讨论的只是成员持有什么信念以及在对群体的"心理学"（它作为其形而上学一部分）做出特定假设之后，该群体持有什么信念。然而，鉴于我们针对群体与它的成员之间的依赖关系已然暂时给出一些说法，或许会希望该群体信念的 **J 状况**是由其成员的信念的 **J 状况**所决定。当然，这是一个知识论问题，不是纯粹的心理学或形而上学问题。那么我们应该寻求的就是**确证聚合函数**（Justification aggregation function，JAF），它表明关于一个目标命题，一个群体的成员的 J 状况与该群体面对那个命题的 J 状况的映射关系。

出于解释的目的，不妨来考虑针对确证的聚合函数——它与前面用于信念聚合的情形一样。假设如果 G 的成员中有至少 60% 确证地相信一个命题，那么这个群体相信它就是得以确证的（或者在命题意义上持有那个信念是得以确证的）。进一步假定大英博物馆情境中守卫队成员的所有信念都得以确证，根据先前的 JAF，G 的确证到底意味着什么呢？特别是，与 T 有关的 G 的 J 状况意味着什么呢？如我们所见，G 的确相信 T，原因是其 60% 的成员相信 P。而且既然同样的 60% 成员**确证地**相信 T，那么这个群体作为一个整体相信它就是得以确证的。但是这并非看待这一难题的唯一途径。尽管该群体相信 T 是事实，但它并不相信 A、B 或 C。因此，它并非确证地相信这些命题中的任何一个。造成的结果便是该群体自身并不持有另外一些必要的得以确证的信念，它可以借由这样的信念推论出命题 T。因此，从这个观点看，似乎看不出 G 相信 T 是得到确证的。在这些关于群体 G 的 J 状况的**相互矛盾的**判断中究竟哪一个正确呢？这只是关于集体知识论中出现的确证各种特殊难题或谜题之一。

我们可以按以下方式来思考这个难题。区分集体行动者可能用以获得关于一个信念的肯定性 J 状况的两个不同路径。路径之一是从其成员关于 Q 的得以确证的信念承接了它对命题 Q 的确证，这就是通过**聚合**的确证。它同样可以被视为**纵向**确证，因为确证的汁液从"下面""向上喷出"。集体行动者对于某个信念的肯定性 J 状况的第二条路径，则是通过推论，从**其自身在先的**（被用作前提的）（已然得以确证的）信念获得，这也许可以称为确证的水平路径，因为它（在这个路径中）始终处于群体的层面。在确定集体性 J 状况时，哪一种决定形式应该被视作更加重要或者更有权重的因素呢？针对这个难题，我们不打算在这里给出完整、确定的解决方案。相反，我们要将全部注意力集中在**纵向**确证，这个难题表现在将成员的信念态度**聚合**为群体的 J 状况过程中，而聚合的出现又是针对单个命题、忽略了该群体的在先信念，它们可能强化或击败因为聚合而产生的目标命题的 J 状况。

10.4　群体确证对成员确证的（纵向）依赖

我们的讨论在各个不同的方面均已表明我们的想法，群体信念和群体确证对成员信念和成员确证有着某种特殊的**依赖**关系。我们所思考的究竟是——或应该是什么样的依赖关系呢？通过考察两个可能的类比就可以发现两种相应的可能性：跨（across）个体行动者的确证依赖关系与单个个体行动者之内（within）的确证依赖关系。

不妨来看看两个行动者罗伯特（Robert）和萨拉（Sarah）。罗伯特已然获得支持命题 P 的大量证据；相应地，他运用恰当的推理技巧形成一个关于 P 的信念。罗伯特的信念得到了确证。萨拉到目前为止还没有碰上与 P 直接相关的任何证据。她对 P 不做任何判断。萨拉能够像罗伯特一样，形成关于 P 的确证的信念吗？当然可以。罗伯特只要借助证言来**告诉**萨拉 P 就可以了。如果萨拉信任罗伯特的证言，就会赋予她相信 P 的确证。这样对吗？好吧，这部分依赖哪个才是正确的建基于证言的确证的理论，第九章 9.2 节中探讨了这个话题。听者若要让他所持有信念得以确证，有必要在言者是否值得信任这一点上拥有**肯定性**证据吗？或者要想得到确证，是不是对言者是否值得信任这个问题没有**否定性**证据就足够了呢？在这两种情形中，听者要想得到确证有不少障碍有待清除。如果不跨越这些障碍，不满足这些条件，言者相信 P 的确证就无法**传递**给听者。当然这里根本的要求则是，言者就他或她的信息与听者进行**交流**，这个交流对于听者而言是可理解的。此外，言者有可能不得不提供该命题为真的一些证据或理由（对听者而言会认它们）。简言之，确证不会**自动**跨过两个行动者之间的鸿沟。在听者和言者之间，根本不存在这一类自动的、默认的在单个认识行动者内部获得的依赖关系。

在一个行动者内部所持有的、特殊的确证依赖关系究竟是什么呢？与行动者之间的情形相比，我们如何看待这样的对比关系呢？在行动者自身之内的情形中，确证似乎是自动跨过两类鸿沟而传递：推论鸿沟与时间鸿沟。假如除了 X 之外，萨拉还确证地相信 X→Y，并且倘若她从这两个前提中恰当地推论出 Y，那么即使她恰当地使用肯定前件来推论出 Y，后一个信念仍然没有得到确证。信念的 J 状况**依赖**这两个前提信念的 J 状况。这里的关键在于，前提信念的 J 状况是被**自动**传递给结论信念（conclusion belief）。跟证言相似，不需要单独的**交流**行动来推动或施行这样的传递。萨拉也无须介入一种**认识的上升**过程，在这个意义上必须要相信（且确证地相信？），为了让它们实际上存在的确证得以传递至对 Y 的信念，她的前提信念得到了确证。与之相似，可以考察，在两个不同的时间点 t_0 与 t_n，针对某个具体命题的行动者的 J 状况。如果罗伯特在 t_0 确证地相信 L，且在 t_0 和 t_n 之间的记忆中主张 L，那么他在 t_0 针对 L 的连续信念仍然得到了确证（除非有一些击败者在这段时间中出现，但是他忽略了）。如果他在 t_0 相信 L 没有得到确证，且在 t_0 和 t_n 之间根据记忆主张 L，那么他在 t_0 的连续信念同样没有得到确证。在个体行动者自身**之内**，这些自动（默认）有关 J 状况的传递的例子表明了一种确证的依赖关系，其类型不同于**跨**个体的似乎会获得的那种关系。

在（针对相同命题的）成员信念的 J 状况与群体信念的 J 状况之间究竟有着哪种依赖关系呢？假设按照纵向垂直的维度，群体及其成员之间存在类似的依赖关系，那么它更像个体行动者的人际（interpersonal）情境（从一个行动者到另一个行动者），还是更像个体内（intrapersonal）情境，在单个行动者之内呢？本人接受后一个答案。尽管群体不同于其成员，但仍然存在这么一种特殊的、自动的关系，在这样的关系中成员信念的 J 状况被自动传递给群体信念，即便成员的 J 状况也许在决定群体的 J 状况这个问题上彼此"竞争"。这个"竞争"构成了成员/群体 J–聚合过程的核心。

下一节勾画了群体信念的确证理论，同时也会考虑到前文讨论中的经验教训。这个理论是过程可靠主义的版本之一，第二章中对该理论针对个体的认识确证展开了论述。为了建构有关集体确证的合适理论，必须要对原有理论做出某些修正。尽管如此，这个论述仍然保留了过程可靠主义所独有的主体思想。正如前文所述，这里的重点在于继续沿着群体确证的纵向维度来讨论，而不是水平维度（它涉及单个集体行动者的信念之间的确证关系）。

10.5　过程可靠主义与集体信念的确证

恰如读者们将会想到，（简洁版的）过程可靠主义主张，如果一个信念产生于行动者的心理历史中一系列可靠的信念形成过程，那么它就得到了确证。这个理论在其他地方提出来时均与个体信念相关联，但这里有待探究，其旨在将可靠主义进路延伸至集体信念领域中。① 诉诸过程可靠主义来阐释群体信念的第一个建议要归于施密特（Frederick Schmitt, 1994a）。然而，施密特的论述建立在群体信念的共同接受论之上，它在本章前面的内容已经表明并不令人满意。而且施密特所寻求的进路，赋予社会确证而不是个体确证以首要的地位，这对于社会知识论领域的很多研究

---

① 更多关于这个方案的讨论，请参阅戈德曼（Goldman, 2014b）。

者而言产生了一些说不清的地方。因此我们这里要探究的进路将力图表明，群体确证如何才能从个体确证中得以出现（至少在一种显著的程度上）。①

根据过程可靠主义，确证的重要特征之一在于其**历史性**。你当下信念的 J 状况常常依赖你早先所持有的信念的 J 状况。比方说，你很多年前看到你的一个熟人做过几件好事，这就让你对她有个整体印象，她是个好人，值得信任。而且你会继续持有关于她整体形象的这一信念，尽管你难以给出构成你形成总体信念之基础的具体事件，来对此给予准确的说明。即便如此，关于她的这一好印象，你当下所持有的信念仍然得到了确证，部分是因为你以可靠的方式获得它们，通过（可靠的）记忆保有它们，并且在此过程中从来没有碰到任何足以击败它们的因素（或者甚至是最温和的部分意义上的击败因素）。你的信念的当下 J 状况正是以这样的方式，依赖在先那些得到确证的信念获取的历史序列（还要加上不存在那种对与之相矛盾的证据有着得以确证的信念）。

根据当前的思路，个体的 J 状况的历史性特征应该被延伸至群体。对于群体而言，这个相关联的历史不仅将会后推至该群体（处于水平维度之上）更早的状态，而且也延伸到该群体当前以及早先从其成员那里获得的信念。最后，既然成员的信念的 J 状况将依赖它们各自的历史，那么与一个群体信念相关联的总体历史就将包括成员之中许多有关的认知事件和过程。用图示的方式，我们可以将关联种类的原型序列表示在图10-1 中。

图 10-1 是个复杂的线路图，它比看起来更为复杂。它在两个不同层面上描述了活动和"结果"（尽管这两个层面并没有在视觉上得以显现）。首先，在描述的**心理**层面上，通过心智中各种各样的心理过程，信念状态产生于个体行动者以及群体行动者之内。（同样可能存在成员之间的沟通交流，但是这些成员间交流在这里与我们没有什么关系。）成员与成员之间也许未必会有交互，但毫无疑问，成员的信念状态与群体的信念状态之间存在着交互关系。这些根源于一个聚合过程，在这样

---

① 施密特和其他一些学者提出了诸多理由来拒斥个体性确证的首要地位。我们将在 10.6 节探讨其中一些理由（并找出他们的不足之处）。

的过程中集体行动者对于同一个命题持有某个信念态度,该集体的成员对它的态度要么是相信,要么是拒绝。所有这些状态和活动都是在心理层面,与认识层面或确证层面相反。然而,这个线路图同样意在表示涉及确证的某些问题。就像成员的心理状态**影响**或者**决定**群体的心理状态一样,成员的信念状态也**影响**或**决定**着群体的信念状态。当然,这两类影响或决定并非同时发生,这就是为什么我们说是两个不同的层面。宽泛地说,第一层面上的决定可以被称为"心理的",而第二层面的决定则属于"认识的"。

M_1:→相信(P)(得以确证)

M_2:→相信(P)(未得以确证)

M_3:→拒斥(P)(未得以确证) ⇨群体相信(P)(得以确证了吗?)

M_4:→相信(P)(得以确证)

图 10-1

然而即使在第一层面,也存在很多复杂的情形。在成员之内以及成员之间,所谓的影响是心理和行为事件相结合而成。成员的信念很大程度上是直接因为其头脑之中的经历才得以产生,但是,如上文所述,那些事件转而可能由人与人之间的交流的公共行为引起。最后(仍是在第一层面),来自成员的信念对群体信念的影响,相较于纯粹因果意义上,可以说有着更多"形而上学的"意义(此处指形而上学关系是随附或基础关系之一)。这是一种极为精妙的关系,原因是聚合往往涉及潜在的因果类型的机制——从(正式群体中)选名登记表方法,到可能产生把该群体描绘为整体的完全共识或部分共识状态的社会动力学的力(socio-dynamical forces)。

第二个层面(在该路线图中非常微弱地表现出来),则是成员信念对该群体的信念的**确证性**影响。因此,那个大箭头不仅仅代表信念或判断的聚合,它也指代(依照纵向影响而产生的)J状况的聚合。第二个聚合关系总体上是非心理、非因果的。尽管如此,认识的依赖关系在某种程度上反映了发生在第一个层面的因果-心理力。这一点在下文中可以得到解释。

我们不应该做出如此假定:一个群体的所有成员在影响群体信念时有

着相同的**权重**。任何人都不应该将"一人一票"预设为通用规则，或者在信念聚合问题中作为一个默认规则。在众多组织中，有个人是"首脑""负责人""总裁"等，这个人事实上要么是发号施令者，要么是在决定组织相信什么和打算做什么时处于特别显要的地位。甚至即使在等级结构没有如此明显的组织中，有些成员的意见也比其他成员的意见有着更大的影响力，而有些成员的看法会被该群体完全忽略。要再一次说明的是，所有这些都牵涉心理层面而不是认识层面的成员/群体关系。

然而，有一种相互关系指向一个个体行动者对其所在群体的信念产生影响的力度，与她的信念的确证对其所属群体的确证产生影响的程度。假设马文（Marvin）在影响该群体的信念方面是位高权重的人物，那么就可以推论，马文的信念的 J 状况同样应该影响该群体的信念的 J 状况——无论是积极地还是消极地。比方说，假定马文是（或被称为）检查、评估大规模杀伤性武器的威胁值的专家。他受雇于美国政府来努力确定萨达姆·侯赛因 2003 年是否拥有这样的武器，并且他的意见——萨达姆**的确**拥有大规模杀伤性武器，在促使美国政府对于该结论采取什么立场方面起着显著的影响。如果因为他在得出结论时所做的工作并不完全称职，马文的信念完全没有得到确证，那么（如果他知道这一点），马文的否定性 J 状况就会倾向于以下结论，即美国政府的判断在这个意义上同样有着否定性的 J 状况。[当然，这样的判断也许会反过来，假如其他某个"位高权重"者——玛莎（Martha）同样相信萨达姆拥有大规模杀伤性武器并且她对其信念有着强劲的确证。]

在诉诸成员的 J 状况来决定群体的 J 状况时，我们遵从了传统过程可靠主义的规则。然而在我们从个体层面的过程可靠主义转向群体层面的过程可靠主义时，也许不得不对这一进路做些微调。在原有的理论中，比方说，假如输出信念是在信念依存的（belief-dependent）过程基础上得到确证的话，那么**所有**输入信念依存过程的信念必须是得以确证的。就像在玛莎那种情形中所表明的，这一严苛的要求似乎在群体层面确证的情形并不适用。但是原形成于某个具体领域的某个理论只要后来被应用至一个不同领域，就必然会出现这样的微调。①

10.6　加和主义的难题

前面内容呈现了集体确证的一种进路，也许可以将它归类为一种**加和主义**（summativism）——至少部分意义上是这样。这里有一个可能的描述加和主义的方式：

加和主义

对于一个群体 G 确证地相信 P 这一问题，只可根据 G 的部分或全部成员确证地相信 P 来加以理解。

关于确证的**纵向**或**聚合**的维度恰恰为群体确证提供了支撑，在此意义上，前文为集体确证所勾画出的那个可靠主义版本实质上就是加和主义。然而，根据那种进路，聚合并非确证的唯一路径。同样还有一条水平的路线，我们尚未对它展开详细论述。当然，即使上文所描绘的那种进路并非纯粹的加和主义，这里更应该考察的则是加和主义所面临的难题。

施密特通过引入**特许群体**（chartered group）这一概念为他反对加和主义做出了奠基性工作。一个特许群体指它的成立旨在执行某特定类型的行动的群体。当一个群体有特许时，它正常情况下只能施行其特许所规定的行为。特许群体判断其自身信念有特殊的标准，"不用正常标准之下的确证"（1994a：273）。对于这些群体而言，针对群体的确证与对该群体的成员的确证彼此"偏离"。施密特所举的例子涉及法庭，以及在法庭中审判案件的陪审团的成员。法律系统排除了道听途说的证据，因此如果证据所依赖的是道听途说，法庭相信某人有罪就不能得到确证。但是陪审团中的每一个体成员，如果他们在法庭外碰上了道听途说的证据，就可以在个体意义上根据各自拥有的证据，确证地相信被告人有罪。只是法庭并不承认，因此就不可能拥有那个证据。由此看，法庭的 J 状况不能追溯到陪审员的 J 状况。该群体的 J 状况"偏离"了其成员的 J 状况。

一个非常类似的例子是由拉齐提出，她不是为了削弱纯粹的加和主义

---

① 其他还有一些可能需要微调的例子，请参见戈德曼（Goldman，2014b）。

观点，所针对的只是上一节中论述的那种聚合观。G 作为一个群体，它的成员由三位护士构成，她们受雇于一家养老院。第一位护士知道她忘记今天上午给奥布莱恩（O'Brien）服第一次药，但她同样确证地相信单单这一点不足以让他有死亡的危险。第二与第三位护士在轮班时忘记给奥布莱恩服药这件事情上处于类似的情境。由此，她们均确证地相信，如果奥布莱恩三次药都没有能够及时服用，他会被置于可能死亡的境地。然而，这三位护士彼此没有共享关于其各自过失行为的信息，每个人都缺乏使得她们确证地相信奥布莱恩有死亡危险的关键证据。

这就是拉齐针对聚合进路所提出的推定性困境。既然每一位护士都可以把握相应的证据，那么她们相信奥布莱恩没有死亡的危险就得到了确证。而且，作为个体的认识行动者，她们并没有忽略认识的责任（尽管她们每一位的确忽略了将信息传递给其他人的责任）。然而作为一个群体，事情就很不一样了。鉴于她们作为护士在这个情境中有相应的义务，她们的确有（如拉齐对其所做的描述）认识的责任来共享相关信息。如果她们做到这一点，那么她们每个人均确证地相信奥布莱恩有死亡的风险。由此看来，尽管这个看护小组的每个成员确证地相信奥布莱恩没有死亡的风险，但这个群体就没有因此而得到确证。

这两个例子对于本章作者而言均没有十足的说服力。不妨再仔细审视一下，就会发现这些情形没有引发非常清晰的直觉。这个难题很大程度上在于两类规范系统被混在一起，而且又难以将它们分离开来。在第一种情形中，我们发现有其自身证据和确证规则的机构，不同于日常所见的组织（就像施密特所说的那样）。可以将所谈论的内容做出略微不同的表达，统辖法庭的规则是我们也许会称之为**施密特式**确证（shmustification）的规则，而不是确证规则。因此我们不要在这两类不同的规则之间摇摆。如果我们打算将单个陪审团成员的 J 状况与该法庭的 J 状况进行比较，那么无论是在两种情形中均按照（日常）确证标准，还是根据施密特式标准，必须要做到完全一致。将其中一个标准应用于法庭，另一个标准则应用于个体陪审员，正是导致混淆的根源所在。第二个难题则是，法律原则在心理上阐述陪审团的审判任务的同时，又指示他们应该做什么和不应该做什么。他们所应该做的是，除了在法庭上听到的内容之外，要忽略任何他们偶然碰上的证据。如果他们违背了这一指示，（就信念上来说）他们还能确证地做什么呢？这就是该例子需要我们考虑的内容。但是有人怀疑说，只不过施密特式的规则太不确定了，以至于无法做出任何立场鲜明的主张。一般而言，在一个规范系统遭到破坏时，该系统可能并没有什么清晰的备用规则来应对所反映出来的问题。（尤其是在当前这种情形中，既要针对个体又要对于他们此时所服务的机构问题做出认识的判断时，问题就更加突出。）

三位护士的例子则遭遇类似的不确定性。我们为什么会得出结论，每一位护士自己均确证地相信奥布莱恩没有生命之危，但该群体没有因此而得以确证呢？如果每位护士各自先前违反了互相告知这一规则，但并未影响她们后来的认识情境，为何三位护士违反完全相同的规则影响了她们所构成的群体的后来的认识情境呢？是不是因为该群体比其中每一位个体拥有更多证据呢？这就需要对如何对待群体情形中所拥有的证据问题做出非常可疑的假设——假定任何成员拥有的证据均自动为该群体本身所拥有。如果我们不做此假设，我们似乎就无法赞同拉齐认为她在这里所发现的认识状态之间的分殊。

10.7 制度和系统的社会知识论

我们现在从社会知识论的第二个分支转向第三个分支——制度与系统的知识论。我们这里要把有关作为多个认识行动者的群体的问题放在一边，专门讨论社会制度和系统，它们均由个体来运作。（在这样的制度内部也许存在集体的认识行动者，不过我们接下来讨论议题的目标均与此无关。）总体上看并不复杂。个体行动者必定牵涉其中，并且受到很多社会制度的影响——包括认识方面在内，它们影响到其生活的诸多方面。个体行动者的认识方面受到影响，在此意义上，社会知识论如果不是在（根本上）提供政策建议方面加以讨论的话，也许至少会在理论分析中涉及。

社会与文化常常在多样化的制度形式或结构之间加以选择。如果在这些替选项之间的选择对认识的成功或失败有着不一样的影响，社会知识论就应该被调动起来，并且密切关注其中的细节。在众多选择中究竟哪一个

（些）在认识上要好于其他选择，对此给出解释也许是有意义的。当然，也许没有太多的制度会将认识问题视为其首要关注的内容，但其中有一些会是这样。常见的例子包括：（1）科学，（2）教育系统，（3）各种新闻与媒体，以及（4）事实调查机构，比如法律判决系统（尤其是审判系统）。即使一个制度就其根本与认识问题无关，它对于如何确定其管辖范围内的难题依然扮演重要的角色。因此，在社会知识论的这个分支中不缺乏相关的话题。我们将集中通过三个方面来展示这一分支。

10.8　民主中的认识问题

近几十年来，政治哲学及其理论中已经出现一个重要的趋势或者甚至可以说是运动，意在支持从认识的维度来看待民主。什么使得民主成为政治组织模式中如此富有吸引力，甚至可以说是一种必需品呢？为什么它在这个世界中为人们所铭记，它确实配得上它所据有的独一无二的位置吗？它的那种被假定的优越性究竟有什么核心的**原理**，（甚至即使是在最好的环境中）它能够符合所有那些可能言过其实的宣传吗？

最近的理论已经接受针对民主的原理的两种极为不同的认识进路。正常情况下，人们都会将**多数规则**与民主关联在一起。当选举和其他决定根据有关选民或立法团体中多数人投票结果而做出时，它们往往是作为合法或权威的结果被接受。赋予它以这么高的——并且可能是唯一地位的多数规则究竟有什么重要特征，它配得上其地位吗？有没有什么其他特征是一个完善而又可接受的民主形式所应该有的呢？

民主的第一个认识形式认为，政治团体所面临的难题客观上往往有正确的答案——有真或假的回答，为了政治集体的利益，就要获得正确的答案而不是错误的答案。一个好的认识程序应该选择正视这个任务。大致可以认为，在一个公共语境中，（在某种意义上）这应该是一个社会程序。最后，多数主义决策是认识上最好的社会程序，它对于这一难题有着重要的意义。为多数规则进行辩护的最常见思路就是诉诸孔多塞陪审团定理（Condorcet Jury Theorem，CJT），我们在第八章最后略微用过这个定理。我们将再次简单地回到这个问题。

民主的第二类认识进路就是所谓的协商（deliberative）民主进路。这一进路更多集中在政治决策的前投票阶段（prevoting stage）。这个观点是说，无论政治问题是否有"正确"答案，公民就当前讨论的议题协商、彼此之间展开辩论，这么做是件好事。这一点可以通过各种各样的方式来加以合理化。仅举一个例子来看一下，通过共同协商，人们能够在面对他人时就这些主题确证其观点，这里的确证被理解为某种认识的程序。它也许的确是一个程序，帮助人们辨识"共同善"，或者即使没有共同善这样的东西，它也是有益的。如果协商是一种论证，而论证是一个认识工具，那么我们就再一次能够形成带有认识轮廓的基本原理。

10.8.1　孔多塞陪审团定理：前景与难题

针对 CJT 的兴致的复现已经构成面向民主的第一类认识进路背后的主要动力。这个定理认为，在某些是非判断的大型选举投票中，如果一小部分的条件得以满足，那么多数主义的结果就有极高的概率追踪到真理。既然多数规则的投票是民主程序的最重要特征，这就被视为证实了民主所具有的认识价值。关键条件是选民团体中每一选举人正确（或"胜任"）的概率都比随机状况下要更高。甚至即使大于 0.5 的小概率，这也确保多数人正确的概率要大于任何个体正确的概率，并且随着群体规模的增加而接近 1.0。这难道不是一个令人震惊而又重要的发现吗？

好吧，既是也不是。如果该定理所设定的条件得到满足，或者至少有些时候有非常多的机会得到满足，那么它就是令人震惊的。这一点是否为真尚无定论。其中有以下三个最重要的条件：

1. 要投票的是非题必须有一个客观的正确答案，不管用于得出该群体答案的投票程序如何。①

2. 在该定理的原初版本中，所有投票者必须据有某个正确概率 r，且 r 大于 0.5。（在该定理的扩展版中，与原初版本相比，该条件只规定中位投票者

---

① 在对原有 CJT 的现代延伸中，这样的结果被延展到多选择情景中，而所需要的相应的能力水平则降至 0.5 以下。请参阅古丁与埃斯特朗德（Goodin and Estlund，2004）。

而无须**全部**投票者有 0.5 以上的胜任率，而且这些胜任的人是对称分布。）

3. 投票者彼此之间所做出或者持有的选择没有影响。

让我们来逐个检视这些条件满足的前景如何。

先从条件 1 开始，人们通过投票来决定的那些政治问题通常都是有客观的正确答案的问题吗？这本身就是一个难以回答的问题，但它对于认识进路中的不同 CJT 版本而言有着根本性意义。主要看法之一也许会是这样的，人们投票的常见问题（隐含地）指向那些涉及政治集体应该采纳或追求什么样的政策或目标。换言之，这个问题并非"实现目标 G 的最佳（或更好）手段是什么？"，而是"我们（作为政治集体）应该致力于实现什么目标？"手段–目标的问题当然有客观的正确答案，但应该追求什么目标或以什么为目的则**应该**是规范性/评价性问题，对于这类问题，明智之人会对其有什么客观的正确答案不抱什么希望。如果这些问题没有客观的正确答案，无论对于该认识进路——有时被称为"聚合"进路的一个 CJT 版本，都是致命一击。

不过我们姑且假定，一种适宜的进路或许可以幸免于上述挑战。接下来出现的问题便涉及满足条件 2 的前景，也即投票者对于他们将要投票的那个（些）问题足以胜任做出判断，又会怎么样。有些理论家觉得难以想象选民们可能出现未超过随机的正确概率。很显然，人们在大部分常见的问题上都有极为突出的胜任力——相较于犯错，他们正确的可能性更大——他们为什么会在政治问题上正确的可能性更小呢？不过既然有某种悲观主义的看法，那么总有其理由。

第一个困难是普通的投票者能获取什么类型的证据。笔者要强调的是，这里的麻烦在于大部分证据都是"垃圾"——它们都是极具误导性的证据。有关选举问题，无论我们将其内容看成什么，与以下简单的事实性问题都毫无相像之处，如"最近的加油站在哪里？"或者"最近一次冬奥会中谁获得 X 类项目的金牌？"诸如此类的问题可以通过观察、审慎思考或者也许通过谷歌搜索来回答。政治问题的相关证据则更易于出现在竞争异常激烈的情境中——比如政治舞台上两个有争议人物的陈述。通常情况下，他们的任务都是说服选民相信一些根本不为真的事情，或者是这类事情介于真、假的边缘。在准确和不准确的陈述之间做分辨异常困难。简言之，选举人面对政治问题时想确认所需要的那种可靠的证据，严格说来很难胜任。政治话语会持续地遮蔽真相。因此我们为何期待着选举人一致或大体上能够胜任呢？

此外，即使承认有某些高质量的证据可待发现与分辨，我们为何期待选举人愿意花时间和精力找出来、再弄清楚呢？理性选择论者认为，在大型选举中，人们的投票根本不理性，原因在于他们基本不可能是摇摆不定的选举人。基于期望之中的实用想法，他们不应该在投票上劳心费神，也不应该浪费时间收集证据，以做出最好的投票策略。如果他们做到稍稍有一点理性，他们将会是**信息方面的免费搭车者**，并且不可能在所涉及的话题上有胜任力（Landemore，2013：193）。

最后，除了 CJT 的合适版本之外，在数学意义上还有正确的"完全相反的"CJT 版本。反向 CJT 主张，如果中位投票者恰恰是有些许不能胜任（即他正确的概率略**少于** 0.5），那么随着选民规模的增加，做出正确选择的多数人的概率将迅速接近 0（而不是 1）！

在所有这些挑战中，最为严重的就是要满足条件 3，这是一个独立条件。既然投票人在政治问题方面胜任所需要的条件几乎不可避免地要求处理"证言性"证据——包括他那些同为投票者的同辈们所说和/或所写的那些事情在内，胜任与独立这两个条件组合之下的挑战极难得到应对。

10.8.2　协商会有什么帮助吗？

既然在选举问题上致力于胜任此事的个体投票者面临着严重的问题，投票者该何去何从呢？协商也许是避免此类问题的一种途径。很容易看出，为何协商民主论者会强调投票前协商作为民主的关键步骤。只有投票人与他人已然进行商谈，就政治问题以及本届选举人交换看法，他们才有望形成相应的信念，进而有助于选民做出正确的决定。因此协商也许是聚合（或 CJT）进路的合适的补充。这就是那些长期以来一直主张协商有其优点的人，比如埃克尔曼与菲什金的观点。①

①　请参见埃克尔曼与菲什金（Ackerman and Fishkin，2004）。

尽管这听起来不错，但大部分协商民主论者为协商提供的理由迥然各异，也许其中只有小部分人假定了首先存在着客观的正确性。这个建议有其更进一步的困难，表现为协商很显然是典型的**互相依附**，与独立形成鲜明的对照。如果投票者能够做到彼此交换看法，没有人会不管其他人而只顾自己投票。这就破坏了通过 CJT 或其他令人满意的、需要独立的策略来追踪真相的选举人对此事的预期。

当然，没有哪个人会说，真相的追踪在范畴上需要 CJT 或者另一个以概率为基础的定理的庇护。CJT 只不过提供了获取高概率真理的**充**分条件，它并不是一个**必要**条件。因此别管 CJT 了，认识上的民主论者也许会说：只要专注于协商就好了，它依其自身，乃是通向真理的最佳路径。

不幸的是，对协商的深入实证研究使得寻找政治真相的前景十分暗淡。不仅是数学和哲学的理论对潜在的认识工具起着举足轻重的影响，人们进行协商时实际上所发生的事情，对此的实证研究也许会为协商的认识前景提供一些线索。桑斯坦（Cass Sunstein）对此类研究做了广泛的调查，所提交的报告可能同样使得协商民主论者的希望变得渺茫。

桑斯坦从社会科学研究中的报告中发现是这样的，当不同政治倾向（比如自由主义者和保守主义者）的人讨论当今某些充满争议的话题时，相较于讨论之前，他们在讨论后所表达的观点更为极端。换句话说，讨论增加了"极化强度"。使得人们两极分化的某种交流难道能促使他们在面对某个单选题时出现趋同情形吗？协商的另一难题是它容易产生"信息串联"。信息串联这样的模式发生在人们被要求向听众群体对其观点给出解释时，这种场合为人们提供了一个机会从他人那里习得新的东西，获取有关当前问题的新信息。在桑斯坦看来，尤为重要的是，人们要表明他们所知或所相信的东西，特别是面对不同意见或少数人意见时。其他人还能从这些信息中受益吗？信息串联是由不同的个体给出的成系列的陈述，在此过程中人们所感受到的社会压力导致他们隐藏其真实的想法，从而重述前面的人所说过的话，而不是分享他们新的洞见。尽管大量有误导的（表面看来的）共识得以呈现，但人们无法获得他们所需的非常规信息。这种社会性动力机制正是哲学和数学理论家易于忽视的，因为像"如果我跟他的立场不一致，这个人就不认同我"这样的想法似乎的确有着显著的影响，但是政治

240

哲学家和数学家没有在构建其模型时将它们放在里面。

10.8.3 替选的投票方法：多数制是最好的原则吗？

按照传统的看法，多数制投票规则是民主的典型特征。同样，在今天这个世界，在一个政府声称其为民主政府时，检验的方式很大程度上就是它是否采用并成功按照多数制选举来运行。在民主理论中，根据像 CJT 这样的数学定理，多数制规则处于关注的中心。当然，如我们已经看到的那样，有鉴于**反向** CJT 表明，通过多数制规则**出错**与正确的先验可能性一样大，因此 CJT 自身根本没有证明它是获得真理的好方法。

该是公平地关注其他可供替代的方法的时候了，或者至少是给予一些关注。从纯粹的认识立场看，有很多这样的方法，要么优于多数制投票，要么旗鼓相当。按我的理解，多数制投票指的是规定一人一票的制度。加权制投票不属于多数制投票，然而，在数学上就可以直接看出，当投票人有着不恒等的正确概率或机会时，一旦所有投票者被赋予一人一票，该群体就不再能达到其最大化的正确概率。不妨来考虑一个五个人构成的群体，其中三个人有着 0.6 的正确概率，两个人有着 0.9 的正确概率。在多数制投票中，该群体正确的概率为 0.87。相反，只要选择两个更为专业的个体中的任意一个作为独断决策者，就很容易超过这个正确的概率，对该群体而言，这样就能产生 0.9 的正确概率，甚至这一期望概率还有可能进一步得到提高：如果这两个最为胜任的人每个人都被赋予 0.392 的权重，另外三个投票者的权重是 0.072，那么这个群体的期望判断准确性甚至比独裁决策情形下更好，即 0.927。一个最大程度利真的赋权模式，指的是将权重 W_i 赋予满足以下公式（Shapley and Grofman，1984）的每一位专家 i：

$$W_i \alpha \log \left(p_i / (1-p_i) \right)$$

不过，还有另一个自诩认识上更优的体系在其他方面不同于（常见的）多数制规则。布拉德利与汤普森提出了一个被他们称为多票多数规则（Multiple-Vote Majority Rule，MVMR）的体系（Richard Bradley and Christopher Thompson，2012）。他们在评论了标准的多数规则体系的优缺点之后，才开始他们的刻画并为之辩护。认识上对多数规则所做的标准辩护的核心观点是，通过给予每个人以相同的话语权，多数制投票给出了群体判断，相较于独裁制或寡头制模式的判断，这个判断更为可靠地接近真理。然而，在有些情形中，投票者在数量上无关紧要，并且个体投票者的胜任力因人而异，也因不同的议题而有差异，为更能胜任的赋予不等的权重的投票体系将会产生更好的判断，不过这样的认识优势的代价则是参与的不平等。在沙普利-格罗夫曼的（Shapley-Grofman）模式——分配权重时应用对数公式中，我们看到了这一点是如何得以实现的。布拉德利和汤普森提出的模式则不会以类似的方式承受不平等参与这样的代价。在呈现了这一点之后，他们主张，与包括多数原则在内的其他几个众所周知的原则相比，他们的模式在认识的可靠性与参与的均等性之间形成了更好的平衡。

假定有一个群体必须要针对一组议题做出决定，比方说一共有十个议题。那么每个人都有十次投票，他们可以将它投给任何一个议题。换言之，他们可以针对这些议题依其所愿来分配这十次投票。这包括了将所有十次票投给某一个议题，假如他们想这么做的话。对于集体决策而言，它是通过累加支持或反对某个具体议题的所有投票，而且当且仅当支持该议题的投票数量超过了反对票数量并予以接受才得以形成。如果其中个体投票者只对真相感兴趣，他们会试图将票投给其将会有最佳表现的地方。这样，假如有人认为其自身在这些议题中的两个议题上比其他人更为胜任，她就可能比其他人更会将她的投票集中于这两个议题上。按布拉德利和汤普森的设想，当胜任力无论是在命题还是在投票者上均有不同表现时，并且投票者在他们胜任什么的问题上有二阶胜任力（second-order competence）的话，相比于多数规则，MVMR 规则就能产生更大的集体胜任力，且无须以牺牲参与上的平等为代价（64-65）。

10.9 科学研究的社会维度

知识论始终与科学哲学密切关联，而这一点是根据科学乃认识活动的范式这个流行观点才得到保证。然而，传统的科学哲学长期以来一直聚焦于个体科学家而不是科学家团队或共同体，或者说它讨论的核心，在很大程度上是科学方法论问题，过去并且现在也是如此，它们都是从任何具体的行动者选择中抽离出来，不管这些行动者是个体还是群体。然而，至少自影响深远的库恩《科学革命的结构》（1962）问世以来，科学规范已然从更具社会性的视角加以研究。科学家不管怎么说都是人，他们彼此之间受到对方观点的影响，并且可能有益于其他科学家提出新的理论和发现新的证据（或者受到误导）。科学家通常以团队的形式开展研究工作，并且与其他团队竞争，从而做出更为重要的发现。所有这些都为考虑知识论的社会观念提供了适宜的环境，这种情形至少为科学知识论的特定的社会**维度**留出了空间。

基切尔提出了科学探究中"专业劳动的分工"并进入这一进路（Philip Kitcher，1990）。并非遵循某个具体科学领域中同一个研究纲领的所有科学家们都从中受益，受益的也许是这个研究共同体，他们形成各有特色的研究群体，并在寻求相同难题的解决路径中运用不同的研究方法。基切尔借助实际上流行于生物化学中探究 DNA 分子结构的理论来表明这一点。基切尔用下述方式描述他的看法：

> 曾经有一个非常重要的分子（very important molecule，VIM）。化学共同体中许多人都想知道 VIM 的结构。其中，方法一，用 X 射线晶体学，检测相应的图像并用它们来消除黏合模式（bonding pattern）的种种可能。方法二则涉及用猜测的方法，以及积木（tinker-toy）模型的建构。(11)

基切尔指出，即使上述两个方法中有一个对于某个寻求解决 VIM 结构问题的人而言是最优方法，也不能随之认为作为共同体做出努力的最优分配方案，就是让所有化学家都用那个方法。假定一开始就没有保证会有一个方法产生好的结果，那么该共同体的合理做法便是尽可能在方法上多样化，姑且不管这样的多样化方法如何施行。

这里"方法"也许意指不同种类的事物。一方面在其发展过程中某个特定的时刻，存在着某个具体科学所使用的各种分门别类的技术或程序。根据对那个术语的某种诠释，某些类型的实验，或者是某些类别的数学分析，或者是某些种类的建模策略，都是"方法"的典型形态。不过我们也可以将"方法"称作与其他研究群体的**理智交流的模式**（也包括无交流在内）。根据不同的用语，这些或许也可以被称为带有理智的风格，它们描绘了他们与其他人的人际关系中的不同个体或群体。有一个例子就是，魏斯堡与穆尔冬（Michael Weisberg and Ryan Muldoon，2009）提出来的一种科学的社会知识论。

魏斯堡与穆尔冬主张的理想的科学研究模型是这样的，它原则上可以应用于所有科学领域。在这个模型中，（被嵌入计算模型中的）自主的行动者（autonomous agent）所探究的是被作者称为"认识景观"（epistemic landscape）的东西。这个景观包括一个平面，外加两个尖形（或者高斯曲线），科学家在这个景观中致力于向上爬，仰角代表着他们在其研究领域中所获得成果的意义。对于两个顶点中任意一个而言，它上面处于更高位置的点所代表的是，（对于该领域来说）有着更为显著的科学意义（或重要性）的真理。魏斯堡和穆尔冬考虑了三个研究策略或者与其他研究者进行认识交互的模式①。第一种科学家指的是代表着传统的单兵作战科学家那个类型，在他或她自己的领域中从事研究工作。这些科学家的工作完全独立于他人。他们不允许其他科学家的发现影响其研究活动。通过这个景观他们体现出的"探究"方法忽略了他人的研究成果。代表这一风格的科学家被称为**控制**，这个词从实验科学中借用而来，指被用于跟其他主体起着对比作用的主体。

其他两类活动模式则代表着对前人研究者已取得的成果的某种回应。（正如这个名字所表明，）所谓的**追随者**（follower）遵从他们的前辈一直在施行的研究模式。**独行侠**（mavericks）则留意前人做了什么，但会致力于做一些不同的工作，他们拒绝去模仿或者在前人所做的基础之上做研究。这里有意思的问题则是，各类研究群体究竟在多大意义上取得成功，取决于他们达到什么高度——换言之，在获得有着高度重要性的真理过程中达到什么高度。（一般说来科学家通常获得这种或那种真理；关键问题是他们所发现的真理的重要意义如何。）

前文已然指出，魏斯堡与穆尔冬用认识的"重要性"来表示与其研

---

① 这里有一个交互模式属于**非交互**（non-interaction）的形式。

究有关的科学成就的水平。他们有意不对重要性主要指代什么给出说明，原因在于各个领域在这个问题上差别迥异。不过他们认为，某个领域中不同的科学发现哪些更为重要，实践者们会在这一点上达成共识。在他们设计的模型的曲线图中，重要性在纵轴 z 上得以表示。据此，向顶部攀爬意味着做出越来越多的发现。他们的三维图形中还有其他两个轴，即 x 与 y，它们共同决定着这个论题可以采用的一个具体的"进路"。在这个景观中，每一进路都被描绘成占据"一席之地"。

作为自主的行动者，他们的移动形态均受到适用于整个图形的算法或者规则的制约。（部分）控制规则如下：

1. 向前移动一块（patch）。

2. 问题：我正在研究的这块（新的）领域比我之前研究的那块领域更为重要吗？

如果回答"是"，那么向前移动一块。

如果回答"不是"，那么问题是：它跟前面那块领域同样重要吗？

如果回答"不是"，那么向后移回前面的那块。随机选择一个新的方向。再从第一步（step 1）开始。

这些控制围绕着这个景观移动，他们的形态如何完全取决于他们自己在关于某条路径的重要性问题上发现些什么。他们甚至不会注意其他研究者是否在同一个领域中做研究。用这类算法的行动者在有限的时间内至少可以确保找到局部最大化的东西。在这种情形中，局部最大化就是顶点之一。

通过这样的方式，魏斯堡与穆尔冬将他们的行动者模型化为他们能够对这里所讨论的科学活动开展**计算机模拟**。因此，他们的工作就变成一种日益盛行的做社会知识论的方法，即对社会认识活动进行计算机模拟。这样的模拟操作主要有以下几个方面：（1）设计活动模式的模型并说明行动者从某个起始状态所要遵从的规则；（2）根据各种起始状态，进行大量的演算；（3）观察这些模拟会出现什么结果。希望最后的结果会对社会知识论有所裨益。

从他们对"控制群体"（populations of controls）的模拟中，魏斯堡和穆尔冬获得很多新的认识，其中有一个例子是这样的。有非常多的控制群体能够实现相当高的认识成就（即在纵轴上达到很高的水平），但是出现这样的情形需要花很长的时间。其主要原因看起来似乎是，控制群体之间不会相互学习。在下面两个策略——追随者与独行侠中，科学家极大地受到其同行所发现的以及试图从中学习到的东西的影响。对这两个策略其中一个而言，科学家在是否赞同采用其他人已经做过什么工作——运用相同的研究进路的问题上，有着强烈的偏见。在另一个策略中，他们会避免使用其他人已经用过的同一种进路。根据认识上的成功这个标准，如何来对这些策略分别给出评价呢？

在很多重要的方面，追随者都难以与控制群体相提并论。如果一个控制群体找到其到达山顶的路线，她最终必将达至顶部。但是如果追随者在上行途中彼此碰上，他们有可能只是跟随他人，大致到达这个山的次优区域。最后，从山脚下出发的大部分追随者结果都没有按照他们自己的路径走（也没有达到顶部）。

跟追随者一样，独行侠会兼顾前人已经探索过并取得成功的进路。然而不同于追随者的是，独行侠**避免**之前探索过的进路，他们更愿意走自己的路。独行侠会取得多大的成功呢？与控制群体相比，他们在到达两个顶部问题上更为高效。此外，就找到顶部而言，独行侠同样效率更高，也就是说他们的平均时间相较于控制群体所需要的时间更少。而且，就单位科学家数量找到顶部而言，与独行侠相比，控制群体所能取得的进步要少得多。

至此，所报告的结果仅仅与单纯的科学家群体有关——单纯的控制群组、单纯的追随者群组和单纯的独行侠群组。然而魏斯堡与穆尔冬模拟中最有趣的发现则涉及混合群体（mixed population）。只要把十位独行侠加到一个由追随者所构成的群体中，就会导致认识进步增加214%。从这个模拟中得出这一点以及其他统计结果表明，即使少许增加一些独行侠，相比于单纯的追随者群体，产出也会显著增加。产出的增加不仅是因为独行侠自身的直接行为；它同样根源于他们对追随者的影响。独行侠有助于众多追随者不迷失自己，并探索这个认识景观中更富成效的区域。

魏斯堡与穆尔冬提出，这个模拟的教益表现为，如果科学出于更具重要的真理的需要而快速探究一个科学景观，实现这一目标要用的最佳**体系**

便是一个独行侠群体，至少与控制或追随者群体相比是这样，甚至只要一个小规模的独行侠群体就足够了。

群体认识探究的计算机模拟所出现的这些结果与其他社会知识论实践者们近期得出的结论——**多样性**的价值完全吻合。群体解难领域中的各类理论家始终认为，将不同类别的成员放在一个解难群体中在认识上是可取的——也就是说，这个群体中应该包括彼此生活经验不同，受过不同训练，有着不同专长以及不同解难风格等的个体。这个主题或教益已然得到来自——比方说洪璐和佩吉（Lu Hong and Scott Page，2001；Page，2007）的充分辩护，对于群体解难而言，这两位学者主张，"多样性完胜能力"（diversity trumps ability）。魏斯堡与穆尔冬的论证——增加独行侠来形成一个混合群体，无疑极大地增进了认识的进步，似乎像是对多样性的认识价值给出了富有启发的证实。

思考题

1. 在社会世界中，有哪些最重要的场景需要群体或集体被视为具有类信念（belief-like）的状态？比如，法庭？或者公司？如果我们的确认为它们具有类信念的状态，是不是同样需要赋予它们以得到确证（或未得到确证）的信念呢？有人完全不接受群体信念的概念，主张这不过是充满寓意的言谈而已，你对此如何回应呢？群体难道**真的**不具有信念或思想吗？

2. 信念聚合函数（belief aggregation function，BAF）与确证聚合函数（justification aggregation function，JAF）的区别是什么？假如一个群体要**确证地**相信 P，那么它是否要求该群体相信 P 呢？这似乎蕴涵着，可应用于群体的那类确证只有**信念确证**。但是**命题**确证又如何呢？倘若信念确证对群体而言有意义的话，难道命题确证不应该对它们同样有意义吗？如果说无法给出针对群体的命题确证的论述，这是不是就可以怀疑将群体视为带有确证状态的可作备选的行动者这么一整个方案呢？

3. 施密特的例子或者拉齐的案例（或者是两者）是不是表明，面向集体性确证的加和主义者（summativist）或者聚合进路其实不足以应对该任务呢？请解释你的理由。

4. 是不是的确有可能通过对交互性行动者、假设情境中的操作，以及从随机选择的位置开始的计算机模拟，来真正地阐明（社会）知识论问题呢？这一技术路径致力于阐释的究竟是哪些（社会）知识论问题呢？计算机模拟这样的方法论在哪些问题上可以给出富有前景的解释呢？你是不是会将其视为一种实证的方法论或者扶手椅式的方法论呢？

5. 现代生活与数字化技术已经产生了各式各样的观念和实在，它们也许可以被称为社会认识**工具**——相较于如果不是这样的情况下，它是有助于我们更容易、更成功地确定和/或传播某些真理的手段。其中有三个这样的例子就是一般意义上的"众包"（crow-sourcing），比如维基百科那样的大规模合作项目，以及预测或信息市场，爱荷华电子市场（Iowa Electronic Market）①。你同意将它们称为"认识的工具"吗？它们是不是对知识论的贡献呢？或者是对应用知识论的贡献吗？

延伸阅读

Bragues，George（2009）．"Prediction Markets：The Practical and Normative Possibilities for the Social Production of Knowledge."Episteme：A Journal of Social Epistemology 6（1）：91-106.

Goldman，Alvin I.（2014）．"Social Process Reliabilism：Solving Justification Problems in Collective Epistemology."In J. Lackey（ed.），Essays in Collective Epistemology. New York：Oxford University Press.

Kitcher，Philip（1990）．"The Division of Cognitive Labor."Journal of Philosophy 87（1）：5-22.

Lackey，Jennifer（ed.）（forthcoming）．Essays in Collective Epistemology. New York：Oxford University Press.

Lackey，Jennifer（in preparation）．The Epistemology of Groups. Oxford University Press.

① 请参阅兰德默（Landemore，2013）和布拉格斯（Bragues，2009）对这些工具的讨论。

Landemore, Héléne (2013). Democratic Reason: Politics, Collective Intelligence, and the Rule of the Many. Princeton: Princeton University Press.

List, Philip and Philip Pettit (2011). Group Agency. Oxford: Oxford University Press.

Pettit, Philip (2003). "Groups with Minds of Their Own." In F. Schmitt (ed.), Socializing Metaphysics, 467–493. Lanham, MD: Rowman and Littlefield.

Strevens, Michael (2003). "The Role of the Priority Rule in Science". The Journal of Philosophy 100 (2): 55–79.

Sunstein, Cass R. (2006). Infotopia: How Many Minds Produce Knowledge. Oxford: Oxford University Press.

Weisberg, Michael and Ryan Muldoon (2009). "Epistemic Landscapes and the Division of Cognitive Labor." Philosophy of Science 76 (2): 225–252.

当代知识论导论

第五部分

概率主义知识论

第十一章　概率主义知识论

11.1　集体知识论：作为多人主体的群体

通常情况下，知识论学者在写作时似乎只有三类认知状态可供认识评价：相信、不相信以及判断悬置。然而，这样的三元区分并不特别细致。就我们所相信的有些事物而言，我们会比他人更有信心。尽管有人也许会对两个不同的命题进行判断悬置，但相较于另一个，会对其中一个命题的真更有信心。如果心理学无视这种信心的差异，无疑就是不胜任的。这同样适用于知识论，它忽略了在面对不同命题时，究竟需要赋予多少信心才是认识上适宜的这样的差异。如果你跟本章作者有诸多相像的话，对你而言，非常自信地认为**澳大利亚在南半球**，这在认识上就是恰当的，这种恰当性在你相信你会在今年冬天患流感这样的命题要少一些，而（大致可以说）对于你相信你将在接下来的二十年获得格莱美奖（Grammy Award）这样的命题所带有的认识的恰当性则要更少。这样的信心——或者用专业术语，就是置信度——究竟要怎么样才算是认识上恰当的呢？我们这里可能是在针对不同形式的认识恰当性提出问题。如我们将要看到的那样，很多哲学家认为要做到合理的话，我们的置信度总体上必须要遵守概率公理。

除了我们的置信度是否应该合理地遵循概率公理之外，概率对知识论的重要性不言而喻。正如我们在前面章节中已经注意到，似乎完全可以说只要提高它的概率，证据就证实了假设。我们在本章末尾会看到，如果我们把针对假设的证据性证实视为概率增加的问题，我们就能够更好地意识到怀疑论证所蕴涵的力量。

本章讨论概率主义知识论中两类颇为常见的论题：置信度的知识论

（epistemology of credence）与证实的概率增加理论（probability-raising theory of confirmation）。不过，在转向这些哲学话题之前，我们将回顾来自概率的数学理论中的一些基本事实。①

11.2　概率理论的基本原理

让我们从概率理论的公理开始。

1. **非负性**（Nonnegativity）：**对于所有命题 P，Pro（P）≥0。**
读作："任何命题的概率均不为负。"

2. **规范性**（Normativity）：**如果 P 是逻辑真理，那么 Pro（P）= 1。**

3. **有限可加性**（Finite Additivity）：假定 P1，……Pn 是成对不相容——每个命题都与其他命题不相容。那么：

Prob（P1 v……v Pn）= Prob（P1）+ …… + Prob（Pn）。

公式中的"v"是"或者（or）"的简写。有限可加性意味着，当我们有 n 个成对不相容的命题时，析取的概率就是所有析取项的概率的总和。②

为了对这些公理获得一个直观的操作效果，来设想从一副正常的扑克牌里抽出一张牌。我们不妨假定你将抽到某一张牌是一个逻辑真理。因此，**Prob（抽一张牌）= 1。**你抽到一张 A 或 J 的概率是多少呢？这些就是不相容命题。在完整的一副 52 张牌中，有四张 A 和四张 J。根据有限可加性，我们能够得出以下结论：

Prob（一张 A 或者一张 J）= Prob（A）+Prob（J）= 4/52+4/52
= 8/52 = 2/13

你抽到一张红 J 或者黑桃 J 的概率是多少呢？完整的一副牌中有两个

---

① 我们接下来会讨论其中一部分概率论的数学计算，不过我们只是触及皮毛。有关数学的更深入的论述，包括它在统计学中的应用，请参阅豪森与厄巴赫（Howson and Urbach，2006）。我们这里的重点是相对基础的哲学话题。

② 在概率的数学理论中，概率函数是根据集合，而不是语句或命题来定义。具体来说，概率函数是根据**事件**来定义，这样的事件被设想为概率的全背景的子集（即相距更远的集合）。在协作与互补的实施之下，这些事件是闭合的。

红 J 和 13 张黑桃。我们可以再用有限可加性，就得出 15/52 这个答案。

当我们在靠碰运气取胜的游戏之外来考虑一般意义上的概率时，对概率函数加以可视化的一个好方法，就是把它当作将墨喷到一页纸上的喷墨机器。这页纸上的每个部分都代表着某种似然性，整页纸就是所有似然性的总和。这个喷墨机器将一个命题当作输入，把墨喷到这页纸的某一块区域则是输出。被喷上墨的区域与整页纸的比例，和那个命题的概率相对应。当不相容命题输入时，这页纸的不相重叠的区域就被墨水喷上了。当相容命题输入时，在被喷上墨的区域中就出现了重叠。

下面有七个有用的概率理论公理的结果。这些结果的证明可以在本章的附录中找到。

排除规则（Negation Rule）

$$\text{Prob}（\sim P）= 1 - \text{Prob}（P）。$$

矛盾规则（Contradictions）

如果 P 是一个逻辑矛盾，那么 Prob（P）= 0。

逻辑等值规则（Logical Equivalents Rule）

如果 P 和 Q 是逻辑上等值的，那么 Prob（P）= Prob（Q）。

通用析取规则（General Disjunction Rule）

$$\text{Pro}（P \vee Q）= \text{Prob}（P）+ \text{Prob}（Q）- \text{Prob}（P\&Q）。$$

蕴涵规则（Entailment Rule）

如果 P 蕴涵 Q，那么 Prob（P）$\leq$ Prob（Q）。

除了提出关于各种命题的概率之外，我们还能**以另一个命题为条件**，或者"考虑到"另一个命题的情况下，就某个命题的概率提出问题。比方说，假定你要抽出一张人头牌的话，你所抽的这张牌是 J 的概率是多少？你会发现答案是 1/3，原因是一共有三种人头牌（J、Q、K）。在概率理论中，以 Q 为条件的 P 的概率，写作 Prob（P/Q），其标准的定义是 Prob（P&Q）与 Prob（Q）的比率：

$$\text{Prob}(P/Q) = \frac{\text{Prob}(P\&Q)}{\text{Prob}(Q)}$$

只有当 Prob（Q）>0 才可以如此定义这个条件概率。为了具体呈现 Prob（P/Q），不妨先来想一下代表着 P 的概率的墨水斑点，以及代表着 Q 的概率的重合的墨水斑点（假如没有重合，Prob（P/Q）= 0）。

假定有 Q 的情况下，Q 斑点的 P 部分与整个 Q 斑点的比例就构成 P 的条件概率。在图 11-1 中，这个比率所指的就是颜色更黑的区域与整个 Q 斑点区域的比率。

用条件概率这个工具，我们就可以进一步获得以下有用的结果：

通用合取规则（General Conjunction Rule）

$$\text{Prob}(P\&Q) = \text{Prob}(P/Q) \times \text{Prob}(Q)。$$

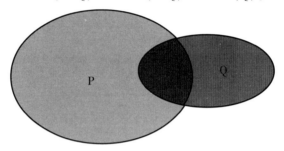

图 11-1

图 11-1 表示条件概率。这里的 Prob（P/Q）是重合的黑色区域与整个椭圆形 Q 之间的比率。Prob（Q/P）相应的则是同一个重合的黑色区域与整个椭圆形 P 的比率。

当 Prob（Q）>0 时这才会成立。从条件概率的定义中很容易得出这个结果。

特殊合取规则（Special Conjunction Rule）

如果 P 和 Q 在概率上彼此独立，那么

$$\text{Prob}(P\&Q) = \text{Prob}(P) \times \text{Prob}(Q)。$$

全概率法则（The Law of Total Probability）

如果 $Q_1 - Q_n$ 是逻辑空间整体的分拆——也即如果 Q_i 的分拆项是成对不相容的，且它们的析取是重言式，那么，

$\text{Prob}(P) = \text{Prob}(P/Q_1) \times \text{Prob}(Q_1) + \cdots + \text{Prob}(P/Q_n) \times \text{Prob}(Q_n)。$

让我们先暂停一下，来看看我们如何才能运用前面已经获得的这么多各式各样的结果。

· 你抽不到红心牌的概率是多少呢？

· 根据排除规则：Prob（抽不到红心牌）= 1- Prob（抽到红心牌）=

当代知识论导论

$1-0.25=0.75$

· 假设你正在玩一个游戏，牌的点数从 2 开始（这是最小点数），包括数字牌，人头牌，一直到 A（最高点数牌）。你抽到一张人头牌或者点数大于 Q 的牌的概率是多少？用 F 来表示"你抽到一张人头牌"，H 代表"你抽到一张点数大于 Q 的牌"。

· 根据通用析取规则：

Prob（FvH）＝ Prob（F）＋ Pro（H）－ Prob（F&H）。

如果你计算这些概率的话，你应该得到：

$$\frac{12}{52}+\frac{8}{52}-\frac{4}{52}=\frac{16}{52}=\frac{4}{13}。$$

你抽到一张既不是数字牌又不是人头牌的概率是多少呢？

· 你可以看出这就等于是在问你抽到 A 的概率是多少。用逻辑等值规则，答案就是 1/13。

· 抽两次牌但不能复位的情况下，第一次抽到一张 A，第二次也是一张 A 的概率是多少呢？

· 提示：用通用合取规则。

我们将通过考察贝叶斯规则（Bayes' Rule）及其应用来结束概率理论的简要入门。首先，让我们来考虑贝叶斯定理（Bayes' Theorem），其在 18 世纪哲学家、牧师托马斯·贝叶斯（Thomas Bayes）证明之后而得名：

贝叶斯定理

Prob（H/E）＝ Prob（E/H）× Prob（H）/Prob（E）

这个公式成立的前提是 E 的概率不为零。贝叶斯定理通过下面两个等式很容易就得到证明，而它们都是在条件概率的定义之下才成立的。

$$Prob（H/E）=\frac{Prob（H\&E）}{Prob（E）}$$

$$Prob（E/H）=\frac{Prob（E\&H）}{Prob（H）}$$

由于 H&E 逻辑上等同于 E&H，因此上述两个等式中的分子相等。根据这一事实，我们能够调整第二个等式，这样就得到：

Prob（E/H）× Prob（H）＝ Prob（E&H）

然后我们就可以把两个等式中针对 Prob（H/E）的第一个等式里右

侧用上一个公式中的左侧内容来代入，由此得到贝叶斯定理。

还有一些术语对于我们后面进一步论述会有帮助：**Prob**（H）被称为 H 的**验前概率**（prior probability）。**Prob**（**E/H**）则是以 E 为条件的 H 的**似然性**（*likelihood of H on E*）。（尽管"以 E 为条件的 H"这个部分有些怪异，但它是标准的术语。）

贝叶斯定理之所以有用，原因在于我们往往能够知道似然性，并且会有一些验前概率的看法。我们可以把这些与贝叶斯定理一起使用，推论出更有趣的东西：在给定某一证据的情况下，一个假设的似然性究竟如何。当然，要想通过贝叶斯定理得到 **Prob**（H/E）的值，我们同样还需要估算 **Prob**（E）是多少。有些时候我们可以用全概率法则来估算它的值。这样我们就会得出：

Prob（E）= Prob（E/H）× Prob（H）+ Prob（E/~H）× Prob（~H）。

如果我们知道 **Prob**（**E/H**）（这个似然性是多少），并且知道 **Prob**（H）（这个验前概率），我们所要计算的只是 **Prob**（E/~H）。当我们对此有所估算时，我们就可以在下面的公式中插入数字来估算 **Prob**（H/E）：

贝叶斯定理的变化形式

$$\text{Prob（H/E）} = \frac{\text{Prob（E/H）} \times \text{Prob（H）}}{\text{Prob（E/H）} \times \text{Prob（H）} + \text{Prob（E/~H）} \times \text{Prob（~H）}}$$

这就是该定理几个有用的变化形式之一。①

因此，贝叶斯定理表明，在给定证据的情况下，该假设的概率取决于该假设的验前概率和似然性。出现这样的情形，你不用感到奇怪，如果你被检验为阳性，你患肺结核的概率取决于你患有肺结核时被检验为阳性的似然性。其他情况不变，如果你患有肺结核，你被检验为阳性的似然性越高，那么假定你被检验为阳性，你患有肺结核的似然性就越高。这是直觉的结果。但是我们常常忽略相关假设的验前概率，这里的验前概率指你患

---

① 如果我们知道如何进一步分拆~H（即将它拆分为不相容的命题——它们的析取项与~H等值），我们就能够进一步扩展这个公式，其途径则是用另一个公式——在~H的分拆中每一命题为 X_i 的情况下，用 E 的概率的总和乘以 X_i 的概率，来替代分母中第二个被加数。比方说，如果我们知道要么是约翰，要么是玛利亚或克劳德犯案了，那么我们就会把**约翰没有犯案**拆分为**玛利亚犯案**和**克劳德犯案**。

有肺结核。如果一种疾病非常罕见，那么假定你患有这种病，使你被检验为阳性的概率极高，最终结果仍可能不会是似然性特别高，也即你被检验为阳性，你就患有这种病。

这里有一个例子被称为**哈佛医学院检验**（Harvard Medical School Test）（cf. Casscells, Schoenberger, and Grayboys, 1978）。考虑一种非常可怕的疾病，称之为 D。D 很罕见：比方说平均患病率只有千分之一。假设以下情形，如果你患有 D，那么用最好的、也是唯一的一种检验手段，你被检验为阳性的似然性就为 100%。如果你没患有 D，你被检验为阳性的似然性只有 5%。现在，假定你患有 D 并被检验为阳性，你是应该有一点点焦虑，而不是很焦虑或者恐惧吗？

我们姑且来看看。假设 D 代指你患有 D 疾病。T 为你患有 D 的检验为阳性。用贝叶斯定理，我们就得出：

$$\text{Prob}（D/T）= \frac{\text{Prob}（D/T）\times \text{Prob}（D）}{\text{Prob}（T/D）\times \text{Prob}（D）+\text{Prob}（T/\sim D）\times \text{Prob}（\sim D）}$$

将数字代入：

$$\text{Prob}（D/T）= \frac{1\times（0.001）}{1\times（0.001）+（0.05）\times（0.999）}$$

因此，Prob（D/T）= 0.0196 或者大概是 2%。

换言之，假设你 D 疾病被检验为阳性，你患有 D 疾病的概率大约为 2%。是 2% 而不是 95%！如果你的估计是 95%，或者至少比 2% 高出很多，有不少人就会跟你差不多：哈佛医学院学生和职员中绝大部分都给出相同的答案。

不过可以来做个对比，假定该疾病的验前概率为 10%。那么 **Prob（D/T）** 就接近 0.69 或者 69%。可以看到验前概率带来的差异有多大了——即使你患有该疾病的话，被检验为阳性的概率为 100%！糟糕的是，即便它很重要，我们在日常生活中往往无视验前概率。贝叶斯定理对此起到校正工具的作用，而且它并不完全违背直觉：一旦你考虑群体中该疾病的这个背景比例（background rate），那么它对于你检验为阳性的话你患有该疾病的似然性自然就变得很重要。概率的数学理论已经在自然界非常多的现象中广泛得以应用。我们也许很自然就会思考，它究竟在多大程度上可以应用到理解知识论的相关话题。

11.3　置信度的知识论：什么是置信度？

在我们就置信度是否应该遵循概率公理这个问题之前，我们先来考察更为基础的问题：究竟什么是置信度呢？

11.3.1　一些经典的回答

经典的回答通常认为，置信度与一个人购买某类赌注要付出的最高代价有关（DeFinetti，1974）。让我们用一个例子来加以解释。假定我 80% 相信明天会下雨。考虑以下的打赌情形：

打赌下雨：如果明天下雨，你会赢 1 美元；如果不下雨，你一无所获。

假定我觉得这个 1 美元的打赌不错。现在对我而言，买注的**公平价格**（即对于明天是否下雨，要么付我 1 美元，要么不付任何钱，我购买你的保证要付的代价）是多少呢？如果你跟我打赌，不用我付出任何代价，那从我的角度看相较于公平而言这自然会更好——对我会非常有利。那意味着我参与一个打赌，同时又不会输钱，并且还可能会赢 1 美元。如果你把这个代价定在 1 美元，那么这并不是一个公平的价格，我会觉得这没什么利益可图。当然，我也不会为此而买注，因为在我看来我可能一无所获——我为这个打赌付出 1 美元，与之相对应的则是，如果明天下雨，我会从这个打赌胜出中得到 1 美元，而且我有 20% 相信我会输掉 1 美元。尽管 90 美分更好，但我仍然认为这并不公平。公平的价格是 80 美分（0.8 美元）。用我们的行话说，那是因为**打赌下雨的期望价值**（expected value，EV）是 0.8 美元。对于一场赌约而言，期望价值指每一结果的价值的总和，而这些价值是运用某人的作为概率的置信值（credence value），根据那些结果所获得概率来衡量。对于**打赌下雨**，我们得出：

EV（打赌下雨）= 0.8 × \$1 + 0.2 × 0 = \$0.8

诸如此类的例子，也许就会让我们形成以下关于拥有置信度到底意味着什么的描述：

经典的"赌约代价"定义

拥有针对命题 P 的赌注 d 的置信度，就是愿意最多付出 d 美元的代价来打赌，假如 P 为真就支付 1 美元，否则就不用付。

或者，为了消除以上描述中所用的美元①，我们可以用其他货币单位来替代涉及的代价②，并重新刻画这个分析。这样其主张就变成，拥有针对 P 的置信度 d，事关是否愿意为一场赌约——如果 P 就支付 1 优泰尔，否则不用付，最多损失 d 优泰尔。

这就是所谓的**操作性**定义。这个定义为我们提供了一个机械的操作方式，可以用来确定一个概念的应用。它之所以是机械的，原因在于它既不需要判断，也无须任何洞见。即便"傻傻的"计算机也可以应用。这场赌约的代价给了出来，参与者愿意支付的代价也有相应的记录。总之，这个参与者的置信度与最高代价相一致。

然而，这个定义不是一个好的置信度的定义。对一个定义而言，在最低程度上它应该有**充分的外延**。易言之，如果你要根据 B 来界定 A，那么每一个 A 必须是 B，反之亦然。假如有某些 A 不是 B，或者反过来，那么我们就没有给出一个好定义。当然，我们所希望的不仅仅是定义中要有充分的外延；对目标现象我们给出的解释不能是一种循环解释。不过要注意，关于置信度的经典赌约代价论述甚至在外延上也并不充分。尽管我对打赌明天下雨有 0.8 的置信度，但是我也许因为以下理由不愿意为这个赌约支付 0.8 美元：或许我不喜欢打赌；也许我算错了，我会输；或许我对如果我以 0.8 美元为代价有可能获得 1 美元存有疑问。假如我对明天下雨的置信度为 0.8，并不必然意味着我愿意为这场**下雨赌约**支付 0.8 美元。如果我用优泰尔来替代美元，同样也不存在这样的必然性。

此外，即使我视之为公平的赌约代价与我的置信度一致，以至于我们有着外延的充分性，这个定义的解释顺序也是错误的。我为何将这场赌约代价视为公平，似乎对此加以解释就必须要诉诸我对明天下雨的置信度。我把下雨赌约视为公平并不是关于我的某个纯粹的事实。我将其视为公

---

① 不是德费内蒂（De Finetti）原文中的意大利货币！

② 称之为优泰尔（utile）。

平，部分是因为我对明天下雨的置信度。因为我将**下雨赌约**视为公平的缘故，我才对明天下雨没有任何置信度。

这个经典的定义是失败的。或许更好的做法是放弃根据行为来界定置信度这样的愿望。毕竟，诸如信念、欲念这类心理状态的行为主义分析并不十分成功。俏皮一点说，或许可以依据其他有着独立理解的心理状态来界定置信度，从而进行一场更好的赌约。这个自然的候选者就是**信念**。我们接下来讨论这样的可能性。

11.3.2　依据信念来界定置信度

我们怎么根据信念来界定置信度呢？正常的做法就是诉诸关于概率的信念。就像概率一样，置信度似乎有程度之分。比方说，会有最小置信度或零信念这样的东西。最高信念这样的东西，我们可以将它视为置信度1。我们可以将置信度理解为相信命题有着特定的概率，且这些概率满足概率公理吗？

我们将要考察下面这个方案：

作为关于概率的信念的置信度

> 对命题 P 拥有 d 的置信度，就是相信该命题 P 有着 d 程度上的概率。

因此，对我而言，关于投掷硬币的头像向上有着0.5的置信度，就是相信硬币头像向上的有0.5的概率。

为了评价这个定义，我们有必要知道更多关于这些概率会是什么样的。我们所希望的是一个**概率的诠释**，它超越了上面所描述的公理。这些公理告诉了我们概率必须要有的结构。我们需要知道概率**是**什么。（当然可能有不止一种事物值得以"概率"称之。）

传统的概率的诠释大体上分为两类：**客观主义**和**主观主义**。按照客观主义诠释，概率被视为这个世界的真正的独立于心智的重要特征。与之相比，主观主义者则认为概率依赖于我们的心智。如果没有人类存在，根据主观主义者而不是客观主义者的看法，自然就没有概率。

关于概率的主观主义的最常见的形式，就是将概率视为相对于具体的主体和时代的东西，并且事实上不过**是**那些主体在他们所属时代的置信度。如果我们打算根据关于概率的信念来界定置信度，似乎不是特别有用。我们不可能根据关于置信度的信念来界定置信度。

客观主义概率诠释有非常多的类型，最为人所知的就是**频率论**（frequentist）**诠释**。依照这一诠释，一个正在发生的事件的概率指的是，在一个（可能更为广泛的）参考类别（reference class）的事件中正在发生的那个类型的事件的比例。因此，用正常的骰子掷出 4 的概率就是 1/6，因为 1/6 是 4 这个结果相对于掷骰子的所有结果的比例。

如果要想把握有关概率的日常思维，这个诠释就会面临众多难题，甚至关于骰子也是如此。我们将会举一个例子。即便只掷三次骰子并且从未掷出一次 4，难道它就不能有掷出 4 的 1/6 概率吗？但是掷出 4 与所有的掷出结果的比例不会是 0 吗？很显然，相较于所有实际出现的掷出结果，我们需要一个更广泛的参考类别。频率论者通常诉诸带有假设性的更进一步尝试来处理诸如此类难题。

我们可以把置信度界定为关于相关频率的信念吗？这里的麻烦在于，当我们面对不是像骰子、纸牌这样的情境时，形成关于这类频率将异常困难，但是**易于**获得相应的置信度。思考一下**进化论为真**这样的命题。这个命题的参考类别是什么呢？普通大众知道它吗？不过普通人有可能很容易对此有着非常高的置信度（尽管很难说出它是什么）。因此，一般来说，置信度似乎不可能是关于相关频率的信念。

其他客观主义诠释面临同样的难题。不妨来看看**习性论**（propensity account），它将概率解释为倾向，植根于特定情境下事物产生某些结果的物理属性。（这些方案在骰子的情形中，相比频率论诠释要更好。）尽管如此，就频率论而言，普通大众并不知道事物的习性，并因此缺乏关于它们习性的信念，但是他们却能够拥有极为准确的置信度。

那么对概率的**认识的**诠释又如何呢？有一种认识的诠释将 P 对于一个主体的概率视为，该主体对命题 P 赋予多少置信度才是认识上理性的/合理的/有理由的。显然我们无法依据关于什么样的置信度才合理的信念来界定置信度。然而，还有另一种认识的诠释，即概率就是可信性。根据这个诠释，对于一个人而言，某命题的概率就是**该命题的可信性**。也许可以认为，可信性未必要根据持有什么样的置信度才是合理的来加以解释。似乎这里的可信性诠释避免了造成置信度太难而无法实现的难题。不过关于某些命题有多么可信这样的信念并不特别难以形成。实际上，这样的信念似乎像置信度一样易于出现。这也许会让你将置信度视为关于可信性的信念。

当然，它还面临一个重要难题，也即很难看出可信性是否满足概率理论公理。任何对概率的诠释都要将逻辑真理的概率视为 1。但是很显然，如果我们并不知道它们是逻辑真理，那么这些逻辑真理对我们来说并非 100%可信。随便打开一本逻辑教材，翻到问你某个公式是不是重言式的问题，如果只是看一下这个公式，你也许没什么概念，并且这也很正常。它对你而言不可能 100%可信——你对照真值表才会知道。

还有一个可能就是放弃上面那个主张——可信性满足概率公理。当然我们仍可以声称，持有针对命题 P 的置信度 d 就等于相信它的概率——可信性——达到 d 程度。我们将不得不认为，这种根据可信性给出的论述致力于解释一个常见的概率观念，而它并不完全遵守概率的公理。①

无论我们怎么理解相关概率，根据关于概率的信念来界定置信度也许总体上就是一个错误的做法。尽管拥有置信度似乎只要求考虑命题自身的内容，但相信一个命题是否可能，似乎就需要考虑**概率**。这一点很难构成一个具有决定意义的理由让我们认为，置信度不能依照关于概率的信念来界定，但是它或许可以让我们对这个问题重新加以审视。②

11.3.3　依据置信度界定信念

或许更有前景的方案是把置信度视作基础，并根据**它们**来界定信念。当然不是说每一个针对命题 P 的置信度都是关于 P 的信念。尽管我对**我**

---

①　有关（无法被还原至主观或客观概率的）认识概率，请参阅威廉姆森（Williamson，2000，Chapter 10）与阿金斯坦（Achinstein，2001，Chapter 5）。

②　我们没有依据关于客观概率的信念来解释置信度，我们也许是意在根据关于置信度的原则来解释前者。由此，按照大卫·刘易斯（Lewis，1980）的看法，不妨考虑一下首要原则（the Principal Principle）。这个原则的大致意思是说，如果你仅仅知道 H 的客观概率为 d（这里 H 是关于未来的），那么你对 H 的置信度应该为 d。

将获得格莱美奖的置信度为零（或者**极低**），但是我根本就不相信，甚至一丁点儿信念也没有。我同样不相信对一个正常的骰子来说，尽管它不会出现 5，但关于这一点我拥有一定的置信度。很显然，如果信念依据置信度来界定有可能的话，它必定是根据**高**置信度。这两个传统的界定方案是这样的：

确定观（The Certainty View）：相信 P 就是对 P 的置信度为 1。

阈值观（The Threshold View）：相信 P 就是对 P 的置信度在特定的阈值 d 之上。

这两个方案有没有哪一个更靠谱呢？

确定观无疑是有问题的。它的主要麻烦在于，尽管在成对的命题中我们对其中一个置信度会更高，但是我们似乎相信的又是成对命题。可以考虑以下这对命题：**我今天晚上会吃晚餐的，我昨天晚上吃过晚餐了**。尽管这两个命题我都相信，但我更相信后一个。尽管如此，根据确定观却难以看出何以如此。相信什么就是对它很确信，完全相信——对它的置信度为 1。没有什么置信度超过 1。因此，对某些事情而言，我不可能对其中一部分比另一部分有着更高的置信度。

阈值观则允许不同的信念有不同置信度。因此，这一点相对于确定观是个优势。然而，它似乎并没有把握住关于信念的某些推定事实，而这些事实在我们试图界定信念时起着约束作用。

信念的两个约束

（**正确**）如果你相信 P，而 P 为假，那么你在是否 P 这个问题上就不正确（错误/出错）。

（**承诺**）如果你相信 P，且你相信 P 蕴涵 Q，那么你就是在承诺相信 Q。

需要对以上两个方面做个简要说明。根据**正确**这一约束，如果你相信某个为假的事物，那么你在这个问题上就是错误的。因此，如果我相信希拉里·克林顿（Hilary Clinton）会是下一届美国总统，但后面表明她并不是下一任总统，我就在这个问题上犯错了。这看起来似乎确定无疑。

按照**承诺**这个约束，就这里所讨论的版本而言，相信一个你所相信的命题蕴涵着另一个命题意味着你承诺了相信后一个命题。来看一个例子。假定你和我正在就某个伦理话题，比方说同性结婚展开论辩。假设我声称

亲民主党州允许同性结婚，并且我承认**夏威夷是一个亲民主党州**。而你在知道（2013 年）夏威夷不允许同性结婚的情况下，就会意识到你已经否证我："嗯，那么你相信夏威夷允许同性结婚吗？"这里有意思的是，你似乎完全有理由设想我必须相信这一点。如果我这么回答会非常怪异，"好吧，确实如此，我相信亲民主党州允许同性结婚，而且我相信夏威夷是一个亲民主党州，但是我不相信夏威夷允许同性结婚"。信念似乎遵循了**承诺**这一约束条件。①

假定信念的阈值观为真。针对信念的这两个约束条件均得以满足了吗？我们必须要问，其中 d 就是阈值（并且它是小于 1 的实数），以下描述是否为真：

1. 如果你对 P 的置信度为 d 或者更高，且 P 为假，那么你对于是否 P 就是错的。

2. 如果你对 P 的置信度为 d 或者更高，且你对 P **蕴涵** Q 的置信度为 d 或者更高，那么你就承诺了对 Q 的置信度为 d 或者更高。

一旦我们用"相信 P"替换"对 P 的置信度为 d 或者更高"，就像阈值观对我们所要求的那样，前面两个约束条件就可以如下描述。

首先来看（1）。根据我掌握的所有证据，三次掷骰子几乎不可能都是 6。假定我对**它在三次抛掷中均为 6** 的置信度 0.0046。我也许仍然认为："它可能连续三次出现 6，我不知道它不会这样。"现在你掷试试看。很奇怪的是，它居然连续三次为 6。那么你在它是否连续三次出现 6 这个问题上有错吗？你可以这样说来为自己辩护："我没有犯任何错误——我只是赋予它以低置信度而已。"

其次考虑（2）。假设 d = 0.9。换言之，假设我们正在应对一种阈值观，根据这个看法，信念就相当于置信度为 0.9 或更高。如果你对 P 的置信度为 0.9，且对 **P 蕴涵 Q** 的置信度也是 0.9，那么你似乎并没有承诺对 Q 的置信度为 0.9 或者更高。其原因是你所拥有的合理的置信度正好契合概率公理，在这种情况下，假定 P 且 P 蕴涵 Q 是独立的，你对 P 和 P 蕴涵 Q 的合取的置信度将为 0.81。如果你自己相信 Q 所基于

① 对应于知识和确证的闭合原则，这是对信念的约束条件。

的理由是因为它是通过这个合取衍推而来，那么你对 Q 的置信度将会是0.81，低于信念的阈值。（我们可以将 d 设定为小于 1 的任何实数，再重新进行论证。）

因此，如果我们认为**正确**和**承诺**这两个约束对信念适用，我们似乎不得不得出结论，信念与拥有某特定阈值之上的置信度不是一回事。这样看来，阈值观将是错误的。

跟它的主要前提——**正确**与**承诺**这两个约束适用于信念一样，这个论证显得很充分。诚然，尽管**承诺**这一约束看起来合理，但它似乎要求信念的相应置信度为 1，这一条件显然看起来太强。假设我对以下所有命题有着相同的置信度：P，P 蕴涵 Q，Q 蕴涵 Q_1，……，Q_{n-1} 蕴涵 Q_n。我对所有这些命题的置信度均为某个实数 d<1。现在假定我相信所有这些命题。那么根据**承诺**这一信念的约束条件，就可以认为我承诺相信 Q_n。但是 n有可能很大——比方说 100 万！如果我遵循概率公理，并且假如我对 Q_n的置信度只取决于这个推理链条，那么我对 Q_n 的置信度必定非常低。因此，大致可以说，假如 n>1000000，对信念而言，这个置信度太低。我怎么能够承诺相信 Q_n 呢？但是如果我不承诺，那么**承诺**这一约束的成立就不带有完全的普遍性。

不过即便我们抛开**承诺**，**正确**这个约束似乎仍很稳固，仅仅这一个约束也许足以成为拒斥阈值观的理由。

11.3.4　置信度与信念之间的关系：非定义的（nondefinitional）观点

除了根据它们两个中的某一个来试图界定另一个之外，还可以利用其他可能的方法来考虑信念与置信度之间的关系。我们将简要讨论其中一个方案①。正如你将看到，这个观点并没有尝试给出一个定义，在以下论述中它所运用的只有信念这个概念：

理由观（The Reason View）

当且仅当你对 P 有足够高的置信度，让你倾向于将 P 作为更进

---

① 有关更深入的讨论，可做某种对比（Fantl and McGrath，2009）和（Ross and McGrath，2014）。

一步信念和行动的理由，你才相信 P。

假如你将信念或行动建基于一个命题之上，那么你就是在将一个命题用作理由。这样，如果你因为看到你的朋友而挥手，那么你就是因为某个特定的理由——**他是你的朋友**，才做某件事情——挥手。这里理由是一个命题（或者事实），它是你朝那个人挥手的依据。与之相似，如果你从他是你的朋友并且他看见你挥手这个命题推断他将向你挥手，你就是在将那些命题用作信念的理由。那么，理由观背后隐藏的看法便是，相信 P 等同于你有足够高的置信度让你以这些方式将 P 作为理由。

跟确定观或阈值观不一样，理由观允许信念以下述方式与置信度相分离：你可以对 P 和 Q 有着相同的置信度，同时又能相信 P 但不相信 Q。之所以你可以相信 P 但不相信 Q，原因在于你会把 P 作为理由但不会把 Q 作为理由。假定 P＝我今天晚上会吃晚饭，Q＝我的乐透彩票没中奖。你或许同等相信这两个命题——对它们有着相同的置信度——同时愿意将 P 用作理由，但不愿意将 Q 用作理由（比方说你不会把你的彩票丢掉）。这里有必要对理由观加以推进：究竟是什么才被视为"愿意"将 P 用作理由呢？假如我处于高风险情境中（比如，是否中断我儿子的医药治疗），并且我没有将**即使我们中断治疗，我的儿子也会没事**作为中断治疗的理由，这是不是意味着我不相信那个命题呢？难道我不能说，"好吧，即使我相信我们中断治疗他也会没事，但我并不知道他会没事，我会因此而谨慎行事吗？"这些话题的确难以处理。假定医生告诉我，如果我们这么做的话我儿子也没事，所以我们可以中断治疗，但是最终做什么决定取决于我。如果我说，"我们继续治疗吧"，他也许会说，"你不相信如果我们停止治疗他也会没事，是不是？"这里我们因不同的方式被牵扯着：一方面，我非常相信**他会没事**为真这一事实，把我们引向我所相信的主张；另一方面，我不会根据假定的信念而行动这个事实，又将我们引离那个主张。我们在这里不打算解决这些棘手的问题。

无论理由观正确与否，它都是众多值得探究的诸如此类的观点之一，并且在以往文献中没有得到全方位的讨论。它没有尝试根据其中一个概念界定另一个概念，但针对置信度与信念的关系给出了富有启发的论述。①

11.4　置信度的知识论：置信度什么时候才是理性的？

置信度无法根据信念来界定，根据这一假定，我们信念的知识论自然不能直接应用于置信度。那么我们该如何思考置信度的认识地位呢？我们将考察关于置信度的知识论的两个常见主张：（1）置信度应理性地遵循概率公理，以及（2）置信度应根据某种更新规则随着时间而加以改变，可以将它们均称之为**条件化**（conditionalization）。第一个主张是关于共时理性（synchronic rationality）或者在某个时间点的理性，第二个则是关于历时（diachronic）理性或者一段时间内合理置信度的主张。我们将重点关注第一个主张，并在选读节中简要讨论第二个。②

11.4.1　置信度应该遵循概率公理吗？

置信度应理性地遵循概率公理，让我们先为这个理论找个标签。

概率主义

如果持有的置信度总体上违背概率公理是不理性的。

在很多具体情形中，你可以发现它们都诉诸概率主义。假定我对**明天下雨**的置信度为 0.8，对**明天不下雨**也是 0.8。这样的话，我好像有什么

---

① 针对二分的认知状态，如信念、知识和分级信念状态（graded credal state）之间的关系，学者还提出了许多其他有趣的问题。莫斯（Sara Moss, 2013）主张，一般的相信而不单高阶的相信都能够成为知识。由此，正如我们会将相信视为分级的**信念**，她因而提出，我们可以将某些相信——满足类似盖梯尔（Gettier-like）约束的那些相信，视为分级的**知识**。

② 有一篇颇有意思的文献是关于合理的置信必定是点状的（point-like），或者它们有可能是"糊状的"（mushy），比方说像"嗯，大概在 0.6-0.8 之间的某个位置"。更准确地说，你能不能合理地持有一个［0.6, 0.8］的区间作为你对一个命题的置信度呢？更多关于这些话题的讨论，请参阅乔伊斯（Joyce, 2010）与埃尔格（Elga, 2010b）。

地方不对劲。但是概率主义是一个非常强的主张。为什么会认为它通常情况下是正确的呢?

一个常见的看法是,概率法则之于置信度就相当于逻辑法则与信念的意义的关系。因此,正如我们的信念应遵循演绎逻辑法则(即应该在演绎意义上融贯),因此我们的置信度应该遵循概率法则(即应该在概率意义上融贯)。还有一些有意思的问题涉及理性要求我们的信念在什么程度上遵循逻辑法则。对于我二十位朋友中的每一个人而言,如果我相信他或她将参加我的派对,但是我不相信二十个人都会参加,那么我在这个问题上是理性的吗?如果我们谈论的是二百位朋友又如何呢?看不出来这里有什么不理性可言。因此,建立在跟信念和逻辑法则类比的基础上,主张置信度应该遵循概率公理面临着太多的困难。更可取的做法是不依赖这个类比,而是直接主张关于置信度的结论。我们这里仅仅用一些篇幅来考察一种论证——**荷兰赌论证**(Dutch book argument)。①

荷兰赌论证的基本策略如下:如果你的置信度在概率上不融贯(即如果它们没能遵循概率法则),你就将落入"荷兰赌"的陷阱——换言之,一个精明的赌场工作者能够卖给你各式赌约,而你会觉得它们公平或者有利于你,但从逻辑来看,你总体上必输无疑。这就被视为不理性。

为了对每一公理给出荷兰赌论证,我们要表明,如果你的置信度未满足其中一个公理,你就遭遇了荷兰赌。我们将仅仅考察在常规化公理情形中这个论证的结果。假定你对某个逻辑真理 P 的置信度小于 1,比方说 0.7。那么一个赌场工作人员就可以提出卖给你以下赌约:如果 P 为真,你就一无所获;如果它为假,就将获得 1 美元。你愿意付多少买价呢?答案似乎是 0.3 美元。你将会把它视为公平的交易。但是现在仔细看看这种情形:你为这个赌约付任何买价,在逻辑上你都必输无疑。为什么会这样

---

① 对其他概率主义论证有兴趣的(并且愿意通过一些相对形式化材料来做研究的)读者,应该参阅乔伊斯(Joyce, 1998)的"以精确为基础的"概率主义论证,以及迈厄(Maher, 1993)基于所谓表示定理(representation theorems)的概率主义论证。在看这些论文的时候,你应该"抓住重言命题"——也就是在密切关注他们所用假设(并提出其可行性)的同时,好好看看这些作者是如何论证对一个重言命题赋予小于 1 的置信度是不合理的。下面我们在论述荷兰赌论证时,我们将重点关注重言命题。

呢？这么说吧，P 是一个逻辑真理。因此，P 必定为真。如果 P，那么任何针对 P 的回报为零的赌约，在逻辑上你的收益确定为零。你付出 0.3 美元，而从这个赌约中的收益必定为零，你既然支付 0.3 美元的买价，那么你总的损失就确定为 0.3 美元。

我们主张，假如你的置信度在概率上不融贯，你将会把某个赌场工作人员给你的赌约报价视为公平——即使在这么做的时候你会因此而必定有经济上的损失。为什么这么做不理性呢？除非我们回到对置信度给出的那个问题重重的赌约代价的界定，否则就会随之得出你**将**接受那个赌场工作者的报价，这样你根本就不会因此而损失赌金。你可能压根儿就不参加这样的赌博。从逻辑上看，假如一些赌约让你必输无疑，那么你将它们视作公平或有利的买价是否就不理性呢？如果你**知道**，支付了赌约的买价，逻辑上你最终遭受损失，那么将这样的价格视为公平似乎是不理性的。但是即便把逻辑问题放在一边，你知道你最终遭受损失根本就不是所设置场景的一部分。实际上，在我们看来，只要你翻看一本逻辑教材，就可以看到诸如此类的难题（如果擅长这些问题，可以使它更为复杂些）：

$$\left[\ (A \supset B)\ \&\ (\sim C \lor \sim B)\ \right] \supset \sim (C\&A)$$

你把下面这个卖价为 1 美分的赌约视为公平或有利就是完全理性的做法：

如果 P 为真，你获益零美元；如果 P 为假，你获益 1 万美元。

假定这个赌场工作人员说："没时间看真值表，就现在迅速做决定——你会付 1 美分吗？"该做何选择呢？本章作者当然会付 1 美分！但是，正如最后结果所表明，我在逻辑上必定会遭受损失。这怎么可能是理性的呢？好吧，我并不知道我必然会有损失，而且实际上，我的证据显示，这或许可以说是个矛盾的情形。（该命题出现在一本教材中，大约 50%这样的难题是非重言式命题，另外 50%是重言式命题。）

也许可以做出如下回应，即使这么做不理性，我为这个赌约支付 1 美分也无可厚非。我会有这么一个借口——我不知道更好的做法是什么。然而，难道**我不付 1 美分**就不会受到指责吗？这算直接无视我的证据。不过假如我因为没有付那 1 美分的代价而受到指责，那么不付 1 美分无疑是不理性的，而且假设这并非某种两难之境——所有选择都非理性，那么就可以认为支付 1 美分的代价是理性的。

至少对于本章作者来说，难以看出荷兰赌论证何以能表明概率主义为真。

即便存在关于这一概率主义论证的否定性结论，我们也不应该得出概率的融贯无关紧要这样的结论。我们可能都会赞同，如果我们拥有一整套概率上融贯的置信度，那是件不错的事情。跟不融贯的置信度不同，融贯的置信度让我们对荷兰赌深信不疑。此外，如果乔伊斯（Joyce，1998）说的没错，拥有融贯的置信度就确保了我们的置信度：在面对非融贯的置信度时的某种准确性。这看起来是**认识上的善**。① 然而，承认融贯的置信度为我们带来我们非此而不能获得的认识上的善（以及有助于我们避免非此而可能会有的认识上的恶）是一回事，主张拥有不融贯的置信度属于非理性的则是另一回事。这同样适用于有着非融贯的信念就属于不理性的这样的主张。如果你相信 P，结果发现 P 实际上是一个复杂的逻辑矛盾，那么你的信念集合就不融贯。有某种融贯的信念集合是这样的，它保证至少在每一可能世界中同样准确，同时也确保在某些可能世界中比你那些不融贯的信念集合更为准确。假如你的信念融贯的话，那么相应的主张就不会为真。但是即便如此，你拥有你的信念集合仍然是理性的，原因在于你不知道 P 蕴涵着矛盾，而且实际上你的证据表明 P 为真。假定你的逻辑学教授告诉你 P 是重言命题。这位教授几乎从未犯错，并且事实上也从未在逻辑上误导你（你也对照逻辑软件核实过）。然而在这种情形中，这位教授错了：P 并非重言命题。你相信 P 难道不理性吗？我的回答为**不**，这当然是个理性的做法。②

11.4.2 置信度性随着条件变化而更新吗？（选读内容）

条件化是用于更新置信度的规则之一。这个规则指规定了在一个时间

---

① 有关置信度的认识之善的讨论，同时可参阅戈德曼（Goldman，1999）。

② 有关这个方面的一种不同看法，请参阅克里斯滕森（Christensen，2004：153-157）。克里斯滕森区分了事实与逻辑的全知，主张做不到事实的全知（即不知道所有经验事实）并不是理性缺陷的标记，而做不到逻辑的全知则是一种理性缺陷。

点上的**置信度函数**（credence function）到下一个时间点的另一置信度函数的变化。某个时间点的置信度函数是从命题到实数的映射，后者则意在代指该主体在那个时间的置信度。对你新的总体证据 E 加以"条件化"，便是使得你所拥有的关于命题的新证据，跟以 E 为条件你旧有的关于那些命题的置信度相同——换言之，从置信度函数 Cr 变为 CR（-/E）。由此，假如你对**明天下雨**的置信度为 0.7，并且你又发现雷达在西边 500 英里内可见，那么根据条件化规则，鉴于雷达在西边 500 英里内可见，你的置信度应该是指你对**明天下雨**的旧有置信度，不管它是什么样的。假设这个条件化的置信度为 0.2，那么你对**明天下雨**的新置信度应为 0.2。概括说来，我们就会形成：

条件化规则

> 假设你一开始就有概率上融贯的置信度函数。在收到总体证据 E 时你的新置信度函数应该为 $Cr_{new} = Cr_{old}$（-/E）。易言之，对你关于任意命题 P 的先有置信度而言，用 E 情况下你的先有置信度来替换，你就会有新的一组置信度。

正如我们在基础概率公理的情形中所看到，我们能够针对条件化给出荷兰赌论证。那个荷兰赌论证易于受到所有相同的反对意见的影响，而且还有一些也构成对它的异议。尽管如此，条件化规则看来似乎十分有理。考虑在几种情形中，你一开始就有清晰的条件性置信度。假定你正准备从一整副牌中抽一张牌。考虑到**你要抽一张红牌**，因此你对**抽到一张方片 J**的置信度为 $\frac{1}{26}$。现在你抽了一张红牌，但没看它是什么牌；你只是看到它是红色的。这就是你全部的新证据。你对于它是一张方片 J 的信念如何呢？你原来相信你抽到一张方片 J 的可能性是 $\frac{1}{52}$。你新的信念当然应该是 $\frac{1}{26}$，它跟你的条件性置信度完全相同。当我们考虑像这样靠运气取胜的游戏时，条件化规则似乎毫无问题。

然而，这个规则确有其困难。我们将讨论以下三个。

遗忘。如果这个规则正确，那么**遗忘**是非理性的：根据条件化规则，只有新证据能够导致对某个命题的置信度的变化。

不变的确定性。如果它是正确的，那么确定性就一成不变：如果你对一个命题曾经的置信度为 1，你对它的置信度必定始终保持为 1。难道你就不会在某个时候对某个事物有着理性的确定，但在后来某个时候对此类理性的确定性减少吗？

不确定的证据。如果这个规则正确，所有新证据所具有的置信度必定为 1。难道就没有哪个证据的置信度小于 1 吗？

先来考察遗忘。遗忘是指随着时间流逝而失去信息，但并非为了得到破坏那类信息的证据。我们都经历过遗忘。遗忘或许在认识上不属于幸运的事情——遗忘让我们失去认识的善——但是似乎很难说它是非理性的。不过，我们能够理性地仅仅依照新证据的条件来更新置信度，既然遗忘相当于置信度的变化，但并非因为新证据的条件，那么遗忘才是非理性的。[1]

接下来考察不变的确定性问题。假定我理性地将置信度 1 赋予命题 P。或许 P 是一个有关逻辑或数学的命题。后来，我可能获得了反对 P 的证据。也许有个对此类问题十分了解的人告诉我 P 为假，看起来降低我对 P 的置信度可能是理性的做法。但是这却被条件化规则排除在外。假设 Cr_{old}（P）= 1，那么 Cr_{new}（P）= = Cr_{old}（P/E），其中 E 是我的新证据。但是如果 Cr_{old}（P）= 1，那么 Cr_{old}（P/E）= 1。[2]

最后来看看不确定的证据。假设几天前你告诉我，你喜欢用葫芦巴烧菜。再假设今天，我把你告诉我的作为证据，表明我应该在我的印度菜中用更多葫芦巴。要将它作为证据，我是不是要百分百确定你告诉过我这一点呢？难道我就不能理性地有一点置信度——你或许没有告诉我这个，而且我记错了，尽管与此同时仍然将你告诉过我这一点的命题作为证据？这里还有另一个理由认为有些证据可能并不确定：难道我们就不能拥有某些证据，其确定性胜过其他证据吗？如果是的话，那么并非所有证据必定有最大的置信度。但是条件化规则要求所有证据的置信度均为 1。条件化要求 Cr_{new}（-）= Cr_{old}（-/E），这里 E 为你的新证据。现在用 E 来替代"-"，我们就得出：

$$Cr_{new}（E）= Cr_{old}（E/E）$$

请注意，Cr_{old}（E/E）为 1，因此 Cr_{new}（E）必定为 1。此外，既然确定性不变，证据便始终是确定的。

---

[1] 博文思与哈特曼（Bovens and Hartmann，2003）提出了允许遗忘的更新的规则。

[2] 请参阅附录中的证明。

对不确定证据的这种担忧，有一个相当成熟的回应。我们可以用杰弗里条件化规则（the rule of Jeffrey Conditionalization）来替代条件化规则，前者是根据哲学家理查德·杰弗里（Richard Jeffrey）而命名。这个规则假定，一个人只是因为证据 E 而持有新的置信度，而后将其他新的置信度视为源自旧有的条件性置信度 Cr_{old}（-/E），后者则是根据 E 及 ~E 的新置信度来赋予权重。由此，我们就得出：

杰弗里条件化规则（cf. Jeffrey，1983）

如果你有新证据 E，那么你的新置信度函数 Cr_{new}（H）应该如以下公式所示：

$$Cr_{new} = Cr_{old}（H/E）\times Cr_{new}（E）+ Cr_{old}（H/-E）\times Cr_{new}（~E）。$$

这里来看一个例子。假设在有证据 E 的情况下，看了雷达后你有了新证据，而且你对它的置信度 Cr_{new}（E）为 0.8。现在的问题是，你对**明天下雨**的新置信度应该是多少呢？它应该不会只是 Cr_{old}（Rain/E）。根据杰弗里条件化规则，我们必须要考虑 E 为假的可能性，以及假如有那种可能性**明天下雨**的概率如何。假定 Cr_{old}（Rain/E）= 0.6，且 Cr_{old}（Rain/~E）= 0.3。代入数字，我们就得出：

$$Cr_{new}（Rain）= Cr_{old}（Rain/E）\times Cr_{new}（E）+ Cr_{old}（Rain/-E）\times Cr_{new}（~E）。$$

因此，Cr_{new}（Rain）=（0.6）×（0.8）+（0.3）×（0.2）= 0.48 + 0.6 = 0.54。[①]

我们将仅仅提及遵循杰弗里条件化规则所导致的一个怪异结果，但遵循条件化规则却没有这样的结果——**顺序依赖**（order-dependence）。根据杰弗里条件化规则，一个人收到一条条证据的顺序影响其最终置信度的合理性。因此，假定你先收到一项证据 E，然后是 F。或者假定你先收到一项证据 F，然后是 E。我们也许认为你应该形成完全相同的置信度函数。按照条件化规则，确实如此。但是在杰弗里条件化规则之下，也许并非如此。这个结果可以接受吗（cf. Field，1978）？

---

① 我们的论述中有一点点不准确的地方：杰弗里没有考虑证据自身是不确定的（或确定的）。他不打算根据命题来辨识证据。相反，可能不确定的东西恰恰是直接有证据支持的命题。请参阅杰弗里（Jeffrey，1983）。

总而言之，看起来条件化规则似乎过于苛求一些东西。我们已然看到降低其标准的途径（比如，杰弗里条件化），就像有不少方式可以不那么严格地要求人们的置信度应遵循概率公理。或者说，这样的主张所涉及的要求均为**理想理性**的要求。它们代表着用以衡量我们自身的理想。尽管如此，这里的困难在于这一理想的规范力量如何。在某些情形中，我们也许**知道**我们离理想渐行渐远，但**对我们**而言却是一件理性的事情。当我从置信度 1 降到 1 以下时，我**知道**我并没有在按照条件化所规定的方式修正我的置信度，但是对于我来说，在现有证据的情况下，这也许是个理性的做法。有人否定概率主义和条件化，但又认为概率上的融贯性和条件化是理性的理想，这些人所面临的激动人心的挑战之一，便是解释这些理想究竟如何在规范意义上影响现实中的人。也有人认为我们的信念至少在理想状况下应该保持一致，它们面临相同的挑战。对于我们这些有着理想心智规则，但又有限的生物体而言，规范的力量是什么呢?①

11.5　知识论中概率的应用

置信度是否要遵循概率公理，或者应该通过条件化而更新，概率的概念在知识论中有着重要的运用。在这里我们将讨论它的一个主要用法及其具体的应用。它在论述通过证据来确认时而得以运用。

11.5.1　用证据来确认

让我们从一些明显的确认情形开始。我们将会讨论的确认，是在**不管它多么弱均提供了某些确认**这个意义上而言，而不是说确认意味着确立其为真的地位。

270

· 抽到一张红心牌确认了你抽到一张红色牌。

· 抽到一张红色牌确认了你抽到一张红心牌。

· 今天是星期天确认了当地教堂今天将举办宗教仪式。

---

① 魏利希尝试构想一个更为现实的概率主义知识论和决策理论，请参阅魏利希（Weirich，2004）。

· 随机发现一只渡鸦是黑色的确认了渡鸦是黑色的。

这些情形有什么共同之处吗？一个看似可行的答案是诉诸概率提升（probability raising）。在上述每一情形中，以相应的证据为条件的这些假设的概率，相较于无条件状态下那些假设的概率更高。由此，考虑以下确认理论：

确认的概率提升论（Probability-Raising Account of Confirmation）

证据 E 确认了假设 H，当且仅当 $Prob（H/E）> Prob（H）$

我们这里没有针对所讨论的属于哪种概率给出说明。它们大致**不是**主观概率，正是因为你碰巧在获知 E 时以某种方式来分配你的置信度，才没有出现任何证据性的确认。而且恰恰因为 E 确认 H 并不意味着你将会以特定的方式分配你的置信度。概率的主观诠释不适用于这里。其他的诠释又如何呢？

客观的诠释之所以有问题乃是因为不同的理由。证据性确认应该影响理性的置信度。如果你持有能够确认一个假设的证据，这自然影响到关于那个假设有什么样的置信度才是理性的。但是仅有的事实不过是，比方说，在 E 类事件中 H 型事件的相关频率高于 H 型事件的相关频率，其自身并未对你在 H 中持有什么置信度才是理性的有什么影响——即便你有 E 作为证据。这对倾向而言也是同样的道理。假如你对石蕊试纸与酸之间的关系没有任何概念，并且在理性上也是如此，那么对于该试样是酸性的这一命题，你观察到试纸变为粉色根本不会影响你对该命题的置信度。

在认识意义上的诠释更为可取。我们已经探讨过作为认识的概率的两个诠释。根据第一个诠释，（对主体而言）关于概率的事实，即是关于主体有什么样的置信度才合理这样的事实。依据第二个诠释，（对于主体而言）关于概率的事实，即是关涉命题对于主体有多可信，这里的可信度无法按照合理的置信度来予以界定，但有助于解释特定的置信度为何对于主体来说是理性的。要注意，如果我们借用其中任意一个认识的诠释，我们就有必要以相对化方式对待涉及证据性确认的主张。对背景信息采用相对化态度是一个常见的做法。由此，我们就得出：

（认识概率的）概率提升论 ［Probability-Raising Account（with Epistemic Probabilities）］

证据 E 确认了与背景 K 相关的假设 H，当且仅当：

Prob（H/（E&K））> *Prob*（H/K），其中 *Prob* 为认识的概率函数。

这个建议加固了证据性确认与理性的置信度之间所期望的关联。假如我有证据 E，且 E 是与背景 K 相关的假设 H 的证据（当然这里是我的背景信息），那么倘若以上建议正确，获知 *E* 的确影响理性的置信度。①

假设我们能够确定恰当的概率类型，我们也许会担心存在针对概率提升论的反例。我们将考察一些众所周知的反例，它们是根据阿金斯坦（Peter Achinstein，1983）所提出的那些情形设计出来的。如果其中有任何情形损毁了概率提升论，你就要自己来做判断了。

我们先从针对确认的概率提升的充分性所提出的反例开始：

·（奥运会游泳运动员）菲尔普斯（Michael Phelps）游泳提升了他将溺亡的概率。但是它并非他将会溺亡的确认。

·买乐透彩票提升了你将中奖的概率。但它并非你将会中奖的确认。

我们承认，通常情况下不会说菲尔普斯游泳是他将溺亡的证据。但是难道它不能成为一丁点儿证据吗？毕竟，假如他不在水里，他就不可能溺亡，因此获悉他正在游泳，并因此而获悉他在水里就是他将溺亡的某种极小的证据。同样的回应似乎适用于乐透彩票情形。② 在这两种情形中，这样极小的证据都确认了假设。

接下来我们要考虑针对确认的概率提升的必然性的反例。（你可能发现这些反例依赖对概率在认识上的解释。）

1. 假定你看到两个人在玩一种你从未见过的纸牌游戏。你没有任何信息来支持你认为一号玩家会赢，尽管你知道要么一号玩家赢要么二号会赢。你的确看到一号玩家手上是什么牌。考虑以下命题——如果某个玩家有一号玩家手上的牌，你做出的穷尽频度分析表明有 48% 的机会这个玩

---

① 这里有许多难题出现。比方说，究竟是什么使 K 成为我的背景信息——K 要成为的背景信息，我对它的合理置信度必须是 1 吗？还有，难道我就不能合理但又错误地相信 E 没有确认 H 吗？获知 E 究竟如何影响我在那种情形中对 H 的合理的置信度呢？

② 更多关于如何根据这样的例子来辩护概率提升论，请参阅罗西（Sherrilyn Roush，2004）。

家将会赢牌，而事实上 *Prob*（*Player#1 wins*）为 0.5。你并不知道一号玩家是输还是赢，但是 *Prob*（*Player#1 wins/E*）= 0.48。因此，这个 E 降低了一号玩家赢的概率。尽管如此，它仍然是一号玩家将会赢牌的证据。（这个例子来自坤恩①）

2.（假设）我们已然确定地知道有关水星近日点的异常前移（称之为 E），然而 E 是广义相对论的证据（它能够解释这个理论）。但是由于 E 的概率为 1，*Prob*（*GTR/E*）= *Prob*（*GTR*），因此 E 没有提升广义相对论的概率。②

我们逐一检视上面两个反例。

第一个反例背后隐藏的观念是，你或许一开始根本没有证据或理由认为命题 P 为真。如此，（认识的）概率便为 0.5。来考虑以下基于频度的信息——P-事件在一段时间内发生的概率大约是 48%。这难道不是 P 的证据吗？但是它降低了 P 的概率。③ 现在人们也许会回答说，尽管频度信息是 P 的证据，但它并没有向你确认 P。确认事关提供完全的支持，它与背景信息相关。有些东西可能是 P 的证据，但又没有为 P 提供完全的支持。（在这个问题上，另一个例子是这样的情形，有人告诉你 1+1=2。而且他告诉你那就是证据，它为真。但是它并未确认它为真，因为是它没有提供与你的背景信息有关的证据。你的概率丝毫没变！）这样的回答允许 E 能够成为 H 的证据——即使 E 降低了 H 的概率。然而，它又声称 E 不可能确认 H——支持跟你的背景信息相关的 H——除非 E 提升了 H 的概率。

---

① 我们应该清楚的是：从这个例子看，坤恩（Peter Kung, 2010）在这篇文章中的目标并非要反驳确认的概率提升论，而是要表明即便存在着以下事实——以某个理由为条件，该理由的概率未得到提升，人们如何才能获得一个理由来相信某个东西。尽管如此，来看看这种情形是否构成概率提升论的反例依然富有教益。

② 这就是所谓的**旧证据**（old evidence）难题。更多内容，请参阅格莱莫（Glymour, 1980）。

③ 这里与凯恩斯（John Maynard Keynes）的证据的**权重**有所关联：根据新知识强化有利或不利的证据，随着我们所掌握的关联证据的增加，该论证的概率的大小要么降低，要么增加。但是在这两种情形中，有的东西似乎增加了——即我们有了我们的结论所依存的更为坚实的基础。通过强调把握新证据会增加一个论证的权重，我表达过这种看法。尽管新证据有时降低一个论证的概率，但它通常会增加它的"权重"（1921：71）。

第二个反例提出了"旧证据"难题。假如你已经有了针对 H 的证据，且对你而言概率为1，那么它将不提升任何事物的概率（包括 H 在内），原因是任何事物如果概率为1都无法再提升其概率。此外，有些事物可能是证据，并且确实确认了 H，人们知道证据并有一定的把握。旧证据难题在当代确认理论中的争论持久不衰。应对它的策略之一就是回退至证据概率为1之前更早的某个时候的概率函数。但是如果我们所讨论的一条证据始终为人所知又如何呢？我们也许要回到先验概率函数。不过这就带来其自身的难题：经验事件的先验概率到底是什么？而且，假如水星近日点的异常前移比 GTR 的先验概率更高，我们能够获得 GTR 的先验概率吗？或者我们有必要利用更进一步的经验信息，使得这个概率变成不完全是先验概率吗？

这样看来，概率提升论可能需要做些修正，但是它似乎在处理大量的确认情形时又游刃有余。这让它成为知识论的有用工具之一。我们将在下一节中考察一个有代表性的例子。①

11.5.2 怀疑主义与确认

第四章讨论过怀疑主义论证的样式之一，我们将它称为**怀疑主义可能性论证**。这个论证可以勾勒如下：你不知道某某怀疑主义可能性不会出现，但是如果你不知道这个，你就不知道你有手或者其他你认为你知道的日常事物，并且因此你就不知道那些日常事物。你不知道一个怀疑主义可能性不会出现，为了让这一点看起来更说得通，怀疑主义者应该谨慎选择怀疑主义的可能性。其中一个途径便是选择那种似乎预测你有确切的经验以及你所拥有的表象记忆和信念。由此，怀疑主义者也许选择这样的假设——你是一个缸中之脑，你有着你事实上的确拥有的那些经验、记忆以及信念。**为什么看起来你不知道你是这样的一个缸中之脑呢？**

---

① 我这里只是触及皮毛。除了解释确认——即 E 是否确认了 H，形式知识论学者也曾试图解释确认的**程度**问题——E 到底**在多大程度上**确认了 H 呢？（cf. Sober, 2008）。我们要说的是，相较于创世论，我们的全部证据为进化论提供了更高程度的确认。我们同样想表明，相比不足为奇的成功预测，那些让人惊奇的预测的成功——即意想不到的成功预测，通常情况下提供了更多的确认。

正如我们在第六章（第 6.6 节）所注意到，由于你是缸中之脑这个假设预测了你会有你事实上的确具有的那些经验、记忆和信念，似乎那些经验等不可能确认你不是这样一个缸中之脑这个证据。既然我们考虑到确认的概率提升论，我们就能够对这个直觉给出解释。而为了给出解释，我们有必要看看几个至关重要的概率理论证明。

回想一下贝叶斯定理：

$$Prob(H/E) = \frac{Prob(E/H) \times Prob(H)}{Prob(E)}$$

有了关于确认的概率提升论以及贝叶斯定理，我们就可以给出检验是否得到确认的简单方程。通常情况下，因为我们知道一个假设预测了什么，所以我们知道一项证据在多大可能性上是基于对一个假设的设定。因此我们往往——但不是始终，只是经常——对 Prob（E/H）有相当了解，或者至少相较于 Prob（E），对 Prob（E/H）知道更多。我们知道设定该假设 H 为真，某项证据是否更有可能或更加没有可能。因此，为了确定 Prob（H/E）是否大于 Prob（H）——确定 E 是否确认了 H——依照 Prob（E/E）和 Prob（H）对于回答这个问题就很有效。有了贝叶斯定理，我们就能够做到。我们来确定以下比例是否大于 1：

$$\frac{Prob(E/H)}{Prob(E)}$$

如果它大于 1，E 就确认了 H。如果没有，它就未确认 H。[①]

让我们回到怀疑主义，来考虑以下贝叶斯定理的例子，其中 E 代表关于你总体经验、记忆以及内省的证据的陈述：

$$Prob(BIV/E) = \frac{Prob(E/BIV) \times Prob(BIV)}{Prob(E)}$$

---

① 这里解释 Prob（E/H）/Prob（E）这个比例何以是对确认的检验。根据贝叶斯定理，我们得出

$$Prob(H/E) = \frac{Prob(E/H) \times Prob(H)}{Prob(E)}$$

两边均除以 Prob（H），左边就变成 Prob（H/E）/Prob（H）。当且仅当 E 确认 H，该比例大于 1。右边则变成 Prob（E/H）/Prob（E）。由此，就可以得出当且仅当 Prob（E/H）/Prob（E）>1，E 确认 H。

如果在缸中之脑的选择上导致蕴涵 E，那么 Prob（BIV/E）= 1。因此我们就得出：

$$\frac{Prob(E/BIV)}{Prob(E)}$$

这个比例大于 1，原因是 Prob（E）小于 1 且 Prob（E/BIV）= 1。通过以上检验，根据确认的概率提升论，我们就能推论出 E **确认了**怀疑主义假设——你是一个（有着证据 E 的）缸中之脑。对此怀疑主义者可能会论证道：嗯，E 是你所拥有的全部证据；不过 E 确认了你是一个有着证据 E 的缸中之脑——或许只是很弱而已[1]，但是它确认了完全相同的内容。基于确认了你是一个缸中之脑的证据，你不可能**知道**或者确证地相信你不是一个缸中之脑。但是如果你知道或者确证地相信你不是一个缸中之脑，那必定基于证据。随之可以认为，你的确不知道，并且你相信你不是一个缸中之脑的确没有得以确证！

如果怀疑主义者走到这一步，他们就会继续如下论证：既然你不知道你不是一个缸中之脑，那么你就不知道你有手。因为如果你知道你有手，你就会知道你不是一个缸中之脑，由此，你不知道你有手。这个思路同样适用于其他一些常见的、你或许认为通过感觉而知道的命题。

这看起来像是——并且本章作者认为的确是——支持怀疑主义的有力论证。正如我们已经在第四章所看到的，我们可能会有好些方法来反驳它。我们可以主张，我们的证据超出了经验、表象记忆和内省。这显然就会让人担心出现循环问题。或者我们可以坚持认为，为了知道你有手，你未必要知道你不是一个缸中之脑。这相当于否定了知识的闭合原则（请参阅第 4.2.1 节）。

回想一下我们是如何选择怀疑主义的假设。我们选择了它，这样它就可以衍推出，你有着你实际上的确拥有的**经验以及记忆**的证据。那就是为何 Prob（E/BIV）= 1。如果我们弱化它，使它像是以下假设——你是一个缸中之脑，在刺激之下产生了这种或那种像真的一样的经验，那么这个

---

① 根据一个好的确认程度理论，与**我是一个缸中之脑**相比，E［包括，比方说好像有手这样的经验（hand-ish experience）在内］应该为**我有手**提供更多确认。不过，至少按照概率提升论，它对以上两个都予以确认。

概率就不再为 1。有人也许仍主张 *Prob*（*E/BIV*）还是很高，已经高到这个论证跟前面一样，但是具体情况更难处理。

为什么不选择它以蕴涵 E 呢？好吧，有个理由是这样。怀疑主义者嵌入一个怀疑主义的假设中的内容越多，其验前概率就越低。这里的风险在于，假如有着无限多这样的怀疑主义可能性，*Prob*（*BIV*）将变成 0！如果真的这样，那么，*Prob*（*BIV / E*）> *Prob*（*BIV*）这一聪明的论证便无法成立，而且造成这种情况的原因是没有对 *Prob*（*E/BIV*）给予界定。因此，怀疑主义者可能要做的工作便是，表明如果她选择缸中之脑以至于蕴涵着你有证据 E，那么 *Prob*（*BIV*）> 0。[1]

你可能已经注意到，即使这个给予概率的怀疑主义论证取得成功，它仍没有排除无论是对于**我有手**还是**我不是一个缸中之脑**，我们都有着高置信度——而且乃是理性上如此。这消除了其存在的难题吗？在某种程度上确实如此。不过给我们留下的结论依旧非同寻常：我们不知道我们有手！我们相信这一点同样没有得到确证！后一个结论将会直接把认识的概率与确证分离开来。根据我们正在考察的这种怀疑主义者的看法，对于**我有手**这个问题，你的认识概率为 0.9999，但是相信它的话仍没有得以确证。正是这个事实或许会让我们费尽心思思考，我们对诸如**我有手**这类日常命题的确证仅仅来自经验和记忆。毕竟，也许我们需要先验确证扮演实质的角色。[2]

---

[1]　还有一些难题则涉及如何理解无限多成对不相容事件，当然这些问题不在本章讨论范围之内。读者可以通过以下例子感受一下。假定你手上有一张彩票，它是无限多的乐透彩票中的一张。每一张彩票中奖概率都一模一样。只有一张彩票会中奖。你对**第 255 张彩票不中奖**的置信度是多少呢？它不可能是任何大于 0 的实数。它会是 0 吗？但是直觉上看，对于第 255 张彩票不中奖，似乎你不应该有任何合理的确信度。

[2]　有关反对知觉确证的独断论的"便利确证"论证中概率起什么作用，请参阅第六章（第 6.6 节）。

思考题

（一）概率问题

1. 假定城市里 80% 的出租车是蓝色的，并且余下 20% 是绿色出租车。目击者看到一辆蓝色出租车的时候，其中 5% 的时候他们将报告称他们看到了一辆绿色出租车，并且他们看到绿色出租车的时候，有 90% 的时候他们报告车是绿色的。那么，设定一个目击者报告车是绿色，目击者看到的出租车是绿色的概率是多少呢？根据贝叶斯定理给出答案，答案是 90% 吗？

2. 假设每次掷骰子在概率上彼此独立。一个正常的骰子抛掷四次，每一次掷出 6 的概率是多少？

3. 假定一个班有六个学生。我们知道，要么有四个男生、两个女生，要么一个男生、五个女生。其他所有可能性都被排除。我们同样知道，有 75% 的可能是四个男生、两个女生。用全概率法则，确定随机选出一个学生是男生的概率是多少。

4. （没有牌复位的情况下）正常一副牌中连续抽到两张 A 的概率是多少？

5. 来自玛丽莲·沃斯·莎凡特（Marilyn vos Savant）专栏（1990）的蒙迪·霍尔难题（Monty Hall Problem）："假定你在一个游戏节目现场，你有三扇门可以选择：一扇门后面是一辆小汽车；另外两扇门后面是山羊。比方说你选择了一号门，主持人知道这些门后面有什么，他开了另一扇门，比如三号门，后面是一只山羊。然后他跟你说，'你想要选二号门吗？'换一个选择对你有利吗？"提示：用贝叶斯定理。假定你已经选择了一号门，那么你做出这一选择的概率就是 1。不妨将**主持人选择打开三号门作为证据 E**。假定在主持人既不打开你选的那扇门，也不打开后面有小汽车的那扇门，请计算在给定 E 的情况下，小汽车在二号门后面的概率。如果这个概率大于 0.5，你就应该重新选择。是不是这样呢？

6. 假定我对周六下雨的置信度为 0.7。再假设我对**周六不下雨**的置信度为 0.4。请写出一组赌约以构成一个荷兰赌。

7. （挑战一下）如果一个函数 Prob 遵循概率公理，那么以 E 为条件

而形成的函数 $Prob_E$ 同样遵循那些概率公理，这是一个数学事实。［这里假定 Prob（E）>0。］对此你能给出证明吗？我们会完成其中的三分之一。我们将表明，$Prob_E$ 符合规范性（Normality）公理。假设 P 是重言命题，那么 Prob（P）=1。我们同样要表明 $Prob_E$（P）=1。根据 $Prob_E$ 的定义，Prob（P）= Prob（P/E）。根据条件概率的定义，Prob（P/E）= Prob（P&E）/ Prob（E）。既然 P 是重言命题，那么 P&E 在逻辑上等同 E，因此就跟 E 有着相同的概率。据此，$Prob_E$（P）=1。请证明 $Prob_E$ 满足非负性和有限可加性，以完成以下证明：假如 Prob 遵循这些公理，$Prob_E$ 则同样如此。

8. （富有挑战的问题）假定 E 提高了 H 的概率。请证明以下每一个都成立：（a）H 提高了 E 的概率；（b）H 降低了 ~E 的概率；（c）~H 提高了 ~E 的概率；（d）~E 降低了 H 的概率；以及（e）~E 提高了 ~H 的概率。假定所有这些命题均具有非零概率。提示：运用贝叶斯定理。

（二）哲学问题

9. 来看看彩票悖论。对于机会均等的 1000 张乐透彩中每一张彩票而言，你有非常强的（认识和主观）概率——这张彩票中奖机会为千分之一。这对确证一个信念似乎足够了。似乎同样可以说，对于某个命题而言，假如它很明显是从其他某一个（或一些）命题推论而来，并且你相信它（们）都是得以确证的，那么你相信这个命题就是得以确证的。但这两个假设会出现麻烦。它们都向我们保证，你相信彩票 1 不中奖，彩票 2 不中奖，……彩票 1000 不中奖得到了确证，原因是这些信念合起来衍推出彩票 1 到彩票 1000 都不中奖，那么你相信彩票 1 到彩票 1000 都不中奖同样得到了确证。但是由于你知道其中有一张彩票会中奖，因此你相信这些彩票都不中奖就**没有**得到确证。这是怎么回事呢？同样你可能也在想，这个彩票难题跟信念的确定观、阈值观乃至理由观有什么关联。

10. 信念的理由观满足**正确性**约束吗？为什么满足或者没有满足呢？（这个问题的答案已有定论，你需要用某种方式来加以论证。）

11. 假设我知道玛利亚（Maria）告诉伊安（Ian）她明年夏天的旅行计划。玛利亚跟我说："我觉得伊安和我会在佛蒙特（Vermont）。"这就给我充分的证据来证明她将会在佛蒙特，尽管这并不是确凿的证据，比方说这让我的置信度增加到 0.7。现在玛利亚的丈夫伊安告诉说："我觉得我们将会在佛蒙特。"直觉上看，即使还有可能的话，我也不应该再增加我的置信度了。为什么呢？在伊安告诉我这件事情的时候，难道我没有接收到表明玛利亚将会在佛蒙特的证据吗？请对此给出解释。

12. 一则证据 E 可能确认 H_1，同样也可能确认 H_2，即使这两个假设不相容。请画出一张墨水斑点图来表明这何以可能。如果可以的话，你画出的斑点图应表明，相较于 E 确认 H_2，它似乎更多地确认 H_1。

13. 回想一下你的记忆与经验证据 E。假定怀疑主义者将 E 嵌入她的缸中之脑假设中，这样该假设即为你是有着证据 E 的缸中之脑。再假定这个怀疑主义者声称："E 确认了这个缸中之脑假设。它同样确认了你有身体并通过身体知觉到真实世界这个假设。既然它确认了这两个假设，那么你在理性上就是中立的，并且赋予每个假设以 0.5 的置信度。"你会如何回应呢？

14. 有时为了改善荷兰赌论证，人们会声称，对于一场赌约而言，依据描述其（真实）状况的不同方式来给它定价是不理性的。不妨来看一下对同一个赌约 B 的两个真描述：

a. 描述一：如果一个重言命题为真，则赌约 B 代价为 1 美元，否则为 0 美元。

b. 描述二：如果以下命题为真，则赌约代价为 1 美元，否则为 0 美元：

$$[(A \supset B) \& (\sim Cv \sim B)] \supset \sim (C\&A)$$

来看看达莉亚（Dahlia）的例子。如果达莉亚被告知描述一应用于赌约 B，达莉亚对 B 所赋价值为 1 美元。如果达莉亚仅仅被告知描述二应用于赌约 B，达莉亚会更为谨慎。她也许会说："我只愿意为这个赌约支付 0.5 美元。"达莉亚会因为她的这一赋值模式而被视为不理性吗？为什么是或者为什么不是呢？

15. 以下难题被称为"睡美人难题"：

一些研究者打算让你（在周日）睡着。在你持续睡着的两天中，他们将会让你醒一次或者两次，这要看抛硬币的结果是什么：正面朝上的话让你（在周一）醒一次；反面朝上让你（在周一、周二）醒两次。每次醒了之后，他们会让你服一种药让你再睡着，而且让你忘掉你曾经醒过来。当你第一次醒来时，你应该在多大程度上相信抛硬币的结果是正面呢？（Elga，2000：143）

有一个关于置信度（或信念度）为½的论证如下：

既然抛硬币是公正的，那么除非你获知一些信息，它们证明它正面朝上这个假设成立或者不成立，否则你就应该将你的置信度均等赋予正面和反面朝上，因此正面朝上的置信度为½。

有一个关于硬币正面朝上的置信度（或信念度）为⅓的论证如下：

有以下三个可能性可供考虑：周一，硬币正面朝上；周一，硬币反面朝上；周二，硬币反面朝上。（依据这个设定，周二且正面朝上的概率为 0。）因此，以上三种可能性中只有一个是硬币正面朝上。你没有理由将更高的置信度赋予其中一个，而不是另外两个。由此，你关于正面朝上的置信度应该是⅓。

哪个论证更好呢？为什么？你主张是½还是⅓呢？

附录：概率理论公理的证明（选读内容）

1. 排除规则（Negation rule）

$$Prob（\sim P）= 1 - Prob（P）$$

证明：这是有限可加性的直接结果。以两个相互矛盾的析取项 P 与 ~P 为例，我们就得出 Prob（P）+ Prob（~P）= 1。从两边减去 Prob（P），我们就会有 Prob（~P）= 1-Prob（P）。

2. 矛盾规则（Contradictions）

如果 P 是一个逻辑矛盾，那么 Prob（P）= 0。

证明：这从排除规则中得出。如果 P 是矛盾式，那么~P 就是重言式命题。因此 Prob（~P）= 1。既然 Prob（P）+ Prob（~P）= 1，我们就能够得出 Prob（P）= 0。

3. 逻辑等值规则（Logical equivalents rule）

如果 P 和 Q 是逻辑上等值的，那么 Prob（P）= Prob（Q）。

证明：假定 P 与 Q 逻辑上等值，那么由于两者是互相矛盾的析取项，P v ~Q 就是重言式。由此，Prob（P v ~Q）= Prob（P）+Prob（~Q）= 1。因此，Prob（P）= 1-Prob（~Q）。但是 Prob（Q）= 1-Prob（~Q）。由此，Prob（P）= Prob（Q）。

4. 通用析取规则（General disjunction rule）

Pro（P v Q）= Prob（P）+ Prob（Q）-Prob（P&Q）

证明：因为 P&Q 与 P&~Q 相互矛盾，且它们的析取逻辑上等值于 P，因此根据有限可加性，我们得出：Prob（P）= Prob（P&Q）+ Prob（P&~Q）。与之相似，Prob（Q）= Prob（P&Q）+ Prob（~P&Q）。从有限可加性以及 PvQ 与析取式［（P&Q）= v（P&~Q）v（~P&Q）］的逻辑等值，我们同样可以得出 Prob（PvQ）= Prob（P&Q）+ Prob（P&~Q）+ Prob（~Q&P）。由此，Prob（P）+ Prob（Q）比 Prob（PvQ）高出的值为 Prob

（PεQ）。由此，正如通用析取规则所称，这些概率的总和小于 Prob（PεQ）。

5. **蕴涵规则**（entailment rule）

如果 P 蕴涵 Q，那么 Prob（P）≤ Prob（Q）。

证明：假定 P 蕴涵 Q。Prob（Q）= Prob（P&Q）+ Prob（~P&Q）。但是 P 在逻辑上等同于 P&Q。因此，Prob（Q）= Prob（P）+ Prob（~P&Q）。既然 Prob（~P&Q）≥0，那么就可以得出 Prob（P）≤ Prob（Q）。

6. **特殊合取规则**（Special conjunction rule）

只要 P 与 Q 彼此独立，那么 Prob（P&Q）= Prob（P）× Prob（Q）。

证明：我们将"独立"界定如下：P 与 Q 彼此独立，仅当两者中没有哪一个增加了另一个的概率——换言之，只要 Prob（P/Q）= Prob（Q）且 Prob（Q/P）= Prob（P）。如果在第二次抓牌前我们把第一次抓到的牌放回去，那么**我第一次会抓到 A，并且我第二次也会抓到 A** 就是彼此独立的。如果没有放回去，它们就不是彼此独立的。只用几个步骤我们就能证明这个特殊合取规则。从对独立的界定看，如果 P 与 Q 是独立的，那么 Prob（P/Q）= Prob（P）。根据条件概率的定义，我们得出 Prob

（P/Q）= $\dfrac{Prob(P\&Q)}{Prob(Q)}$。因此，两个等式合并起来，我们就得出 Prob

（P）= $\dfrac{Prob(P\&Q)}{Prob(Q)}$。重新变换之后，我们就有了这个特殊规则：Prob

（P&Q）= Prob（P）× Prob（Q）。

7. **全概率法则**（The law of total probability）

这个法则是指：Prob（P）= Prob（P/Q_1）× Prob（Q_1）+ … + Prob（P/Q_n）× Prob（Q_n）。

其中 Q_1 – Q_n 是逻辑空间整体的分拆——Q_i 是成对不相容的分拆项，并且它们的析取为重言式。

证明：P 逻辑上等值于 P&Q_1 ∨ P&Q_2 ∨ … P&Q_n。这些析取成对不相容，因此我们根据有限可加性可以得出：Prob（P）= Prob（P&Q_1）+ Prob（P&Q_2）+… Prob（P&Q_n）。根据通用合取规则，我们就可以用 Prob（P/Q_i）× Prob（Q_i）替代每一个 Prob（P&Q_i）。这样我们就得出总

概率法则。

8. 如果你对 P 的原有合理置信度为 1，那么假如你对 E 的原有合理置信度大于 0，在给定 E 的情况下你对 P 的原有合理置信度同样是 1。

用符号表示：假如 Cr_{old}（P/E）= 1，那么如果 Cr_{old}（E）>0，Cr_{old}（P/E）= 1。

证明：我们可以去掉下标"old"，会发现这个等式适用于所有遵从概率公理的置信度函数。假定 Cr（P）= 1，且 Cr（E）>0。我们发现 Cr（P/E）= 1。

E 逻辑上等值于（P&E）v（~P&E）。逻辑等值意味着有相同的概率，并因此有着相同的置信度。此外，P&E 与 ~P&E 不相容，因此根据有限可加性，我们就能够通过累加它们各自的置信度来计算它们析取的置信度。由此，我们就得出：

$$Cr（P\&E）+ Cr（~P\&E）= Cr（E）$$

让我们回想一下 Cr（~P）= 0。如我们上面证明的那样，~P&E 蕴涵~P，它因此不可能有更高的概率。由此，我们就得出 Cr（~P&E）= 0。不过随之就得出 Cr（P&E）= Cr（E）。

因为 Cr（P&E）= Cr（E），所以：

$$\frac{Cr(P\&E)}{Cr(E)} = \frac{Cr(E)}{Cr(E)} = 1$$

因此，应用条件概率的定义之后，我们就得出：

$$Cr(P/E) = \frac{Cr(P\&E)}{Cr(E)} = 1$$

延伸阅读

Buchak，Lara（2013）．Risk and Rationality．Oxford：Oxford University Press.

Christensen，David（2004）．Putting Logic in Its Place．Oxford：Oxford University Press.

Eagle，Anthony（ed.）（2011）．Philosophy of Probability：Contemporary Readings．London：Routledge.

Elga，Adam（2000）."Self-locating Belief and the Sleeping Beauty Problem." Analysis 60（2）：143-147.

Hájek，Alan.（2008）. Arguments for - or against - Probabilism？The British Journal for the Philosophy of Science 59（4）：793-819.

Howson，Colin and Peter Urbach（2006）. Scientific Reasoning：The Bayesian Approach. 3rd ed. Peru，IL：Open Court.

Moss，Sarah（2013）. "Epistemology Formalized." Philosophical Review 122（1）：1-43.

Sober，Elliott（2008）. Evidence and Evolution. Cambridge：Cambridge University Press.

参考文献

Achinstein, Peter (1983). "Concepts of Evidence." In The Concept of Evidence, ed. P. Achinstein, 145-174. Oxford: Oxford University Press.

Achinstein, Peter (2001). The Book of Evidence. Oxford: Oxford University Press.

Ackerman, Bruce A., and James S. Fishkin (2004). Deliberation Day. New Haven, CT: Yale University Press.

Adams, Fred and Murray Clarke (2005). "Resurrecting the Tracking Theories." Australasian Journal of Philosophy 83 (2): 207-221.

Alexander, Joshua, Ronald Mallon, and Jonathan M. Weinberg (2010). "Accentuate the Negative." Review of Philosophy and Psychology 1 (2): 297-314.

Alston, William P. (1983). "What's Wrong with Immediate Knowledge?" Synthese 55: 73-95. Reprinted in Epistemic Justification: Essays in the Theory of Knowledge, 57-78 (1989). Ithaca, NY: Cornell University Press.

Alston, William P. (1985). "Thomas Reid on Epistemic Principles." History of Philosophy Quarterly 2 (4): 435-452.

Alston, William P. (1991). Perceiving God: The Epistemology of Religious Experience. Ithaca, NY: Cornell University Press.

Alston, William P. (1995). "How to Think About Reliability." Philosophical Topics 23 (1): 1-29.

Austin, J. L. (1962). Sense and Sensibilia. Reconstructed from the manuscript notes by G. J. Warnock. Oxford: Oxford University Press.

当代知识论导论

Bach, Kent (1984). "Default Reasoning: Jumping to Conclusions and Knowing When to Think Twice." Pacific Philosophical Quarterly 65: 37-58.

Bargh, John A. and Paula Pietromonaco (1982). "Automatic Information Processing and Social Perception: The Influence of Trait Information Presented Outside of Conscious Awareness on Impression Formation." Journal of Personality and Social Psychology 43 (3): 437-449.

Beebe, James R. (2004). "The Generality Problem, Statistical Relevance and the Tri-Level Hypothesis." Noûs 38 (1): 177-195.

Beebe, James R. (2009). "The Abductivist Reply to Skepticism." Philosophy and Phenomenological Research 79 (3): 605-636.

Berkeley, George (1732). An Essay Toward a New Theory of Vision.

Berker, Selim (2013). "Epistemic Teleology and the Separateness of Propositions." Philosophical Review 122 (3): 337-393.

Blumenfeld, David and Jean Beer Blumenfeld (1978). "Can I Know I Am Not Dreaming?" In Descartes: Critical and Interpretive Essays, ed. M. Hooker, 234-255. Baltimore: Johns Hopkins University Press.

BonJour, Laurence (1985). The Structure of Empirical Knowledge. Cambridge, MA: Harvard University Press.

BonJour, Laurence, and Ernest Sosa (2003). Epistemic Justification. Oxford: Blackwell.

Bovens, Luc and Stephen Hartmann (2003). Bayesian Epistemology. Oxford: Oxford University Press.

Bradley, Richard, and Christopher Thompson (2012). "A (Mainly Epistemic) Case for Multiple-Vote Majority Rule." Episteme 9 (1): 63-79.

Bragues, George (2009). "Prediction Markets: The Practical and Normative Possibilities for the Social Production of Knowledge." Episteme: A Journal of Social Epistemology 6 (1): 91-106.

Brogaard, Berit (2013a). "Do We Perceive Natural Kind Properties?" Philosophical Studies 162 (1): 35-42.

Brogaard, Berit (2013b). "Phenomenal Seemings and Sensible Dogmatism. " In Seemings and Justification, ed. C. Tucker, 270 – 289. Oxford: Oxford University Press.

Brown, Jessica (2006). "Contextualism and Warranted Assertibility Manoeuvres. " Philosophical Studies 130 (3): 407–435.

Brown, Jessica (2008). "Subject–Sensitive Invariantism and the Knowledge Norm for Practical Reasoning". Noûs 42 (2): 167–189.

Brown, Jessica (2014). "Impurism, Practical Reasoning, and the Threshold Problem. " Noûs 48 (1): 179–192.

Brown, Jessica, and Mikkel Gerken, eds. (2012). Knowledge Ascriptions. Oxford: Oxford University Press.

Buchak, Lara (2013). Risk and Rationality. Oxford: Oxford University Press.

Buckwalter, Wesley (forthcoming). "The Mystery of Stakes and Error in Ascriber Intuitions. " In Advances in Experimental Epistemology, ed. J. Beebe. New York: Continuum Press.

Buckwalter, Wesley, and Jonathan Schaffer (forthcoming). "Knowledge, Stakes, and Mistakes. " Noûs.

Buckwalter, Wesley, and John Turri (manuscript). "Descarte's Schism, Locke's Reunion: Completing the Pragmatic Turn in Epistemology. "

Burge, Tyler (1993). "Content Preservation. " Philosophical Review 102: 457–488.

Casscells W. , A. Schoenberger, and T. B. Grayboys (1978). "Interpretation by Physicians of Clinical Laboratory Results. " New England Journal of Medicine 299 (18): 999–1001.

Chisholm, Roderick M. (1957). Perceiving. Ithaca, NY: Cornell University Press.

Chisholm, Roderick M. (1966). Theory of Knowledge. Englewood Cliffs, NJ: Prentice Hall.

Chisholm, Roderick M. (1977). Theory of Knowledge. 2nd ed. Englewood Cliffs, NJ: Prentice–Hall.

Christensen, David (2004). Putting Logic in its Place. Oxford: Oxford University Press.

Christensen, David (2009). "Disagreement as Evidence: The Epistemology of Controversy." Philosophy Compass 4 (5): 756-767.

Chudnoff, Elijah (2013). "Awareness of Abstract Objects." Noûs 47 (4): 706-726.

Coady, C. A. J. (1992). Testimony: A Philosophical Study. Oxford: Clarendon Press.

Cohen, Stewart (1998). "Contextualist Solutions to Epistemological Problems: Skepticism, Gettier, and the Lottery." Australasian Journal of Philosophy 76 (2): 289-306.

Cohen, Stewart (1999). "Contextualism, Skepticism, and the Structure of Reasons." Philosophical Perspectives 33 (13): 57-89.

Cohen, Stewart (2002). "Basic Knowledge and the Problem of Easy Knowledge." Philosophy and Phenomenological Research 65 (2): 309-329.

Comesaña, Juan (2005). "Unsafe Knowledge." Synthese 146 (3): 395-404.

Comesaña, Juan (2006). "A Well-Founded Solution to the Generality Problem." Philosophical Studies 129 (1): 27-47.

Comesaña, Juan and Matthew McGrath (2014). "Having False Reasons." In Epistemic Norms, eds. C. Littlejohn and J. Turri, Chapter 3. Oxford: Oxford University Press.

Condorcet, Marquis de (1785). Essai sur l'application de l'analyse a la probabilite des decisions rendues a la pluralite des voix. Paris: De L'Imprimerie Royale.

Conee, Earl, and Richard Feldman (1998). "The Generality Problem for Reliabilism." Philosophical Studies 89 (1): 1-29.

Conee, Earl, and Richard Feldman (2001). "Internalism Defended." In Epistemology: Internalism and Externalism, ed. H. Kornblith, 231-260. Malden, MA: Blackwell.

Conee, Earl, and Richard Feldman (2004). Evidentialism: Essays in Epistemology. Oxford: Clarendon Press.

Cooper, John M., and D. S. Hutchinson (1997). Plato: Complete Works. Cambridge, MA: Hackett Publishing.

Copenhaver, Rebecca (2010). "Thomas Reid on Acquired Perception." Pacific Philosophical Quarterly 91 (3): 285–312.

Craig, Edward J. (1990). Knowledge and the State of Nature. Oxford: Oxford University Press.

Cullen, Simon (2010). "Survey-Driven Romanticism." Review of Philosophy and Psychology 1 (2): 275–296.

Cummins, Robert C. (1998). "Reflection on Reflective Equilibrium." In Rethinking Intuition: The Psychology of Intuition and Its Role in Philosophical Inquiry, ed. M. R. DePaul and W. M. Ramsey, 113–128. Lanham, MD: Rowman and Littlefield.

Davidson, Donald (1986). "A Coherence Theory of Truth and Knowledge." In Truth and Interpretation: Perspectives on the Philosophy of Donald Davidson, ed. E. LePore, 307–319. Oxford: Basil Blackwell.

Davies, Martin (2004). "Epistemic Entitlement, Warrant Transmission and Easy Knowledge." Aristotelian Society Supplementary Volume 78 (1): 213–245.

Davis, Wayne (2006). "Knowledge and Loose Use." Philosophical Studies 132 (3): 395–438.

De Finetti, Bruno (1974). Theory of Probability, Vol. I. New York: Wiley.

DeRose, Keith (1992). "Contextualism and Knowledge Attributions." Philosophy and Phenomenological Research 52 (4): 913–929.

DeRose, Keith (1995). "Solving the Skeptical Problem." Philosophical Review 104 (1): 1–52.

DeRose, Keith (2002). "Assertion, Knowledge and Context." Philosophical Review 111 (2): 167–203.

DeRose, Keith (2009). The Case for Contextualism: Knowledge, Skepticism, and Context, Vol. 1. Oxford: Clarendon Press.

Descartes, René [1637] (1960). Discourse on the Method of Rightly Conducting the Reason and Seeking Truth in the Sciences. In Discourse on Method and Meditations. Indianapolis: Bobbs−Merrill.

Descartes, René (1641). Meditations on First Philosophy.

Dretske, Fred (1970). "Epistemic Operators." Journal of Philosophy 67 (24): 1007−1023.

Dretske, Fred (1971). "Conclusive Reasons." Australasian Journal of Philosophy 49 (1): 1−22.

Dretske, Fred (1981). "The Pragmatic Dimension of Knowledge." Philosophical Studies 40 (3): 363−378.

Eagle, Anthony, ed. (2011). Philosophy of Probability: Contemporary Readings. New York: Routledge.

Elga, Adam (2000). "Self−Locating Belief and the Sleeping Beauty Problem." Analysis 60 (2): 143−147.

Elga, Adam (2010a). "How to Disagree About How to Disagree." In Disagreement, eds. R. Feldman and T. A. Warfield, 175−186. Oxford: Oxford University Press.

Elga, Adam (2010b). "Subjective Probabilities Should Be Sharp." Philosophers' Imprint 10 (5).

Eriksson, Lina and Alan Hájek (2007). "What Are Degrees of Belief?" Studia Logica: An International Journal for Symbolic Logic 86 (2): 183−213.

Evans, Jonathan S., Julie L. Barston, and Paul Pollard (1983). "On the Conflict between Logic and Belief in Syllogistic Reasoning." Memory & Cognition 11 (3): 295−306.

Fantl, Jeremy, and Matthew McGrath (2002). "Evidence, Pragmatics, and Justification." Philosophical Review 111 (1): 67−94.

Fantl, Jeremy, and Matthew McGrath (2009). Knowledge in an Uncertain World. Oxford: Oxford University Press.

参考文献

Feldman, Richard (2003). Epistemology. Engelwood Cliffs, NJ: Prentice-Hall.

Feldman, Richard (2007). "Reasonable Religious Disagreements." In Philosophers without Gods: Meditations on Atheism and the Secular Life, ed. L. M. Antony, 194-214. Oxford: Oxford University Press.

Feldman, Richard, and Earl Conee (2002). "Typing Problems." Philosophy and Phenomenological Research 65 (1): 98-105.

Field, Hartry (1978). "A Note on Jeffrey Conditionalization." Philosophy of Science 45 (3): 361-367.

Fodor, Jerry (1983). The Modularity of Mind: An Essay on Faculty Psychology. Cambridge, MA: MIT Press.

Fricker, Elizabeth (1994). "Against Gullibility." In Knowing from Words: Western and Indian Philosophical Analysis of Understanding and Testimony, eds. B. K. Matilal and A. Chakrabarti, 125-161. Dordrecht: Kluwer Academic Publishers.

Fricker, Elizabeth (forthcoming). "Unreliable Testimony." In Alvin Goldman and His Critics, eds. H. Kornblith and B. McLaughlin. Oxford: Blackwell.

Fumerton, Richard (1995). Metaepistemology and Skepticism. Lanham, MD: Rowman and Littlefield Press.

Gana, Kamel, Marcel Lourel, Raphaël Trouillet, Isabelle Fort, Djamila Mezred, Christophe Blaison, Valérian Boudjemadi, Pascaline K'Delant, and Julie Ledrich (2010). "Judgment of Riskiness: Impact of Personality, Naive Theories and Heuristic Thinking among Female Students." Psychology and Health 25 (2): 131-147.

Gazzaniga, Michael, Richard B. Ivry, and George R. Mangun (2013). Cognitive Neuroscience: The Biology of the Mind. 4th ed. London: Norton.

Gendler, Tamar Szabó & John Hawthorne (2005). "The Real Guide to Fake Barns: A Catalogue of Gifts for Your Epistemic Enemies." Philosophical

Studies 124（3）：331-352.

Gibson, James J. （1966）. The Senses Considered as Perceptual Systems. Boston: Houghton Mifflin.

Gigerenzer, Gerd, Peter M. Todd, and the ABC Research Group （1999）. Simple Heuristics That Make Us Smart. New York: Oxford University Press.

Gilbert, Margaret （1989）. On Social Facts. London: Routledge.

Gilovich, Thomas, Dale Griffin, and Daniel Kahneman, ed. （2002）. Heuristics and Biases: The Psychology of Intuitive Judgement. Cambridge: Cambridge University Press.

Glymour, Clark （1980）. Theory and Evidence. Princeton, NT: Princeton University Press.

Goldberg, Sanford （2010）. Relying on Others: An Essay in Epistemology. Oxford: Oxford University Press.

Goldberg, Sanford （2011）. "If That Were True I Would Have Heard About It by Now." In Social Epistemology: Essential Readings, eds. A. Goldman and D. Whitcomb, 92-108. Oxford: Oxford University Press.

Goldman, Alvin I. （1967）. "A Causal Theory of Knowing." Journal of Philosophy 64（12）：357-372.

Goldman, Alvin I. （1976）. "Discrimination and Perceptual Knowledge." Journal of Philosophy 73: 771-791.

Goldman, Alvin I. （1979）. "What Is Justified Belief?" In Justification and Knowledge: New Studies in Epistemology, ed. G. S. Pappas, 1-23. Dordrecht: D. Reidel. Reprinted in Goldman, Alvin I. （2012）. Reliabilism and Contemporary Epistemology, 29-49. New York: Oxford University Press.

Goldman, Alvin I. （1986）. Epistemology and Cognition. Cambridge, MA: Harvard University Press.

Goldman, Alvin I. （1992）. "Epistemic Folkways and Scientific Epistemology." In Liaisons: Philosophy Meets the Cognitive and Social Sciences,

参考文献

155-175. Cambridge, MA: MIT Press.

Goldman, Alvin I. (1999). Knowledge in a Social World. Oxford: Clarendon Press.

Goldman, Alvin I. (2001). "Experts: Which Ones Should You Trust?" Philosophy and Phenomenological Research 63 (1): 85-110.

Goldman, Alvin I. (2006). Simulating Minds: The Philosophy, Psychology, and Neuroscience of Mindreading. Oxford: Oxford University Press.

Goldman, Alvin I. (2008). "Immediate Justification and Process Reliabilism." In Epistemology: New Essays, ed. Q. Smith, 63 – 82. Oxford: Oxford University Press.

Goldman, Alvin I. (2009). "Internalism, Externalism and the Architecture of Justification." Journal of Philosophy 106 (6): 309-338.

Goldman, Alvin I. (2011). "A Guide to Social Epistemology." In Social Epistemology: Essential Readings, eds. A. I. Goldman and D. Whitcomb, 11-37. Oxford: Oxford University Press.

Goldman, Alvin I. (2012). Reliabilism and Contemporary Epistemology. New York: Oxford University Press.

Goldman, Alvin I. (2014). "Reliabilism, Veritism, and Epistemic Consequentialism." Episteme 11 (4).

Goldman, Alvin I. (forthcoming). "Social Process Reliabilism: Solving Justification Problems in Collective Epistemology." In Essays in Collective Epistemology, ed. J. Lackey.

Goodin, Robert E., and David Estlund (2004). "The Persuasiveness of Democratic Majorities." Politics, Philosophy and Economics 3 (2): 131-142.

Grice, H. P. (1975). "Logic and Conversation." In Syntax and Semantics, 3: Speech Acts, eds. P. Cole & J. Morgan, 41-58. New York: Academic Press. Reprinted in Studies in the Way of Words, ed. H. P. Grice, 22-40. Cambridge, MA: Harvard University Press.

Grofman, Bernard, Guillermo Owen, and Scott L. Feld (1983). "Thirteen Theorems in Search of the Truth." Theory and Decision 15 (3): 261-278.

当代知识论导论

Hájek, Alan (2008). "Arguments for – or Against – Probabilism?" British Journal for the Philosophy of Science, 59 (4): 793–819.

Hansen, Thorsten, Maria Olkkonen, Sebastian Walter and Karl R. Gegenfurtner (2006). "Memory Modulates Color Appearance." Nature Neuroscience 9 (11): 1367–1368.

Hardwig, John (1991). "The Role of Trust in Knowledge." Journal of Philosophy 88 (12): 693–708.

Harman, Gilbert (1973). Thought. Princeton, NJ: Princeton University Press.

Hawthorne, John (2004). Knowledge and Lotteries. Oxford: Clarendon Press.

Hawthorne, John, and Jason Stanley (2008). "Knowledge and Action." Journal of Philosophy 105 (10): 571–590.

Heller, Mark (1995). "The Simple Solution to the Problem of Generality." Noûs 29 (4): 501–515.

Hinchman, Edward S. (2005). "Telling as Inviting to Trust." Philosophy and Phenomenological Research 70 (3): 562–587.

Holton, Richard (1997). "Some Telling Examples: Reply to Tsohatzidis." Journal of Pragmatics 28: 625–628.

Hong, Lu, and Scott E. Page (2001). "Problem Solving by Heterogeneous Agents." Journal of Economic Theory 97 (1): 123–163.

Howson, Colin and Peter Urbach (2006). Scientific Reasoning: The Bayesian Approach. 3rd ed. Peru, IL: Open Court.

Huemer, Michael (2000). Skepticism and the Veil of Perception. Lanham, MD: Rowman and Littlefield.

Huemer, Michael (2013). "Epistemological Asymmetries Between Belief and Experience." Philosophical Studies 162: 741–748.

Hume, David [1748] (1977). An Enquiry Concerning Human Understanding. ed. E. Steinberg. Indianapolis: Hackett.

Ichikawa, Jonathan (2009). "Knowing the Intuition and Knowing the

Counterfactual. " Philosophical Studies 145 (3): 435-443.

Ichikawa, Jonathan, and Benjamin Jarvis (2009). "Thought-Experiment Intuitions and Truth in Fiction. " Philosophical Studies 142 (2): 221-246.

James, William (1896). "The Will to Believe: An Address to the Philosophical Clubs of Yale and Brown Universities. "

Jeffrey, Richard (1983). The Logic of Decision. 2nd ed. Chicago: University of Chicago Press.

Johnson-Laird, P. N. (1983). Mental Models: Towards a Cognitive Science of Language, Inference and Consciousness. Cambridge: Cambridge University Press.

Johnson-Laird, P. N. , and Ruth M. J. Byrne (1991). Deduction. Hove, UK: Lawrence Erlbaum Associates.

Jönsson, Martin L. (2013). "A Reliabilism Built on Cognitive Convergence: An Empirically Grounded Solution to the Generality Problem. " Episteme 10 (3): 241-268.

Joyce, James (1998). "A Non-Pragmatic Vindication of Probabilism. " Philosophy of Science 65: 575-603.

Joyce, James (2010). "A Defense of Imprecise Credences in Inference and Decision-Making. " Philosophical Perspectives 24 (1): 281-323.

Kahneman, Daniel, and Shane Frederick (2005). "A Model of Heuristic Judgment. " In The Cambridge Handbook of Thinking and Reasoning, eds. K. J. Holyoak and R. G. Morrison, 267-293. Cambridge: Cambridge University Press.

Kahneman, Daniel, Paul Slovic, and Amos Tversky, ed. (1982). Judgment Under Uncertainty: Heuristics and Biases. Cambridge: Cambridge University Press.

Kaplan, David (1989). "Demonstratives. " In Themes From Kaplan, eds. J. Almog, J. Perry, & H. K. Wettstein, 481-565. New York: Oxford University Press.

Kauppinen, Antti (2007). "The Rise and Fall of Experimental Philosophy. " Philosophical Explorations 10 (2): 95−118.

Kelly, Thomas (2005). "The Epistemic Significance of Disagreement. " Oxford Studies in Epistemology 1: 167−196.

Keynes, John Maynard (1921). A Treatise on Probability. London: MacMillan.

Kim, Jaegwon (1988). "What Is 'Naturalized Epistemology?' " Philosophical Perspectives 2: 381−405.

Kitcher, Philip (1990). "The Division of Cognitive Labor. " Journal of Philosophy 87 (1): 5−22.

Klein, Peter (1981). Certainty. Minneapolis: University of Minnesota Press.

Klein, Peter (2005). "Infinitism Is the Solution to the Regress Problem. " In Contemporary Debates in Epistemology, ed. M. Steup and E. Sosa, 131−140. Oxford: Blackwell.

Kornblith, Hilary (1994). "A Conservative Approach to Social Epistemology. " In Socializing Epistemology, ed. F. F. Schmitt, 93−110. Lanham, MD: Rowman and Littlefield.

Kotzen, Matthew (2012). "Silins' Liberalism. " Philosophical Studies 159 (1): 61−68.

Kripke, Saul (1980). Naming and Necessity. Cambridge, MA: Harvard University Press.

Kripke, Saul (2011). "Nozick on Knowledge. " In Philosophical Troubles: Collected Papers, 162−224. New York: Oxford University Press.

Kruglanski, A. W. , and D. M. Webster (1996). "Motivated Closing of the Mind: 'Seizing' and 'Freezing. ' " Psychological Review 103 (2): 263−283.

Kuhn, Thomas S. (1962). The Structure of Scientific Revolutions. Chicago: University of Chicago Press.

Kung, Peter (2010). "On Having No Reason: Dogmatism and Bayesian Confirmation. " Synthese 177 (1): 1−17.

Kvanvig, Jonathan (2003). The Value of Knowledge and the Pursuit of

Understanding. Cambridge: Cambridge University Press.

Lackey, Jennifer (2008). Learning from Words: Testimony as a Source of Knowledge. Oxford: Oxford University Press.

Lackey, Jennifer (2010). "Assertion and Isolated Second-Hand Knowledge." In Assertion: New Philosophical Essays, eds. J. Brown and H. Cappelen, 251-276. Oxford: Oxford University Press.

Lackey, Jennifer (2011). "Testimony: Acquiring Knowledge from Others." In Social Epistemology: Essential Readings, eds. A. Goldman and D. Whitcomb, 71-91. Oxford: Oxford University Press.

Lackey, Jennifer (forthcoming). The Epistemology of Groups.

Landemore, Hélène (2013). Democratic Reason: Politics, Collective Intelligence, and the Rule of the Many. Princeton, NJ: Princeton University Press.

Lasonen-Aarnio (2010). "Unreasonable Knowledge." Philosophical Perspectives, 24 (1): 1-21.

Lehrer, Keith (1965). "Knowledge, Truth and Evidence." Analysis 25: 168-175.

Lehrer, Keith (1974). Knowledge. Oxford: Oxford University Press.

Lehrer, Keith (1989). Thomas Reid. London: Routledge.

Lehrer, Keith and Thomas O. Paxson (1969). "Knowledge: Undefeated Justified True Belief." Journal of Philosophy 66: 225-237.

Levin, Daniel T., and Mahrzarin R. Banaji (2006). "Distortions in the Perceived Lightness of Faces: The Role of Race Categories." Journal of Experimental Psychology 135 (4): 501-512.

Lewis, David (1996). "Elusive Knowledge." Australasian Journal of Philosophy 74 (4): 549-567.

Lewis, David (1980). "A Subjectivist's Guide to Objective Chance." In Studies in Inductive Logic and Probability, Vol. II, 263-293. Berkeley: University of California Press.

Lipton, Peter (1998). "The Epistemology of Testimony." Studies in

History and Philosophy of Science 29 (1): 1-31.

Lipton, Peter (2004). Inference to the Best Explanation. 2nd ed. London: Routledge.

List, Christian, and Philip Pettit (2011). Group Agency: The Possibility, Design, and Status of Corporate Agents. Oxford: Oxford University Press.

Locke, John [1689] (1975). An Essay Concerning Human Understanding. ed. P. H. Nidditch. Oxford: Clarendon Press.

Loftus, Elizabeth F. (1979). Eyewitness Testimony. Cambridge, MA: Harvard University Press.

Logue, Heather (2011). "The Skeptic and the Naïve Realist." Philosophical Issues 21 (1): 268-288.

Logue, Heather (2013). "Visual Experience of Natural Kind Properties: Is There Any Fact of the Matter?" Philosophical Studies 162 (1): 1-12.

Ludwig, Kirk (2007). "The Epistemology of Thought Experiments: First Person Versus Third Person Approaches." Midwest Studies in Philosophy 31: 128-159.

Lyons, Jack C. (2005). "Perceptual Belief and Nonexperiential Looks." Philosophical Perspectives 19 (1): 237-256.

Lyons, Jack C. (2009). Perception and Basic Beliefs: Zombies, Modules, and the Problem of the External World. Oxford: Oxford University Press.

Lyons, Jack C. (2011a). "Circularity, Reliability and the Cognitive Penetrability of Perception." Philosophical Issues 21 (1): 289-311.

Lyons, Jack C. (2011b). "Precis of Perception and Basic Beliefs." Philosophical Studies 153 (3): 443-446.

MacFarlane, John (2005). "The Assessment Sensitivity of Knowledge Attributions." Oxford Studies in Epistemology 1: 197-233.

Maher, Patrick (1993). Betting on Theories. Cambridge: Cambridge University Press.

Malmgren, Anna-Sara (2011). "Rationalism and the Content of Intuitive

Judgements. " Mind 120 (478) : 263-327.

Markie, Peter (2006). "Epistemically Appropriate Perceptual Belief. " Noûs 40: 118-142.

McGrath, Matthew (2013). "Phenomenal Conservatism and Cognitive Penetration: The 'Bad Basis' Counterexamples. " In Seemings and Justification, ed. C. Tucker, 225-247. Oxford: Oxford University Press.

McGrath, Matthew (forthcoming). "Looks and Perceptual Justification. " Philosophy and Phenomenological Research.

Medin, Douglas L. , and Marguerite M. Schaffer (1978). "Context Theory of Classification Learning. " Psychological Review 85 (3): 207-238.

Millar, Alan (2012). "Skepticism, Perceptual Knowledge, and Doxastic Responsibility. " Synthese 189 (2): 353-372.

Mnookin, Jennifer L. (2008). "Of Black Boxes, Instruments, and Experts: Testing the Validity of Forensic Science. " Episteme, A Journal of Social Epistemology 5 (3): 343-358.

Moore, G. E. (1959). Philosophical Papers. London: George Allen and Unwin.

Moran, Richard (2006). "Getting Told and Being Believed. " In The Epistemology of Testimony, eds. J. Lackey and E. Sosa, 272-306. Oxford: Oxford University Press.

Moss, Sarah (2013). "Epistemology Formalized. " Philosophical Review 122 (1): 1-43.

Nagel, Jennifer (2008). "Knowledge Ascriptions and the Psychological Consequences of Changing Stakes. " Australasian Journal of Philosophy 86 (2): 279-294.

Nagel, Jennifer (2010a). "Epistemic Anxiety and Adaptive Invariantism. " Philosophical Perspectives 24: 407-435.

Nagel, Jennifer (2010b). "Knowledge Ascriptions and the Psychological Consequences of Thinking About Error" Philosophical Quarterly 60 (239): 286-306.

当代知识论导论

Nagel, Jennifer (2012). "Intuitions and Experiments: A Defense of the Case Method in Epistemology." Philosophy and Phenomenological Research 85 (3): 495-527.

Nagel, Jennifer, Valerie San Juan, and Raymond A. Mar (2013). "Lay Denial of Knowledge for Justified True Beliefs." Cognition 129: 652-661.

Neta, Ram, and Guy Rohrbaugh (2004). "Luminosity and the Safety of Knowledge." Pacific Philosophical Quarterly 85 (4): 396-406.

Nichols, Shaun (2004). "After Objectivity: An Empirical Study of Moral Judgment." Philosophical Psychology 17 (1): 3-26.

Nozick, Robert. (1981). Philosophical Explanations. Cambridge, MA: Harvard University Press.

Olsson, Erik J. (forthcoming). "A Naturalistic Approach to the Generality Problem." In Alvin Goldman and His Critics, eds. H. Kornblith and B. McLaughlin. Oxford: Blackwell.

Pace, Michael (2010). "Foundationally Justified Perceptual Beliefs and the Problem of the Speckled Hen." Pacific Philosophical Quarterly 91 (3): 401-441.

Page, Scott E. (2007). The Difference: How the Power of Diversity Creates Better Groups, Firms, Schools, and Societies. Princeton: Princeton University Press.

Palmer, Stephen (1999). Vision Science: From Photons to Phenomenology. Cambridge, MA: MIT Press.

Plato. Meno. In Plato: Complete Works, eds. John M. Copper and D. S. Hutchinson (1997).

Pollock, John (1975). Knowledge and Justification. Princeton, NJ: Princeton University Press.

Pollock, John L., and Joseph Cruz (1999). Contemporary Theories of Knowledge. 2nd ed. Lanham, MD: Rowman and Littlefield Publishers.

Pritchard, Duncan (2005). Epistemic Luck. Oxford: Oxford University Press.

Pritchard, Duncan (2010). "Knowledge and Understanding." In The Nature and Value of Knowledge: Three Investigations, eds. D. H. Pritchard, A. Millar, and A. Haddock, Chapters. 1–4. Oxford: Oxford University Press.

Pryor, James (2000). "The Skeptic and the Dogmatist." Noûs 34: 517–549.

Pryor, James (2004). "What's Wrong with Moore's Argument." Philosophical Issues. 14 (1): 349–378.

Pryor, James (2005). "There Is Immediate Justification." In Contemporary Debates in Epistemology, eds. M. Steup and E. Sosa, 181–202. Oxford: Blackwell.

Pylyshyn, Zenon (1999). "Is Vision Continuous with Cognition? The Case for Cognitive Impenetrability of Visual Perception." Behavioral and Brain Sciences 22: 343–391.

Quine, Willard van Orman (1950). Methods of Logic. New York: Holt, Rinehart, and Winston.

Quine, Willard van Orman (1969). "Epistemology Naturalized." In Ontological Relativity and Other Essays, 69–90. New York: Columbia University Press.

Radford, Colin (1966). "Knowledge–By Examples." Analysis 27: 1–11.

Reichenbach, Hans (1938). Experience and Prediction: An Analysis of the Foundations and the Structure of Knowledge. Chicago: University of Chicago Press.

Reid, Thomas [1764] (1967). Inquiry into the Human Mind. In Philosophical Works, ed. W. Hamilton. Hildesheim, Germany: Georg Olms.

Reid, Thomas (1785). Essays on the Intellectual Powers of Man.

Riddle, Karen (2010). "Always on My Mind: Exploring How Frequent, Recent, and Vivid Television Portrayals Are Used in the Formation of Social Reality Judgments." Media Psychology 13: 155–179.

Rips, Lance J. (1994). The Psychology of Proof: Deductive Reasoning in Human Thinking. Cambridge, MA: MIT Press.

Rorty, Richard (1981). Philosophy and the Mirror of Nature. Prince-

当代知识论导论

ton, NJ: Princeton University Press.

Rosch, Eleanor, Carolyn B. Mervis, Wayne D. Gray, David M. Johnson, and Penny Boyes-Braem (1976). "Basic Objects in Natural Categories." Cognitive Psychology 8 (3): 382-439.

Ross, Jacob and Mark Schroeder (2014). "Belief, Credence and Pragmatic Encroachment." Philosophy and Phenomenological Research 88 (2): 259-288.

Roush, Sherrilyn (2004). "Positive Relevance Defended." Philosophy of Science 71 (1): 110-116.

Roush, Sherrilyn (2005). Tracking Truth. Oxford: Oxford University Press.

Russell, Bertrand (1912). The Problems of Philosophy. London: Oxford University Press.

Russell, Bruce (2013). "A Priori Justification and Knowledge." The Stanford Encyclopedia of Philosophy, Summer 2013, ed. E. Zalta.

Rysiew, Patrick (2001). "The Context-Sensitivity of Knowledge Attributions." Noûs 35 (4): 477-514.

Rysiew, Patrick (2008). "Rationality Wars-Psychology and Epistemology." Philosophy Compass 3 (6): 1153-1176.

Schaffer, Jonathan (2004). "From Contextualism to Contrastivism." Philosophical Studies 119 (1/2): 73-103.

Schaffer, Jonathan (2005). "Contrastive Knowledge." In Oxford Studies in Epistemology 1: 235-271.

Schaffer, Jonathan, and Zoltán Gendler Szabó (2013). "Epistemic Comparativism: A Contextualist Semantics for Knowledge Ascriptions." Philosophical Studies. http://link.springer.com/10.1007/s11098-013-0141-7.

Schellenberg, Susanna (forthcoming). "The Epistemic Force of Experience." Philosophical Studies 170.

Schmitt, Frederick F. (1994a). "The Justification of Group Beliefs." In Socializing Epistemology, ed. F. F. Schmitt, 257-287. Lanham, MD:

Rowman and Littlefield.

Schmitt, Frederick F., ed. (1994b). Socializing Epistemology. Lanham, MD: Rowman and Littlefield.

Schroeder, Mark (2008). "Having Reasons." Philosophical Studies 39 (1): 57-71.

Sellars, Wilfrid (1956). "Empiricism and the Philosophy of Mind." In Science, Perception, and Reality. New York: Humanities Press.

Sellars, Wilfrid (1997). Empiricism and the Philosophy of Mind, ed. R. Brandom. Cambridge, MA: Harvard University Press.

Shapley, Lloyd, and Bernard Grofman (1984). "Optimizing Group Judgmental Accuracy in the Presence of Interdependencies." Public Choice 43 (3): 329-343.

Siegel, Susanna (2010). The Contents of Visual Experience. Oxford: Oxford University Press.

Siegel, Susanna (2012). "Cognitive Penetrability and Perceptual Justification." Noûs 46 (2): 201-222.

Siegel, Susanna (2013a). "The Epistemic Impact of the Etiology of Experience." Philosophical Studies 162 (3): 697-722.

Siegel, Susanna (2013b). "Can Selection Effects on Experience Influence Its Rational Role?" Oxford Studies in Epistemology 4: 240-270.

Silins, Nicholas (2005). "Transmission Failure Failure." Philosophical Studies 126 (1): 71-102.

Silins, Nicholas (2008). "Basic Justification and the Moorean Response to the Skeptic." Oxford Studies in Epistemology 2: 108-142.

Sinnott-Armstrong, Walter, Liane Young, and Fiery Cushman (2010). "Moral Intuitions." In The Moral Psychology Handbook, ed. John M. Doris, 246-272. Oxford: Oxford University Press.

Smith, Edward E., and Stephen M. Kosslyn (2007). Cognitive Psychology: Mind and Brain. Upper Saddle River, NJ: Pearson/Prentice Hall.

Sober, Elliott (2008). Evidence and Evolution. Cambridge: Cambridge

当代知识论导论

University Press.

Sosa, Ernest (1999). "How to Defeat Opposition to Moore." Philosophical Perspectives: A Supplement to Noûs 33: 141-153.

Sosa, Ernest (2007a). A Virtue Epistemology: Apt Belief and Reflective Knowledge, Vol. I. New York: Oxford University Press.

Sosa, Ernest (2007b). "Experimental Philosophy and Philosophical Intuition." Philosophical Studies 132 (1): 99-107.

Stanley, Jason (2005). Knowledge and Practical Interests. Oxford: Clarendon Press.

Stanley, Jason (2011). Knowing How. Oxford: Oxford University Press.

Starmans, Christina, and Ori Friedman (2012). "The Folk Conception of Knowledge." Cognition 124 (3): 272-283.

Steinpreis, Reah, Katie Anders, and Dawn Ritzke (1999). "The Impact of Gender on the Review of the Curricula Vitae of Job Applicants and Tenure Candidates: A National Empirical Study." Sex Roles 41 (7-8): 509-528.

Stine, Gail (1976). "Skepticism, Relevant Alternatives and Deductive Closure." Philosophical Studies 29: 249-261.

Stroud, Barry (1984). The Significance of Philosophical Skepticism. Oxford: Oxford University Press.

Sturgeon, Scott (2008). "Reason and the Grain of Belief." Noûs 42 (1): 139-165.

Sunstein, Cass R. (2006). Infotopia: How Many Minds Produce Knowledge. Oxford: Oxford University Press.

Swain, Stacey, Joshua Alexander, and Jonathan M. Weinberg (2008). "The Instability of Philosophical Intuitions: Running Hot and Cold on Truetemp." Philosophy and Phenomenological Research 76 (1): 138-155.

Tucker, Christopher (2010). "Why Open-Minded People Should Endorse Dogmatism." Philosophical Perspectives 24: 529-545.

Tucker, Christopher, ed. (2013). Seemings and Justification. Oxford: Oxford University Press.

Turri, John (2011). "Manifest Failure: The Gettier Problem Solved." Philosophers' Imprint 11 (8).

Turri, John (2013). "A Conspicuous Art: Putting Gettier to the Test." Philosophers' Imprint 13 (10).

Tversky, Amos, and Daniel Kahneman (1983). "Extensional Versus Intuitive Reasoning: The Conjunction Fallacy in Probability Judgment." Psychological Review 90 (4): 293-315.

Unger, Peter (1975). Ignorance: A Case for Scepticism. Oxford: Clarenton Press.

Van Cleve (1999). "Reid on the First Principles of Contingent Truths." Reid Studies 3: 3-30.

Van Cleve, James (2003). "Is Knowledge Easy-Or Impossible? Externalism as the Only Alternative to Skepticism." In The Skeptics: Contemporary Essays, ed. S. Luper, 45-59. Aldershot, UK: Ashgate.

Van Fraassen, Bas (1989). Laws and Symmetries. Oxford: Clarendon Press.

Vogel, Jonathan (1987). "Tracking, Closure and Inductive Knowledge." In The Possibility of Knowledge, 197-215. Towota, NJ: Rowman and Littlefield.

Vogel, Jonathan (2000). "Reliabilism Leveled." Journal of Philosophy 97 (11): 602-623.

Vogel, Jonathan (2005). "The Refutation of Skepticism." In Contemporary Debates in Epistemology, eds. M. Steup and E. Sosa, 72-84. Oxford: Blackwell.

Vogel, Jonathan (2007). "Subjunctivitis." Philosophical Studies 134 (1): 73-88.

Vos Savant, Marilyn (9 September 1990a). "Ask Marilyn." Parade Magazine: 16.

Wason, P. C. (1966). "Reasoning." In New Horizons in Psychology, ed. B. M. Foss. Baltimore: Penguin Books.

当代知识论导论

Weinberg, Jonathan M. , Shaun Nichols, and Stephen Stich (2001). "Normativity and Epistemic Intuitions." Philosophical Topics 29 (1–2): 429–460.

Weirich, Paul (2004). Realistic Decision Theory. New York: Oxford University Press.

Weisberg, Michael, and Ryan Muldoon (2009). "Epistemic Landscapes and the Division of Cognitive Labor." Philosophy of Science 76 (2): 225–252.

White, Roger (2006). "Problems for Dogmatism." Philosophical Studies 31: 525–557.

Williamson, Timothy (2000). Knowledge and Its Limits. Oxford: Oxford University Press.

Williamson, Timothy (2005). "Armchair Philosophy, Metaphysical Modality and Counterfactual Thinking." Proceedings of the Aristotelian Society 105 (1): 1–23.

Williamson, Timothy (2007). The Philosophy of Philosophy. Malden, MA: Blackwell.

Williamson, Timothy (2013). "How Deep is the Distinction Between A Priori and A Posteriori Knowledge?" In The A Priori in Philosophy, eds. A. Casullo and J. Thurow, 291–312. Oxford: Oxford University Press.

Wright, Crispin (2002). "Anti–Sceptic Simple and Subtle: G. E. Moore and John McDowell." Philosophy and Phenomenological Research 62 (2): 330–348.

Wright, Crispin (2004). "Warrant for Nothing (and Foundations for Free)?" Aristotelian Society Supplementary Volume 78 (1): 167–212.

Wright, Crispin (2007). "The Perils of Dogmatism." In Themes from G. E. Moore: New Essays in Epistemology and Ethics, eds. S. Nuccetelli and G. Seay, 25–48. Oxford: Oxford University Press.

Wunderlich, Mark E. (2003). "Vector Reliability: A New Approach to Epistemic Justification." Synthese 136 (2): 237–262.

Zagzebski, Linda (1994). "The Inescapability of Gettier Problems." The Philosophical Quarterly 44 (174): 65–73.

参考文献

索引 *

---

* 本书索引部分页码，除部分涉及注释（即页码中带有"n"）外，均指英文
原文页码。在翻译过程中，出于中文阅读习惯考虑，将英文原文的章后注释调整为
页下注，导致索引中原有注释页码缺少相应的原文边码对应。因此本书索引部分
涉及注释的页码均为中译脚注所在页。

当代知识论导论

约翰逊-莱尔德, 170

Joint acceptance 共同接受, 225

Jonsson, Martin 马丁·荣森, 46n1, 174-175, 182, 183

Joyce, James 詹姆斯·乔伊斯, 266, 319n2, 320n1

justification aggregation function 确证聚合函数, 228-229, 232-238

Justification and Process reliabilism 确证与过程可靠主义, 32-42

　criticisms and responses to criticisms about process reliabilism 关于过程可靠主义的批判与回应, 37-42

　see also reliabilism about justification 亦参阅关于确证的可靠主义

Justification by Explanatory Inference（JEI）通过解释性推理来确证, 21-22, 94

Justification from Reasons Principle（J-from-R）用理由原则来确证, 133-136

justification 确证:

　condition on knowledge 知识的~条件, 55-56

　direct vs. indirect 直接与间接~, 136-137

　external vs. internal, see internal vs. external 外在与内在~,

参阅外在与内在

　immediate 即刻~, 15-18, 136: see also basic beliefs 亦请参阅基础信念; see also dogmatism 亦参阅教条主义

　propositional vs. doxastic 命题性与信念性~, 9, 26, 137: see also basing requirement on doxastic justification 亦参阅基于信念性确证的要求, 137

　synchronic versus diachronic approaches 共时与历时~, 8-9

justified belief 得以确证的信念:

　threshold view of~的阈值观, 150

justifier（or J-factor）确证赋予者（丁因素）, 25

　defined~的界定, 25

　internal or external 内在或外在的~, 42-43

K

Kahneman, Daniel 丹尼尔·卡内曼, 167-168, 182, 183, 196

Kant, Immanuel 伊曼努尔·康德, 92, 97, 110n1

Kelly, Thomas 托马斯·凯利, 219-220, 270q5, 223

Keynes John Maynard 约翰·梅

当代知识论导论

译后记

　　与现代这个概念相比，"当代"似乎是一个变动的时间概念，一般指称使用这一概念的人所处的时代，当然根据需要可适当回溯一段甚至更长的时间。在哲学中用到这一概念时，大约指 20 世纪中后期一直到现在这个阶段。因此在不同时期（至少 20 世纪 80 年代之后）出版的当代知识论或认识论导论中，其讨论的起点基本上是从 60 年代开始，更准确地说，是从盖梯尔在《分析》（*Analysis*）上的那篇三页纸的论文发表之后。当然，这些导论性著作所涵盖的内容会有所不同，这种差异除了涉及作者的旨趣或偏好，比如丹西（Jonathan Dancy）在其《当代认识论导论》① 中引入近代知识论作为讨论基础主义的起点，此外还体现在一些新的知识话题上。

　　戈德曼与麦克格雷斯合著的《当代知识论导论》在这几个方面兼而有之，两位作者在导言部分已就本书的取向与旨趣做了相关说明。当然，过去已经出版的无论是直接以"知识论""认识论"为名的导论，还是以"当代"修饰之，均各有其特色，无一例外地呈现了最近二三十年或更早时期这一领域的核心论题及其新发展或争论。

　　这本书于 2015 年由牛津大学出版社首次出版，事实上我在 2014 年通过邮件与戈德曼教授交流时，他就提及这样的一本知识论导论并将目录发给我，书中某些话题给我留下很深的印象，尤其是后面几个部分中的实用侵入、知识断言规范、知觉知识、实验哲学、哲学的直觉的方法论，以及认识的分歧、概率与知识论等。受这本书的影响，后来有两位研究生学位论文即以实用侵入为研究主题。

---

　　① 丹西：《当代认识论导论》，周文彰，何包钢译，中国人民大学出版社，1990 年。

2015 年上半年，我在计划当年秋冬学期为研究生开设《当代知识论研究》课程中的主题，考虑选用什么阅读材料时，想到了戈德曼教授曾经提过的这本导论，并通过邮件询问是否可以提供书稿供研究生学习、阅读。经戈德曼教授与这本书的另一位作者麦克格雷斯教授以及出版社沟通，同意在不扩大传播范围的前提之下提供完整书稿，现在想来依然对两位教授的善意与慷慨充满感激，使得我和我的学生能够在该书正式出版前，以另一种方式提前感受、体会他们新的理智成就。

在上课的过程中，我们选择了书中部分内容作为阅读材料，为了让学生获得一定的知识论背景，也方便学生提高专业英语的水平，我建议学生在学习过程中将相关章节译为中文。参与翻译的同学包括赖晓彪、贺凯杰、卢烁乐、周杰、李银辉，他们主要翻译了第四、第五、第七、第九、第十一章中的内容，不过书稿内容在某些地方与正式出版的版本有些不同。2016 年，陈嘉明教授与曹剑波教授策划在中国人民大学出版社出版"知识论译丛"时，幸得他们两位教授审阅并同意列入该丛书。

与戈德曼教授认识已近二十年，2008 年他到浙江大学讲学时我曾有机会当面求教，印象颇深。在本书翻译过程中，尽管戈德曼教授已八十岁有余，但他的帮助却始终如一，对每一问题的澄清与解释均非常及时而又详细——无论问题大小。本书另一作者麦克格雷斯教授也是如此，总是非常清晰地对我关于他所撰写章节提出的各类问题予以回应和说明。在我恳请他们为中译本撰写序言时，两位教授同样彼此密切合作，一如写作这本书本身，这也使得中译本更加完整。本书正文部分第一、二、七、八、九、十章为戈德曼教授所著，第三、四、五、六、十一章则由麦克格雷斯教授撰写。

本书出版过程中得到了许多人的帮助，在此深表谢意。当初考虑翻译并计划在"知识论译丛"中出版时，经征求浙江师范大学郑祥福教授意见，他同意由学科经费资助出版。中国人民大学出版社杨宗元、张杰等老师一直关注本书的翻译进展，并时常督促，感谢两位老师的宽容。在付印之前，杨宗元老师考虑到本书涵盖延伸阅读、思考题等适合教学的内容，与"知识论译丛"中的学术专著不太相同，建议将本书放在"哲学课"系列中。在征求"知识论译丛"两位主编陈嘉明、曹剑波教授意见并获准后，做出这一调整。凌金良老师等在编辑本书过程中，花费了很多精力，相当尽责、细致，其专业的态度和工作既使得不少错漏得以避免，同时又在不少文字的翻译上大有增色。此外，还要感谢罗海铨、胡惠秀两位同学协助整理文后索引。

除了前面提到相关章节的初译工作由几位研究生完成，其余部分均由我独立翻译，译文中涉及的知识论概念在汉语中有不同表达，可能会存在因习惯或理解造成误会或不清楚的地方。整个译文中所有不当或错误，均由我承担完全的责任，恳请读者批评、赐教。

方环非
谨识于风则江畔
2022 年 8 月 25 日

译后记

图书在版编目（CIP）数据

当代知识论导论/（美）阿尔文·I.戈德曼
（Alvin I. Goldman），（美）马修·麦克格雷斯
（Matthew McGrath）著；方环非译.—北京：中国人
民大学出版社，2022.8
（哲学课）
ISBN 978-7-300-30893-7

Ⅰ.①当…　Ⅱ.①阿…　②马…　③方…　Ⅲ.①知识论
–研究　Ⅳ.①G302

中国版本图书馆 CIP 数据核字（2022）第 152862 号

哲学课
当代知识论导论
[美] 阿尔文·I.戈德曼（Alvin I. Goldman）
[美] 马修·麦克格雷斯（Matthew McGrath）　著
方环非　译
Dangdaizhishilun Daolun

出版发行	中国人民大学出版社

社　　址	北京中关村大街 31 号	**邮政编码**	100080
电　　话	010-62511242（总编室）	010-625111770（质管部）
	010-82501766（邮购部）	010-62514148（门市部）
	010-62515195（发行公司）	010-62515275（盗版举报）
网　　址	http://www.crup.com.cn
经　　销	新华书店
印　　刷	涿州市星河印刷有限公司
规　　格	170 mm×228 mm　16 开本	**版　　次**	2022 年 8 月第 1 版
印　　张	25 插页 2	**印　　次**	2022 年 8 月第 1 次印刷
字　　数	372 000	**定　　价**	98.00 元

版权所有　侵权必究　　印装差错　负责调换